等离子熔覆金属涂层

崔秀芳　金　国　杨雨云　著

化学工业出版社

·北京·

内容提要

《等离子熔覆金属涂层》是作者近几年在该领域研究成果的综合和概括，主要内容包括：等离子熔覆技术及其发展简介，等离子熔覆材料体系分类，熔覆设备及工艺研究，以及镍基、钴基和铁基等离子熔覆涂层的具体性能表征和阐述。本书最大的特点是从等离子熔覆技术出发，分别就镍基、钴基和铁基三大等离子熔覆体系涂层的物理、化学等性能进行了详细而深入的研究，为各类涂层的不同应用需求提供科学的研究数据支持。

本书可供表面技术专业研发人员使用，也可供材料科学与工程专业研究生参考。

图书在版编目（CIP）数据

等离子熔覆金属涂层/崔秀芳，金国，杨雨云著. —北京：化学工业出版社，2020.7

ISBN 978-7-122-35839-4

Ⅰ. ①等… Ⅱ. ①崔…②金…③杨… Ⅲ. ①等离子涂层 Ⅳ. ①TG174.442

中国版本图书馆 CIP 数据核字（2020）第 068855 号

责任编辑：宋林青　　　　文字编辑：王云霞　陈小滔

责任校对：杜杏然　　　　装帧设计：关　飞

出版发行：化学工业出版社（北京市东城区青年湖南街 13 号　邮政编码 100011）

印　　装：北京盛通商印快线网络科技有限公司

787mm×1092mm　1/16　印张 15¼　字数 377 千字　2020 年 11 月北京第 1 版第 1 次印刷

购书咨询：010-64518888　　　　售后服务：010-64518899

网　　址：http：//www.cip.com.cn

凡购买本书，如有缺损质量问题，本社销售中心负责调换。

定　　价：88.00 元　

前言

本书是笔者近几年在等离子熔覆技术领域研究成果的总结和概括，主要内容包括：对等离子熔覆技术及其发展的简介，等离子熔覆材料体系的分类，熔覆设备及工艺的研究，以及分别对镍基、钴基和铁基等离子熔覆涂层具体性能的表征和阐述。本书最大的特点是从等离子熔覆技术出发，针对三大等离子熔覆体系（镍基、钴基和铁基）进行了详细介绍，并对各个熔覆层体系的性能进行分析和研究。

本书可供从事等离子熔覆技术及其应用研究的科研工作者参考，书中详细介绍和研究了三大等离子熔覆体系：镍基、钴基和铁基，对从事相关专业的工程技术人员有很大的参考意义，不仅可以参考对比书中涉及的等离子熔覆材料体系，也可在此基础之上继续深入探究本书中研究的熔覆材料体系。

本书亦可供材料科学与工程专业的研究生参考，对有志从事等离子熔覆领域相关研究的研究生，通过本书的阅读和学习，既可以纵览该领域近期的研究发展现状，也能对具体的熔覆材料体系性能有详细的认知。

本书编写分工为：哈尔滨工程大学金国（第 1 章、第 2 章），崔秀芳（第 3 章、第 4 章），杨雨云（第 5 章）。

在编写过程中，我们力求能够完全遵循原始试验数据结果并且根据数据综合评价和分析，最终得到结论。若读者对书中提及的内容存在疑问或不同意见，欢迎提出并进行有效的沟通和交流。因为单色印刷，文中有些彩色图片不能精确呈现，为此，我们把这些彩色图片以二维码形式放在目录后，供大家参考。

由于水平有限，虽几经评阅和修改，书中难免出现疏漏，望读者不吝赐教，以使本书内容更加准确、完善。

作者

2020 年 1 月

目录

第 4 章 等离子熔覆钴基涂层 / 103

第 5 章 等离子熔覆铁基涂层 / 194

附：部分彩图二维码

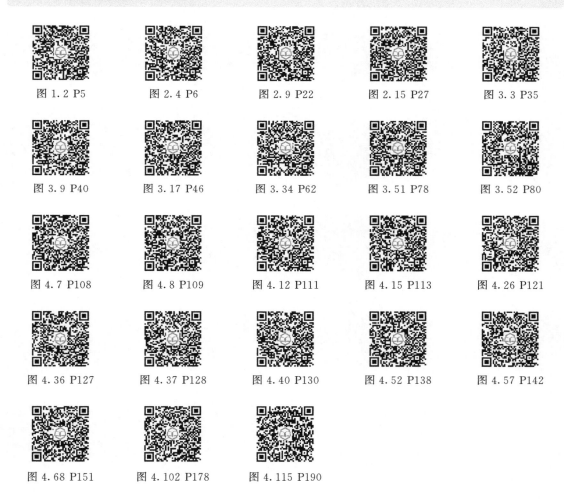

图 1.2 P5　　图 2.4 P6　　图 2.9 P22　　图 2.15 P27　　图 3.3 P35

图 3.9 P40　　图 3.17 P46　　图 3.34 P62　　图 3.51 P78　　图 3.52 P80

图 4.7 P108　　图 4.8 P109　　图 4.12 P111　　图 4.15 P113　　图 4.26 P121

图 4.36 P127　　图 4.37 P128　　图 4.40 P130　　图 4.52 P138　　图 4.57 P142

图 4.68 P151　　图 4.102 P178　　图 4.115 P190

第1章 等离子熔覆技术概述

1.1 等离子熔覆技术原理与特点

熔覆技术是在热喷涂的基础上发展起来的，早在二十世纪初期，瑞士的 M. U. Schoop 发明了世界上第一台金属喷涂设备，并在第二次世界大战初期研制出火焰线材喷枪和电弧喷枪。之后自熔性合金粉末的出现，推动了粉末火焰喷涂的快速发展。二十世纪五十年代，以航空航天业为代表的高新技术飞速发展，美国联合碳化物公司研制出了燃气重复爆炸喷涂，同时 Plasmadyne 公司研制出了等离子喷涂设备。等离子弧最大功率可达到 150kW，焰芯温度可达到 30000℃，可解决热喷涂中粉末难熔的问题。到了二十世纪六十年代，等离子喷涂已经成功应用于工业领域，并于 1965 年在英国召开第一届金属喷涂会议。到了二十世纪八十年代，喷涂设备成功地融合了超音速火焰喷涂和电子计算机技术，极大地提高了热喷涂的质量和精度，这也标志着“热喷涂技术”的真正形成。

等离子熔覆获得的涂层为亚稳态涂层，一般来说，亚稳态材料包括非晶、纳米晶、准晶材料。自从 1960 年 Duwez 等[1]采用熔融金属急冷的方式制备 AuSi 非晶合金薄带以来，对非晶材料的研究引起了国内外科研工作者的广泛关注。在组织和成分上，非晶材料要比晶体材料更加均匀，而且不存在晶界、位错等易引起腐蚀的部位，因此非晶材料具有更加优异的耐蚀性[2]。亚稳态纳米晶材料由于晶粒尺寸细小，并且大量原子位于晶界上，存在体积分数较大的三叉晶界，和非晶材料和普通晶态材料相比具有更高的强度和塑韧性[2]。1984 年以色列科学家 Shechtman 等[3]在研究快冷 Al-Mn 合金时发现了准晶材料。由于准晶材料有其独特的结构，一般表现出硬度高、摩擦系数低、耐蚀性好，高温时具有良好塑性、无加工硬化的特点。但总的来说，由于各种条件的限制，亚稳态涂层往往以细小的条状分布，从而大大限制了其应用范围。装甲兵工程学院的装备再制造技术国防科技重点实验室，利用自制的高效能超音速等离子喷涂设备喷涂了 Al_2O_3/TiO_2 纳米硬质相颗粒，制备出由亚微米晶和纳米晶构成的陶瓷喷涂层，与传统喷涂涂层相比，结合强度提高 2～3 倍，耐磨性提高 3 倍，硬度也大大提高。我国正在积极开展纳米热喷涂实验，既可用于海军装备的失效修复，同时还可以防止海洋生物的附着和繁殖。

与传统的表面改性技术（如热喷涂、等离子喷涂等）相比，等离子熔覆技术主要有以下优点：界面为冶金结合，组织极细，熔覆层成分均匀且稀释率低，熔覆层厚度可控，热畸变小。虽然在等离子熔覆的过程中也常出现裂纹、气孔、熔覆层不均匀等问题，但在表面改性技术中，等离子熔覆已成为比较活跃的研究领域之一。在之前的30年里，国内外众多学者对等离子熔覆技术做了大量的研究工作，取得了诸多优秀成果，使该技术在实际应用上有了质的飞越，被广泛地应用在各类合金表面，对其进行表面改性[4,5]。等离子熔覆技术因为其广阔的应用范围，以及宽松的应用条件，使该技术在传统材料的表面改性以及失效零件的修复方面有着极其广阔的发展前景。

等离子熔覆的自身特点，决定了其涂层具有良好的耐磨、耐蚀、抗氧化等性能。目前等离子熔覆技术的热点主要集中在对以上几种性能的研究，研究人员通过添加相、原位合成、工艺优化以及外场控制等手段，来制备满足特定工况需求的具有优异耐磨性、耐蚀性以及抗氧化性等特性的涂层。已有的研究已经证实等离子熔覆技术可以获得表面性能优异且能满足大部分复杂、苛刻工况需求的优质涂层[6-11]，但亦存在一些问题亟待解决，如组织不均匀，应力及裂纹，以及表界面行为等，需要国内外学者进行更系统更全面的研究，这对等离子熔覆技术的完善与广泛的工业应用具有重要意义。

等离子熔覆技术以高能束等离子弧作为热源，高能量等离子弧的产生是等离子熔覆技术的关键环节[12]。在高压及高频振荡器的共同激发作用下，氩气被电离成电弧。电弧在经过具有压缩作用的喷嘴时受到机械压缩，电弧的截面积变小，压缩后的电弧能量密度更加集中[13]。此外，喷嘴由导热性较好的金属材料制成。电弧通过水冷喷嘴时受到喷嘴孔道壁的急剧冷却作用，使弧柱外围受到强烈的冷却而急速降温，导电截面随之急剧减小从而产生热压缩效应。由于热压缩，电弧在原机械压缩的基础上被进一步压缩，这时的电弧能量密度急剧增加。在电弧内部存在着带电粒子，这些粒子在电弧中运动会产生电磁力，然后相互吸引，且电流越大这种吸引作用也就越强，继而产生了电磁收缩效应。至此，机械压缩、热压缩及电磁收缩三种效应均作用于电弧，当收缩效应产生的作用与弧内热扩散达到平衡时，就产生了稳定的等离子弧[14,15]。

等离子熔覆的送粉方式分为同步送粉和预置粉末两种方式[16]。同步送粉方式是将提前配制好的粉末放入同步送粉器内，在送粉气的动力作用下直接通入等离子弧内，通过高能束等离子弧熔化后喷涂到基体材料表面；在等离子弧作用下基体表层与合金粉末同时熔化，于是在基体表面形成一个合金熔池。预置粉末是使用黏结剂或压力作用将粉末预先置于基体材料表面，然后在等离子弧的作用下使预置粉末和基体表层发生熔化，在基体表面形成熔池。无论哪种送粉方式，待等离子弧移开后熔池都将迅速凝固，形成涂层与基体间具有良好冶金结合的表面涂层。图1.1为等离子熔覆示意图，氩气作为等离子气源沿着钨极流动以产生等离子弧；冷却水在喷嘴内流动，一方面起到保护整个等离子枪的作用，另一方面起到热压缩的作用；粉末通过送粉头进入高温等离子弧；氩气亦作为保护气在喷嘴最外侧喷出形成气帘，起到保护整个熔池避免空气混入的作用。

等离子弧的类型按照电源的不同供电方式可分为转移型、非转移型及联合型三种形式，其中非转移弧及转移弧是基本的等离子弧形式[17,18]。非转移型等离子弧的电弧建立在钨极与喷嘴之间，离子气迫使等离子弧从喷嘴孔径喷出以达到熔化填充材料的目的，非转移弧的应用主要针对非金属材料的切割以及焊接。转移型等离子弧的电弧建立在钨极与基材工件之

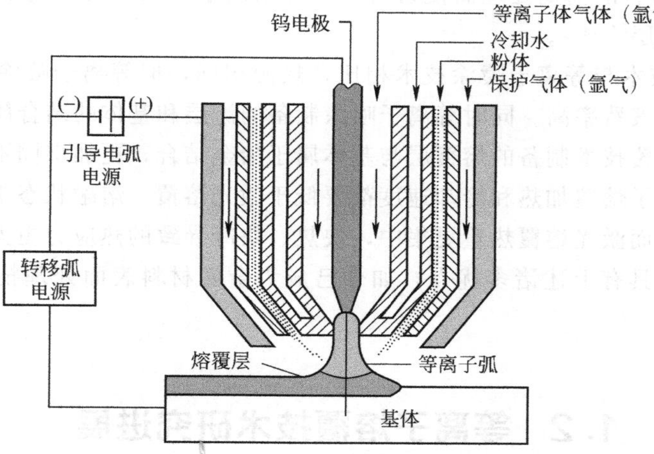

图 1.1　等离子熔覆示意图

间，一般先通过在钨极和喷嘴间产生的非转移弧起弧，才能将原有电弧转移到钨极和基材工件之间。此时的转移弧将会产生更多的能量作用于工件上，因此转移弧具有更多的能量，其应用主要针对金属材料的切割和焊接。联合型弧，顾名思义就是把非转移弧和转移弧联合起来应用的一种等离子弧，也就是非转移弧与转移弧两种电弧形式同时工作的状态。

等离子熔覆技术以等离子弧作为热源，是在激光熔覆、焊接的基础上发展起来的一种具有巨大发展前景的表面涂覆技术。等离子熔覆过程和焊接过程类似，也是一个快速非平衡的冶金反应过程。在等离子熔覆过程中，合金熔池体积很小，散热极快，急速冷却可得到相对细小的组织[19]。合金熔池内部的温度分布为中间高，边缘低，且具有很大的温度梯度，非常有利于晶粒的形核[20]。高能量密度的等离子束流对熔池有很大的冲击作用，使熔池中产生强烈对流[21]。在合金熔池中，晶粒的形核方式主要以非均匀形核为主。基于熔池中存在的过冷度大、异质形核的形核方式，以及等离子束对熔池的冲击作用等多种因素的共同作用，涂层具有固溶度大、组织结构多样化、存在亚稳相等特点[22,23]。

由于利用等离子熔覆技术可以得到性能优异且能满足多种不同使用性能和服役环境需求的涂层，越来越多的研究人员开展了等离子熔覆表面改性技术研究[24-26]。通过现有的实验研究结果与其他材料表面改性技术、材料表面处理技术之间的对比，可以得知等离子熔覆技术具有以下特点：

① 等离子束流能量密度高，涂层粉末熔化充分，可得到质量较好的涂层[27-29]。采用氩气送粉，送粉精度要求低，可以有一定的倾斜度，允许手工操作，比较适用于金属零部件的修复。

② 等离子熔覆技术制备涂层的生产效率较高，熔池凝固速度很快，可得到具有非平衡凝固特征的组织[30-34]。由于凝固速度较快，熔池中晶粒来不及长大就已经结晶完毕，所以可获得细小的组织。

③ 等离子加热方式受材料种类的限制少，材料选择比较广泛，可以根据零件服役所需的性能，设计相对应的材料成分和比例[35]。

④ 等离子熔覆涂层的稀释率很低，由于完全熔化的涂层材料与表层熔化的基体材料形成熔池，熔融态金属相互扩散，在凝固后涂层与基体之间可达到良好的冶金结合，故涂层与基体结合很好[34-40]。

⑤ 设备简单，材料的前期处理简便易行，环境限制小，在大气环境下即可采用等离子熔覆设备制备所需涂层[41,42]。

⑥ 等离子熔覆技术与等离子喷涂技术相比，热源相同，但等离子喷涂技术的工作环境差，等离子喷涂粉末浪费率高。同时等离子喷涂制备的涂层和基体的结合属于机械结合，容易剥落；而等离子熔覆技术制备的熔覆层与基体属于冶金结合，更加牢固不易脱落。与激光熔覆技术相比，等离子熔覆加热和冷却速度都要低于激光熔覆，熔融状态维持时间长，更有利于形成均匀组织；而激光熔覆热量更集中，快热、快冷导致的热应力更大，易形成裂纹。

等离子熔覆技术具有上述诸多优点，如今已成为金属材料表面处理技术中的一大研究热点。

1.2 等离子熔覆技术研究进展

等离子熔覆技术已有30多年的历史，国内外研究者做了很多工作，取得了大量有价值的研究成果，并得到一定规模的应用。等离子熔覆既可用于传统材料的表面改性，提升材料的性能，又可用于表面失效零件的修复，故适用的基体材料十分广泛，如碳钢、合金钢和铸铁，以及铝合金、铜合金和镍基高温合金等[43,44]。

熔覆层材料的状态一般有粉末状、丝状等。另外还可将金属板材、粉末冶金制品、钢带和焊条等作为熔覆材料，其中合金粉末在等离子熔覆技术中应用最为广泛。实际使用环境条件不同，对工件表面熔覆层的性能要求也不一样。等离子熔覆合金体系主要有铁基合金、镍基合金、钴基合金以及其复合合金粉末等。铁基合金粉末适用于要求局部耐磨且容易变形的零件；镍基合金适用于要求局部耐磨、耐热腐蚀及抗热疲劳的构件，所需的等离子功率密度要比熔覆铁基合金的略高；钴基合金熔覆层适用于要求耐磨、耐蚀和抗热疲劳的零件。陶瓷熔覆层在高温下有较高的强度且热稳定性好，化学稳定性高，适用于耐磨、耐蚀、耐高温和抗氧化性的零件。等离子熔覆层的性能取决于组织和相组成，而其化学成分和工艺参数又决定了等离子熔池的状态及涂层的组织结构。不同的合金成分及工艺条件下的实际组织形态以及性能具有一定的差异[45]。

高华等[46]在45钢基体表面熔覆了一层铁基合金涂层，该研究表明涂层的组织由平面晶、胞状晶、树枝晶、等轴晶、共晶体、大块的碳化物和硼化物等组成，等离子涂层中主要相为$M_{23}C_6$、Fe_2B、γ-Fe(Me)等，涂层的显微硬度和基体的硬度相比有显著提高，可达到基体的3～4倍。当等离子熔覆电流一定时，枝晶组织会随着扫描速度的增大而变得更加细小，故当涂层材料的成分一定时，单位体积的粉末在单位时间内从外界获得的热量越少，组织越细小；相反，组织就越粗大。Cheng等[9]研究了电磁搅拌对等离子涂层的影响，结果表明，在熔覆过程中添加电磁搅拌作用，能够提高熔覆的效率并改善涂层性能。吴希文等[47]研究了等离子熔覆对50Mn2钢表面涂层质量的影响，发现主弧电流和扫描速度对涂层质量的影响很大，主弧电流越大，涂层焊道更加连续且更宽，涂层的中部组织由胞状晶逐渐转变为树枝晶和等轴晶，显微硬度显著提高；而当不断加快扫描速度时，焊道出现了不连续现象，同时熔池宽度减小。罗燕等[48]通过在涂层材料中添加Cr_3C_2颗粒，研究其对钴基堆焊层组织结构以及各方面性能的影响，发现只使用Co40的堆焊层由γ-Co和$Cr_{23}C_6$两相组成；而在粉末中加入 Cr_3C_2 之后，复合堆焊层中的相组成发生了一定的变化，出现了 Cr_3C_2 和 Cr_7C_3 及 $Cr_{23}C_6$ 相，而且堆焊层的组织特征也有明显变化。Yuan 等[49]利用等离子熔覆技术在低碳钢表面制备了以 Fe-30Ni、W 粉和 C 粉作为熔覆材料的复合等离子熔覆涂层，希望通过 W 粉和 C 粉在高温等离子弧的作用下在熔池中发生原位反应生成 WC 增强相，起到改善涂层耐磨性的作用。结果表明，熔覆过程中 W 和 C 发生了原位反应生成 WC 相。图 1.2 为 WC/Fe 基涂层的显微组织和能谱分析结果，可以看到原位 WC 以三角棱柱形态存在于涂层中（彩图参见目录中二维码）。图 1.3 为磨损率和原位合成 WC 含量的关系，熔覆层的磨损率随着 WC 含量的增加而大幅度降低，WC/Fe 基等离子熔覆层的耐磨性随着原位合成 WC 含量的增加而得到大幅度提升。

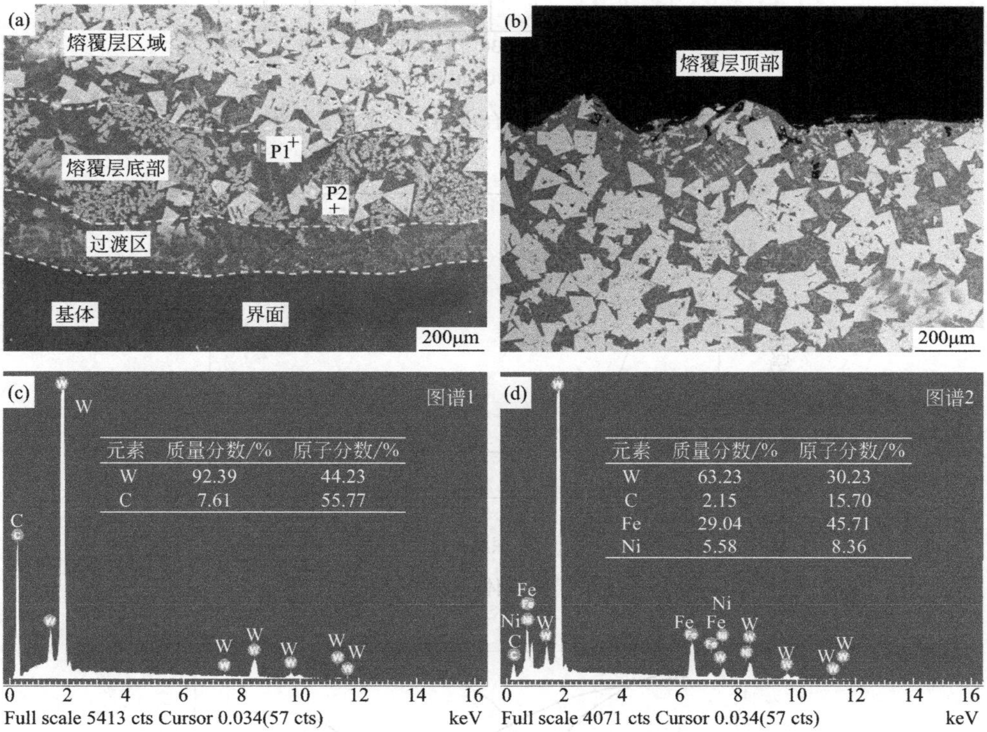

图 1.2　原位合成 WC/Fe 基涂层显微组织[49]

(a) 基体和涂层；(b) 涂层顶部区域；(c) P1 点的能谱结果；(d) P2 点的能谱结果

宋强等[50]通过等离子熔覆技术在镁合金表面制备了成分为 NiAl/Ti+C 的复合等离子熔覆涂层，复合涂层由 NiAl 金属间化合物和分布其上的块状 TiC 颗粒相共同组成。图 1.4 是从复合涂层到基体材料的硬度分布，横坐标中 1mm 处的左侧为涂层材料的硬度，右侧为基体材料的硬度。NiAl 和 TiC 相的存在，使等离子熔覆层的硬度明显高于基体材料的硬度，根据数据可知涂层材料的最大硬度为基体材料的 5 倍。图 1.5 为基体材料和涂层材料的极化曲线，可以看出涂层材料的腐蚀电位远高于基体材料的腐蚀电位，说明通过等离子熔覆技术在镁合金表面制备的 NiAl/Ti+C 复合涂层的耐蚀性能要优于基体材料的耐蚀性能。

乔金士等[51]通过等离子熔覆技术在 45 钢基体上制备了 Ni60 和 Ni60+35%WC 两种涂层。高温氧化研究结果表明，在氧化膜形成初期阶段，氧的内扩散控制着氧化速率，在氧化膜形成后期阶段三价铬的扩散控制着氧化速率。图 1.6 为 Ni60 和 Ni60+WC 两种涂层氧化

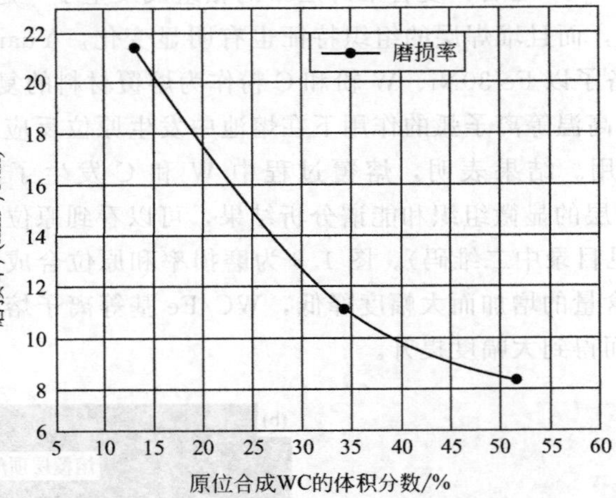

图 1.3　磨损率和原位合成 WC 含量的关系[49]

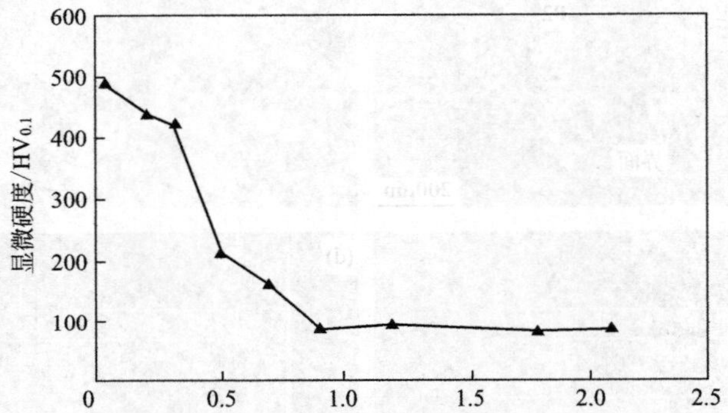

图 1.4　熔覆层到基体材料的显微硬度[50]

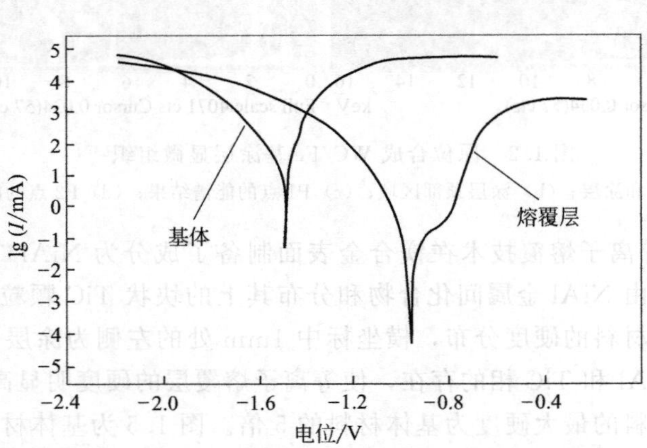

图 1.5　镁合金基体和复合涂层在 NaCl 溶液中的极化曲线[50]

膜的 XRD 分析结果，主要组成为 SiO_2 和 Cr_2O_3。

高温氧化动力学表明，最初几个小时内两种涂层质量增加均较快，这是因为氧化初期涂层内的缺陷等容易使氧化物形核。待完整的氧化膜形成后质量增加缓慢，因为氧化膜处于生

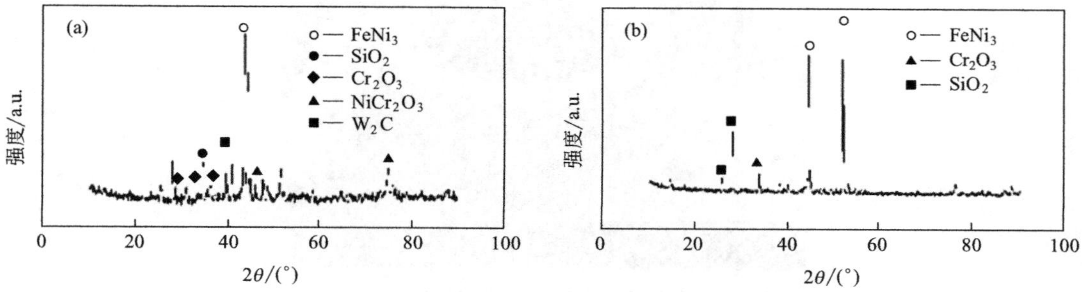

图 1.6 涂层氧化膜的 XRD 图谱[51]

(a) Ni60＋WC 涂层；(b) Ni60 涂层

长阶段，氧化速率较小；在氧化后期涂层质量变化呈平缓趋势是因为表面已经形成一层厚而完整的氧化膜，这层氧化膜阻止了氧化的继续进行。涂层的抗氧化性是由其组织和成分共同决定的，而非单一因素决定的，加入的 WC 增强相可提升整体涂层的抗氧化性。

此外，有学者用等离子熔覆技术探索了近期的研究热点——增材制造。增材制造中等离子弧作为热源克服了激光、电子束作为热源时成本高的问题[52]。

许可可等[52]设计了以等离子弧作为热源的增材制造设备，并研究了等离子弧增材制造工艺对成型的影响。图 1.7 为等离子弧增材制造设备的工作原理图，主要由弧焊过程控制系统、焊接电源、冷却系统、送丝系统及三维控制系统等组成。等离子弧作为热源将填入熔池的焊丝及基体材料表层熔化，通过计算机三维控制系统，按照提前设定好的路径进行扫描，每熔覆一层则尺寸得以增加一次，直至形成预先规划的形状为止。图 1.8 为等离子弧增材制造成型的桶状零件，再经过后续加工即可获得所需的零件，研究表明只有适宜的工艺条件才能实现良好的成型效果。

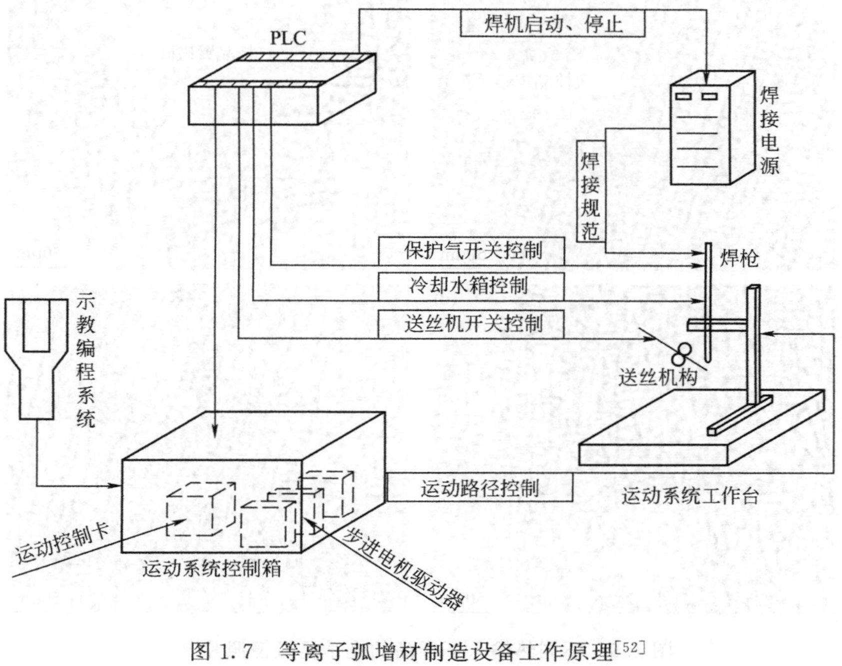

图 1.7 等离子弧增材制造设备工作原理[52]

图 1.8 等离子弧增材制造成型的桶状零件[52]

王凯博等[53]以脉冲等离子弧作为热源实现了 Inconel 718 合金的增材制造，并研究了不同热输入对晶粒形态和硬度的影响。图 1.9 为不同热输入下样品的光学显微照片，从（a）到（e）热输入逐渐增加，由于结晶状态受实际温度梯度 G 和结晶前沿的晶体生长速度 R 影响，即由 $G/\sqrt{R}$ 控制，随着热输入的增加，热量积累增加，温度梯度降低，$G/\sqrt{R}$ 减小，

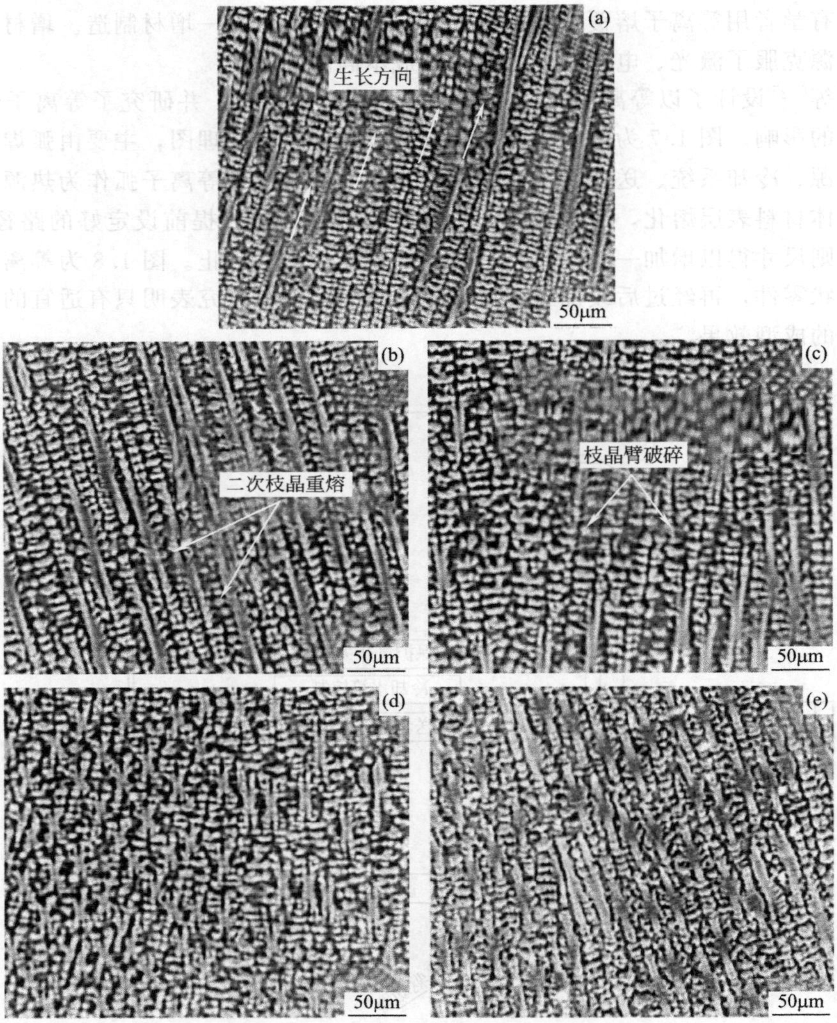

图 1.9 不同热输入下样品的光学显微镜照片[54]

柱状枝晶逐渐转变为粗大胞状枝晶且枝晶间距增大。此外，还发现随着热输入的增加，合金元素在晶界处偏析，Laves 相从颗粒形状逐渐变成长链状。图 1.10 为不同热输入下样品的显微硬度曲线，从曲线图可知随着热输入量的逐渐增加，增材涂层的硬度逐渐降低。由此可知等离子弧增材制造过程中增加热输入会明显改变组织形态进而改变材料的性能，通过合理地控制热输入可以有效地获得性能优异的等离子弧增材涂层。

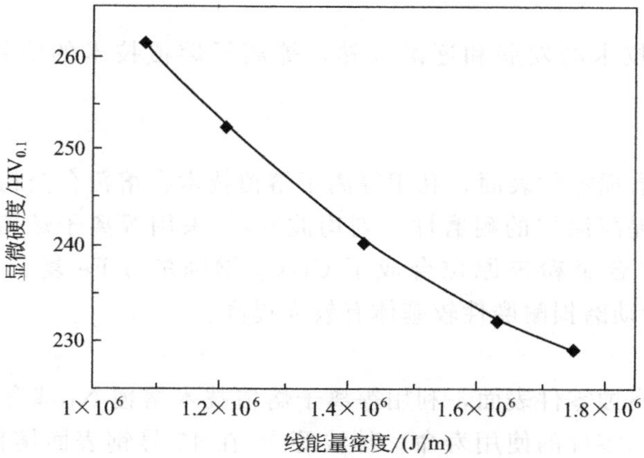

图 1.10　不同热输入下样品的显微硬度曲线[54]

Chen 等[54]用等离子熔覆技术成功制备了铁基熔覆涂层，结果表明涂层与基体形成了良好的冶金结合，涂层组织为典型的快速冷却的层状结晶，界面过渡区域为平面晶，涂层中间部分为均匀的树枝晶，顶部主要是细小的等轴晶。由于涂层中存在第二相，熔覆层的硬度较基体有大幅度提高；由于固溶强化、细晶强化以及第二相粒子强化等综合作用，涂层的耐磨性有所提升。

Deng 等[55]研究了耐热钢的表面强化，用等离子熔覆技术在 DIN X45CrSi9-3 耐热钢表面制备了 Stellite 12 涂层。结果表明涂层中的物相主要为枝晶组织上钴的过饱和固溶体和分布在枝晶间铬的碳化物，并且随着涂层厚度的降低，熔覆温度相对高一些，涂层的抗弯强度有所提高。由于涂层中有大量的硬质相，弯曲试验中涂层和界面处都出现了垂直分布的裂纹。

为了提高不锈钢的耐磨性，拓展其应用领域，Rokanopoulou 等[56]研究了陶瓷颗粒增强的不锈钢基涂层，用等离子熔覆技术成功制备了 α-γ-Fe/Al_2O_3 复合涂层，并且表面耐磨性得到了很大的改善。王志新等[37]在 Q235 钢表面制备了 γ-Cr_7C_3 复合涂层并研究了耐磨性，其磨痕形貌对比如图 1.11 所示。由于硬质 γ-Cr_7C_3 的存在，表面耐磨性大幅度提升，表面

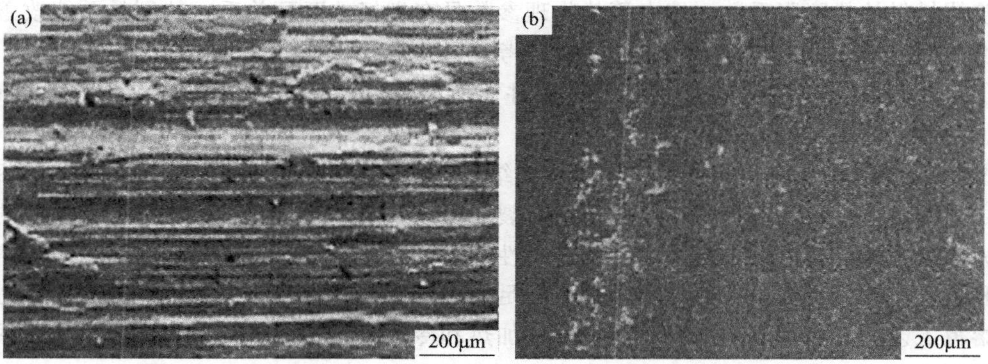

图 1.11　磨痕的表面形貌[37]

(a) γ-Cr_7C_3 复合涂层；(b) Q235 钢

只有轻微的磨痕，而未处理的钢表面磨损情况则十分严重。

1.3 等离子熔覆技术应用

随着等离子熔覆技术的发展和逐渐成熟，等离子熔覆技术的应用方向大致分为以下几类：

(1) 耐磨性涂层

在矿山机械等易磨损零件表面，利用等离子熔覆技术在熔覆合金粉末中直接加入强化相或原位合成强化相来提高涂层的耐磨性。刘均波等[57]采用等离子熔覆技术，在调质 C3 钢表面采用 Fe-25Cr-7C 合金粉末原位合成了 Cr_7C_3 增强的 γ-Fe 复合材料涂层，在 400～600℃下涂层的高温滑动磨损耐磨性较基体有较大提高。

(2) 耐蚀性涂层

在水利机械等易腐蚀零件表面，利用等离子熔覆技术熔覆 Ni 基合金粉末，来提高熔覆层的耐蚀性，从而提高零件的使用寿命。林波等[58]在 45 号钢表面熔覆层了 Ni35A 合金熔覆层，熔覆层的自腐蚀电位达到 40mV，显著提高了基体的耐蚀性能。

(3) 耐高温涂层

航空航天等零件表面易受高温影响而损伤失效。熔覆 Co 基合金粉末涂层，可提高零件表面的耐高温性能。范氏红娥[59]在 H13 热锻磨具钢表面熔覆了 TiC/Co 基熔覆层，熔覆层在 700℃下的高温磨损失效主要为氧化磨损和疲劳破损，与 H13 钢基材相比，复合涂层具有良好的综合性能，显微硬度和高温耐磨性均得到明显改善。

1.4 等离子熔覆材料

1.4.1 等离子熔覆合金粉末材料的选择原则

在选用熔覆层材料时，除提高熔覆层的使用性能外，还要考虑熔覆层材料的熔覆特性，应与基体材料的热膨胀系数、熔点等热物理参数具有良好的匹配关系，特别是要能改善抗热疲劳性能。一般来说，熔覆层与基体材料应考虑以下设计原则：

① 首先熔覆层材料应满足特定工作条件下所需要的特殊使用性能要求，如厚熔覆层，耐磨、耐蚀、耐高温和抗氧化性能等。

② 等离子熔覆层材料与基体材料的界面结合匹配关系，如熔覆层与基体的热膨胀系数、相互之间的润湿性、基体熔覆层之间的抗开裂能力以及熔覆层材料在熔覆过程中本身的抗开裂能力等都会对熔覆层的结合强度和抗热震性能产生重要影响。有研究认为，为防止熔覆层开裂和剥落，熔覆层和基体热膨胀系数应满足同一性原则，即两者应尽可能接近。考虑到等离子熔覆工艺的特点，基体材料和熔覆层的加热和冷却过程不同步，熔覆层的热膨胀系数在一定范围内越小，熔覆层对开裂越不敏感。

③ 熔覆层材料设计关键内容之一的材料界面的宏观和微观行为，一直都是材料科学界

十分感兴趣的研究对象，是国内外有关学科研究的热点和前沿。等离子熔覆层与基体之间的冶金结合强度、稀释率以及熔覆层开裂等问题都与界面行为紧密相关。等离子熔覆界面研究是整个技术中的关键与核心课题，对丰富和完善与之相关的晶界理论、固态相变理论、非平衡状态理论以及结构性能关系理论具有深远的学术意义。

④ 对于粉末等离子熔覆而言，合金粉末应具有良好的固态流动性。粉末的流动性与粉末的形状、粒度分布、表面状态及粉末的湿度等因素有关。等离子熔覆时一般使用普通粒度粉末或粗粉末，粒度范围为 50～200μm，以圆球颗粒为宜。

⑤ 合金粉末对基体材料应具有良好的润湿性，以得到平整光滑的熔覆层。

⑥ 合金粉末应有良好的造渣、除气和隔气性能，以防止产生夹渣、气孔及氧化等缺陷。

⑦ 合金粉末的熔点不宜太高，粉末熔点越低越易控制熔覆层的稀释率且液态流动性越好，越有利于获得良好的熔覆层。

1.4.2 等离子熔覆合金粉末材料的分类

从当前的研究来看，等离子熔覆所使用的合金粉末，按照使用性能和工件的使用条件以及磨损类型可分为自熔性合金粉末和复合性合金粉末两种[60]。自熔性合金粉末是自身能起到熔剂作用的合金，这种合金在熔覆时本身有自造渣和自脱氧的功能。目前国内外使用的自熔性元素主要是硅和硼，这两种元素和大多数合金元素（如镍、钴、铁等）形成低熔点共晶组织，使合金熔点降低[61,62]。等离子熔覆合金体系主要有铁基合金、镍基合金、钴基合金及复合性合金粉末体系等。

1.4.2.1 铁基自熔性合金粉末

铁基自熔性合金粉末来源较广、价格较低，所以铁基自熔性合金粉末体系是我国目前使用率最高的涂层合金粉末体系。根据使用性能的不同，铁基自熔性合金粉末又可以分为以下两种：奥氏体不锈钢型铁基自熔性合金粉末和高铬铸铁型铁基自熔性合金粉末。根据研究和实践结果来看，奥氏体铬镍钢堆焊合金由于具有良好的热强性、抗高温氧化性和耐蚀性，现在已经在化工、石油等工程领域的耐腐蚀、耐热设备的表面改性处理中发挥了重要作用。高铬铸铁型合金粉末则主要用于阀门密封面等零部件的表面强化。铁基自熔性合金粉末是金属颗粒在含 1.5%～5%C、15%～35%Cr 的基础之上再加入其他合金元素得到的。添加这些元素可以提高其耐蚀性能、耐磨性能和高温力学性能。采用等离子熔覆工艺制备的涂层，其显微组织通常是大量的 Cr_7C_3 型硬质相碳化物分布在残余奥氏体及共晶碳化物的基体上。其中，高碳共晶型合金粉末，其碳含量位于其共晶点或共晶点附近，有助于提高熔覆层抗开裂的能力，所生成的熔覆层中含有韧性较好的奥氏体或铁素体，以及形状细小、弥散分布且具有高硬度的碳化物强化相。但这种设计思路仍然存在着高韧性与高硬度之间的矛盾。为解决这一矛盾，有人提出了“低碳包晶”的设计思路，即降低粉末含碳量（质量分数大约为 0.2%），位于包晶转变温度点附近，合金凝固温度范围窄，晶粒均匀、细小，韧性好，熔覆层主要由强度和韧性都比较好的板条马氏体组成，抗开裂能力强[63,64]，制备出了硬度高达 HRC62、无裂纹的等离子熔覆层，且无需预热和后续热处理。

1.4.2.2 镍基自熔性合金粉末

镍基自熔性合金粉末具有良好的韧性、抗氧化性、耐热性、耐冲击性及较高的耐蚀性能，在诸多领域中得到广泛应用。与铁基或者钴基的合金粉末相比，使用该粉末所得到的涂层具有最强的抗金属与金属间的摩擦磨损能力。此外，优良的耐热性、耐蚀性、抗氧化性，使 Ni 基涂层在锅炉零件、化工设备的表面处理中得到大量应用。就目前的研究来看，等离子熔覆镍基自熔性合金粉末通常有以下几种：Ni-Cr-Mo-W 型、Ni-Cr-B-Si 型、Ni-Cr 型、Ni-Cu 型等。Ni 是面心立方结构，是构成 γ 相的主要元素，Ni 能使液固相温度区变宽，有效降低了材料的熔点，同时 Ni 使粉末具有良好的熔覆工艺性能，能改善粉末的高温性能和抗开裂性。Cr 是固溶元素，可以和 Ni 有限固溶产生晶格畸变，降低层错能和原子扩散能力，构成稳定的固溶体，产生固溶强化作用，提高了熔覆层的硬度、耐蚀性以及耐磨性。在一般的 Ni 基合金粉末中，加入一定量的 B 可与 Ni 生成硼化物硬质相，同时可以通过沉淀强化以提高合金的耐磨性，同时通过弥散强化作用提高熔覆层的硬度。镍基合金中的 Si 元素同样可以提高熔覆层的硬度，适量的 B 对提高合金金属的持久寿命，降低蠕变速率和改善缺口敏感性都有较大的作用，但 B 含量过高时，易在晶界上形成硬而脆的化合物，对合金的塑性不利。在高温条件下，B、Si 与 O 的亲和力远大于其他绝大多数合金元素。在熔覆过程中，Si、B 随熔滴过渡到熔池并与熔池中的氧反应，即产生“后期脱氧”作用，其脱氧产物与其他合金的氧化物化合形成一种低熔点（722℃）硼硅酸盐的玻璃状复杂化合物，并在熔池金属的强烈搅拌下浮到焊缝的表面，形成一层极薄的均匀保护膜，从而阻止了空气中的氧气、氮气等有害气体的渗入[65-67]。

1.4.2.3 钴基自熔性合金粉末

与铁基或镍基自熔性合金粉末相比，钴基自熔性合金粉末最为突出的特点是钴基涂层具有很高的红硬性。此外，使用钴基自熔性合金粉末得到的涂层能获得最好的综合性能。同时，钴基涂层也可以满足大部分材料表面对抗磨粒磨损、抗金属与金属间摩擦磨损、抗氧化等性能的要求。但美中不足的是，钴基自熔性合金粉末较为昂贵。所以在日常生产和工程应用中，如果不是有特别性能要求的设备，通常情况下都不采用该粉末对零件进行表面处理。

1.4.2.4 复合性合金粉末

复合性合金粉末是一种新型的表面强化材料。复合性合金粉末是指由两种或两种以上合金粉末所组成的合金粉末。随着科技的发展，对涂层性能的要求越来越高，采用单一的合金粉末，通过等离子熔覆的方式处理材料表面有时很难达到要求，因此复合性合金粉末的应用也越来越多。复合性合金粉末不仅包括金属和金属的混合粉末，也可以是金属和非金属的混合粉末。按照复合粉末的结构，又可以分为以下几类：包覆型复合粉末、非包覆型复合粉末和烧结型复合粉末等。区别在于：包覆型复合粉末中的芯核颗粒被包覆材料完整地包覆着；非包覆型粉末的芯核材料并没有完全被包覆住，有些是部分被包覆，有些是没有被包覆。除包覆型复合粉末外，其他粉末的各组分之间为机械结合。

等离子熔覆材料体系对比如表 1.1 所示。总体而言，镍基合金粉末是以 Ni 为主要元素，同时还含有 Cr、B 和 C 等其他元素。镍基合金粉末有良好的润湿性、耐蚀性及高温自润滑性，可以用于改善基体表面的耐磨性、耐热腐蚀性以及抗热疲劳性能；铁基合金粉末综合性能良好、价格低廉，形成的涂层和大多数工件基体的成分接近，结合良好；钴基合金粉末具有良好的耐高温、耐蚀、抗蠕变性能。综合比较涂层的性能，钴基合金粉末涂层的综合性能明显优于铁基合金粉末涂层和镍基合金粉末涂层，但是钴基合金粉末的价格也明显高于其他粉末。

表 1.1 等离子熔覆材料体系对比

涂层材料	常用合金系列	优点	缺点
镍基合金	Ni-B-Si；Ni-Cr-B-Si	韧性较好、耐蚀、抗氧化等	高温性能较差
铁基合金	Fe-Cr-C；Fe-W-C；Fe-Ni-B-Si	成本低且耐磨性较好	抗氧化性差
钴基合金	Co-Cr-W-C	耐热、耐蚀、耐磨、抗冲击、高温性能较好	价格较高
碳化物陶瓷	WC、TiC、Fe-C、Cr-C 系、SiC 和 B_4C 等	熔点高、硬度高，且成本较低，制备简便	制品性能的可靠性、重现性差
氮化物陶瓷	TiN、ZrN、Si_3N_4、BN、AlN 和 CrN 等	抗热震和高温载荷的能力较强，导热率高	脆性大

1.4.2.5 增强相材料

增强相的种类及其在涂层材料中存在的形式，对金属基复合涂层的性能影响非常显著[68-70]，因此，增强相材料体系的选择对涂层性能同样至关重要。颗粒增强金属基复合材料，由于具有较好的耐磨、耐热性以及高强度等特点而受到研究者的青睐。随着航天事业的不断发展，对耐热材料的需求愈加迫切，如以钛、铝、镍为基体的金属基复合材料越来越受到人们的关注。

金属基复合材料熔覆层中的增强相，一般应具有高强度、高熔点，良好的耐蚀性能、抗冲击性能及抗磨损性能等特点[71]，在物理性能上与基体金属相匹配。工作条件下增强相不与基体发生互溶，能够与之形成良好的冶金结合，从而获得综合性能优异的涂层。目前用于金属基材料的增强相主要有碳化物、硼化物、氧化物、氮化物等[72,73]。常用增强相的物理和力学性能如表 1.2 所示。

表 1.2 常用增强相的物理和力学性能

增强相	密度 /$(g\cdot cm^{-3})$	熔点 /K	传热系数 /$(J\cdot cm^{-2}\cdot s^{-1}\cdot K^{-1})$	热膨胀系数 /$(10^{-6}℃^{-1})$	结晶构造	弹性模量 /GPa
TiC	4.99	3433	0.18～0.30	6.3～7.1	面心立方	440
TiB_2	4.52	3253	0.25	4.6～8.1	六方	500
Al_2O_3	3.9	2050		9.0	六方	375
VC	5.36	2830	0.39	7.25	面心立方	430
SiC	3.19	2970	0.168	4.63	六角	430
TiN	5.43	2950		9.2	立方	436
WC	15.6	2870	1.21	5.2	六角	713

表 1.2 介绍的颗粒增强相中 WC、TiN 具有高硬度，良好的高温强度、高断裂强度，耐化学腐蚀性能好，抗热震性能好等特点。在众多的颗粒增强相中主要选择这两种有代表性的增强相作为研究对象，研究其不同的存在形式对涂层组织性能的影响。

目前在科研生产中，含增强相的复合材料的制备方法主要有两种：增强相的外加法和原位合成法。根据增强相在涂层中的存在方式，增强方式主要有弥散颗粒增强、细晶强化、固溶析出强化等。颗粒外加法工艺相对简单，便于实施，成本低。但第二相颗粒在熔覆过程中易发生熔化分解及氧化烧损，在高温热源作用下发生分解、扩散，使得一些含碳量较高的基体形成莱氏体、马氏体等脆性组织，导致熔覆层脆性增大。适当地调节熔覆工艺，可减轻外加增强相熔化、分解及烧损程度。

原位自生增强颗粒法与外加增强颗粒法相比有一定的优势，能够避免颗粒外加的诸多问题，如结合强度不足、界面污染及增强相分解等。增强颗粒能够形成弥散强化相细化基体晶粒，改善基体组织性能[71]，但是也要考虑实际工况及复合粉末的匹配性等因素来确定复合涂层的生成方式。原位合成法是一种新型的金属基复合材料制备方法。它利用热源将能够发生冶金反应的合金粉末熔覆于基材上达到冶金结合状态，同时在熔覆层中反应生成增强相且弥散分布于涂层基体上，达到增强目的[74-76]。目前报道的原位合成技术主要有：铸造原位合成技术、熔覆原位合成技术等。Zee 等[77]将石墨和钛合金在感应炉中一起熔化烧结而获得 TiC 颗粒增强复合材料，制备了 TiC 颗粒大小不同的混合增强复合材料。屈平等[78]采用等离子熔覆技术，在 Q235B 钢表面制备了 Ti(C,N)-WC 增强的 Ni60A 基复合陶瓷涂层。预涂覆层中的钛（Ti）粉、石墨粉、氮化钛（TiN）粉在等离子熔覆过程中原位合成了颗粒状新生相 Ti(C,N)，且均匀弥散分布在熔覆层中，与基体相比有较好的硬度和耐磨性能。

第2章

等离子熔覆设备和工艺研究

2.1 等离子熔覆设备

研究中采用的等离子熔覆设备由 TBi-PLP-200-Aut 型等离子喷枪、PAW-160 型等离子弧熔覆系统以及 DPSF-2 型双筒送粉器组成。在等离子熔覆过程中，熔覆合金粉末以氮气作为载体，使用双筒送粉器进行同步送粉，送粉重复率约为±2%。送粉器通过送粉管道将合金粉末送到等离子喷枪口，粉末颗粒和基体表面的浅层金属经等离子高温焰流熔化而形成合金熔池。合金熔池经过气体加速冷却之后与基体相结合，并形成扁平状的涂层。冷却水水管位于等离子喷枪的内部，且与送气管道以及送粉管道相互平行，等离子熔覆设备如图 2.1 所示。

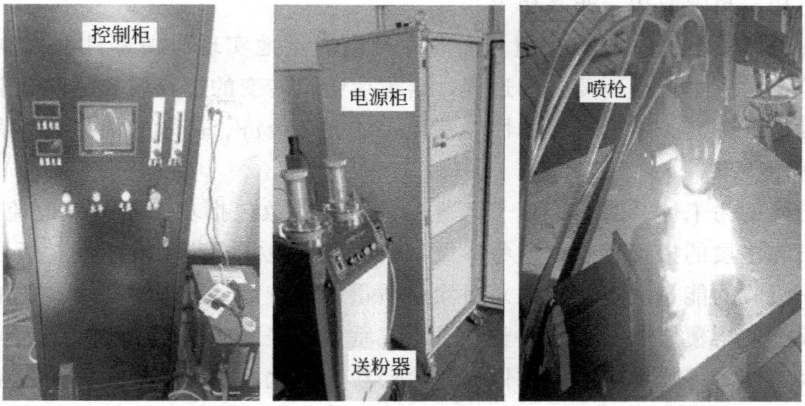

图 2.1　等离子熔覆设备

图 2.2 是等离子熔覆过程中的装置及喷枪移动示意图。等离子熔覆过程中，离子气为氩气，保护气和送粉气为氮气。氩气是单原子气体，作为离子气在温度升高过程中无分离过

程，直接吸收热量进行电离。送粉气和保护气采用氮气，在熔覆过程中能够在熔化粉末周围形成一个氮气保护层，避免粉末在熔覆过程中发生氧化。熔覆过程中将样品放在夹具上，使夹具以一定的扫描速度移动，喷枪不动，进行单道扫描。

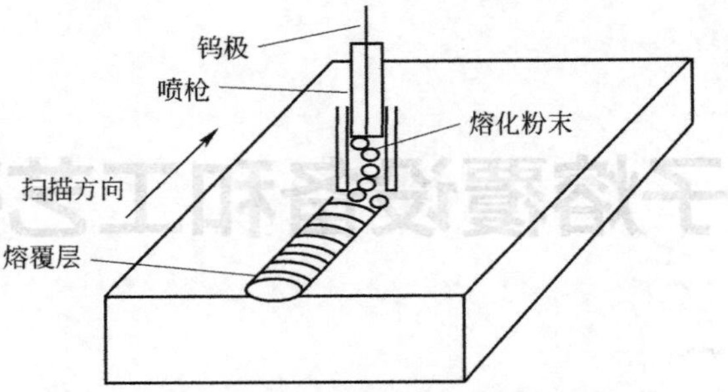

图 2.2　等离子熔覆过程中的装置及喷枪移动示意图

2.2　等离子熔覆工艺研究

等离子熔覆是借助高能等离子束的作用，使涂层材料和基体材料表面同时熔化，经快速凝固后形成稀释率极低、与基体材料呈冶金结合的表面涂层，从而显著改善材料表面的耐磨、耐蚀、耐热和抗氧化等性能的工艺方法。熔覆层最终的组织特征与等离子熔覆的工艺条件、合金体系的组成以及元素的存在状态、母材状况等有关。一般情况下，冷却速度越快，所得的熔覆组织越细小。等离子熔覆与其他常规的加热、冷却方法相比，具有能量密度高、可局部加热、自激冷却速度快的独特优势。较快的加热速度及冷却速度使得熔覆材料与基体的熔化与凝固过程远远偏离其平衡状态，加之熔覆层与基体之间的界面换热系数趋向于无穷大，从而导致熔覆层组织的形成机制和规律发生了相应的变化，使得熔覆层具有复杂的组织结构，如亚稳相、超弥散相、非晶相等。

利用等离子熔覆技术，能够快速、高效并且高质量地实现机械零件的再制造及功能修复。等离子熔覆是一个快速而复杂的过程，熔覆层组织转变的过程较其他的制造技术也更复杂，只有准确把握等离子熔覆材料的性能特点，才能在经济、高效的前提下确保熔覆层的各项性能达到使用要求。

在采用不同的粉末体系时，等离子熔覆工艺主要参数包括功率密度（电流密度）、扫描速度以及单层和多层的搭接方式，这些参数对熔覆层的性能有很大的影响。通过研究发现熔覆层单位面积吸收的能量（也称比能）对涂层质量影响较大。比能过高会在熔池中形成强烈的对流，不仅会使熔覆层的表面不平整，易形成垂直于表面的裂纹，晶粒粗大，力学性能减弱，还会增大基体的稀释率；比能过低会使涂层粉末熔化而基体未熔化，引起基体材料与熔化粉末间的界面能增大，导致熔覆后在基体表面形成不连续的柱状熔层，减弱了基体与熔覆层的结合强度[79]。扫描速度对裂纹的变化也较为敏感。扫描速度过慢，熔池与等离子束接触时间过长，容易造成熔池内合金元素的烧损；加快扫描速度即增大了温度梯度，热应力随之增大。因此，参数的选择要根据熔覆层的厚度，同时考虑熔覆材料与基体的熔点、吸收因子等因素。在能量密度满足理想比能的情况下，适当降低扫描速度。

本节将介绍等离子熔覆工艺参数对熔覆层性能的影响及其工艺优化分析。以镍基等离子熔覆层 Ni35 和铁基等离子熔覆层 Fe-Cr-B-Si 为典型涂层，研究其工艺因素对涂层性能的影响。

2.2.1 熔覆电流对熔覆层性能的影响

2.2.1.1 熔覆电流对镍基熔覆层性能的影响

等离子熔覆的电流密度即为其输出的功率密度，输出功率的密度直接影响熔覆层的成型质量和熔覆层的性能。当熔覆功率相对较低时，达不到熔覆层所需的能量，则该涂层粉末不能完全熔覆，未熔粉末仍以粉末的形式存在，导致熔覆质量下降。当熔覆功率过高时，其输入的能量远远高于熔覆层粉末所需的能量，则会导致粉末烧损或者直接导致粉末气化，烧损或气化后产生的气体介质在熔覆过程完成后未能在熔覆层速冷过程中及时排出，使得熔覆层中产生孔隙以及杂质等缺陷，对熔覆层质量亦有不利影响。

图 2.3 是扫描速度为 3mm/s 时不同熔覆电流下镍基熔覆层的宏观形貌。当熔覆电流为 75A 时，涂层表面十分不平整，有大量未熔颗粒且毛边过厚，成型质量较差；而电流增大到 85A 时，涂层表面出现大量气孔，由于等离子熔覆过程中输入的热量过多，导致基体稀释率过大，促使基体中大量碳元素上浮并与氧元素反应生成 CO，在熔池冷却的过程中无法及时排出，导致涂层宏观质量变差。经过大量实验验证，当熔覆电流为 80A 时，熔覆层宏观质量最佳。

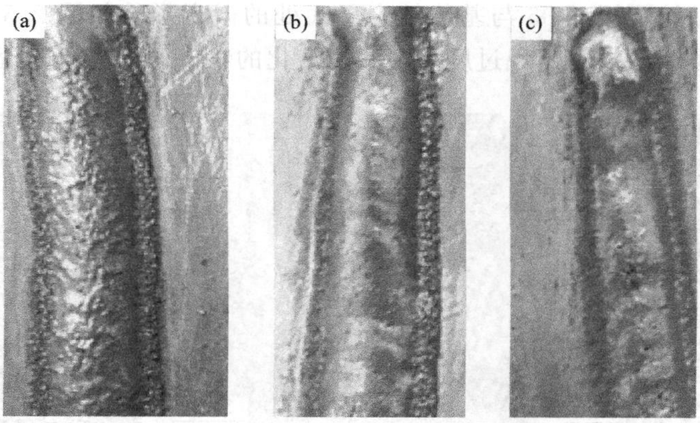

图 2.3 扫描速度为 3mm/s 时不同熔覆电流下镍基熔覆层的宏观形貌

(a) 75A；(b) 80A；(c) 85A

图 2.4 为镍基熔覆层在不同熔覆电流及扫描速度下的宏观形貌（彩图参见目录中二维码）。由图中（a）、（c）、（e）或（b）、（d）、（f）对比可知，随着电流的增加，涂层中产生的气孔增多，表面质量下降。由于电流的不断增大，等离子束的能量密度增大，稀释率增大，导致铸铁基体中大量 C 元素进入熔池，并与熔池中的氧化物或空气中的氧气发生反应生成大量 CO 气体。当熔池快速凝固而 CO 气体来不及完全逸出时，在涂层表面形成孔洞，涂层的表面质量较差。随着熔覆电流减小，涂层宽度随之减小。这是由于能量输入减少，基体熔化程度降低，参与形成涂层的成分减少，因此涂层宽度减小。

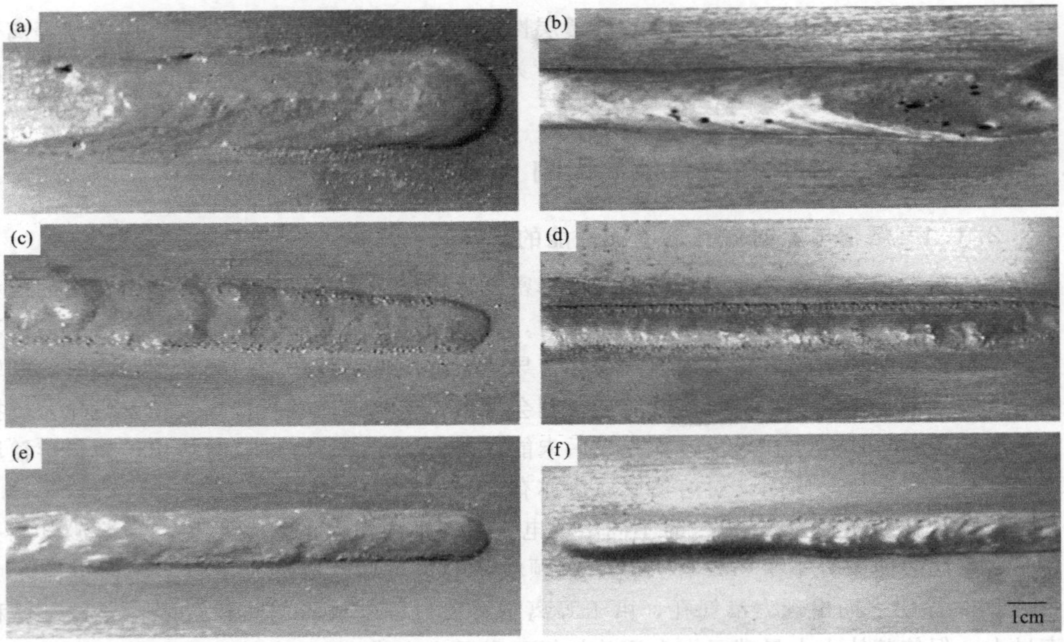

图 2.4　镍基熔覆层在不同熔覆电流及扫描速度下的宏观形貌

(a) 90A，2mm/s；(b) 90A，3mm/s；(c) 85A，2mm/s；(d) 85A，3mm/s；
(e) 80A，2mm/s；(f) 80A，3mm/s

不同电流下镍基熔覆层 Ni35 与基体结合界面处的微观形貌如图 2.5 所示。由图看出 3 种电流条件下的熔覆层并没有出现过度烧损和未熔化的粉末，但随着电流的增大，熔覆层的

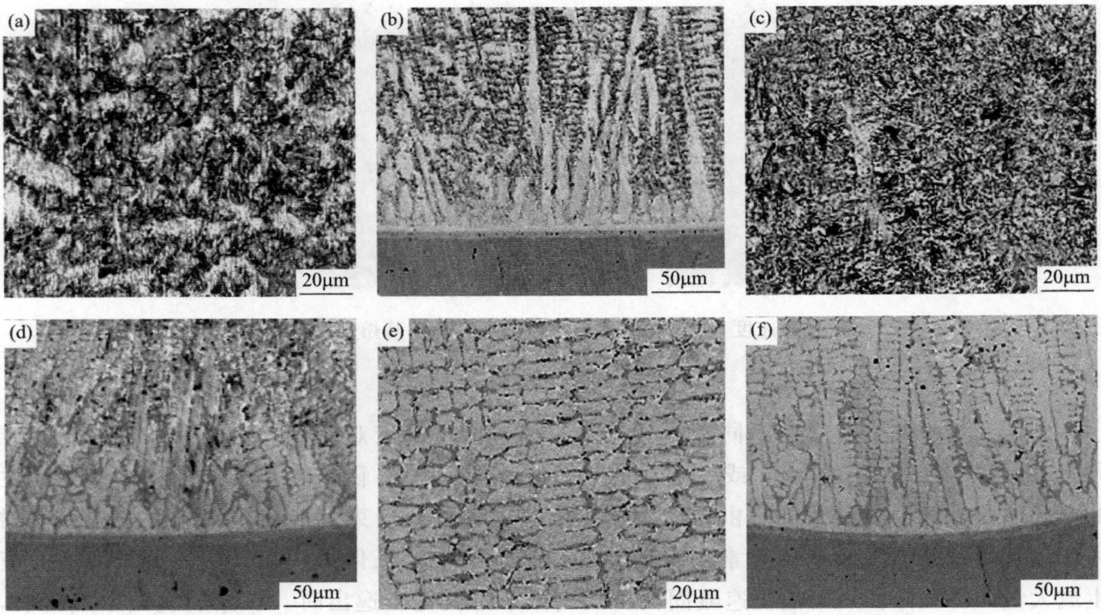

图 2.5　不同电流下镍基熔覆层 Ni35 与基体结合界面处的微观形貌

(a)、(b)，80A；(c)、(d)，100A；(e)、(f)，120A

组织也趋于均匀、清晰。这是因为在合理的熔覆电流范围内，增大电流使合金粉熔融得更加充分。图中不同电流下熔覆层各部位所表现出的形貌，也符合等离子熔覆过程中熔覆层各部位的结晶规律，即底部平面晶、胞状晶、柱状晶，中部树枝晶、交叉树枝晶。

熔覆电流的改变也会影响熔覆层的显微硬度。图2.6是送粉量为6.4g/min时，改变等离子熔覆电流，熔覆层各部位显微硬度值的变化。显微硬度测试所用的设备是莱州华银试验仪器有限公司生产的数字显微硬度计HVS 1000，载荷为1N，加载时间为10s。沿熔覆层由表及里直至基体测量样品的显微硬度，测量3个点取平均值作为显微硬度值。如图2.6所示，熔覆层的硬度整体大于基体，对比电流的变化，80A、120A两个样品硬度变化值相差较小，120A样品的变化值稍大。两熔覆层的显微硬度大约是基体材料的1.5～2倍，随着与界面距离的增加，熔覆层的显微硬度也出现了差异。而100A样品电流值介于80A和120A之间，但其硬度值却比两者均低且仅略高于基体。从图中还可以看出，熔覆层底部靠近分界面的位置及熔覆层顶部的硬度较熔覆层中部位置要稍低一些。从图2.5微观形貌图中可以看出，熔覆层中部显微组织结构更加均匀、细密，这可能是其硬度值升高的原因。

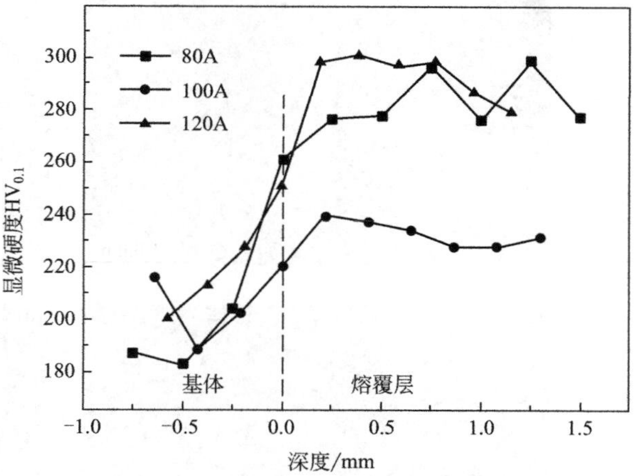

图2.6　送粉量为6.4g/min时，不同熔覆电流下镍基熔覆层显微硬度的变化

2.2.1.2　熔覆电流对铁基熔覆层性能的影响

图2.7为送粉量为5.4g/min时铁基熔覆层样品分别在电流80A、100A和120A时的微观组织形貌。分别从三种样品的熔覆层与基体界面处、熔覆层中部、熔覆层顶部三个不同区域进行观察。

随着电流逐渐增加，熔覆层组织主要由大块枝晶及枝晶间的共晶组织组成。电流为80A的样品界面处主要为柱状晶，中部主要为细小枝晶，顶部主要为等轴晶。电流为100A的样品界面处主要为柱状晶，中部能发现少量枝晶和等轴晶，顶部主要为等轴晶。电流为120A的样品不论界面处、中部还是顶部都主要由枝晶构成，尤其是熔覆层中部能明显看到大块枝晶。因此，对比所有样品的微观组织形貌照片发现，随着熔覆电流的增大，样品熔覆层中枝晶组织越来越多。

图2.8为熔覆电流不同时熔覆层不同区域的能谱。表2.1是不同熔覆电流熔覆层不同区域的元素质量分数。结合图2.8和表2.1综合分析，在熔覆电流为80A时，对比A区（晶内）与B区（晶间）元素含量可以看出，A区、B区中Fe、Cr两种元素含量较高。A区Fe含量高于B区，Cr含量则低于B区。与80A样品不同，熔覆电流为100A时，样品A区Fe含量低于B区，Cr含量则A区高于B区。熔覆电流为120A时，A区、B区均是Fe、Cr两种元素含量较高。与80A样品相同，与100A样品不同的是，A区Fe含量高于B区，Cr含量则低于B区。综合三种不同熔覆电流工艺能谱分析结果可知，熔覆层各元素含量比例与粉末成分设计值相差不大。随着熔覆电流逐渐增大，晶内和晶间Si含量和O含量也有所增

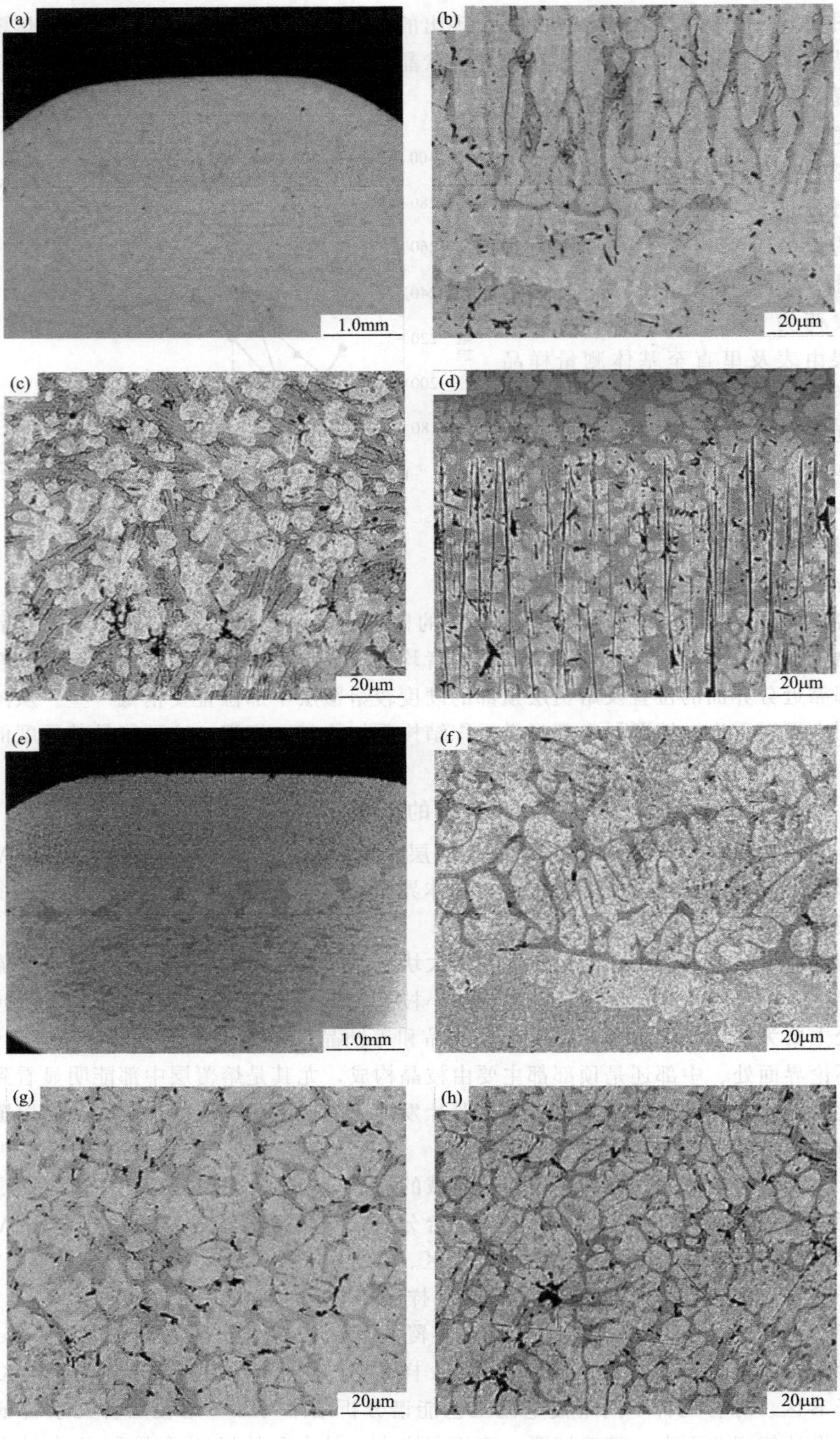

(a)
1.0mm
(b)
20μm
(c)
20μm
(d)
20μm
(e)
1.0mm
(f)
20μm
(g)
20μm
(h)
20μm

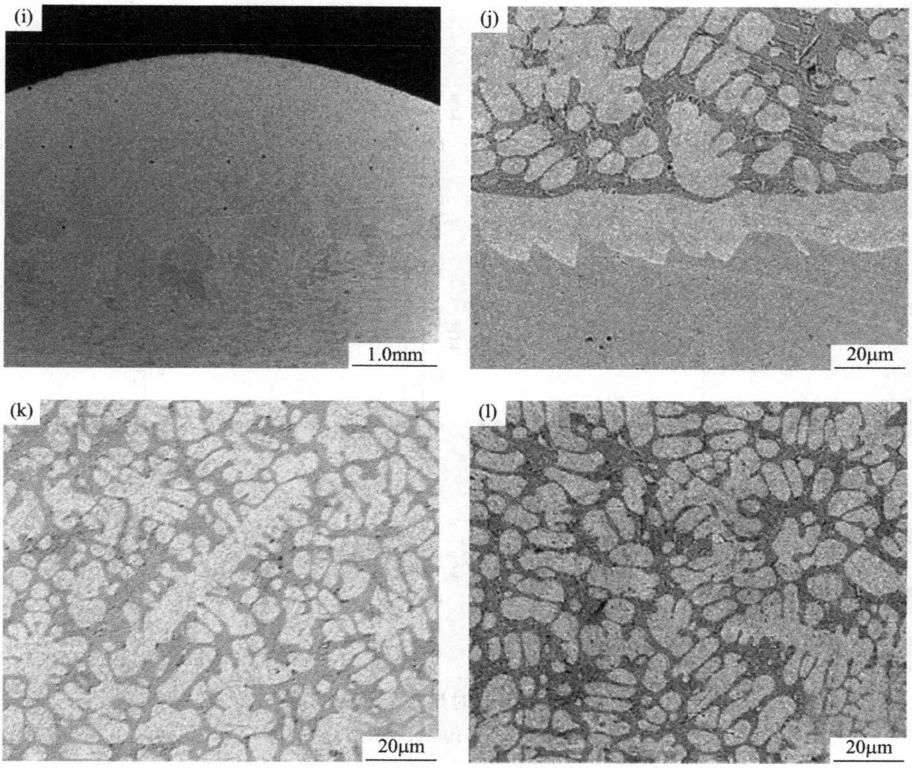

图 2.7　不同熔覆电流下，铁基熔覆层宏观形貌，熔覆层/基体界面处、
熔覆层中部以及熔覆层顶部微观组织形貌
(a)～(d) 80A；(e)～(h) 100A；(i)～(l) 120A

加。当熔覆电流为 100A 时，晶内 Fe 含量低于晶间，Cr 含量则高于晶间。

表 2.1　不同熔覆电流熔覆层不同区域的元素质量分数　　　单位：%

样品	区域	Fe	Cr	Si	O
a (80A)	整体	82.05	11.73	0.37	1.14
	A 区(晶内)	84.12	11.21	0.47	1.13
	B 区(晶间)	79.58	13.58	0.34	1.17
b (100A)	整体	76.56	11.12	1.01	2.47
	A 区(晶内)	67.52	13.80	0.66	2.84
	B 区(晶间)	74.40	11.44	0.92	2.72
c (120A)	整体	71.54	11.26	0.78	2.44
	A 区(晶内)	72.75	10.42	0.97	2.41
	B 区(晶间)	69.12	13.72	0.52	2.61

图 2.9 为送粉量为 5.4g/min 时熔覆电流为 80A 和 120A 条件下的样品元素面扫描结果(彩图参见目录中二维码)。由图可看出，在作为熔覆层主体的晶粒中，Cr 元素和 Fe 元素含量较高，O 主要分布在晶间，Si 多数分布在晶粒内，Cr 主要分布在晶间。其余元素无明显分布情况。由此可知，熔覆电流对样品中化学元素在微观组织中的分布影响不大。

为了分析熔覆电流对熔覆层硬度的影响，图 2.10 给出了送粉量为 5.4g/min 和 6.4g/min

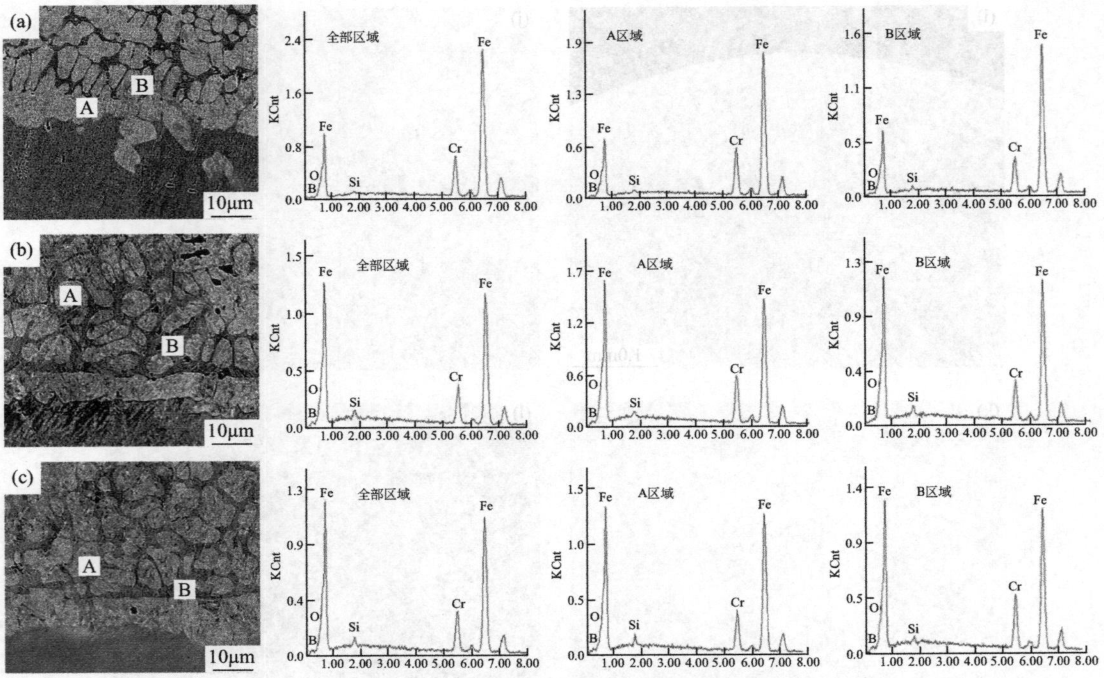

图 2.8　熔覆电流不同时熔覆层不同区域的能谱

(a) 80A；(b) 100A；(c) 120A

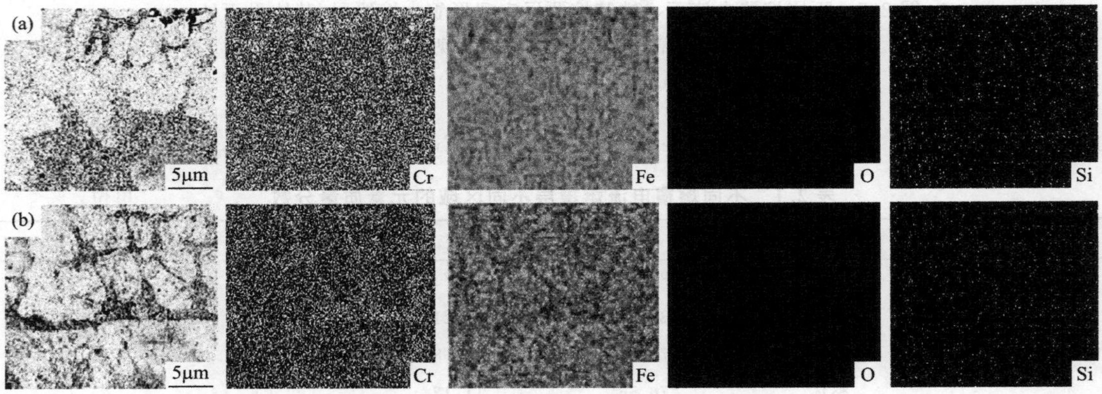

图 2.9　两种熔覆电流下铁基熔覆层元素面分布

(a) 80A；(b) 100A

时不同熔覆电流熔覆层显微硬度的变化。从图 2.10(a) 和图 2.10(b) 可以看出，所有样品熔覆层硬度均明显高于基体硬度，且界面处显微硬度较大。同时可发现，沿熔覆层截面方向随着距离的增加，涂层显微硬度普遍经历降低→增加→降低的变化。此外，在图 2.10(a) 中，随着熔覆电流的增大，显微硬度先增加再降低，电流为 100A 且送粉量为 5.4g/min 样品的显微硬度最高。在图 2.10(b) 中，随着熔覆电流的增大，显微硬度先降低后增加，电流为 80A 且送粉量为 6.4g/min 时样品的显微硬度最高。因此可以推测，涂层样品显微硬度变化不完全与电流变化呈线性关系，可能还与其他工艺参数，如送粉量相关。只有适当调节电流与送粉量得到最佳工艺参数时，才能得到显微硬度较高的样品。

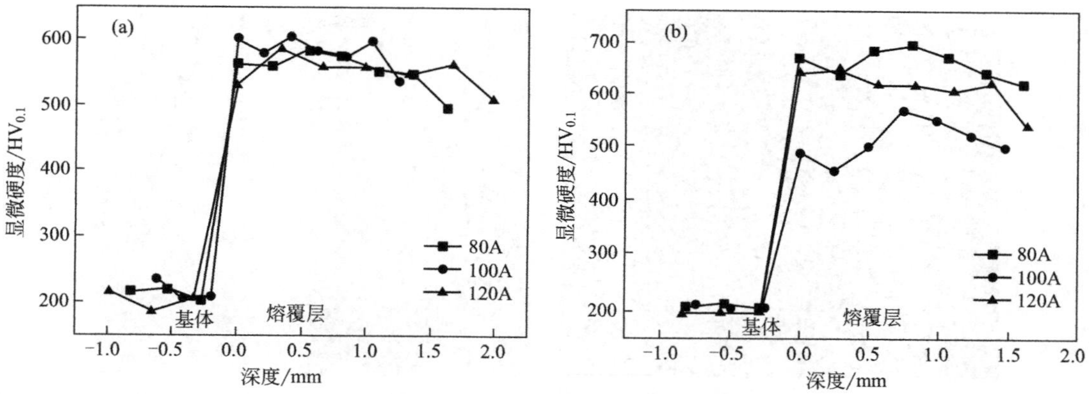

图 2.10　不同送粉量熔覆电流熔覆层显微硬度

(a) 5.4g/min；(b) 6.4g/min

为了研究电流对冲蚀磨损性能的影响，在冲蚀角 90°条件下进行了 5min 的冲蚀试验。表 2.2 列出了送粉量为 6.4g/min 时不同熔覆电流的样品进行冲蚀试验前后的质量差。通过对比发现，随着熔覆电流的增大，冲蚀失重逐渐减少，表明熔覆层抗冲蚀磨损性能逐渐增强。

表 2.2　不同熔覆电流样品的冲蚀失重

熔覆电流	80A	100A	120A
冲蚀前/g	7.6807	7.6393	8.6602
冲蚀后/g	7.2779	7.4023	8.4483
冲蚀失重/g	0.4028	0.2370	0.2119

2.2.2　送粉量对熔覆层性能的影响

熔覆过程中送粉量也是影响熔覆层性能的又一重要因素。当送粉量过多时，产生的等离子体能量不能将粉体材料全部熔融，导致粉末熔融不充分，熔覆层中夹杂半熔态或未熔态粉末，影响熔覆层性能；反之，当送粉量过少时，等离子体的能量高于粉末熔融所需的能量，粉末材料将有被烧蚀的风险。因此，合理控制送粉量是改善熔覆层性能的又一有效手段，本节将通过镍基和铁基等离子熔覆粉末送粉量的变化来研究其与最终涂层性能的关系。

2.2.2.1　送粉量对镍基熔覆层性能的影响

图 2.11 是送粉量分别为 6.4g/min、5.4g/min 时等离子熔覆层及其与基体的结合界面处的微观组织形貌图。从图中发现，当送粉量改变时，熔覆层的组织从以 6.4g/min 送粉量的枝晶为主变为以 5.4g/min 送粉量的等轴晶为主。同时在相同扫描倍数下，送粉量为 6.4g/min 时熔覆层中部晶粒尺寸要远大于 5.4g/min 送粉量的熔覆层中部晶粒尺寸。

结合图 2.6 所得的结论，得知在电流为 100A 的情况下无论送粉量是多少，所得熔覆层显微硬度均不理想。图 2.12 分别是在电流为 80A、120A 条件下考察送粉量对熔覆层硬度的影响。图 2.12(a) 中熔覆电流为 80A 时，送粉量为 6.4g/min 样品熔覆层的中部硬度高于送粉量为 5.4g/min 的样品，但在熔覆层顶部送粉量为 6.4g/min 样品的硬度出现了较大幅度的下降。而在图 2.12(b) 中，熔覆电流为 120A 时，送粉量为 5.4g/min 样品硬度远远高于 6.4g/min 样品，且整个熔覆层的硬度值比较均匀，变化不大。综合来说，当送粉量为

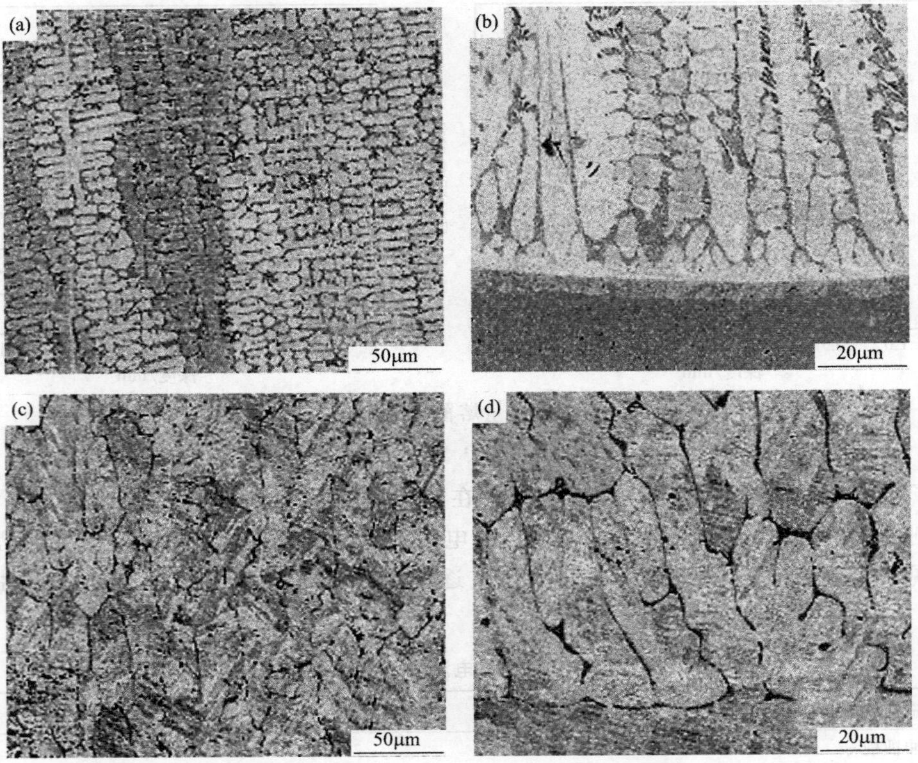

图 2.11　熔覆电流均为 120A 时，镍基熔覆层 Ni35 在不同送粉量时熔覆层及其与基体结合界面处的微观形貌

(a)、(b) 6.4g/min；(c)、(d) 5.4g/min

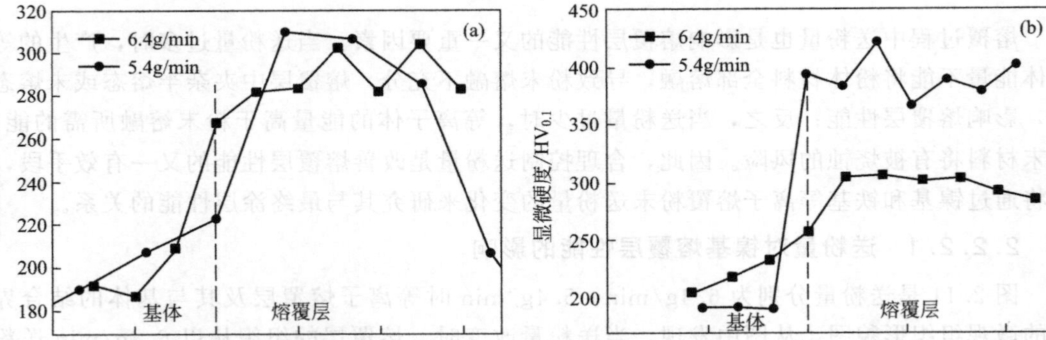

图 2.12　镍基熔覆层 Ni35 在不同熔覆电流时不同送粉量熔覆层的显微硬度

(a) 80A；(b) 120A

5.4g/min 时熔覆层的硬度更高且涂层硬度值较均匀。

2.2.2.2　送粉量对铁基熔覆层性能的影响

图 2.13 是送粉量分别为 6.4g/min 和 5.4g/min，且熔覆电流均为 120A 时铁基熔覆层宏观形貌，熔覆层/基体界面处、熔覆层中部以及熔覆层顶部微观组织形貌。由图 2.13 可看

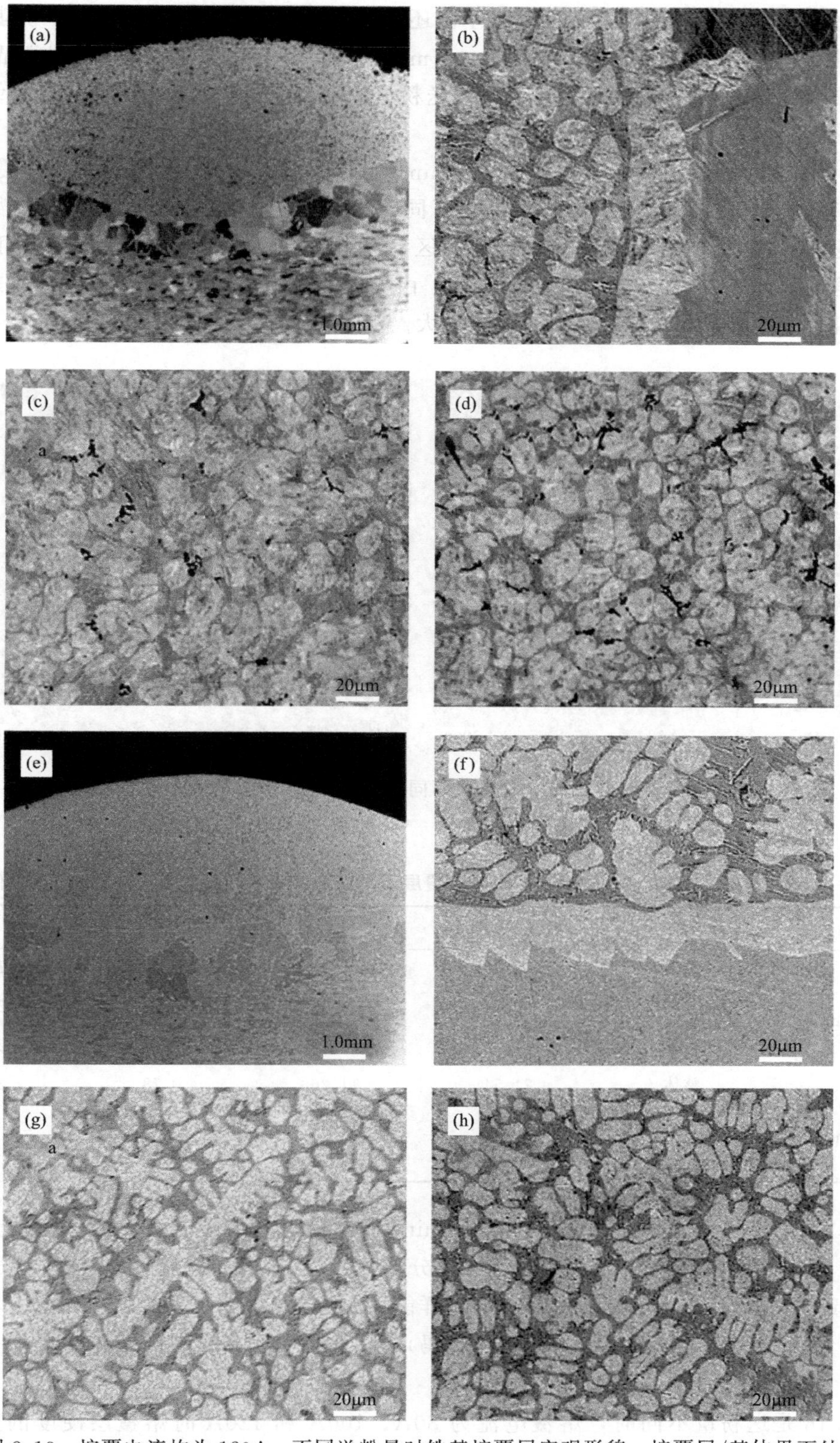

图 2.13　熔覆电流均为 120A，不同送粉量时铁基熔覆层宏观形貌，熔覆层/基体界面处、熔覆层中部以及熔覆层顶部微观组织形貌

(a)～(d)：6.4g/min；(e)～(h)：5.4g/min

出，送粉量为 6.4g/min 的样品界面处、中部还有顶部都主要由枝晶组织构成，尤其是熔覆层中部能明显看出大块枝晶。送粉量为 5.4g/min 的样品，熔覆层各处都主要由胞晶和等轴晶构成。对比两样品的微观照片发现，随着送粉量的增加，样品微观组织中枝晶组织越来越明显。

图 2.14 是送粉量为 5.4g/min 和 6.4g/min，且熔覆电流均为 120A 时铁基熔覆层/基体界面处的微观组织形貌。表 2.3 是送粉量不同时熔覆层不同区域的元素质量分数。由图 2.14 和表 2.3 发现，在两样品中分别对比 A 区（晶内）与 B 区（晶间）元素含量可以看出，A 区 Fe 含量高于 B 区，Cr 含量则低于 B 区。由整体能谱分析结果可知，随着送粉量增加，晶内和晶间 Si 含量有所增加。O 含量变化不大。

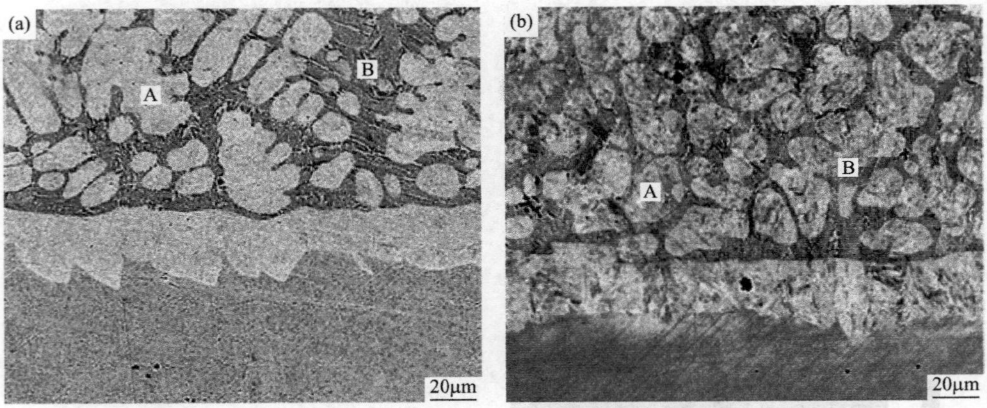

图 2.14　熔覆电流均为 120A，送粉量不同时铁基熔覆层/基体界面处微观组织形貌

(a) 5.4g/min；(b) 6.4g/min

表 2.3　送粉量不同时熔覆层不同区域的元素质量分数　　单位：%

样品	区域	Fe	Cr	Si	O
a (5.4g/min)	整体	71.05	11.37	0.80	2.24
	A 区(晶内)	72.86	10.76	0.76	2.33
	B 区(晶间)	66.72	14.62	0.59	2.63
b (6.4g/min)	整体	71.54	11.26	0.78	2.44
	A 区(晶内)	72.75	10.42	0.97	2.41
	B 区(晶间)	69.12	13.72	0.52	2.61

图 2.15 是送粉量为 6.4g/min 和 5.4g/min，且熔覆电流均为 120A 时熔覆层元素面分布。由图 2.15 可看出，Cr 元素和 Fe 元素分布密集，Si 多数分布在晶粒内，送粉量为 5.4g/min 的试样比送粉量为 6.4g/min 的试样能更明显看出其 Cr 元素在晶间的分布，其余元素分布情况不明显（彩图参见目录中二维码）。故此说明送粉量对熔覆层元素面分布影响不明显。

图 2.16 是送粉量不同时，熔覆电流为 80A、100A 和 120A 时熔覆层硬度的变化。由图 2.16 可看出，所有样品熔覆层硬度均明显高于基体硬度，且向熔覆层方向随着熔覆距离的增加，硬度普遍经历降低→增加→降低的变化趋势。分别对样品 a、c 进行分析，发现送

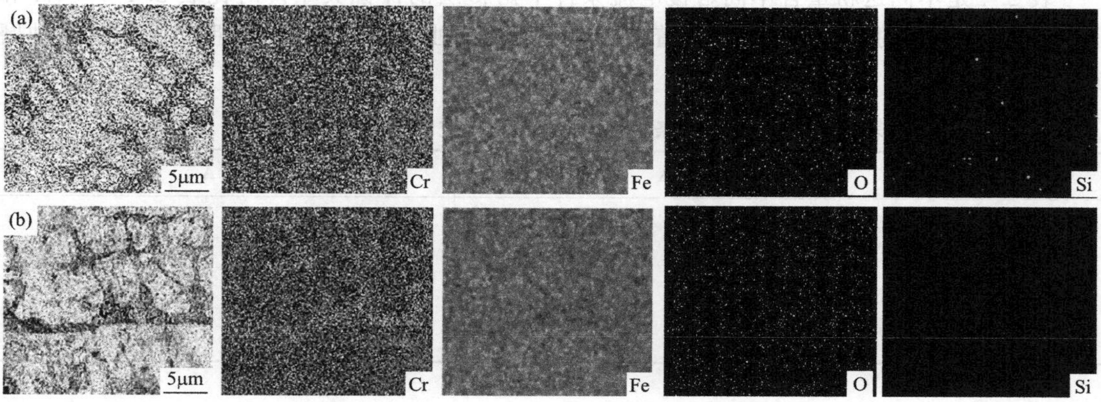

图 2.15　熔覆电流均为 120A，送粉量不同时铁基熔覆层元素面分布

（a）6.4g/min；（b）5.4g/min

粉量为 6.4g/min 时样品硬度值大于送粉量为 5.4g/min 时样品的硬度值，然而在图 2.16(b) 中送粉量为 6.4g/min 时样品的硬度值却小于送粉量为 5.4g/min 时样品的硬度值。此结论再次证实硬度的变化不完全与送粉量和电流呈线性关系，只有电流与送粉量适当配合，才能使硬度达到最高，其硬度值的最佳组合为电流 80A、电压 100V、送粉量 6.4g/min。

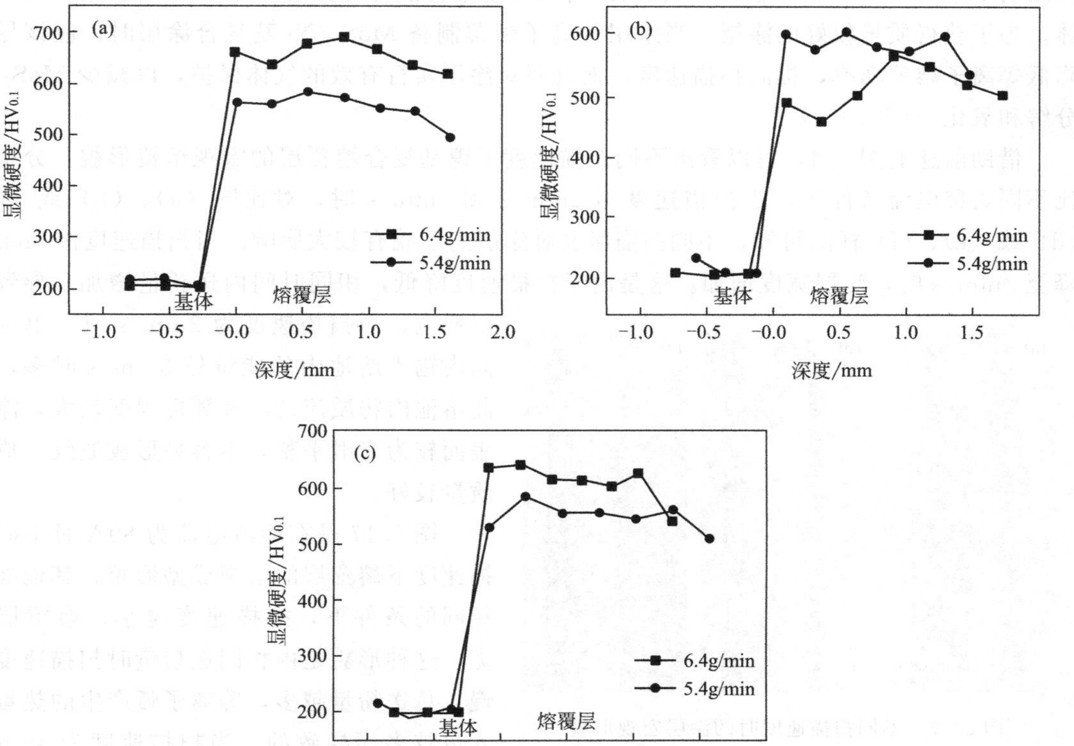

图 2.16　送粉量不同时的熔覆层硬度

（a）80A；（b）100A；（c）120A

表 2.4 是不同送粉量且不同熔覆电流条件下熔覆层的冲蚀失重。对比表 2.4 中 80A 和 100A 熔覆电流时的数据可发现，随着送粉量的减少冲蚀失重也减少，表明熔覆层抗冲蚀磨损性能逐渐增强。

表 2.4 不同送粉量条件下，不同熔覆电流时熔覆层的冲蚀失重

熔覆电流	80A		100A	
送粉量/g/min	6.4	5.4	6.4	5.4
冲蚀前/g	7.6807	8.4578	7.6393	9.4804
冲蚀后/g	7.2779	8.2618	7.4023	9.2683
冲蚀失重/g	0.4028	0.1960	0.2370	0.2121

2.2.3 扫描速度对熔覆层性能的影响

熔覆时扫描速度对熔覆层的性能同样具有非常显著的影响。扫描速度降低，等离子弧作用于样品的时间变长，对基体热输入的增大会引起基体变形。另外，在等离子弧作用区域中，扫描速度太低会导致粉末的过度累积，进而影响涂层的表层质量。同时，熔覆过程中的温度梯度在扫描速度过高时会迅速扩大，因此在熔覆层内产生很大的热应力，易引起涂层的开裂和剥落。以镍基 Ni60 复合熔覆层为例，研究扫描速度对熔覆层性能的影响。由于该复合涂层中添加了 MoS_2，且 MoS_2 在高温有氧环境中特别容易分解并且产出一定量的 SO_2 气体。为了获得质量较好的涂层，当采用等离子熔覆制备 MoS_2/Ni 基复合涂层时，应该尽量降低等离子熔覆功率，提高扫描速度，而且要对涂层实行有效的气体保护，以减少 MoS_2 的分解和氧化[79,80]。

借助前述的图 2.4，可以看出不同扫描速度下镍基复合熔覆层的宏观熔覆形貌。分别对比不同熔覆电流条件下，当扫描速度为 2mm/s 和 3mm/s 时，对比图（a）、（b）或（c）、（d）或（e）、（f）样品可知，不同扫描速度对涂层的形貌有较大影响。当扫描速度由 3mm/s 降至 2mm/s 时，涂层宽度增加。这是由于扫描速度降低，相同时间内送粉量增加，导致涂层变宽。当扫描速度为 2mm/s 时，单位时间内输入熔池内的能量较 3mm/s 时多，因此熔池内物质流动以及翻搅程度较大，涂层表面较为光滑平整，不容易形成波纹，成型质量较好。

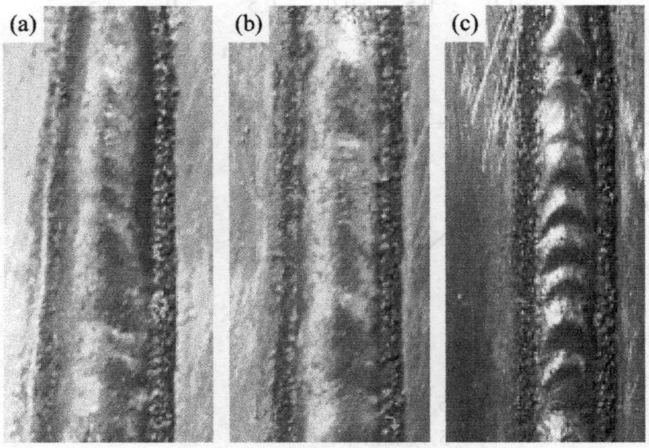

图 2.17 不同扫描速度时的涂层宏观形貌

(a) 2mm/s；(b) 3mm/s；(c) 4mm/s

图 2.17 是在熔覆电流为 80A 时不同扫描速度下熔覆层的宏观成型形貌，其他参数相同的条件下，扫描速度越小，熔覆层越宽。这种形貌是由相同送粉量时扫描速度越慢，总送粉量越多，等离子弧产生的热量输入也越多而导致的。当扫描速度为 4mm/s 时，涂层表面出现波纹，且毛边现象严重，涂层表面质量下降；当扫描速度为 2mm/s 时，涂层厚度过大，稀释率太高。因此，当扫描速度为 3mm/s 时涂层成型最佳。

2.2.4 熔覆搭接方式对熔覆层性能的影响

2.2.4.1 单道单层搭接

单道单层熔覆层的制备是等离子熔覆工艺中最简单、受外界影响最小的一种。单道单层熔覆层工艺的微观组织结构与熔覆工艺参数有很大关系，本章前三小节分别介绍了熔覆电流、送粉量和扫描速度对单道单层熔覆层性能的影响。熔覆层性能及其成型质量与熔覆工艺参数间并非呈线性递增或递减趋势，而是根据熔覆粉末材料不同，适度调节各个工艺参数才能得到性能优异的熔覆层。

2.2.4.2 单道多层搭接

用等离子熔覆技术进行尺寸修复或快速成型时，单层的熔覆层厚度或宽度不能达到工艺所需要的尺寸要求，需要在同一个部位进行反复的熔覆，即单道多层熔覆。在等离子熔覆层逐层堆积时，熔覆层经历了一个不均匀的加热和冷却过程，即一个特殊的热处理过程。在单道多层等离子熔覆时，层与层的结合区接近金属的熔点，先成型的熔覆层与后成型的熔覆层之间会有热影响，从而造成等离子熔覆层不均匀的组织与性能。因此，单道多层熔覆过程中受到工艺参数和外部因素的影响比单道单层熔覆要复杂很多。以下就单道多层搭接方式对熔覆层性能的影响进行阐述，重点研究了在熔覆过程中熔覆层与层之间的相互影响。

图 2.18 为多层熔覆时层与层的熔覆区及热影响区的显微形貌图。从图中可以看到，在层与层之间并没有形成平面晶组织。这是因为在进行多层熔覆时，往往后一层处于熔覆状态而前一熔覆层还未完全冷却，层间交界处温度梯度虽大，但不足以完全形成平面晶，仍以柱状晶外延方式生长。在熔覆层与层的分界处，可以看到明显的沉积层界面，表现为一条等轴晶细带。通过对分界处的进一步观察，可以发现熔覆区域热影响区的分界均是由晶粒形态发生急剧变化造成的。出现等轴晶带的原因在于后一熔覆层会对前一熔覆层从上至下的不同区域施加不同的热影响，使前一熔覆层顶部未熔化部分的组织发生重结晶，在快速冷却过程中形成细小的等轴晶带。

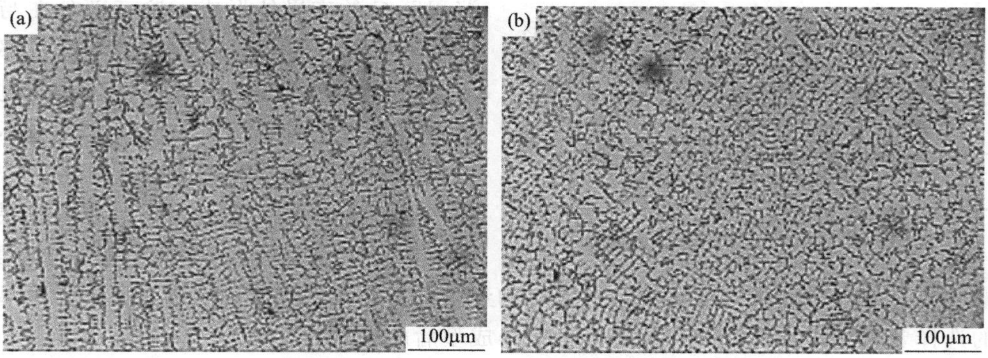

图 2.18 单道多层等离子熔覆区及热影响区显微形貌

(a) 熔覆区；(b) 热影响区

图 2.19 为单道两层和单道三层熔覆层的显微硬度变化曲线，除层数不同外两样品的其他工艺参数相同。从图中可以看出两样品的平均显微硬度值是有差异的，熔覆单道两层样品的硬度明显要高于单道三层样品，但在最表面一层熔覆层上的硬度值又趋于相同。根据曲线

的变化趋势，可以看出两者的相同点，即熔覆层的显微硬度值会呈现台阶形，熔覆几层就有几个台阶，每个台阶熔覆层硬度都会出现一次下降，该区域是重熔区。在下降之后硬度往往会有所上升但低于上一台阶的硬度值，这是进入了下一道熔覆层。出现这种现象的原因是，在进行多次等离子熔覆时，若熔覆的时间间隔太短，则前一道熔覆层中的热量不能完全散失，会对后一道熔覆层起到高温回火的作用。熔覆层数越多，积累的热量也就越多，样品的整体温度也越高，后一熔覆层的回火温度也越高，后一熔覆层的凝固组织就越来越接近于平衡凝固组织，因此硬度也就下降得越多。从图中还可以看出，样品最表面的硬度有所上升，这是因为顶层散热相对较快，样品表面的对流效应会对顶层产生空冷淬火的效果，导致顶层的显微硬度上升。

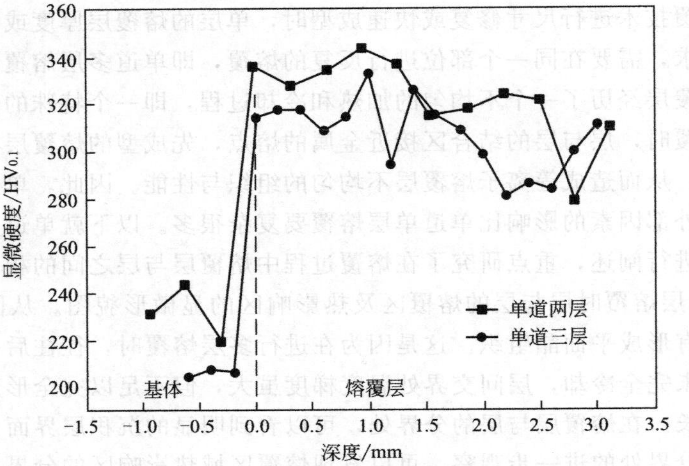

图 2.19　单道多层熔覆层显微硬度变化曲线

2.2.4.3　单层多道搭接

单层双道搭接熔覆示意图如图 2.20 所示。熔池在基体 A、相邻熔覆线 B 和该熔覆线已沉积区 C 的交界处形成，这三部分在与熔池毗邻处重熔，使得熔池凝固后和这三部分呈冶金结合，达到组织的致密性。成型过程中随着相邻轨迹间的距离不同，会出现不同的搭接效果。当成型轨迹间距离过大时，没有搭接或者搭接量不足，所得到的熔覆层表面起伏不平，对后续层的搭接成型造成影响；而搭接间距过小，搭接量过度，则会直接影响到当前正在成型的断面层高。因此，成型轨迹间距的选择要合适，以保证理想的搭接量使得成型后的表面为平面。

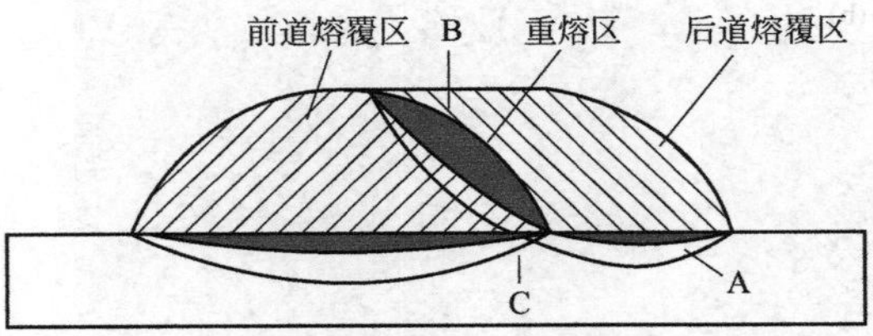

图 2.20　单层双道搭接熔覆示意图[81]

图 2.21 为等离子熔覆单层四道搭接的金相组织照片，图 2.21(a)、图 2.21(b)、图 2.21(c) 分别为三个搭接区分界处的金相组织形貌。可以看到基体与前后两道熔覆层的明显差异，随着搭接次数的增加，熔覆层之间差异减小。在横向搭接熔覆时，由于搭接区基体不再是原始基体，而是前一道部分等离子熔覆层，因此搭接熔池边界重熔区基体的化学成分和晶体结构与熔池金属完全相同，为后一道熔覆层依附于前一道的部分溶解界面，形成具有相同或相近晶格结构和晶粒尺寸的凝固方式即为“外延生长”提供了条件。从图 2.21(a)、

(b) 中可以看出，第二道熔覆层部分枝晶以非连续外延式向熔池生长，部分枝晶的生长方向继承了第一道熔覆层的结晶方向，而另一些树枝晶的生长方向发生了改变，这是由晶体学取向和热流方向共同决定的。从图中可以看出在枝晶转向的同时组织明显粗化，而此时部分热量传递主要通过前一道熔覆层来完成，而前一道熔覆层材料本身的传热系数比基体要低一些，同时为了提高制备效率熔覆间隔时间不足以使前一道熔覆层完全冷却，前道熔覆层所堆积的热量会对后一道熔覆层造成回火作用。以上三种情况的综合作用导致第二道熔覆层的组织粗大，在图 2.21(a) 中，左下方为第一道熔覆层的组织，右上方为变粗大之后的第二道熔覆层组织，两者之间还不能看出非常明显的枝晶转向区，但这种由于非连续外延生长[82]造成的枝晶转向区在熔覆层的中部即重熔区却更为明显。

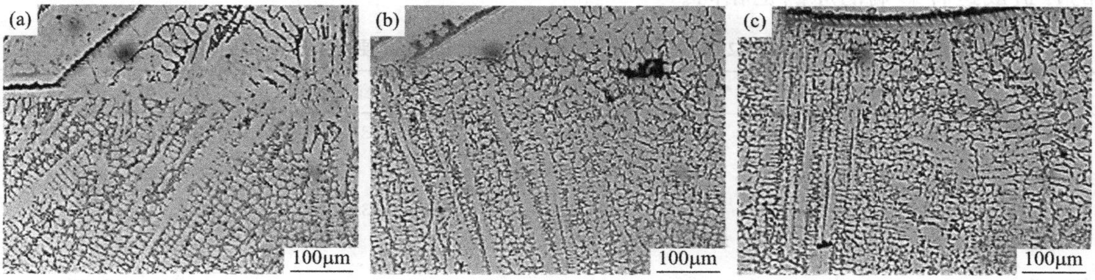

图 2.21　单层四道搭接熔覆层的三个搭接区金相组织

多道搭接熔覆层重熔区的金相组织如图 2.22 所示。在重熔区，枝晶转向区较宽，树枝晶的生长方向发生了显著变化，没有表现出明显的继承性，说明在此工艺下重熔区深度超过了枝晶转向区，此处重熔区熔覆层之间的冶金结合较图 2.21 中的交界处要好。图 2.22(a)、(b) 是更靠近底层的搭接区组织，图 2.22(c)、(d)、(e) 是更靠近表面的搭接区组织。对比图 2.21 可以看出，第二道熔覆层的组织更加粗大，这是因为在图 2.22(a)、(b) 中既不靠近基体也不靠近熔覆层表面的区域，冷却速度较慢且受到前道熔覆层热效应的影响更大，

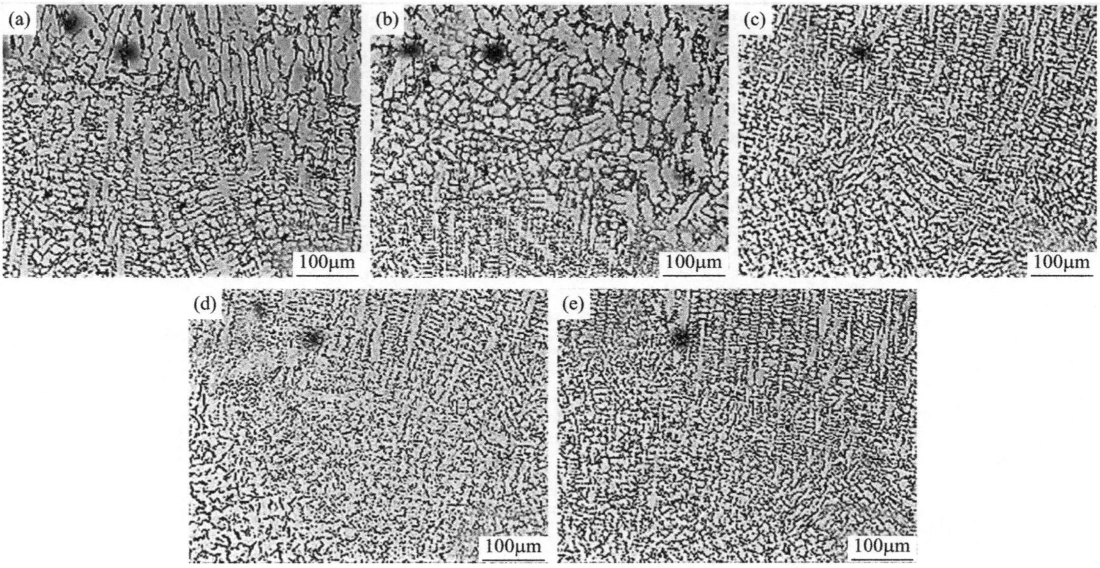

图 2.22　多道搭接熔覆层重熔区金相组织

(a)、(b) 靠近基体区域；(c)～(e) 靠近熔覆层表层区域

两者的综合作用促进了熔覆层组织的进一步生长。

表 2.5、表 2.6 分别为四道搭接和三道搭接样品的显微硬度值，其中四道搭接样品的熔覆电流为 100A，三道搭接样品的熔覆电流为 80A。对比两表可以看出，四道搭接样品整体的显微硬度值要低于三道搭接样品，这一结果与前述分析的电流对单层熔覆层硬度的影响规律相吻合。对于多道搭接工艺而言，重点考察搭接区交界处和重熔区及附近熔覆层组织的硬度值。以交界处为起点等距离测量熔覆层硬度，分为三组，对每一距离的硬度平均值再取平均值即为各道熔覆层的平均值。与多层等离子熔覆相似，在进行熔覆层搭接的同时，前道搭接会对后道搭接形成高温回火效应，造成硬度降低；搭接区硬度值降低之后转而上升，但下一道熔覆层的硬度要低于上一道的硬度。多层熔覆与多道搭接熔覆对熔覆层硬度的影响是相似的，造成这种影响的原因也相同。

表 2.5　四道搭接熔覆层各区域显微硬度　　单位：$HV_{0.1}$

样品	第一组平均值	第二组平均值	第三组平均值	整体平均值
基体	194.58	179.45	181.25	185.15
界面 1	298.62	—	—	298.62
第一搭接区	347.77	343.37	331.14	340.76
界面 2	287.93	—	—	287.93
第二搭接区	323.10	313.51	316.54	317.72

表 2.6　三道搭接熔覆层各区域显微硬度　　单位：$HV_{0.1}$

样品	第一组平均值	第二组平均值	第三组平均值	整体平均值
基体	173.76	199.92	205.98	193.22
界面 1	392.40	—	—	392.40
第一搭接区	410.77	383.18	388.92	394.29
界面 2	319.01	—	—	319.01
第二搭接区	349.03	338.96	347.11	345.03

第3章

等离子熔覆镍基涂层

目前，镍基等离子熔覆大多采用在镍基自熔合金粉末中添加硬质相及硬质相合成元素，制备复合涂层或梯度涂层。作为一种快速冶金方式，等离子熔覆既可得到符合平衡相图的合金，也可得到偏离平衡相图的超合金，因此开发熔覆专用材料已经成为等离子熔覆研究领域的一个重要方向。本章重点研究 Ni15A 和 Ni60 镍基复合等离子熔覆层体系，其中在 Ni15A 涂层粉末体系中添加 Ti，旨在通过原位合成反应，即反应熔覆，生成 TiN 增强相来提高涂层的摩擦学性能；在 Ni60 基熔覆涂层中添加 WC/Ti，研究通过反应生成增强第二相及其对熔覆层抗冲蚀和抗高温变形能力的影响。通过添加 Ni 包六方氮化硼（h-BN）和 Ni 包 MoS_2 等自润滑剂的方式，获得了等离子熔覆自润滑涂层。

等离子反应熔覆技术是在等离子高能量束熔覆过程中通过元素或化合物间的化学反应"原位合成"金属陶瓷等涂层的一种新型涂层技术[83]。利用熔覆材料之间或熔覆材料与其他介质之间相互反应，生成强化相以增强涂层的性能已有大量研究[84,85]。原位合成工艺是在一定条件下，通过元素和元素之间的物理化学反应，在基体内部原位形成一种或多种高强度、高硬度的增强颗粒，从而起到强化基体的作用[86]。原位合成的强化颗粒是从涂层的金属基体中原位形核长大的热力学稳定相，避免了涂层与基质材料之间相容性不良的问题。同时，采用原位合成的强化相颗粒在涂层内分布较为均匀，避免了加入强化相颗粒时由于材料和工艺带来的偏析和团聚问题，在保证材料韧性的同时，可以大幅度提高涂层的强度。

TiN 涂层具有低摩擦系数和高硬度以及良好的耐蚀性等优点，因此被广泛应用在装饰涂层、耐磨涂层和耐蚀涂层。而 TiN 相作为一种陶瓷相，在涂层中可以显著提高涂层的强度和硬度。目前，许多研究者通过热喷涂、化学气相沉积（CVD）、物理气相沉积（PVD）以及电弧镀等技术，利用纯 Ti 和 N 反应制备了原位 TiN 涂层，并对涂层的形成过程、显微结构和性能进行了研究[87-91]。王振廷等[92]通过氩弧熔覆技术在 Q345D 钢表面，以 Ti、BN、Ni 粉为原料，在 Ni 基合金涂层中原位合成了 TiN，并对涂层的显微组织和耐磨性及摩擦机理进行了分析。徐安阳等[93]针对功能电极电火花诱导烧蚀加工钛合金的表面缺陷，通过原加工系统向加工区域通入氮气，利用电火花放电对烧蚀加工表面进行修整，放电产生的热量促使氮气和钛合金表面材料发生化学反应，原位合成了 TiN 涂层。董艳春[94]以 Ti

粉为原料，利用等离子喷涂技术，使熔化的 Ti 粉在氮气气氛的反应室内反应，用反应等离子喷涂技术制备了纳米 TiN 涂层。应峰等[95]在 Ti 合金表面采用双层辉光离子渗金属技术，原位合成了 TiN 渗镀层，TiN 层具有较高的硬度，达到 $1400HV_{0.2}$，与基体结合良好，渗镀层的摩擦系数较基体下降 50%，具有良好的减摩耐磨性。

可以看出，原位合成 TiN 都是利用 Ti 元素与 N 元素在不同环境下发生直接反应或置换反应的机理。然而，传统的利用 PVD、CVD、电弧镀等技术原位制备的 TiN 涂层较薄，降低了涂层的力学性能。利用热喷涂反应技术虽然可以制备较厚的 TiN 涂层，但是涂层内含有较多的孔隙，脆性较大，涂层质量不易控制。

利用反应等离子熔覆技术原位合成 TiN 涂层可以在短时间内制备出较厚的涂层，大大提高了粉末的沉积效率，节约了成本。合成的 TiN 涂层内孔隙率低、质量好，涂层与基体可以形成冶金结合，大大提高了涂层的性能。

3.1 Ni15A/Ti 复合等离子熔覆层

3.1.1 熔覆材料选择原则

熔覆粉末选用 Ni15A 合金粉末（质量分数分别为：Fe 2.4%，B 1.4%，Si 1.6%，C 0.1%，Ni 余量）和纯 Ti 粉末。为防止熔覆过程中粉末不均匀和成分偏析，采用球磨机对混合粉末进行机械混合 1h。选用 Ni15A 合金粉末是由于粉末中的 B、Si 等具有强烈脱氧和造渣能力，可以优先与熔覆粉末过程中的氧反应，生成低熔点的硅硼酸盐浮在熔覆层表面，减少了熔覆层内的氧化和夹渣，提高了涂层质量。同时 Ni 基合金中的 Ni 在一定温度区间可以和基体中的 Fe 无限固溶，使涂层与基体达到冶金结合。选用 Ti 合金粉末，是由于 Ti 粉末可以和 Ni 反应生成 TiNi 和 Ni_3Ti。TiNi 是具有高韧性的耐磨材料，Ni_3Ti 属于金属化合物。其中，Ni_3Ti 具有六方晶系 D024 型晶体结构，在 Ni 基合金中是析出强化相，可以提高涂层的耐磨性。粉末中的 Ti 同时可以与送粉气和保护气中的 N_2 生成 TiN 相。TiN 属于陶瓷相，具有高的硬度和强度，可以在熔覆层内提高熔覆层的强度和硬度，从而提高涂层的耐磨性。

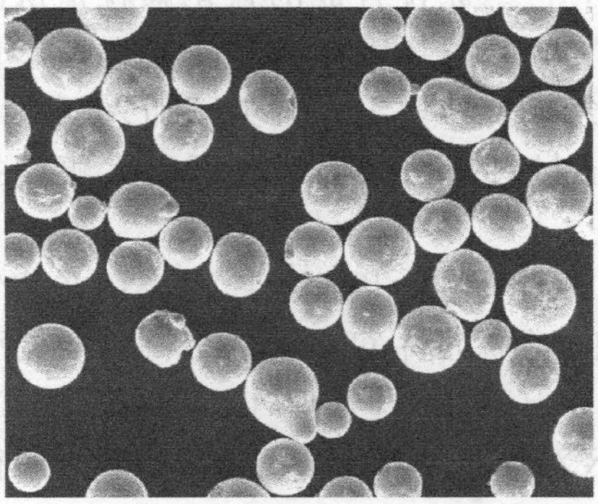

图 3.1　镍基 Ni15A 等离子熔覆合金粉末 SEM 图

图 3.1 是 Ni15A 等离子熔覆粉末的扫描电子显微镜（SEM）照片。可以看到，粉末粒度分布均匀，约为 80～100μm，粉末微观外形圆润，宏观观测粉末流动性较好。

基体材料选用 FV520B 不锈钢，不锈钢成分如表 3.1 所示。FV520B 不锈钢是一种新型马氏体强化沉淀硬化不锈钢，具有强度高、韧性好及耐蚀性好的优点，主要应用于齿轮、螺栓、轴、轮盘和叶片。熔覆前基体用丙酮进行超声波清洗，去除表面的污染物，对清洗后的基体进行熔覆。熔覆后对样品进行切割，然后用砂纸磨平，抛光，干燥，具体处理过程如图 3.2 所示。

表 3.1 FV520B 不锈钢成分 单位：%

化学元素	C	Mn	Si	Cr	Ni	Mo	Nb	B	Fe
FV520B	0.02～0.07	0.3～1.0	0.15～0.70	13.0～14.5	5.0～6.0	1.3～1.8	0.25～0.45	—	余量

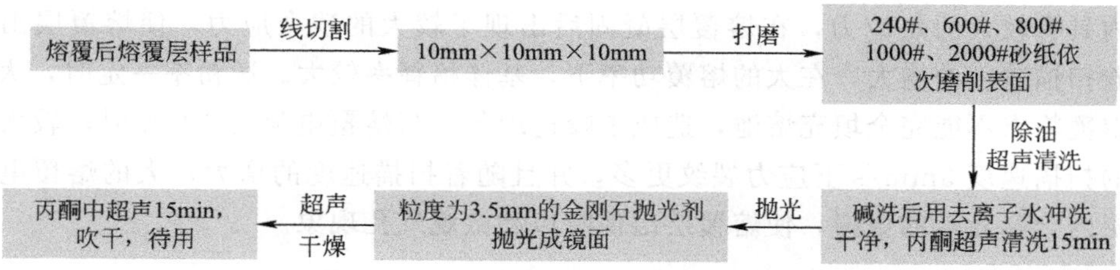

图 3.2 标准样品制备流程

3.1.2 熔覆工艺参数优化

在第 2 章中已讨论过影响熔覆质量的工艺参数，不同的熔覆体系其最佳工艺也不同。对镍基 Ni15A 体系而言，主要考虑优化熔覆电流和扫描速度两个重要参数，并采用 3 个水平因素进行优化，以熔覆层的宏观形貌作为参数优化的标准。选择混合粉末 Ni15A：Ti 为 7：3 的混合粉末作为试验测试基准，熔覆工艺的其他参数为电压 220V，送粉量 20g/min，主气（氩气）2L/min，保护气（氩气）6L/min，送粉气（氮气）3L/min。按照表 3.2 的内容进行正交试验，对熔覆层的熔覆电流和扫描速度进行优化。

表 3.2 试验因素和影响水平

熔覆电流/A	80	90	100
扫描速度/(mm/s)	3	4	5

图 3.3 是熔覆电流为 80A、90A、100A 三种扫描速度下的熔覆层宏观形貌（彩图参见

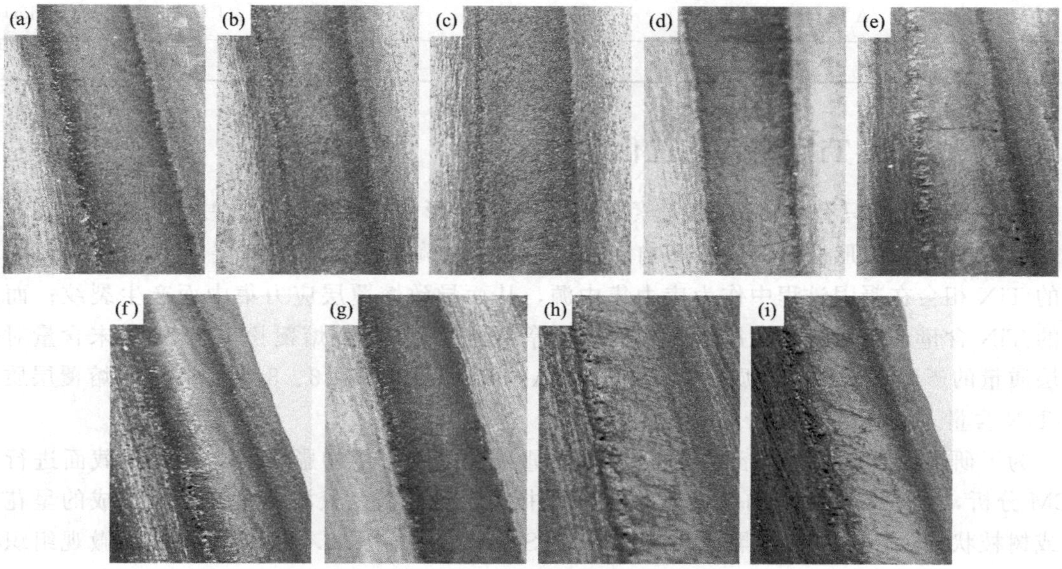

图 3.3 正交实验熔覆层形貌图

(a) ST1；(b) ST2；(c) ST3；(d) ST4；(e) ST5；(f) ST6；(g) ST7；(h) ST8；(i) ST9

目录中二维码），表 3.3 是正交实验结果。可以看出在熔覆电流为 80A、扫描速度为 3mm/s 时熔覆层的宏观形貌和成型性最优，无裂纹、气孔、咬边等缺陷。当熔覆电流为 80A 时，扫描速度为 4mm/s 和 5mm/s 时，熔覆层出现了微观裂纹。当熔覆电流为 90A 时，在 3mm/s 扫描速度下，熔覆层出现了较大的裂纹，这是由于随着功率的增大，扫描速度较低，熔覆层内具有较大的热应力，在熔覆层凝固后出现了较大的残余应力，使熔覆层出现了裂纹。随着扫描速度的增大，在大的熔覆功率下，基体稀释率较大。送粉率一定时，大的扫描速度下熔覆粉末不能完全填充熔池，造成了咬边现象。当熔覆电流为 100A 时，较大的功率使较低的扫描速度 3mm/s 下应力裂纹更多，并且随着扫描速度的增大，大的熔覆电流造成了熔覆层内合金元素的烧损，使熔覆层出现咬边和微观气孔现象。

表 3.3　实验因素水平和表面熔覆层成型性

样品	熔覆电流/A	扫描速度/(mm/s)	熔覆层表面形貌
ST1	80	3	成型性良好，无裂纹
ST2	80	4	少量微裂纹
ST3	80	5	成型性一般
ST4	90	3	裂纹、咬边
ST5	90	4	气孔
ST6	90	5	成型性一般
ST7	100	3	成型性一般
ST8	100	4	成型性较差、气孔
ST9	100	5	成型性较差

通过表 3.3 正交实验结果的分析对比，总结出熔覆层的最佳工艺参数如表 3.4 所示。

表 3.4　等离子熔覆最佳工艺参数

熔覆电压 /V	熔覆电流 /A	扫描速度 /(mm/s)	主气流量 /(L/min)	保护气流量 /(L/min)	送粉气流量 /(L/min)	送粉量 /(g/min)
220	80	3	2	6	3	20

3.1.3　熔覆层 Ti 含量添加优化

在熔覆过程中只有足够的 Ti 元素才能提供 TiN 形成的条件，粉末中 Ti 元素的含量对熔覆过程中 TiN 的形成量有直接影响。TiN 相是一种陶瓷相，当熔覆层内形成 TiN 时，较多的 TiN 相会在凝固过程中作为应力集中源，从而导致熔覆层应力集中而产生裂纹；而较少的 TiN 含量又会降低熔覆层的强度、硬度等性能。为了研究熔覆粉末内 Ti 粉末含量对熔覆层质量的影响，采用三种质量配比的 Ni15A∶Ti（1∶1、7∶3、8∶2）粉末对熔覆层质量和 TiN 含量、硬度进行优化。

为了研究 Ti 添加量对熔覆层中 TiN 含量和熔覆层质量的影响，对熔覆层截面进行了 SEM 分析，发现各种配比的熔覆层截面形貌中都出现了颜色较深的由胞状相组成的呈花瓣状或树枝状的黑色相，并对黑色相进行了 EDS 能谱分析。图 3.4 为熔覆层截面微观组织形貌中黑色相的能谱图和元素含量图，发现黑色相的主要元素成分为 Ti 和 N 元素，两种元素的原子比基本接近 1∶1，由此推断熔覆层内黑色相为 TiN 相。

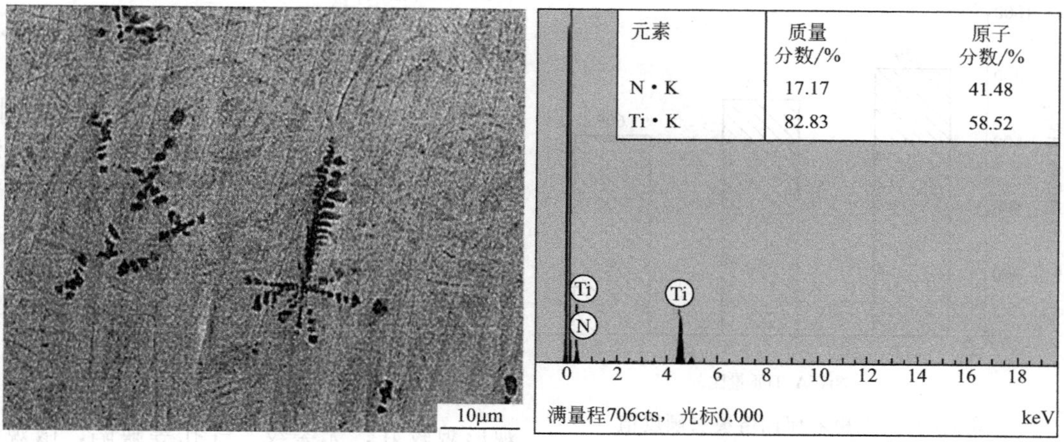

图 3.4　熔覆层截面微观组织形貌和黑色相能谱分析

图 3.5 为 Ni15A∶Ti 三种质量配比熔覆粉末经等离子熔覆后熔覆层的宏观形貌和微观形貌扫描图。从图 3.5(a) 和 (d) 可以看出粉末配比为 1∶1 时，熔覆层宏观组织中出现了裂纹，熔覆层内 TiN 相较多，TiN 相分布较均匀。熔覆层内裂纹的出现是由于 TiN 相含量较多，造成了应力集中。从图 3.5(b) 和 (e)，(c) 和 (f) 可以看出，当熔覆粉末质量比为 7∶3 和 8∶2 时，熔覆层截面宏观形貌较好，未出现裂纹和气孔等微观缺陷，熔覆层内都出现了 TiN 相。在质量比为 7∶3 时，熔覆层内 TiN 相结晶较充分，形成了花瓣状形状，TiN 相比 8∶2 时相对量较大、分布较均匀。

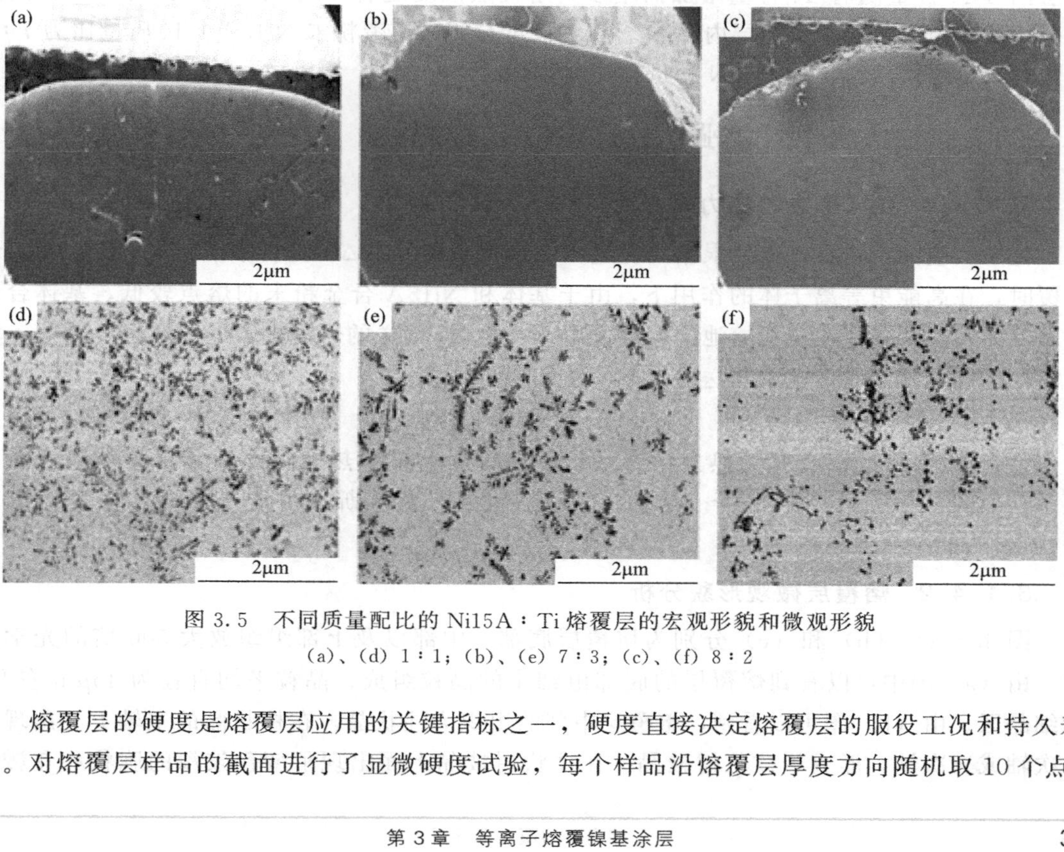

图 3.5　不同质量配比的 Ni15A∶Ti 熔覆层的宏观形貌和微观形貌

(a)、(d) 1∶1；(b)、(e) 7∶3；(c)、(f) 8∶2

熔覆层的硬度是熔覆层应用的关键指标之一，硬度直接决定熔覆层的服役工况和持久寿命。对熔覆层样品的截面进行了显微硬度试验，每个样品沿熔覆层厚度方向随机取 10 个点，

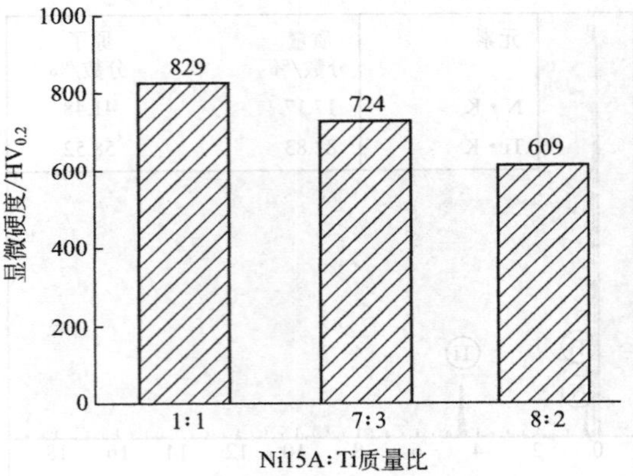

图 3.6 三种粉末配比熔覆层硬度值

对其硬度值结果取算术平均值，测得三种不同粉末质量配比的熔覆层的硬度如图 3.6 所示。

从图 3.6 中可以看出，随着 Ti 含量的降低，熔覆层的平均硬度由 829$HV_{0.2}$ 下降到 609$HV_{0.2}$，结合图 3.5(d)、(e)、(f) 熔覆层的微观形貌可以看出，熔覆层内 TiN 含量的降低，导致了熔覆层硬度降低。

综合三种粉末配比的熔覆层宏观形貌、微观 TiN 含量以及熔覆层硬度可以得出，当 Ni15A：Ti 粉末质量比为 7：3 时，熔覆层宏观形貌较好，无裂纹、气孔等缺陷，微观形貌下熔覆层内 TiN 含量较多，熔覆层硬度较高，因此 Ni15A：Ti 粉末的最佳质量比为 7：3。

将熔覆层的宏观表面形貌作为指标，对熔覆层的熔覆电流和扫描速度进行工艺参数优化的结果是：当熔覆电流为 80A，扫描速度为 3mm/s 时，熔覆层成型性较好，无裂纹和气孔等缺陷。熔覆层的最佳工艺参数为主气（氩气）2L/min，保护气（氩气）6L/min，送粉气（氮气）3L/min，电流 80A，电压 220V，扫描速度 3mm/s，送粉量 20g/min。

以熔覆层截面形貌质量和熔覆层内 TiN 含量以及熔覆层的截面硬度作为指标，对 Ni15A：Ti 三种不同质量配比的粉末进行了成分优化。结果表明在粉末质量配比为 1：1 时熔覆层内 TiN 含量最多，出现了裂纹。粉末配比为 7：3 和 8：2 时，熔覆层内无裂纹，熔覆层内 TiN 含量随着 Ti 含量增加而增多，熔覆层硬度随着 Ti 粉末质量比的降低而降低。综合熔覆层截面形貌和熔覆层内 TiN 含量和硬度分析，熔覆粉末 Ni15A：Ti 质量比为 7：3 时最好，熔覆层质量较好，TiN 含量和硬度较高。

3.1.4 原位合成 TiN 增强 Ni/Ti 熔覆层力学性能

3.1.4.1 TiN 形成的热力学分析

化学反应能否进行，需要根据反应过程中吉布斯自由能 ΔG 是否小于零来判断。等离子熔覆时，在高能束等离子体的作用下，由于基体和 Ni15A 合金粉末的熔点较低，基体合金表面首先发生熔化。在氩弧熔池的对流作用下，由 N_2 输送的熔覆粉末进入熔池。Ti 是一种高活性金属元素，在熔池中与送粉气 N_2 的反应如下式：

$$2Ti + N_2 = 2TiN \tag{3.1}$$

结合孙维民等[96]研究的热力学参数计算，得到上式中热力学温度和吉布斯自由能的关系，如图 3.7 所示。在 300～1800K 温度区间内，吉布斯自由能小于零，该反应可以进行。

3.1.4.2 熔覆层微观形貌分析

图 3.8(a)、(b) 和 (c) 分别为熔覆层底部、中部以及上部组织放大 500 倍的光学照片。由 (a) 图中可以看到熔覆层的底部由细小的晶粒组成，晶粒平均直径为 45μm 左右，为细晶区。由 (b) 图可以看到，熔覆层中部的组织为柱状晶，在柱状晶的主轴上又出现了二次轴或三次轴，形成了柱状树枝晶。在柱状树枝晶上面出现了颜色较深的胞状和花瓣状

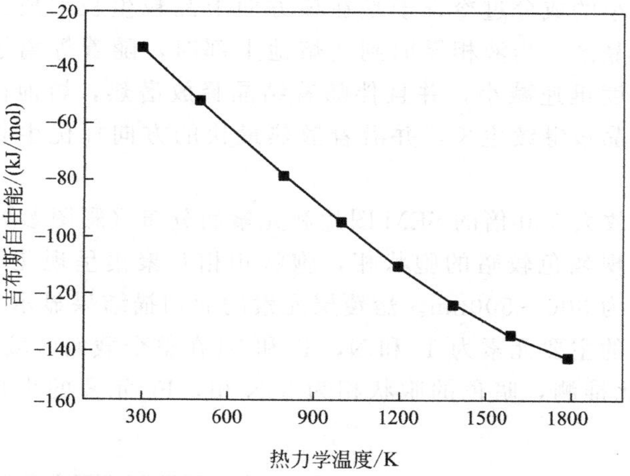

图 3.7　热力学温度和吉布斯自由能关系曲线

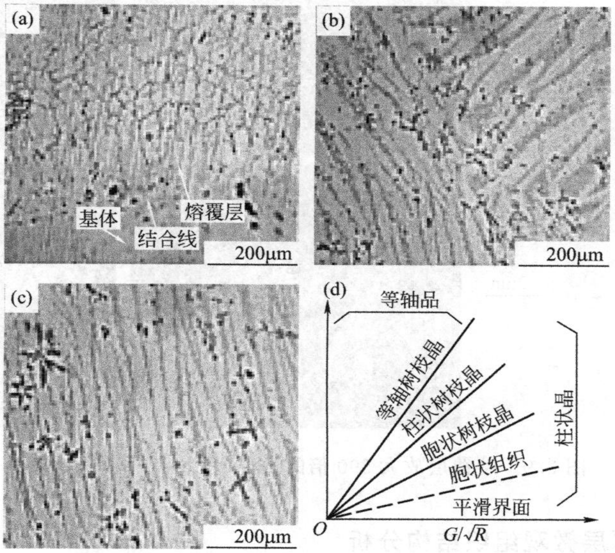

图 3.8　熔覆层不同区域的光学组织照片及温度梯度 G 和凝固速度 R 与晶体生长形态的关系

（a）底部；（b）中部；（c）上部；（d）温度梯度 G 和凝固速度 R 与晶体生长形态的关系

TiN。（c）图为熔覆层的上部组织，熔覆层的上部组织主要为层状柱状晶。

熔覆层组织从下到上依次由细晶组织、柱状树枝晶组织、层状柱状晶组织三个部分组成。熔覆层内合金结晶形态受熔池内液相成分和形状因子的影响，其中形状因子是结晶方向上的温度梯度 G 与凝固速度 R 的比值即 $G/\sqrt{R}$，如图 3.8(d) 所示。熔覆层内三个部分形成机理如下：底层细晶区，在等离子束作用下金属粉末熔化与基体接触后，由于基体温度低，与基体刚接触的较薄的一层溶液产生较大的温度梯度，熔滴在基体上形成大量的晶核，这些晶核迅速长大并互相接触，形成细小的细晶区。随着结晶过程的进行，固液界面逐步向熔池中部推进，熔池温度升高，温度梯度 G 减小，导致形核率减小，底部细晶区中现有的晶体向液相中生长，晶体择优生长而形成柱状晶区。在柱状晶生长的同时，在垂直于温度梯度方向产生一定大小的成分过冷，于是在该方向上晶粒生长形成二次晶轴，形成了熔覆层中部的柱状树枝晶区。当液相界面到达熔池上部时，随着等离子束与基体接触时间变长，熔池内温度梯度迅速减小，并且伴随着结晶释放潜热，熔池内液相前沿形核变得困难，仅利于已有的晶核继续生长，并沿着散热最快的方向择优生长而形成了熔池上部的柱状晶区。

图 3.9 是熔覆层放大 500 倍的 SEM 图片和元素面分布（彩图参见目录中二维码）。可以看出，熔覆层内出现颜色较暗的胞状相，胞状相相互聚集呈现花瓣和树枝形状，每个暗色胞状相的直径约为 300～500nm。熔覆层元素的面扫描结果显示，在胞状相组成的花瓣状暗色区域上分布的主要元素为 Ti 和 N，Ti 和 Ni 在整个截面区域分布较为均匀，并有少量的 Fe 元素。因此推测，暗色的胞状相为 TiN 相，Fe 元素的出现是由于基体的稀释作用。

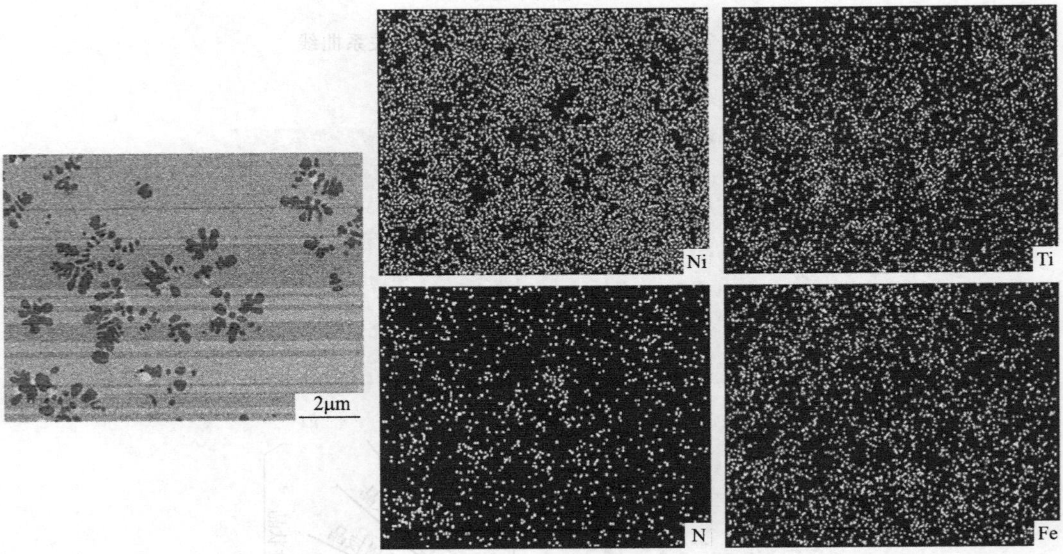

图 3.9　熔覆层放大 500 倍的 SEM 图片和元素面分布

3.1.4.3　熔覆层微观组织结构分析

图 3.10(a) 是熔覆层表面 XRD 图谱和熔覆粉末的 XRD 图谱，可以看到粉末中三强峰相主要为 Ni 相和 Ti 相，这是由于混合粉末主要成分为 Ti 和 Ni。熔覆层内的三强峰相主要为 Ni_3Ti 相，熔覆层内同时存在 Ti 相、TiN 相、(Fe，Ni) 相。图 3.10(b) 和 (c) 是熔覆层的微观结构透射电子显微镜（TEM）照片和花瓣状相的衍射图谱。从其显微结构照片中可以看出，熔覆层内出现了由单个胞状亮色相组成的花瓣状相，每个胞状结构的直径约为 300～500nm，这和熔覆层微观结构 SEM 图片（图 3.9）中出现的胞状暗色相组成的花瓣状相一致。熔覆层内出现了应力干涉条纹，说明熔覆层内存在一定的残余应力。对花瓣状相进行选区衍射标定，判断花瓣状相为 TiN 相。

3.1.4.4　熔覆层 TiN 含量分析

图 3.11 为熔覆层截面形貌以及与其对应的灰度法图片。可以看出 TiN 相在熔覆层中分

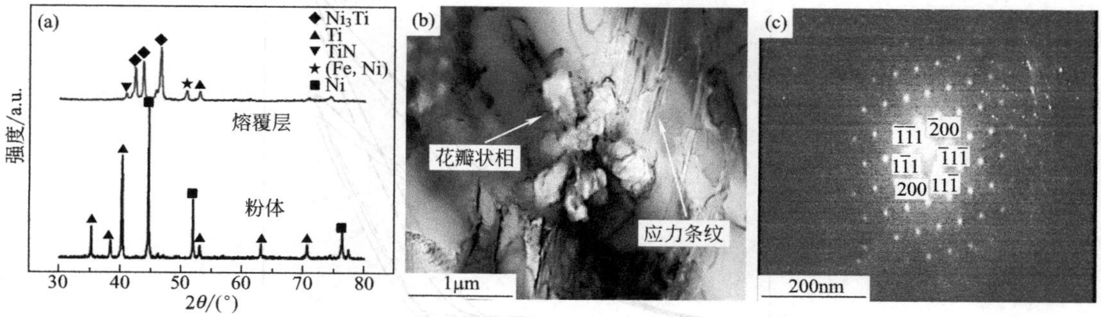

图 3.10 熔覆层 XRD（a），TEM 微观结构（b）和花瓣状结构衍射图谱（c）

布较均匀，呈弥散状态分布。灰度法采用 ImageJ 软件根据 SEM 图片中 TiN 相与熔覆层内其他相的颜色对比度不同，然后将相同倍数下熔覆层截面扫描照片输入软件，转化和处理图像后，即可计算 TiN 含量。由于采用图像处理测定的熔覆层 TiN 含量和 SEM 图片选取具有一定的随机性，所以对熔覆层内不同的微观区域，采集 10 张微观照片，然后基于每张 SEM 图片对熔覆层内 TiN 含量进行计算，取算术平均值为熔覆层内 TiN 的含量。灰度法计算得出 TiN 在熔覆层中的体积分数约为 3.2%。由于 TiN 相具有较高的硬度，在涂层内的弥散分布可以起到弥散强化的作用，这也是熔覆层具有较高硬度的原因。

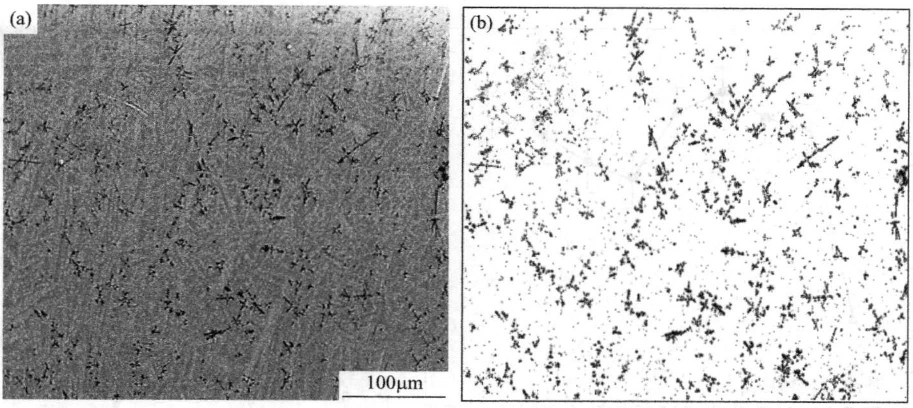

图 3.11 等离子熔覆层 300 倍截面 SEM 图片（a）和灰度法图片（b）

3.1.4.5 熔覆层力学性能分析

图 3.12 是熔覆层的纳米压痕加载曲线。根据 5 个点的测量值，熔覆层的平均弹性模量为 260GPa，熔覆层的泊松比为 0.25。纳米压痕数据的重复性偏差，是由于熔覆层内 TiN 相弥散分布，使熔覆层在纳米尺寸下力学性能不均匀。

图 3.13(a) 是熔覆层从涂层到基体的显微硬度分布，可以看到熔覆层具有较高的硬度，最高硬度达到 760$HV_{0.2}$，这是由于 TiN 强化相在熔覆层内弥散分布，起到弥散强化的作用。熔覆层的中下层硬度比中上层硬度高，这是由熔覆过程中不同的冷却速度造成的。在熔覆层的中下层，冷却速度较快，形成了晶粒细小的组织；而在熔覆层的中上部随着温度梯度

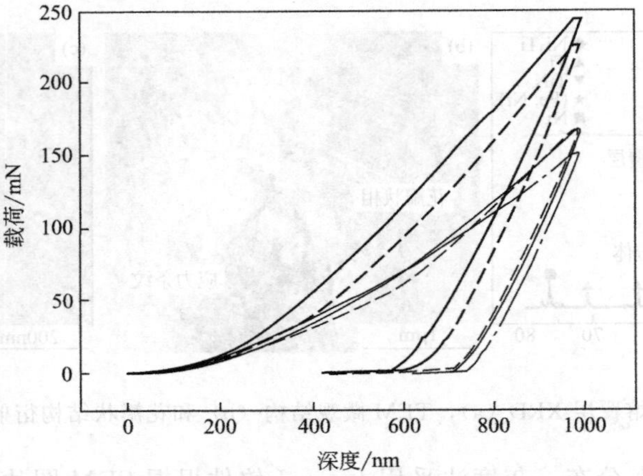

图 3.12　等离子熔覆层截面纳米压痕加载曲线

的减小，形成了晶粒粗大的组织，晶粒长大导致硬度的下降。图 3.13(b) 是熔覆层在 4.9N 载荷下，显微硬度压痕的光学照片。从图中可以看出，4.9N 载荷下，压痕周围出现了径向裂纹，说明加载载荷超过了涂层的临界加载载荷，但压痕周围未出现翘边和破碎相，说明涂层具有较好的韧性。断裂韧性是材料内抵抗裂纹增殖和扩展的关键指标，直接影响到疲劳性能。根据压痕法计算了等离子熔覆层的韧性，计算参数如表 3.5 所示，熔覆层的断裂韧性值达到 5.15MPa · $m^{\frac{1}{2}}$。

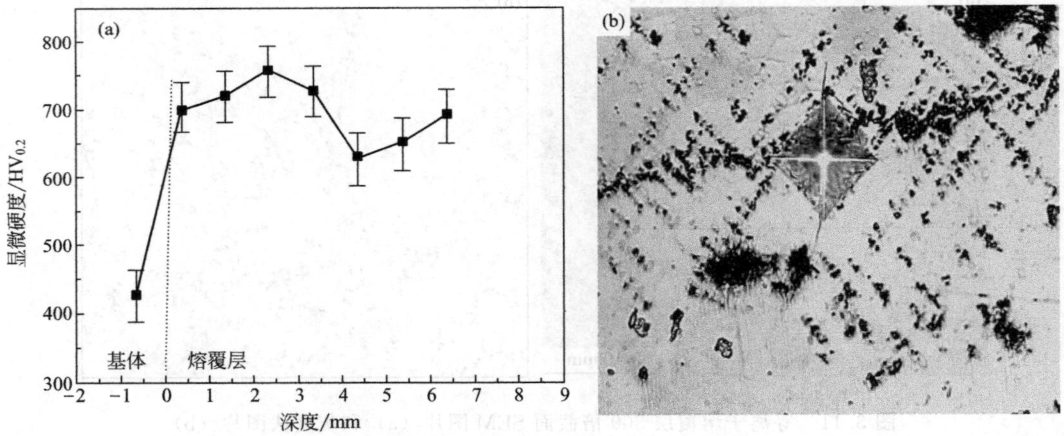

图 3.13　熔覆层截面显微硬度（a）和显微硬度压痕（b）

表 3.5　熔覆层断裂韧性计算参数

加载载荷/N	$a/\mu m$	$c/\mu m$	$K_{IC}/(MPa \cdot m^{\frac{1}{2}})$
4.9	30.68	38.68	5.15

3.1.5　原位合成 TiN 增强 Ni/Ti 熔覆层摩擦学性能

物体的表面与相接触的物质之间发生相对运动时，出现阻碍运动且能量耗损的现象称为摩擦，由此造成表面损伤或材料逐渐损失的过程叫做磨损[97]。很多工件在使用过程中的失效都是由表面失效引起的，零件表面的耐磨性决定着零件的寿命。采用等离子熔覆技术，在Ni/Ti合金熔覆层中原位合成TiN陶瓷强化相，用来提高熔覆层的硬度和韧性，同时期望获得较好的摩擦学性能，以提高材料表面的耐磨性。因此分析TiN增强Ni/Ti合金熔覆层在不同加载条件下的摩擦系数、耐磨性，并对熔覆层的磨损机理进行研究，为等离子熔覆制备复合涂层的工程应用奠定良好的试验和理论基础。

3.1.5.1 摩擦学测试方法

摩擦学实验在美国CETR公司生产的UMT-3型多功能摩擦磨损试验机上进行，接触模式为球盘式接触，接触载荷为20～50N，滑动频率为15Hz，磨痕行程为4mm，时间为20min。试验过程中，将尺寸为10mm×10mm×10mm的样品表面进行砂纸精磨并抛光，用502胶水将样品粘到试验台上，保证样品表面与对磨球之间有良好稳定的接触。对磨球为Si_3N_4陶瓷球，陶瓷球基本材料参数如表3.6所示。摩擦系数采用试验机自带的软件实时测量，试验磨损体积的测量采用3D激光显微镜。磨损体积测试结果为每个参数下三个磨损样品试验结果的平均值。

表3.6 Si_3N_4陶瓷基本材料参数

参数	对磨球硬度/$HV_{0.1}$	对磨球直径/mm
Si_3N_4	1700	6

3.1.5.2 摩擦性能

熔覆层和基体在三种载荷下的摩擦系数如图3.14所示，可以看出在三种载荷下熔覆层的摩擦系数均小于基体。这是由于在干滑动摩擦条件下，摩擦力是黏着效应和犁沟效应产生阻力的总和，由此可以说明，复合涂层的黏着磨损和犁沟磨损抗力远高于FV520B不锈钢基体。从熔覆层和基体的摩擦系数可以看出，在三种不同的载荷下，基体的摩擦系数较平稳，说明随着时间的延长，基体的磨损失重逐渐减少。而熔覆层摩擦系数在三种载荷下都有不同程度的波动，这是由熔覆层材料组织的特殊性引起的。在熔覆层内原位合成了TiN陶瓷颗粒，在摩擦磨损过程中，部分TiN颗粒在对磨球的尖端磨损下脱落，从而带动了其周围材料的整块脱落；同时在熔覆层的磨痕内，脱落的TiN颗粒具有较高的硬度，起到磨粒的作用，导致了熔覆层磨损失重的不稳定，从而导致了摩擦系数的不稳定，进而出现不同程度的波动。

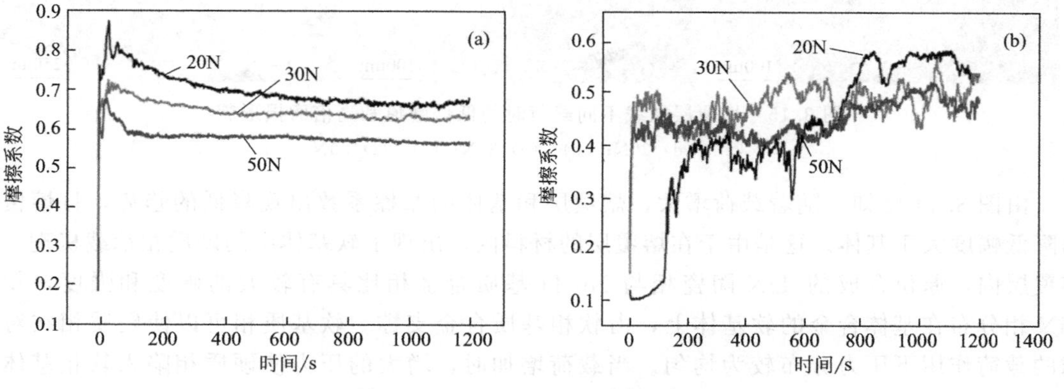

图3.14 三种加载下基体（a）和熔覆层（b）摩擦系数

从图 3.14 中可以看出，熔覆层的摩擦系数在 20N 下稳定后达到 0.58 左右，30N 下达到 0.5 左右，而在 50N 下达到 0.45 左右。而基体摩擦系数在 20N 下稳定后达到 0.7 左右，在 30N 下稳定后达到 0.65 左右，而在 50N 下稳定后达到 0.6 左右，可以看出在三种载荷下熔覆层的摩擦系数都比基体低。随着载荷的增大，熔覆层和基体的摩擦系数都有降低的趋势，这是由于载荷是通过接触面积和接触状态来影响摩擦力的。熔覆层和基体都为金属，在摩擦接触的过程中都属于弹塑性接触状态。随着载荷的增大，对磨球和摩擦面的接触点数目和接触点尺寸都将增加，导致实际的接触面积与载荷的非线性关系，进而导致随着载荷的增加，熔覆层和基体的摩擦系数呈下降趋势[98]。

3.1.5.3 摩擦磨损机理

图 3.15 是熔覆层在 20N、30N 和 50N 三种载荷下，低倍的磨痕形貌和高倍的磨损形貌。从熔覆层磨痕的宏观形貌可以看出，随着载荷的增大，熔覆层的磨痕宽度逐渐增大，磨痕的深度也增加。从熔覆层在室温干滑动磨损后高倍下的微观磨损形貌，可以看出熔覆层的磨痕比较浅。在 20N 和 30N 载荷下，磨痕底部较平滑，磨痕内没有发现明显的犁沟和磨粒磨损，只有少量的擦痕和磨屑；在 50N 载荷下，熔覆层内出现较多的磨屑，这是由于大载荷下熔覆层的磨损量较大，较多的磨屑在磨痕底部堆积，但是仍未出现明显的犁沟，这表明熔覆层在不同的载荷下具有良好的抵抗犁沟变形和磨粒磨损的能力。

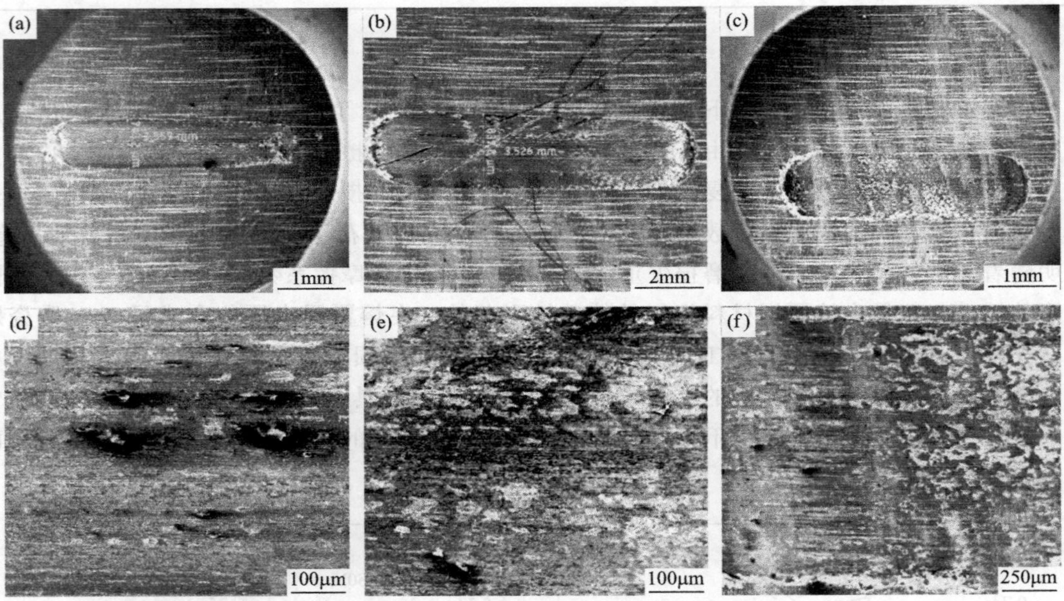

图 3.15　熔覆层加载不同载荷时的低倍磨痕和高倍磨损形貌

(a)、(d) 20N；(b)、(e) 30N；(c)、(f) 50N

由图 3.14 已知，随着载荷增大，熔覆层和基体的摩擦系数出现降低的趋势，且熔覆层的降低幅度大于基体。这是由于在熔覆层的材料内，出现了软基体中的硬质相承载机理。在熔覆层内，原位合成的 TiN 陶瓷相与 Ni/Ti 基质合金相比具有较大的硬度和强度，硬质 TiN 相分布在基体合金的软基体上，由软相基质合金支撑。软基质相可以使硬质相在对磨球的载荷作用下压力分布较为均匀。当载荷增加时，增大的压力使硬质相陷入软相基体中硬质相承载作用增大从而达到载荷的均匀分布。同时，从图 3.15 可以看出，随着载荷的增大，熔覆层的磨损量增大，磨痕内出现了较多的磨屑，由于磨屑并不能从磨痕内排出，被对磨球在滑动过程中产生的加载力压在了磨痕内，经过反复的滑动和挤压，部分磨屑被压在磨痕底部，对未磨损的材料起到了“保护层”作用，阻止了材料被继续磨削。图 3.15(e) 30N 和 (f) 50N 的高倍形貌下可以看到，磨痕底部有整块的白色磨屑，这就是在反复滑动过程中被挤压到磨痕底部的磨屑。

图 3.16 是基体在低倍和高倍下的磨损形貌。在不同的载荷下，不锈钢试样基体的磨损表面都出现明显的犁沟变形和磨粒磨损特征，磨痕内分布着大量的犁沟与磨屑。犁沟的形成是由于对磨球上的硬质颗粒在磨损过程中发生脱落，在载荷作用下以一定的角度和基体材料接触。磨粒在载荷作用下对基体材料的作用力可以分解为横向切向力和纵向法向力，在法向力的作用下磨粒被压入基体材料内，对基体材料表面产生犁削作用；而磨粒在切向力作用下，使基体材料表面产生塑性变形和磨痕，同时材料被磨粒挤压、推移到磨粒运动方向的两边或前沿，从而使磨粒运动方向的两边形成材料的推挤隆起，而在中间形成了犁沟。在图 3.16(f) 中可以看到犁沟边缘出现的白色堆积物，表明材料表面是由磨粒造成的塑性变形导致了磨屑堆积。虽然在磨粒运动方向的前沿和两边堆积的材料发生了较大的塑性变形，但是这种塑性变形并没有使堆积材料发生剥落，而是由于磨粒作用，这些堆积材料被反复压平、推挤，经过多次的塑性变形后，使材料发生剥落，脱离基体后形成了磨屑。

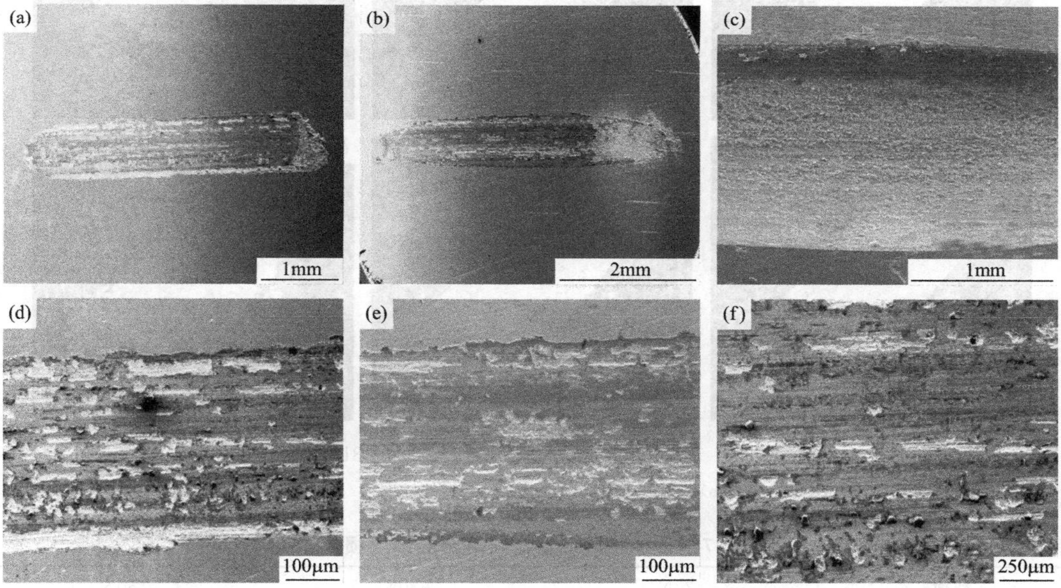

图 3.16　基体加载不同载荷时的低倍和高倍磨损形貌

(a)、(d) 20N；(b)、(e) 30N；(c)、(f) 50N

反应等离子熔覆 TiN 复合涂层具有良好的耐磨性，其主要原因是熔覆层硬度高。耐磨性较好的 TiN 相在涂层中分布较多，熔覆层内的 TiN 在磨损后裸露凸起分布在涂层表面，较硬的 TiN 和对磨球发生接触，可以有效地降低界面的黏着力和摩擦力，降低摩擦系数。同时，凸起的 TiN 具有较高的硬度和较低的摩擦系数，在磨损过程中主要是 TiN 颗粒与对摩球发生接触，起抗磨“骨干”的作用，避免了涂层中软质相的磨损。其次，熔覆层的组织为初生相的 TiN 胞状树枝晶弥散分布在基质 Ni/Ti 合金熔覆层上，这种组织的熔覆层具有较高的硬度。Ni_3Ti 相、Ti 相、(Fe，Ni) 相组成的基质熔覆层具有良好的韧性和塑性，能够抵抗磨损过程中的犁沟变形，同时能够为 TiN 强化相提供可靠的黏附和支撑，避免了磨损过程中 TiN 在剪切应力下轻易脱落的问题，从而抑制了磨损过程中的犁沟变形和磨粒磨损，提高了涂层的耐磨性。

图 3.17 是熔覆层和基体在 20N、30N、50N 三种不同载荷下磨痕的三维形貌（彩图参见目录中二维码）。从熔覆层和基体的三维形貌图中可以看出，在不同的载荷下熔覆层的底部都较为平滑，无犁沟现象，而在三种载荷下基体的磨痕底部都有不同程度的犁沟现象。该现象与三种载荷下熔覆层失效形貌（图 3.15）和基体的失效形貌（图 3.16）结果相一致。利用 3D 激光显微镜自带的软件对熔覆层和基体的磨损体积进行了测量，结果如表 3.7 所示。可以看出在 20N、30N、50N 下熔覆层和基体的磨损体积分别为 $2.0636\times10^9\mu m^3$、$6.364\times10^9\mu m^3$、$18.47\times10^9\mu m^3$ 和 $8.2547\times10^9\mu m^3$、$38.43\times10^9\mu m^3$、$140.86\times10^9\mu m^3$。由表 3.7 可以看出在不同的载荷下熔覆层的磨损体积都比基体小很多。

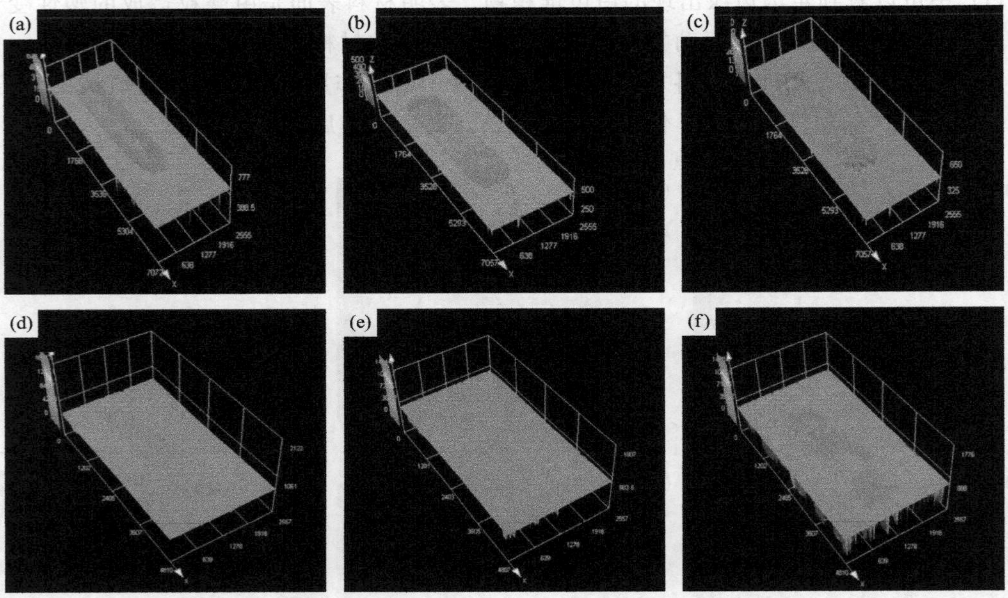

图 3.17　基体和熔覆层加载不同载荷时的 3D 形貌图

基体：(a) 20N，(b) 30N，(c) 50N；熔覆层：(d) 20N，(e) 30N，(f) 50N

表 3.7　三种载荷下基体和熔覆层的磨损体积

载荷	20N	30N	50N
基体/μm^3	8.2547×10^9	38.43×10^9	140.86×10^9
熔覆层/μm^3	2.0636×10^9	6.364×10^9	18.47×10^9

图 3.18 是熔覆层和基体的磨损体积柱状图，可以看出三种载荷下熔覆层的磨损体积远小于基体的磨损体积。为了表征熔覆层相对基体的耐磨性，采用式(3.2) 来计算相对耐磨性 ε_W：

$$\varepsilon_W=\frac{\Delta W_{\text{基体}}}{\Delta W_{\text{熔覆层}}} \tag{3.2}$$

熔覆层的耐磨性用于表征熔覆层在相同单位时间内或单位运动距离内产生的磨损量。耐磨性是一个无量纲参数，耐磨性值的大小表征了材料耐磨性能的好坏，耐磨性的评价需要一个用于比较的标准样品。为了表征材料的耐磨性，以基体为标准样品，以相同时间内熔覆层在不同载荷下相对于基体的磨损量为熔覆层的耐磨性，如图 3.18(b) 所示。熔覆层相对基体的耐磨性在 20N、30N 和 50N 三种载荷下分别为 4.0、6.04 和 7.626。可以看出随着载荷的增大，熔覆层相对基体的耐磨性逐渐增大，表明熔覆层的耐磨性提高。

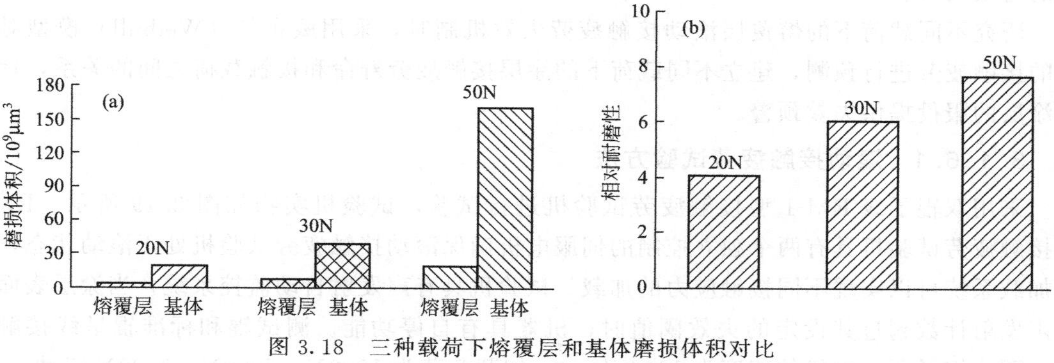

图 3.18　三种载荷下熔覆层和基体磨损体积对比

根据对基体和熔覆层在 20N、30N、50N 三种不同载荷下的摩擦系数、磨损机理和耐磨性的分析讨论，可以得到下列结论。

① 在三种载荷下，熔覆层的摩擦系数都比基体低。由于磨痕内部分 TiN 相发生脱落，导致磨损量不稳定，使在磨损过程中摩擦系数出现了不同程度的波动。熔覆层和基体的摩擦系数都随着载荷的增大出现了降低趋势，熔覆层较基体具有较好的减摩作用。

② 对熔覆层和基体的磨痕进行 SEM 分析，发现在三种载荷下，基体的磨痕内出现了较多的犁沟和磨屑，主要的磨损失效模式为磨粒磨损。而熔覆层在 20N 和 30N 下，磨痕底部较平滑，在 50N 下熔覆层的磨痕内出现较多的磨屑。

③ 在三种载荷下，熔覆层的磨损体积较基体减小很多，相对基体的耐磨性分别为 4.0、6.04、7.626。熔覆层具有较好的耐磨性是由于熔覆层硬度较高，熔覆层内的 TiN 颗粒起到了抗磨“骨干”的作用。随着载荷的增大，熔覆层相对基体的耐磨性出现了增大趋势，这是由于在较大的载荷下，熔覆层内较多的 TiN 硬质相在 Ni/Ti 软质相上平均分担了载荷，同时熔覆层磨痕内产生了较多磨屑，磨屑被挤压在磨痕内部，起到了“保护层”作用，减少了熔覆材料的磨损。

3.1.6　原位合成 TiN 增强 Ni/Ti 合金熔覆层滚动接触疲劳性能

现代工业中许多机械装置的零部件，例如凸轮、齿轮等，在服役的过程中均会承受交变载荷的作用。接触疲劳失效是凸轮、齿轮、曲轴等零部件在交变载荷下的主要失效模式，是材料产生的局部永久性损伤积累导致的。由于损伤累积过程的隐蔽性，机械零件常会发生突然失效，造成严重损失。

为了改善零件表面性能，在零部件表面制备一定厚度的涂层可以显著提高零件表面的耐磨性和接触疲劳性能。与其他表面处理方式相比，由于等离子熔覆技术得到的涂层具有熔覆层厚、与基体形成冶金结合、基体不需要前处理、效率高、成本低、涂层质量好等优点，广泛应用于制备各种涂层。然而，由于熔覆层材料的材料体系和加工过程与基体不同，涂层与基体之间的力学性能不能完全匹配是不可避免的，从而导致了其疲劳性能与整体材料不同。因此需要对等离子熔覆层在交变接触载荷下的失效机制和寿命规律进行研究，为涂层的应用提供可靠性分析。

按照失效区域不同，将涂层的接触疲劳失效主要分为两类：由涂层内剪切应力导致的亚表面失效和由表面粗糙度、润滑状态和表面微磨损导致的近表面失效。亚表面失效形式主要包括涂层内剪切和正交应力导致的剥落和分层失效，近表面失效主要包括由表面接触引起的磨损失效。

研究不同载荷下的熔覆层滚动接触疲劳失效机制时，采用威布尔（Weibull）模型对涂层的接触疲劳进行预测，建立不同载荷下的涂层接触疲劳寿命和接触载荷之间的关系，旨在为涂层的服役提供失效预警。

3.1.6.1 滚动接触疲劳试验方法

采用双辊子线 RM-1 型接触疲劳试验机进行试验，试验机实物如图 3.19 所示。RM-1 型接触疲劳试验机具有两个独立控制的伺服电机确保滚动接触疲劳试验机处于滚动状态，液压加载系统可以实现不同接触应力的加载。试验机具有声发射自动监控系统，当涂层表面失效声发射计数超过其设定的失效阈值时，机器具有自停功能。测试辊和标准辊呈线接触模式，两个辊子所在电机的速度为 1000r/min，加载载荷为 1000N、2000N、3000N 三种。

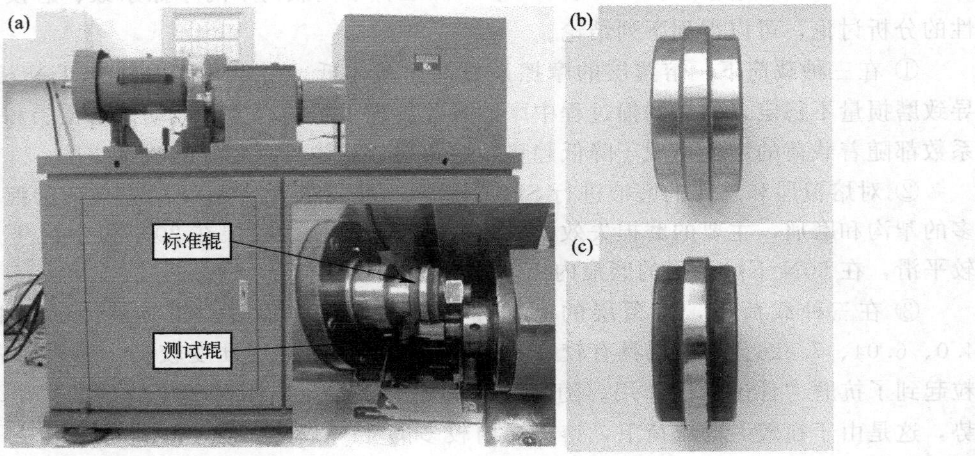

图 3.19 接触疲劳试验机（a），标准辊（b）和测试辊（c）

在三种载荷下的接触疲劳试验中，采用试验机中自带的声发射自停装置来判断熔覆层是否失效。涂层在不同载荷下的最大接触应力采用赫兹（Hertz）接触模型来进行计算。在不同载荷下，接触疲劳试验采用的固定转速为 1000r/min。接触疲劳试验在每个载荷下至少进行 10 组，去除试验数据的奇异点，保证每个载荷下具有 10 组有效数据。

测试辊是在 FV520B 不锈钢上采用等离子熔覆技术制备的 TiN 增强 Ni/Ti 合金熔覆层，标准辊材质为调质处理后的 AISI 52100 钢。标准辊和测试辊表面均经磨削处理，磨削后的标准辊和测试辊如图 3.19(b)、(c) 所示。测试辊和标准辊材料的显微硬度、弹性模量、泊松比参数如表 3.8 所示。

表 3.8 测试辊表面熔覆层和标准辊 AISI 52100 钢的性能参数

性能参数	显微硬度	弹性模量/GPa	泊松比
熔覆层	760 $HV_{0.2}$	260	0.25
AISI 52100 钢	770 $HV_{0.1}$	219	0.3

3.1.6.2 加载受力模型

新型 RM-1 接触疲劳多功能试验机采用对辊式接触，测试辊和标准辊的具体尺寸如图 3.20 所示。采用旋转电机把等离子熔覆层熔覆在测试辊表面，为了避免边缘效应造成熔覆层在试验过程中的失效，测试辊的熔覆层位置两边均倒角 0.5mm，标准辊与测试辊的线接触长度为 5mm。为了确定三种载荷下接触应力的大小，基于 Hertz 接触模型的应力计算式(3.3)，对线接触下三种载荷的最大应力进行计算。

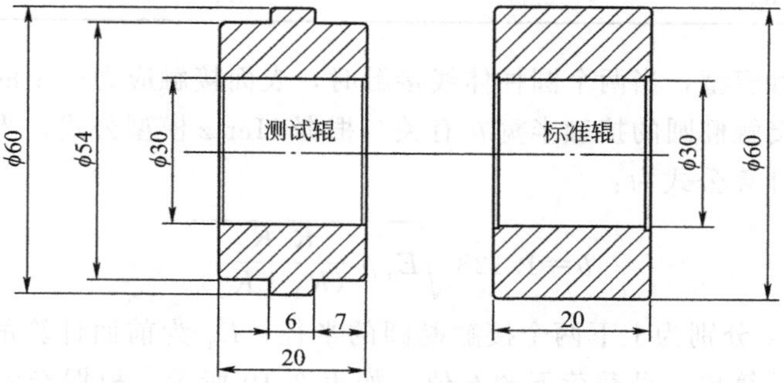

图 3.20　标准辊与测试辊尺寸图

$$\sigma_{\max}=\sqrt{\frac{\boldsymbol{F}(\sum\rho)}{\pi L\left(\frac{1-\nu_1^2}{E_1}+\frac{1-\nu_2^2}{E_2}\right)}} \tag{3.3}$$

式中，$\sigma_{\max}$为最大接触应力；$\boldsymbol{F}$ 为施加于样品上的载荷（三种载荷分别为 1000N、2000N、3000N）；ν_1为测试辊的泊松比（取 0.25，由前述的纳米压痕测出）；ν_2为标准辊的泊松比（取 0.3）；E_1 为测试辊的弹性模量；E_2 为标准辊的弹性模量（取 219GPa）；L 为辊子线接触长度（为 5mm）；$\sum\rho$ 为测试辊与标准辊接触处的主曲率之和。

(1) E_1 的测定

等离子熔覆层的弹性模量 E_1 由纳米压痕仪测定，经过纳米压痕测得熔覆层的弹性模量为 260GPa，代入真实弹性模量计算公式（式 3.4）：

$$\frac{1}{E_{\mathrm{r}}}=\frac{1-\nu_{\mathrm{s}}^2}{E_{\mathrm{s}}}+\frac{1-\nu_{\mathrm{i}}^2}{E_{\mathrm{i}}} \tag{3.4}$$

式中，E_{r} 为等效弹性模量；E_{s} 为被测材料的弹性模量；E_{i} 为金刚石压头的弹性模量（取 1141GPa）；ν_{s} 为被测材料的泊松比（取 0.25）；ν_{i} 为金刚石压头的泊松比（取 0.07）。

计算可得熔覆层的弹性模量为 315GPa。

(2) $\sum\rho$ 的计算

$\sum\rho$ 由式(3.5) 计算

$$\sum\rho=\rho_{11}+\rho_{12}+\rho_{21}+\rho_{22}=\frac{1}{R_{11}}+\frac{1}{R_{12}}+\frac{1}{R_{21}}+\frac{1}{R_{22}} \tag{3.5}$$

式中，R_{11}为测试辊垂直于滚动方向的曲率半径（取$+\infty$）；R_{12}为测试辊沿滚动方向的曲率半径（取 30mm）；R_{21}为标准辊垂直于滚动方向的曲率半径（取$+\infty$）；R_{22}为标准辊沿滚动方向的曲率半径（取 30mm）。

计算可得$\sum\rho$ 为 $1/15\mathrm{mm}^{-1}$。

将 E_1 和$\sum\rho$ 代入式(3.3)，可将公式简化为式(3.6)：

$$\sigma_{\max}=\sqrt{\frac{\boldsymbol{F}}{1.68}} \tag{3.6}$$

当试验机施加载荷 $\boldsymbol{F}$ 为 1000N、2000N、3000N 时，可得三种载荷下的接触应力，结果如表 3.9 所示。

表 3.9 三种载荷下的最大接触应力值

载荷 $\boldsymbol{F}$/N	1000	2000	3000
最大接触应力 $\sigma_{\max}$/GPa	0.77	1.09	1.34

根据 Hertz 接触模型，当两个圆柱体线接触时，表面接触应力产生的最大剪切应力深度和 Hertz 接触模型接触椭圆的接触半宽 b 有关。根据 Hertz 模型公式，当上下接触都为椭圆时，接触半宽 b 的计算公式为：

$$b=1.128\sqrt{E_r p\frac{R_1R_2}{(R_1+R_2)}} \tag{3.7}$$

式中，R_1 和 R_2 分别为上下两个接触椭圆的半径；E_r 为前面计算的等效弹性模量；P 为加载载荷。可以计算出三种载荷下的 b 值，如表 3.10 所示。根据经验公式计算，最大剪切应力深度一般在 Hertz 接触模型的 0.78b 处[99]。

表 3.10 不同加载载荷下 Hertz 模型最小轴 b 值和最大剪切应力深度值

载荷/N	1000	2000	3000
b/μm	77.54	109.64	134.3
最大剪切应力深度/μm	60.5	85.52	104.75

3.1.6.3 接触疲劳失效模式

等离子熔覆层在不同载荷下的主要失效模式包括磨损、点蚀和剥落三种形式。失效模式的统计结果如表 3.11 和图 3.21 所示。

表 3.11 三种载荷下熔覆层失效模式统计

序号	F=1000N(0.77GPa)		F=2000N(1.09GPa)		F=3000N(1.34GPa)	
	$N/(\times10^5)$	失效模式	$N/(\times10^5)$	失效模式	$N/(\times10^5)$	失效模式
1	12.39	点蚀	6.22	磨损	2.31	剥落
2	11.53	磨损	5.44	磨损	1.98	剥落
3	14.34	点蚀	6.72	磨损	2.56	剥落
4	16.86	点蚀	5.63	磨损	2.45	剥落
5	15.37	点蚀	4.94	磨损	1.86	剥落
6	15.81	点蚀	5.34	磨损	2.88	剥落
7	13.94	点蚀	7.11	点蚀	2.76	剥落
8	14.62	点蚀	6.42	磨损	2.24	剥落
9	15.65	点蚀	6.84	磨损	2.83	剥落
10	14.72	磨损	5.93	磨损	2.05	剥落

可以看出，在较低载荷下（1000N），涂层的接触疲劳失效模式主要为点蚀失效；随着载荷的增大（2000N），涂层的失效模式主要为磨损失效；在最大载荷下（3000N），涂层的

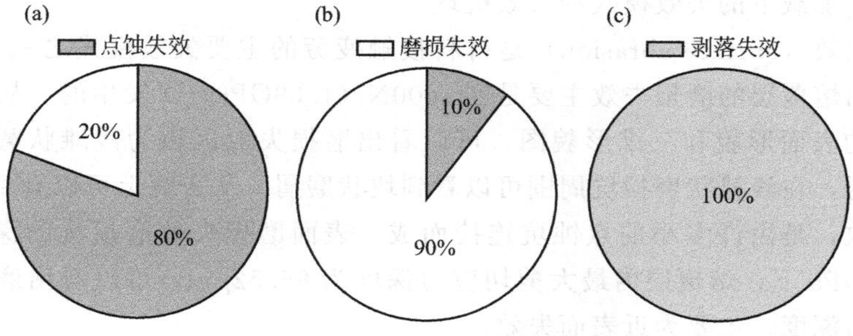

图 3.21　三种加载载荷下接触疲劳失效统计图

(a) 0.77GPa；(b) 1.09GPa；(c) 1.34GPa

失效模式主要为剥落失效。

(1) 1000N 加载下的失效模式和失效机理

点蚀失效（fatigue pitting）是一种典型的接触疲劳失效形式，一般情况下，是材料在较低的应力下经过长期反复累积形成的，如表 3.11 所示。熔覆层在载荷为 1000N，接触应力为 0.77GPa 时主要的失效模式为点蚀失效。点蚀失效的主要表现形式为在磨损痕迹内出现大量的点蚀坑，如图 3.22(a) 所示，点蚀坑的大小为几十微米到几百微米。图 3.22(b) 为点蚀失效的三维形貌图，由三维形貌图可以看出，点蚀坑具有一定的深度，每个粗糙度坑到粗糙度水平线的距离约为 20～40μm，由此可以判断点蚀坑的深度为 20～40μm。根据表 3.10 和表 3.11 所示，在 0.77GPa 下，熔覆层内最大剪切应力的深度为 60.5μm，可以看出，点蚀坑的失效深度远小于最大剪切应力深度，属于近表面失效，推测主要是由近表面的表面粗糙度和磨损引起的失效。

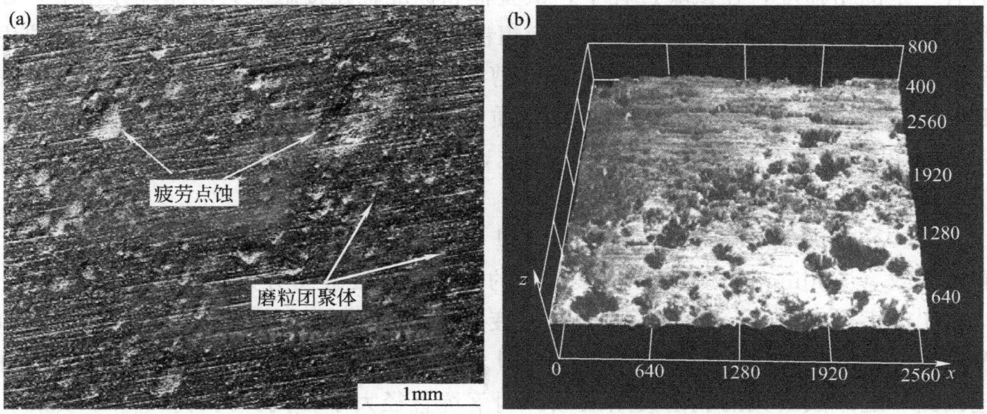

图 3.22　1000N 加载下接触点蚀失效形貌图 (a) 和三维形貌图 (b)

点蚀失效的主要原因是在接触疲劳试验过程中由于粗糙接触表面的微凸体与标准辊接触，微凸体在接触应力下产生塑性变形，并在接触区域形成黏着磨损而产生大的剪切应力，在大的剪切应力下，微凸体被剪切掉。被剪切掉的微凸体在润滑油的作用下，相当于磨粒、熔覆层、标准辊在接触区域形成了三体磨损。熔覆层在磨粒、标准辊的循环作用下发生疲劳剥落，形成了原始的点蚀坑。随着接触疲劳试验的进行，最初形成的点蚀坑周围的粒子在循环应力的作用下逐渐脱落，较多的点蚀坑连接在一起，从而形成大的点蚀坑，导致熔覆层点蚀失效的发生。

（2）2000N 加载下的失效模式和失效机理

表面磨损失效（surface abrasion）是材料接触疲劳的主要失效模式之一。从表 3.11 统计结果可以看出熔覆层的磨损失效主要是在 2000N（1.09GPa）下发生的。从图 3.23(a) 和 (b) 表面磨损的表面形貌和三维形貌图，可以看出磨损失效区域为浅滩状磨损坑，磨损坑较浅并相互连通，在浅滩状磨损坑周围可以看到块状磨屑。从宏观上可以看到磨损坑的深度和点蚀基本一致，是由许多小的点蚀坑连接而成。表面磨损失效磨损坑的深度为 50μm 左右，而在 1.09GPa 下，熔覆层内最大剪切应力深度为 85.52μm，可以看出磨损坑的深度小于最大剪切应力深度，主要为近表面失效。

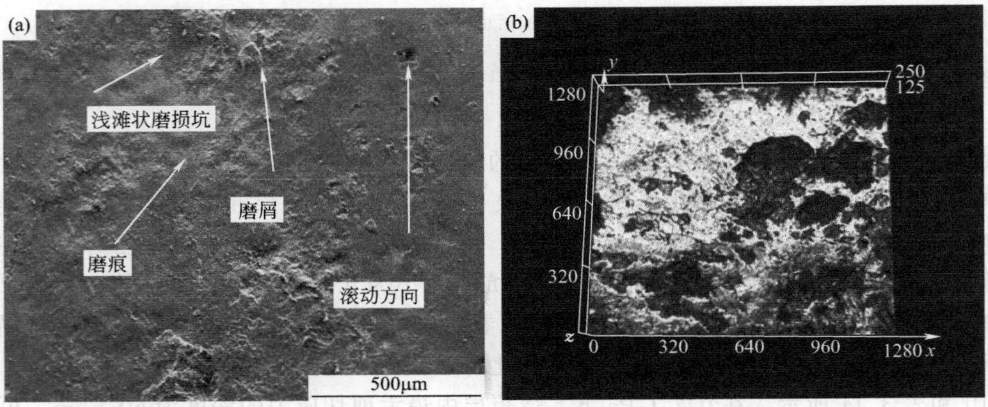

图 3.23　2000N 加载下接触磨损表面形貌图（a）和三维形貌图（b）

由此可以推断，磨损失效的主要失效机理为：在接触疲劳试验过程中，试验辊表面经磨削后仍有一定的粗糙度，在试验过程中，试验辊和标准辊在接触应力的循环作用下，在接触区域产生了剪切应力；剪切应力使涂层表面粗糙的凸起部分被剪切掉，在涂层内原位生成的 TiN 陶瓷颗粒充当了硬质颗粒的角色，在被剪切应力剪切掉后在接触区域内形成了磨粒磨损；TiN 硬质颗粒剥落，在接触区域内，硬质颗粒相比涂层具有较高的硬度和强度，在接触应力的作用下，使涂层表面产生小的点蚀坑，随着试验的进行，点蚀坑相互连接形成大的浅滩状的磨损坑，导致磨损失效。

（3）3000N 加载下的失效模式和失效机理

剥落失效（spalling）是材料在亚表面下的一种主要接触疲劳失效模式。从表 3.11 可以看出，在 1.34GPa 载荷下，涂层的主要接触疲劳失效形式为剥落失效。图 3.24(a) 和 (b) 为熔覆层的接触疲劳失效形貌图和三维形貌图。从图中可以看出剥落坑近似为圆形，许多剥落坑连接到一起组成了大的剥落失效区域。剥落坑直径大小不同，约为 150～500μm。剥落坑的深度为 80μm 左右，根据表 3.9 和表 3.10 可以看出，在 1.34GPa 下，熔覆层内最大剪切应力的深度为 104.75μm，剥落坑深度小于最大剪切应力深度，这和 Zhang 等[100]对于剥落失效和最大剪切应力深度的分析结果较一致。

剥落失效的机制比较复杂，Zhang 等[100]认为试验过程中在涂层近表面产生了裂纹，随着试验的进行裂纹扩展到涂层表面，多个裂纹的连接导致了涂层浅层材料的脱落，从而导致了剥落失效。康嘉杰[101]在对涂层的剥落失效机制进行分析时，运用有限元分析了剥落失效深度和涂层内最大剪切应力的关系。结果表明，涂层剥落失效的诱因不是涂层内的最大剪切应力，而是涂层内交变接触应力产生的微应力。涂层剥落坑的深度为 80μm 左右，根据经验

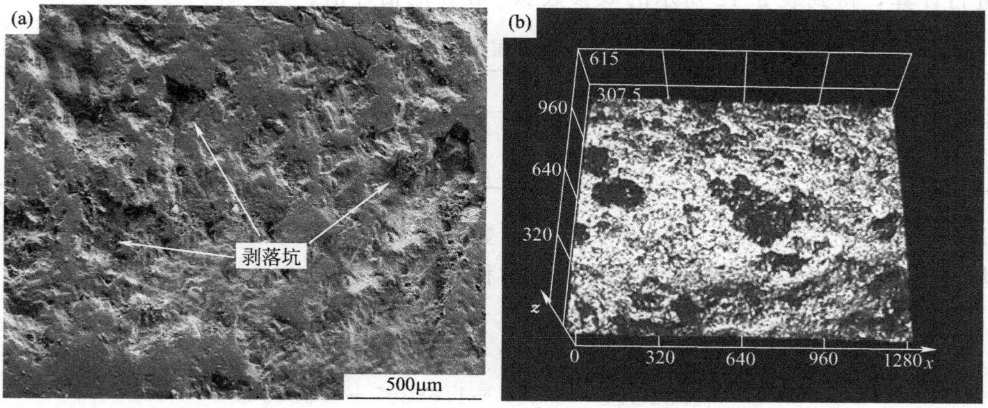

图 3.24　3000N 加载下接触剥落失效形貌图（a）和三维形貌图（b）

公式，涂层内最大剪切应力的深度一般为 0.78b，b 是 Herzt 接触模型的接触半宽，根据前面的接触模型模拟，剥落坑的深度小于剪切应力的深度。由此可以推断，在 3000N（1.34GPa）接触应力下，涂层表面产生大的接触应力和应力集中，在滚动接触过程中，近表面产生塑性变形，涂层近表面内的 TiN 陶瓷颗粒在大的接触应力下产生应力集中，形成初始的裂纹。随着试验的进行，初始裂纹源逐渐累积而在近表面产生了初始微裂纹，初始微裂纹随机扩展，当近表面微裂纹扩展连接到一起后，导致涂层近表面材料的去除，形成了表面的剥落坑。

3.1.7　接触疲劳寿命研究

大量实验研究发现[102,103]，疲劳数据服从韦布尔（Weibull）分布。Weibull 分布是瑞典科学家 W. Weibull 提出的一种概率分布函数，在目前的可靠性分析计算中，是常用于表达寿命的一种分布形式。采用双参数的 Weibull 分布模型对不同接触应力下熔覆层的接触疲劳寿命进行处理，得到了其寿命分布 P-N 曲线。双参数的 Weibull 分布函数如式(3.8)所示：

$$P(N)=1-\mathrm{e}^{-\left(\frac{N}{N_{\mathrm{a}}}\right)^{\beta}} \tag{3.8}$$

式中，$P(N)$ 为失效概率函数；N 为实验得到的疲劳数据；N_{a} 为失效概率；β 为 Weibull 曲线的斜率，也就是 Weibull 曲线形状参数，其值的大小反映了疲劳数据的分散性，β 值越大，Weibull 分散性越小。

基于实验数据，采用合适的方法对 Weibull 双参数进行参数估计是处理疲劳数据的关键步骤。本文采用应用最为广泛的极大似然估计法进行 Weibull 曲线的参数估计。两参数 N_{a} 和 β 的估计方程如式(3.9) 和式(3.10) 所示：

$$\frac{\sum_{i=1}^{n} N_i^{\beta}\ln N_i}{\sum_{i=1}^{n} N_i^{\beta}}-\frac{1}{n}\sum_{i=1}^{n}\ln N_i-\frac{1}{\beta}=0 \tag{3.9}$$

$$N_{\mathrm{a}}=\left(\frac{1}{n}\sum_{i=1}^{n} N_i^{\beta}\right)^{\frac{1}{\beta}} \tag{3.10}$$

基于式(3.9) 和式(3.10)，运用 MATLAB 软件对表 3.11 中三种载荷下熔覆层的接触疲劳数据进行计算，得到表 3.12 所示的双参数 N_a 和 β 的估计值。

表 3.12　不同接触应力下熔覆层寿命 Weibull 分布的 N_a 和 β 值

接触应力	$S_1=0.77\text{GPa}$	$S_2=1.09\text{GPa}$	$S_3=1.34\text{GPa}$
$N_a/(\times10^5)$	15.1788	6.3651	2.5427
β	11.7688	10.1712	7.9769

将得到的不同接触应力下的 Weibull 双参数代入到式(3.8)，得到了不同接触应力下的疲劳失效概率，根据不同接触应力拟合曲线方程：

$$S_1=0.77\text{GPa}\qquad y=-2.22262+0.18766x$$

$$S_2=1.09\text{GPa}\qquad y=-2.23184+0.44939x$$

$$S_3=1.34\text{GPa}\qquad y=-1.66355+0.90096x$$

得到了疲劳寿命和失效概率的 P-N 曲线，如图 3.25 所示。

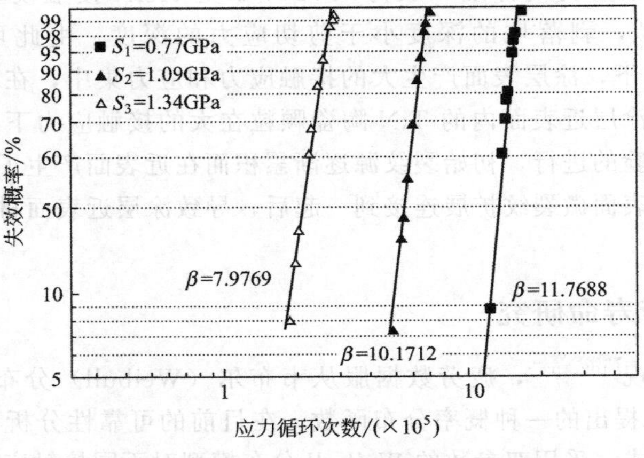

图 3.25　不同接触应力对应的熔覆层的 P-N 寿命曲线

可以看出，三种载荷下，表 3.11 统计的熔覆层的接触疲劳数据较好地吻合了 Weibull 分布趋势，但是整体寿命差距较明显。可以看出，载荷较小（0.77GPa）时得到的最低疲劳寿命远高于大载荷下（1.34GPa）的接触疲劳寿命，可见接触应力的大小可以显著影响熔覆层的接触疲劳寿命。可以看出，基于 Weibull 分布绘制的 P-N 寿命曲线可以便捷准确地预测熔覆层在一定接触应力条件下，接触疲劳寿命（循环周次）和失效概率之间的关系；同样也可以预测当设定一定失效概率时的零件的设计寿命。但是单纯依靠 P-N 曲线，除了给定的 1000N、2000N、3000N 三种载荷，不能够实现对其他载荷下零件的寿命预测。在这种情况下，可以基于表 3.11 所给出的样品熔覆层接触疲劳寿命试验数据，建立另一种更加完善的熔覆层接触疲劳寿命预测曲线 P-S-N 曲线，以弥补 P-N 曲线的不足。

许多物理学的加速寿命试验证实，以电应力（如电压、电流、功率等）作为加速应力也能促使产品提前失效。通过对大量的相关加速寿命试验数据的总结和计算发现，产品的某些寿命特征与应力符合逆幂律模型，如式(3.11) 所示。由于 P-S-N 曲线能够较准确地表征接触应力、接触疲劳寿命和失效概率三者之间的关系，因此已经被广泛地应用到机械关键零部件的疲劳寿命预测中。本文采用式(3.11) 所示的接触应力 S 与接触疲劳寿命 N 的函数关系式，建立了熔覆层的 P-S-N 寿命预测曲线。

$$NS^m = C \tag{3.11}$$

式中，N 为接触疲劳寿命；S 为接触应力；m 和 C 为待求参数。对式(3.11) 两边取对数，得到式(3.12)：

$$\ln S = -\frac{1}{m}\ln N + \frac{\ln C}{m} \tag{3.12}$$

为了确定待求参数 m 和 C 值，采用最小二乘法对回归方程进行拟合，具体见式(3.13) 和式(3.14)：

$$-\frac{1}{m} = \frac{n\sum_{i=1}^{n}\ln N_i \cdot \ln S_i - \sum_{i=1}^{n}\ln N_i \cdot \sum_{i=1}^{n}\ln S_i}{n\sum_{i=1}^{n}(\ln N_i)^2 - \left(\sum_{i=1}^{n}\ln N_i\right)^2} \tag{3.13}$$

$$\frac{\ln C}{m} = \frac{\sum_{i=1}^{n}(\ln N_i)^2 \cdot \ln S_i - \sum_{i=1}^{n}\ln N_i \cdot \sum_{i=1}^{n}\ln S_i \cdot \ln N_i}{n\sum_{i=1}^{n}(\ln N_i)^2 - \left(\sum_{i=1}^{n}\ln N_i\right)^2} \tag{3.14}$$

结合 Weibull 分布函数确定了失效概率 P 为 90%时，对应的接触应力 S_i 和接触疲劳寿命 N_i，求得参数 m 和 C 值。基于式(3.8) 的双参数 Weibull 分布函数，分别计算出最典型的当失效概率为 90%时，在三种接触应力水平下（$S_1=0.77$GPa、$S_2=1.09$GPa、$S_3=1.34$GPa）对应的接触疲劳寿命 N_{90}，结果如表 3.13 所示。

表 3.13 不同接触应力水平下失效概率为 90%时对应的接触疲劳寿命

接触应力/GPa	0.77	1.09	1.34
$N_{90}/(\times 10^5)$	16.6398	6.9691	2.8454

将表 3.13 所示的数据代入式(3.13) 和式(3.14)，求得 P-S-N 曲线中失效概率 P 为 90%时的参数 m 和 C 值，结果如表 3.14 所示。

表 3.14 失效概率为 90%时 *P-S-N* 曲线的参数 *m* 和 *C* 值

失效概率	m	C
90%	3.19185	1.0671

将表 3.14 中的 P-S-N 曲线参数 m 和 C 值代入式(3.14)，得到了熔覆层在失效概率 P 为 90%时的接触疲劳寿命 P-S-N 曲线，如图 3.26 所示。基于 P-S-N 曲线，可以直接看出当接触应力小于 2GPa，熔覆层在失效概率为 90%时所对应的接触疲劳寿命。例如，设计再制造等离子熔覆后产品的失效概率 P 为 90%、服役接触应力水平为 1.0GPa 时，根据 P-S-N 曲线，当产品循环次数达到 1×10^5 时，就达到了设计寿命。可见，基于 P-N 曲线和 P-S-N 曲线，可以比较准确地完成对熔覆层接触疲劳寿命的预测，建立了比较完善的等离子熔覆层寿命预测模型，对于熔覆层的寿命评估和失效预警具有重要作用。

通过对不同接触应力下熔覆层的接触疲劳失效行为和熔覆层寿命演变规律的系统研究，得出了以下几点结论：

① 不同接触应力下，熔覆层具有不同的接触疲劳失效行为。在 1000N 载荷下

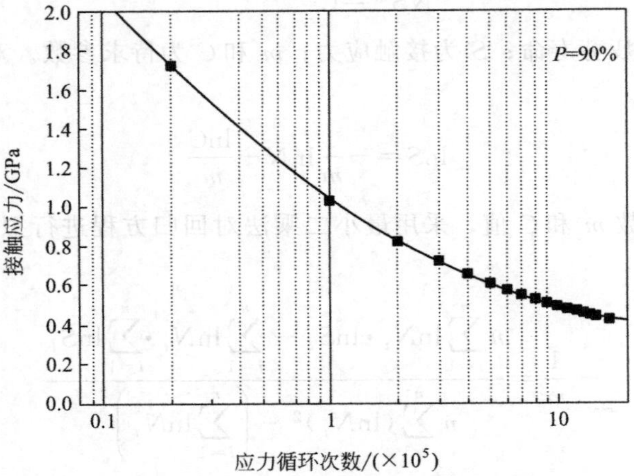

图 3.26 失效概率为 90%时熔覆层的 P-S-N 寿命曲线

(0.77GPa)，熔覆层的主要接触疲劳失效模式为点蚀失效；在 2000N 载荷下（1.09GPa），熔覆层的主要接触疲劳失效模式为磨损失效；在 3000N 载荷下（1.34GPa），熔覆层的主要接触失效模式为剥落失效。在 1000N 和 2000N 下，点蚀坑和磨损坑的深度远小于最大剪切应力深度，主要为近表面接触和表面粗糙度引起的失效；在 3000N 下，剥落坑的深度接近最大剪切应力深度，主要为亚表面失效。

② 接触应力对熔覆层的接触疲劳寿命有显著影响，随着接触应力的增大，接触疲劳寿命显著降低。基于三种载荷下熔覆层的接触疲劳数据，建立了熔覆层的 P-N 曲线和 P-S-N 曲线，可以对不同接触应力和失效概率下熔覆层的接触疲劳寿命进行预测。

3.2 Ni60/WC/Ti 复合等离子熔覆层

采用等离子热源将合金粉末熔覆在基体表面，选择合理的工艺，在稀释率尽可能低的情况下，获得高性能的表面合金层，使工件在复杂工况下稳定工作，循环利用废旧零部件，节约资源，经济环保。本节从复合材料体系着手，重点研究镍基材料体系中复合 WC 以及原位反应生成 Ti(C，N) 涂层的组织结构对涂层性能及其界面演化行为的影响，进而结合 MS 软件模拟涂层与基体界面在热力学作用下原子尺度范围的界面演化机制。

3.2.1 熔覆材料体系设计及工艺

基体材料为 FV520B 的板材，成分见表 3.1。熔覆层粉末以镍基粉末 Ni60 为基体，加入 Ti、WC 配成不同成分的涂层材料。Ni60 的化学成分如表 3.15 所示。镍基熔覆层粉末的化学成分配比如表 3.16 所示。

表 3.15 Ni60 的化学成分

元素	C	Fe	B	Si	Cr	Ni
质量分数/%	0.6～1.0	≤15	4.5～2.5	3～4.5	14～17	余量

表 3.16　镍基熔覆层粉末的化学成分配比　　单位：%

样品	A	B	C	D	E	F	G
Ni60	100	90	80	70	60	50	40
Ti	—	10	20	30	30	30	30
WC	—	—	—	—	10	20	30

熔覆材料的基本组成是 Ni60 粉末。Ni60 是一种自熔合金粉末，具有熔点低，在熔融过程中可自行脱氧、造渣，并能“润湿”基材表面的特点。Ni60 粉末中往往含有一定含量的 B、Si 等元素，可以与 Ni 形成低熔点共晶合金，可显著降低合金的熔点。Si 元素能固溶于合金涂层中，起固溶强化作用；B 元素还可形成强化相。此外，B、Si 元素还具有脱氧功能，生成的 B_2O_3 与 SiO_2 具有造渣和防止金属氧化的作用。等离子熔覆工艺参数如表 3.17 所示。

表 3.17　等离子熔覆工艺参数

熔覆参数	工作电压/V	工作电流/A	自动提升/mm	起弧电流/A
数值	30	100	8	50

3.2.2　WC 复合 Ni60 等离子熔覆层微观形貌

熔覆层截面微观形貌如图 3.27 所示。图 3.27(a)、(b) 分别为 Ni60、Ni60＋10%WC 熔覆层的截面微观形貌。熔覆层熔深低、外表面熔渣较少，说明添加了硬质相的镍基复合涂层的熔覆效果较好。熔覆层截面可清晰地分辨出基材热影响区（HAZ）、结合区（BZ）和熔覆层（CL），界面结合为良好的冶金结合。

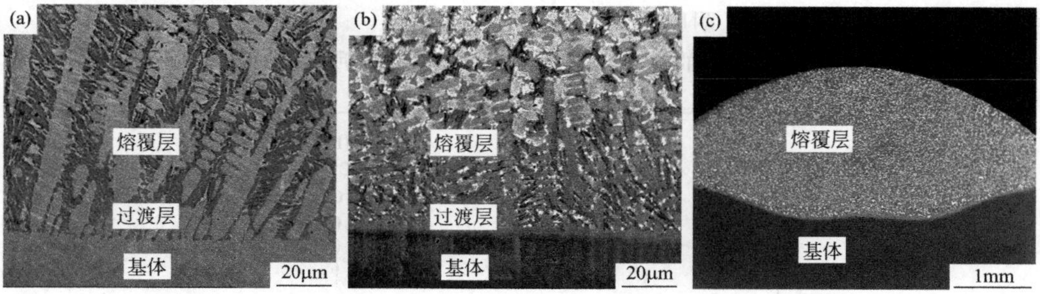

图 3.27　Ni60(a) 和 Ni60＋10% WC (b)、(c) 镍基复合涂层界面结合微观形貌

热影响区由于高能离子束的作用，使得基材的组织和性能发生较大变化。在 SEM 下，基体和熔覆层的区别很明显，一条白亮色的带位于熔覆层和基体结合部位。“白亮带”是由于熔体开始凝固时，温度梯度与凝固速度的比值 $G/\sqrt{R}$ 达到平面状向前推移的条件而形成的[104]。由“白亮带”向涂层表面延伸的组织依次是胞状晶、胞状枝晶、完全枝晶。

将含 WC 10%、20%、30%的 Ni 基合金粉末熔覆后，用线切割加工成 10mm×10mm×10mm 的样品，对截面进行砂纸打磨和抛光，清洗样品后再用 5%王水侵蚀样品，侵蚀约 20s 后用金相显微镜进行金相组织观察。图 3.28 分别为 WC 含量为 10%、20%、30%的 Ni60＋WC 涂层截面形貌。

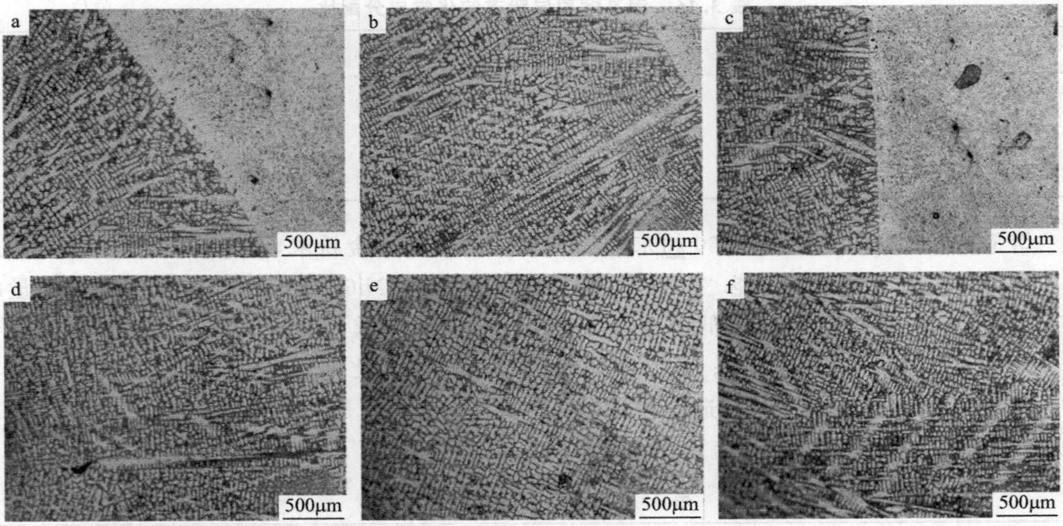

图 3.28　Ni 基熔覆层 WC 含量为 10%（a）、（d），20%（b）、（e）和 30%（c）、（f）时的金相组织形貌

由图 3.28 可以看出，经过等离子熔覆不同组分的合金粉末后，涂层无明显缺陷，涂层与基体的结合方式为冶金结合，结合性良好。涂层中都出现了树枝晶，沿基体到涂层表面方向生长，且在涂层中部时树枝晶的密度达到峰值。由于等离子熔覆后的涂层冷却速度很快，实际结晶温度很低，过冷度很大，得到的晶粒就很细小。WC 含量越多，晶核数量增加越明显，且 WC 硬质相的弥散分布会阻碍晶粒长大，使得涂层晶粒显著细化。可见，加入 WC 后，由于高硬度硬质相 WC 的弥散强化，熔覆层组织中的 γ-Ni 枝晶明显游离细化，而且枝晶内合金元素过饱和度增大而产生的固溶强化和枝晶间高硬度共晶组织的增多产生的强化，都可以显著提升涂层的硬度、耐磨性等。

采用 XRD 技术分析熔覆层的物相组成，结果如图 3.29 所示。

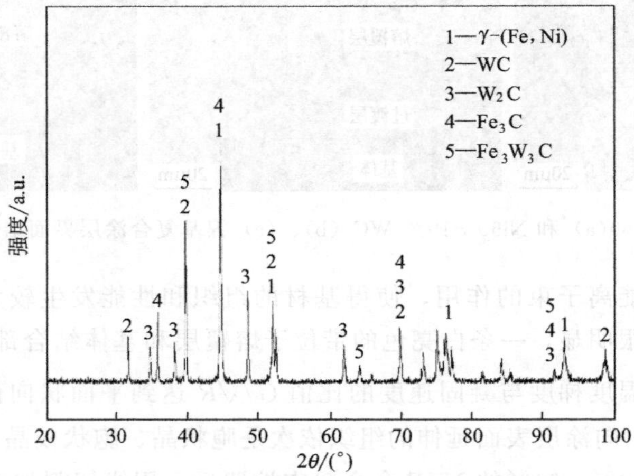

图 3.29　含 20%WC 镍基复合涂层的 XRD 图谱

镍基合金等离子熔覆层组织结构为 γ-Ni 枝晶及枝晶间的 γ-(Fe，Ni)＋Fe_3C 共晶和多种碳化物等组成的多元共晶混合物。加入 WC 的组织，除新出现 W_2C 物相外，其他物相依然

存在。此外，组织中亦存在着大量弥散分布的呈块状的未熔 WC 相和依附于未熔 WC 而生长成的星形 WC 相。从图中分析的物相可知，存在共晶相 WC/W_2C，在 Ni 基中其比初生 WC 更容易发生溶解，有利于第二相与镍基间发生相互扩散而达到较好的冶金结合。高温熔池中不规则的 WC 颗粒尖角和边缘处易直接溶解进入合金熔体，并在随后的冷却过程中以富 W 型复合碳化物（Fe_3W_3C）析出。

图 3.30 为涂层中硬质相含量梯度变化后的四组典型熔覆层组织形貌。从图 3.30(a) 中可看出 WC 含量为 0%时，涂层组织由典型的树枝晶组成，随后可以看出随着 WC 含量增加，各层中析出的富 W 型碳化物的大小、形状和分布明显不同。当熔覆层中增强相 WC 加入量为 5%时，粗大树枝晶 γ-(Fe,Ni) 和枝晶间共晶 γ-(Fe,Ni)+Fe_3C 这种枝晶+共晶的组织特征几乎不变。但是由图中可以看出亮白色的 WC 相基本分布在树枝晶界，还有少量分布在晶内。分布在晶内主要是因为等离子熔覆时加热时间短，熔化和冷却的速度较快，晶面的迁移速度远大于第二相颗粒的移动速度。快速移动的固液界面将捕获外加第二相碳化物颗粒，从而使颗粒弥散分布于基体中，并且主要分布在晶内及晶间，形成晶内型复合强化组织[105]，如图 3.30(b) 所示。当 Ni60+WC 中 WC 的含量增加至 15%时，涂层中析出碳化物的微观组织与之前的明显不同，没有出现枝晶间共晶的组织特征，而是在基体上同时析出较多通过小平面生长方式长大的块状和絮状碳化物[106]。絮状碳化物与基体互溶性较好，在随后的冷却过程中析出富 W 的网状碳化物 Fe_3W_3C。当镍基涂层中 WC 的含量继续增加到 30%时，碳化物的形貌由颗粒状转变为十字等轴状，其外形与等轴晶类似。Si 会促使十字

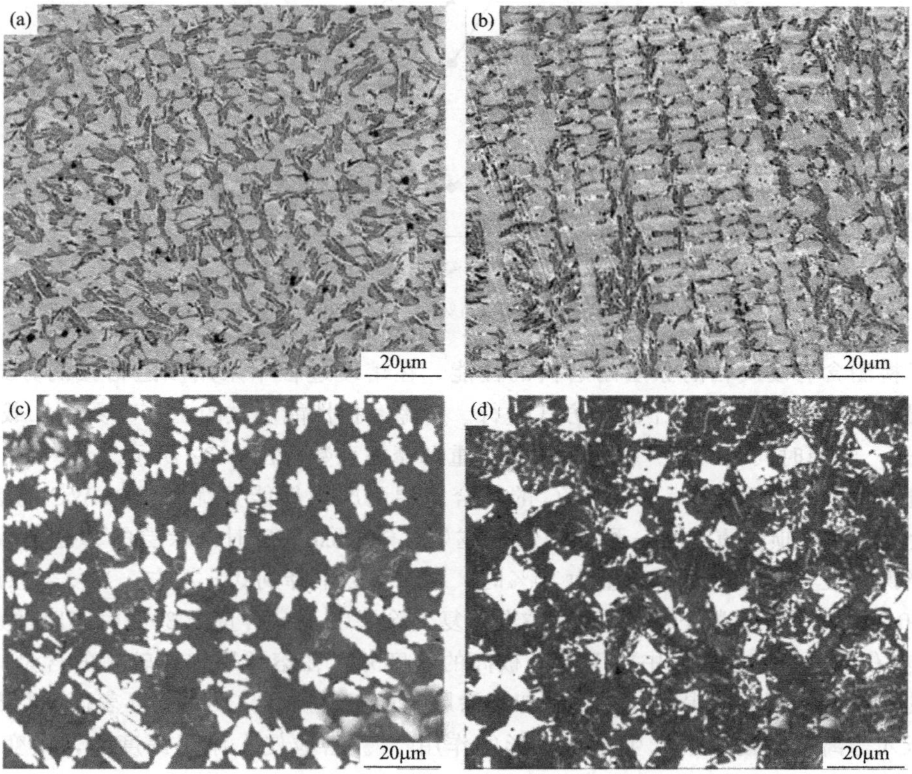

图 3.30　Ni 基熔覆层中 WC 含量不同时的涂层组织形貌

(a) 0%；(b) 5%；(c) 15%；(d) 30%

等轴状碳化物析出，影响晶粒边缘生长率。涂层成分含量的变化对内部组织形貌有较大的影响。

3.2.3 WC复合Ni60等离子熔覆层摩擦学性能

熔覆层的磨损往往是磨料磨损、黏着磨损、疲劳磨损等多重因素共同作用的结果，本节探讨复合不同WC含量的Ni60熔覆层摩擦学性能差异及其耐磨机理。

涂层的摩擦学性能与硬度有密切的关系。图3.31所示为四种涂层（Ni60、Ni60＋10％WC、Ni60＋20％WC、Ni60＋30％WC）的截面显微硬度分布图。从图中可以发现添加了WC的涂层相对于未添加WC的涂层显微硬度有了极大提高，并且WC含量高的涂层硬度要比WC含量低的涂层硬度高。因此可以知道，涂层硬度的提高主要是WC硬质增强相所贡献的，此外还有大量W、Si、Cr元素溶入奥氏体基体中引起的固溶强化以及快速加热及快速凝固所产生的细晶强化作用，涂层中WC的含量决定了涂层硬度的大小。另外从涂层硬度变化趋势来看，硬度在沿着复合涂层深度方向呈现出先上升后下降的趋势，硬度在一定位置处达到最大值，进入结合区后，硬度逐渐下降，最后在基体上硬度值趋于一致。外表层的硬度较低主要是由等离子辐照时间长，合金元素烧蚀严重造成的。

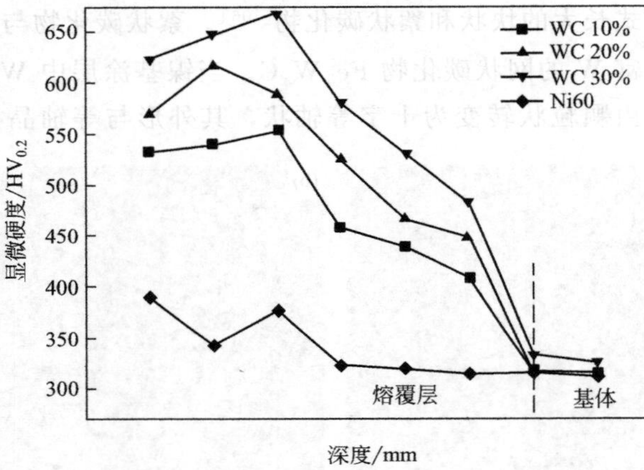

图3.31　Ni基熔覆层中WC含量为10％、20％、30％时涂层的显微硬度分布

为了检测含有硬质相的涂层耐磨损的性能，在熔覆过程中采用多道搭接的方式制备样品。磨损试验采用环-块接触干磨损方式进行。摩擦磨损性能测试的工艺参数为：载荷40N，频率15Hz，磨损时间20min。得到的摩擦失重和摩擦系数如图3.32所示。

通过对比磨损失重可知：加入WC的复合涂层耐磨损性能要优于未加WC的涂层；且WC含量越多，磨损失重越小，耐磨损性能越好。未添加WC时，涂层的摩擦系数为0.67左右；当镍基复合涂层中WC含量为10％时，摩擦系数下降到0.5左右；当复合涂层中WC含量为20％时，摩擦系数下降到0.43左右；复合涂层中WC含量为30％时，摩擦系数下降到0.35左右。由于复合涂层中的WC有极高的硬度并且在熔覆层中有较高的含量，使得复合涂层的硬度得到较大的提高，并且增加了涂层塑性变形抗力，使对磨环表面的微凸体不能有效地压入等离子熔覆层中产生塑性变形的作用[97]。磨粒侵入涂层深度小，微变程度小，从而使黏着磨损在很大程度上得到缓解。在切削过程中遇到WC的阻碍时，切削过程不能顺利进行，形成WC凸起物。WC阻碍了复合涂层的变形和流失，涂层因而具有较高的磨料

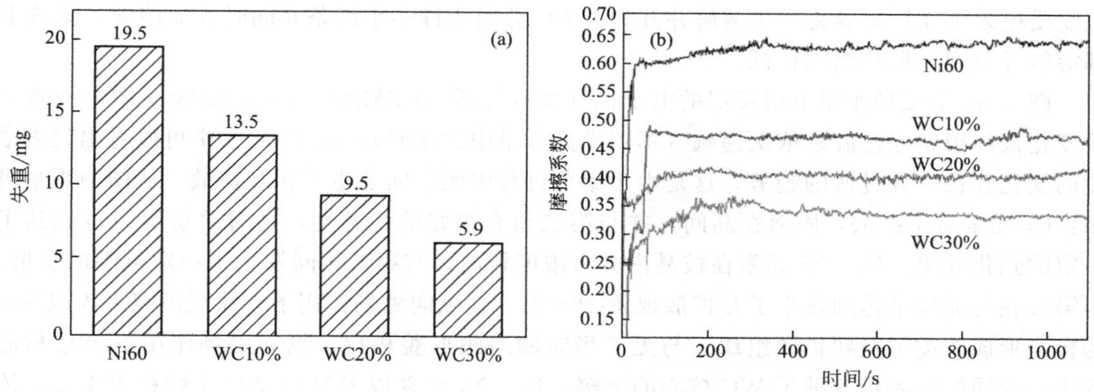

图 3.32 Ni 基熔覆层 WC 含量为 10%，20%，30%时涂层的磨损失重（a）和摩擦磨损系数（b）

磨损抗力。综合以上分析可知，增强相在涂层中有明显提升摩擦磨损性能的作用。

3.2.4 磁场对涂层组织及性能的影响

磁场作用于等离子熔池，对熔体起非接触式作用，在凝固过程中有抑制树枝晶生长的作用，还会使树枝晶受磁力作用被折断、击碎而成为新的形核点，以达到细化 Ni 基涂层的目的。磁场作用增大了熔池内部的流动性，可有效地使气孔、夹渣在凝固过程中从涂层内部排出，抑制涂层内部裂纹和气孔等缺陷，提高涂层的质量，以期为细化熔覆层组织和抑制涂层内部缺陷提供一种全新的工艺方法。

3.2.4.1 磁场对涂层组织的影响

熔覆过程中采用的磁场强度设定在 38mT 以内，原因在于磁场强度过高（超过 30mT），会对电弧的形态产生明显的扭曲作用，致使熔覆层成型性变差。图 3.33 是在无磁场条件和添加纵向磁场时镍基熔覆层的微观形貌。从图 3.33 可以看出，在纵向磁场作用下涂层的组织形貌发生了明显变化。在磁场作用下 WC 第二相由之前的块状、弥散分布在枝晶间的形态变为以 WC 为核心发散状的组织特征，类似雪花状组织，如图 3.33(b) 所示。在纵向磁场作用下，在熔覆过程中，熔池中熔体内部由感应电流的交互作用所产生的电磁力驱动熔体

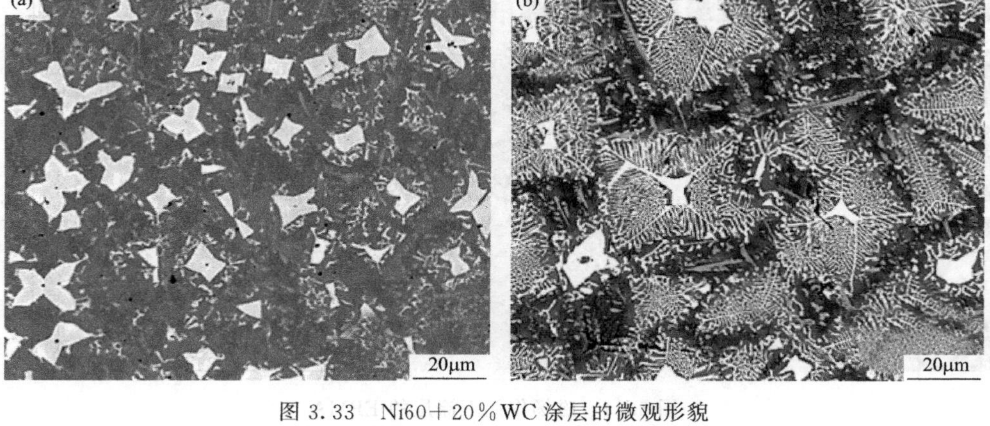

图 3.33 Ni60+20%WC 涂层的微观形貌

（a）无磁场；（b）纵向磁场（38mT）

产生强迫对流。对于那些被大量裂纹分离但宏观上仍保持为完整颗粒的 WC，在高温熔池中裂纹受电磁力作用更容易发生溶解并开裂。WC 分离为许多小细条并同时独立溶解，形成芯部溶解并呈现发散状组织特征。

图 3.34 是磁场作用下熔覆层的电子探针微区分析（EPMA）结果，EPMA 图中元素含量变化按红橙黄绿蓝靛紫依次递减（彩图参见目录中二维码）。从图 3.34 中可以看出元素浓度的变化存在一种过渡的趋势，这是由于熔覆过程中元素间发生了相互扩散。从图中观察可知：Cr 元素易于扩散，固溶在晶间，并与第二相有很好的相容性，这对涂层组织也起到了一定的强化效果。Fe、Ni 元素在枝晶内分布浓度较高，与第二相间发生了一定范围的扩散，即第二相与涂层基体间发生了互扩散现象[107,108]。在纵向磁场作用下，涂层组织多为以 WC 为核心形成的类雪花状扩散组织。与无磁场时的组织形貌相比，纵向磁场作用下 WC 核心变小，说明纵向磁场有助于 WC 核心的溶解。Fe、Ni 元素以未溶的 WC 小颗粒为中心，浓度逐层增大，且由 Fe、Ni 元素的浓度变化可知，在纵向磁场作用下第二相与镍基之间发生

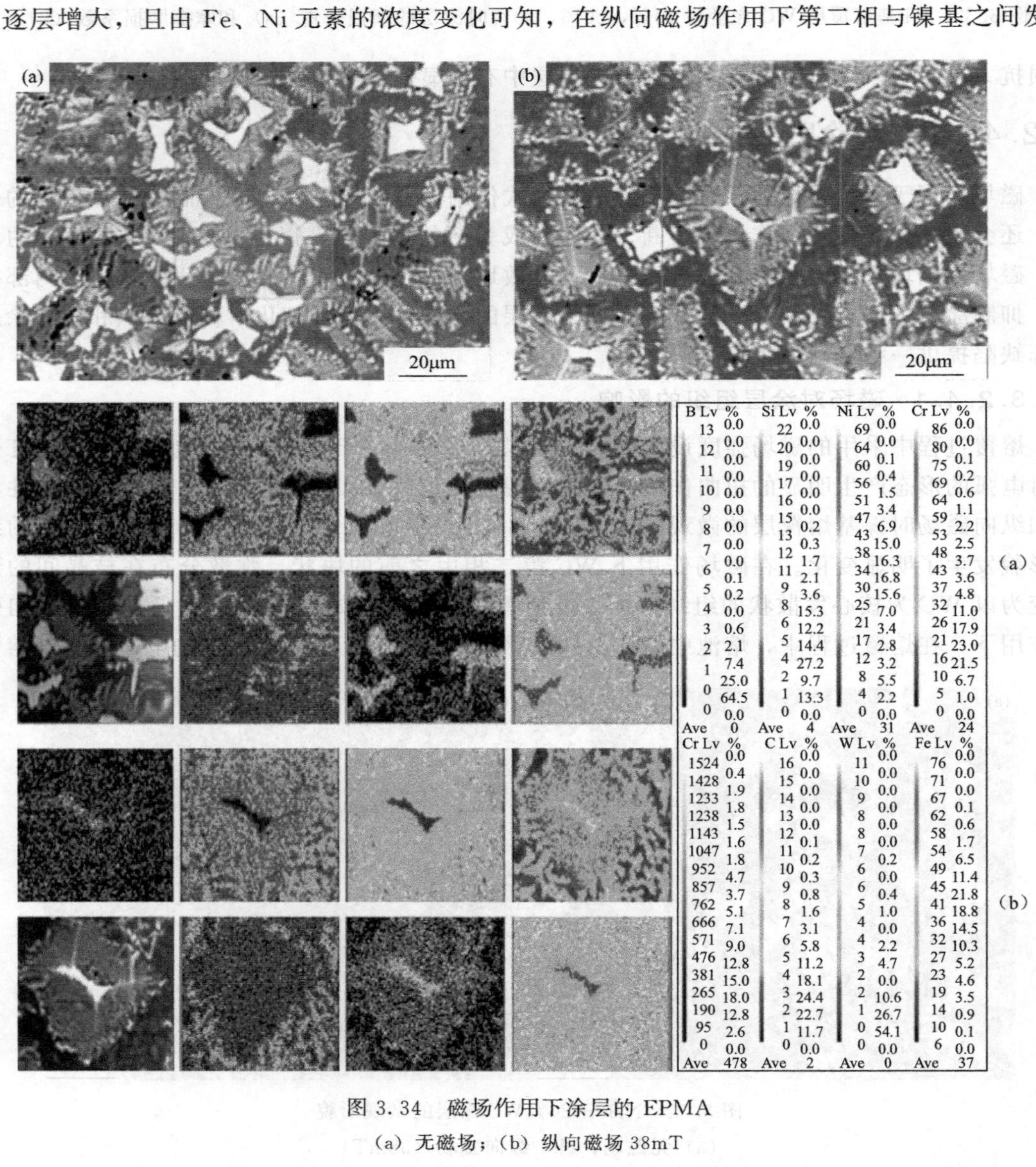

图 3.34 磁场作用下涂层的 EPMA

（a）无磁场；（b）纵向磁场 38mT

的互扩散现象更为明显。Si元素集中分布在镍基晶粒中并影响其组织形态，Cr元素则集中偏聚在第二相WC中形成碳化物，B元素亦有少量扩散到第二相的趋势。但由无磁场作用下涂层元素浓度分布可知，第二相质点呈块状较纵向磁场中未熔部分大，WC颗粒中心未能与镍基之间发生较好的扩散，各元素的扩散情况较有磁场作用下有所减弱。

3.2.4.2 磁场对涂层硬度及磨损性能的影响

不同磁场作用下涂层的显微硬度和摩擦磨损系数如图3.35所示。从图3.35(a)中可看出涂层硬度的变化趋势，热影响区的硬度随着距离的增加而减小，基体处的硬度最小。纵向磁场作用下涂层的显微硬度为650～710$HV_{0.2}$，明显高于基体的硬度310～320$HV_{0.2}$。这是由涂层中高硬度碳化物WC强化相的存在，以及大量W、Si、Cr元素溶入奥氏体基体中引起的固溶强化以及快速加热及快速凝固产生的细晶强化造成的。涂层的硬度与摩擦磨损系数有一定的对应关系。

纵向磁场作用下的电磁搅拌力对涂层在熔覆凝固过程中的作用较为显著，致使涂层在纵向磁场作用下的组织形貌有较大的差异。纵向磁场作用下的WC颗粒易被打碎分散重熔，形成类雪花状组织，这是其摩擦磨损性能优于无磁场作用下的主要原因。由图3.35(b)中的摩擦系数曲线可知：无磁场作用下Ni60＋20％WC涂层的摩擦系数为0.43左右；当纵向磁场强度为5mT时，涂层摩擦系数在0.4左右；当纵向磁场强度为38mT时，涂层摩擦系数在0.35左右。可见随着纵向磁场强度的增大，涂层抗磨性能及硬度都得到了明显提高，且在纵向磁场强度为38mT时提升效果较为显著。

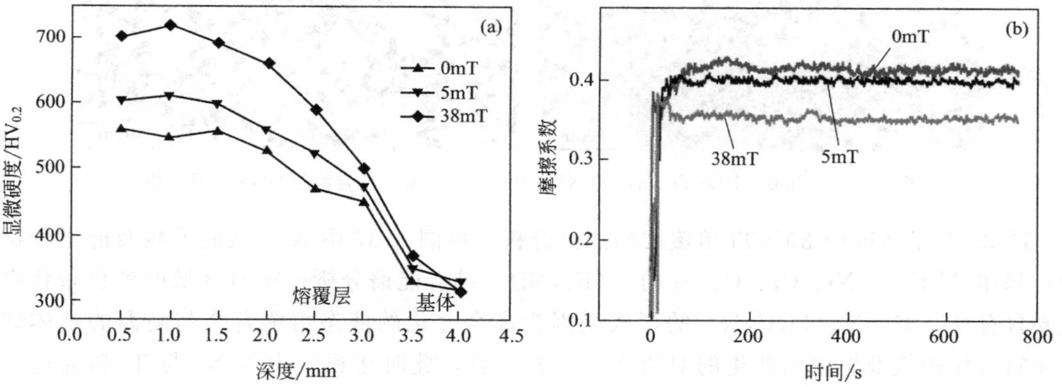

图3.35 不同磁场作用下涂层的显微硬度（a）和摩擦磨损系数（b）

对不同含量的WC涂层进行组织形貌观察、成分分析和性能测试得到的结果如下：

① 用等离子熔覆的方式得到的涂层冶金质量良好，涂层组织形貌随加入WC含量的不同而存在显著差异。

② 硬度试验表明，涂层添加硬质相后显微硬度大幅度提高，随着硬质相含量的增多，涂层的硬度逐渐增大。

③ 摩擦磨损试验表明，加入硬质相的涂层耐磨损性能要优于不加硬质相的涂层，硬质相含量越多，涂层的耐磨损性越好。

④ 纵向磁场对Ni60＋WC复合涂层组织性能影响的试验表明，纵向磁场强度为38mT时提升效果显著，涂层的显微硬度达到730$HV_{0.2}$，摩擦系数降到0.35左右。

3.2.5 反应生成第二相对复合涂层组织性能的影响

目前，科研生产中制备含增强相金属基复合材料的主要途径有两种：增强相的外加法和原位合成法。增强方式多采用弥散颗粒增强。前已述及 WC 增强相的外加法，进一步的研究重点是探究原位合成法生成第二相的分布及存在形式与组织性能之间的关系，同时分析了外加法和原位合成法共同实施制备涂层，涂层组织及性能随工艺参数的变化规律。

3.2.5.1 反应生成 Ti(C,N) 镍基复合涂层的组织结构

等离子熔覆层的工艺参数以及所选用的熔覆材料体系决定了涂层的表面形貌。图 3.36 是添加了不同含量 Ti 的 Ni60 复合涂层的微观组织形貌图。从图 3.36(a) 中可以看出，Ni60 熔覆层中添加 Ti 以后出现了均匀分布的块状黑色组织。从图 3.36(b) 中可以看出，随着 Ti 含量的增加黑色块状组织转变为枝晶状长条组织。图 3.36(a) 中组织为细小块状组织，其分布的情况较图 3.36(b) 中长条状组织更为细密。

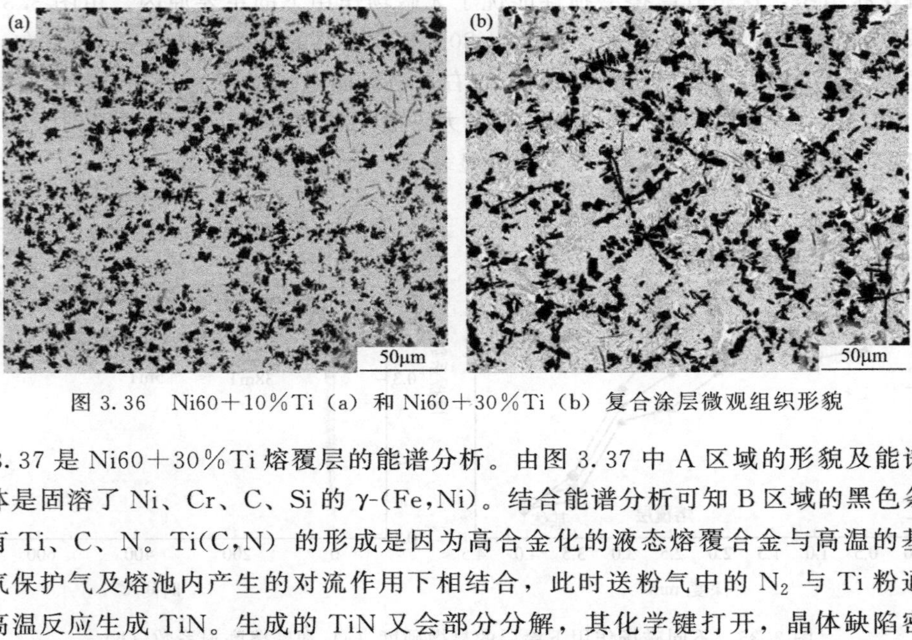

图 3.36 Ni60＋10％Ti (a) 和 Ni60＋30％Ti (b) 复合涂层微观组织形貌

图 3.37 是 Ni60＋30％Ti 熔覆层的能谱分析。由图 3.37 中 A 区域的形貌及能谱分析可知：基体是固溶了 Ni、Cr、C、Si 的 γ-(Fe,Ni)。结合能谱分析可知 B 区域的黑色条状组织主要含有 Ti、C、N。Ti(C,N) 的形成是因为高合金化的液态熔覆合金与高温的基体熔合面在氩气保护气及熔池内产生的对流作用下相结合，此时送粉气中的 N_2 与 Ti 粉通过等离子弧的高温反应生成 TiN。生成的 TiN 又会部分分解，其化学键打开，晶体缺陷密度显著增大，C 原子扩散系数增大，促使 C 原子进入 Ti 和 N 的间隙原位生成化合物 Ti(C,N)。熔池内生成的增强相分布及热量传输不均，导致晶核生长前沿出现成分过冷现象，并且原位合成增强相时的放热效应使得原子扩散能力增强，促使其迅速形核生成枝晶组织。等离子熔覆工艺冷速快的特点可有效阻碍原位生成的 Ti(C,N) 颗粒聚集长大，促使涂层内部弥散分布着细小的 Ti(C,N) 颗粒。Ti(C,N) 颗粒弥散分布的主要原因是增强颗粒的密度小于母相，使得合金凝固时颗粒的上浮方向与凝固方向一致，但界面迁移速度远大于增强颗粒的移动速度，故而将其捕获在基体晶内或枝晶间，形成不同类型的复合强化组织。等离子熔覆层的主要强化方式为固溶强化与弥散强化。

图 3.38 为 Ti 含量为 30％的镍基熔覆层 XRD 图谱。由图 3.38 可知熔覆层物相中存在着 $Cr_{23}C_6$、Ti(C,N) 等强化相。Ti(C,N) 的成因主要是：

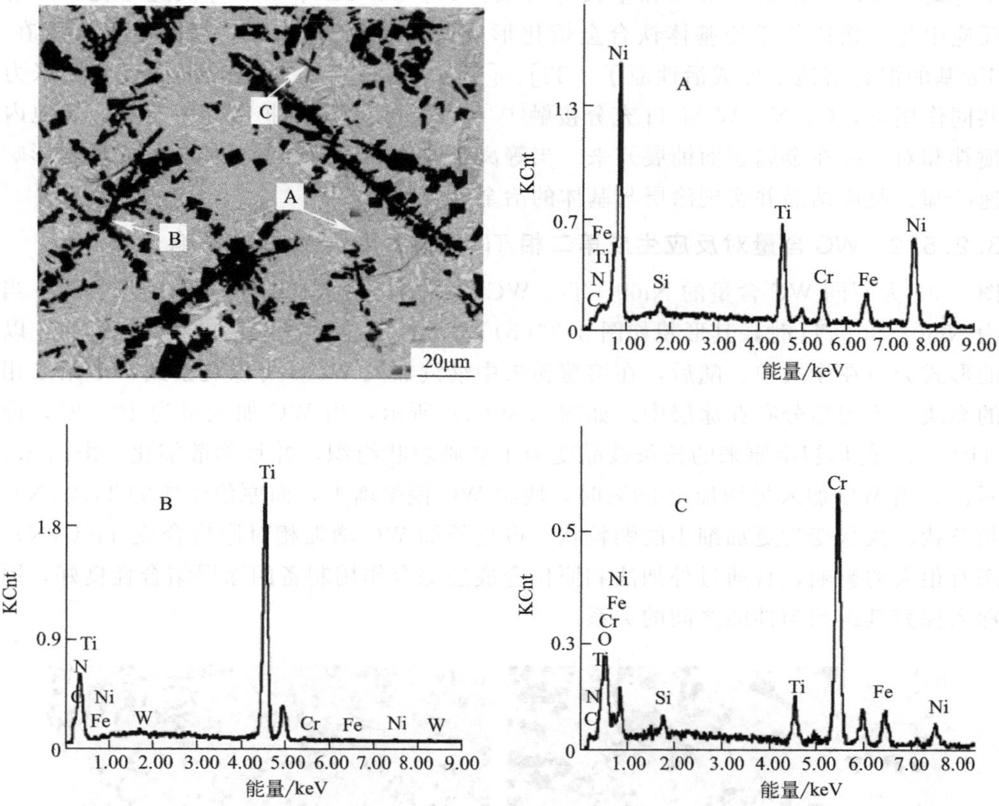

图 3.37　Ni60＋30％Ti 熔覆层能谱分析

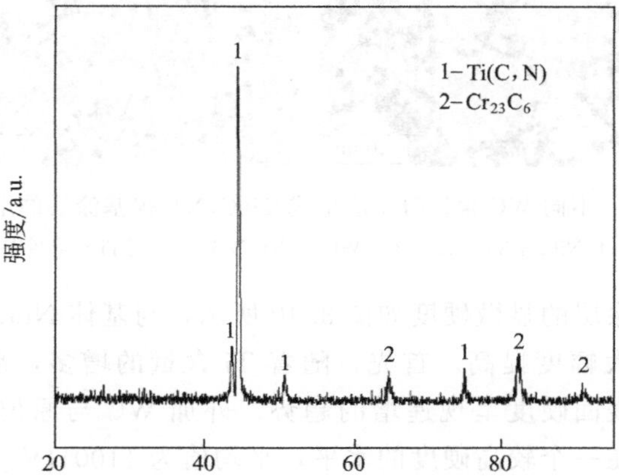

图 3.38　Ni60＋30％Ti 复合涂层的 XRD 图谱

$$Ti+N_2 \longrightarrow TiN;Ti+C \longrightarrow TiC;TiN+C \longrightarrow Ti(C,N) \tag{3.15}$$

$$TiN+TiC \longrightarrow Ti(C,N);W+Ti(C,N) \longrightarrow (Ti,W)(C,N) \tag{3.16}$$

等离子熔覆表面合金化过程是一种快速熔化、快速凝固的非平衡过程。根据以上几组反应式及熔池内增强相从熔池中析出的溶解-析出机制[109]，涂层非平衡凝固的形成过程可表述为球磨后粉体混合均匀、粉体间组分的接触面积增大，熔池内反应元素的扩散距离减小，经历了等离子弧高温溶解、形核和生长等阶段，Ti、C、TiN、WC 等快速熔化、分解，同时在反应中热量快速传递使基体铁合金熔化形成共同熔池。Ti、C、N、W 等元素在 Ni60 基与 Fe 基的混合熔池中形成活性原子［Ti］、［C］、［N］、［W］，在电弧力、表面张力等因素的共同作用下，C、N、W 与 Ti 充分接触[110]，同时使元素的扩散速率变大，熔池内发生剧烈搅拌和对流并在金属表面铺展开来。当等离子喷枪移走后，受基体与外界环境影响，熔池迅速冷却、凝固结晶并实现涂层与基体的冶金结合。

3.2.5.2 WC 含量对反应生成第二相 Ti(C,N) 涂层组织的影响

图 3.39 为不同 WC 含量的 Ni60＋Ti＋WC 涂层的高倍（1000 倍）组织形貌图。当涂层材料为 Ni60＋30％Ti 时，其形貌如图 3.36(b) 所示，原位生成的第二相 Ti(C,N) 以长条枝晶的形式分布在涂层中。随后，在熔覆粉末中继续加入 WC，可以观察到 WC 第二相呈现白色的亮块，均匀地分布在涂层中。如图 3.39(a) 所示，当 WC 加入量为 10％时，原位合成的 Ti(C,N) 的形貌由原来的长条枝晶变为不规则块状组织，并且弥散细化。由图 3.39(b) 可以看出，当 WC 加入量增加至 20％时，块状 WC 偏聚增大，而原位生成的 Ti(C,N) 则由之前长条状、块状变为更加细小的颗粒状。可见外加 WC 增强相对原位合成 Ti(C,N) 的组织形态有很大的影响，且通过外加法和原位合成法综合作用制备的涂层结合性良好，因此有必要深入探究其组织与性能之间的关系。

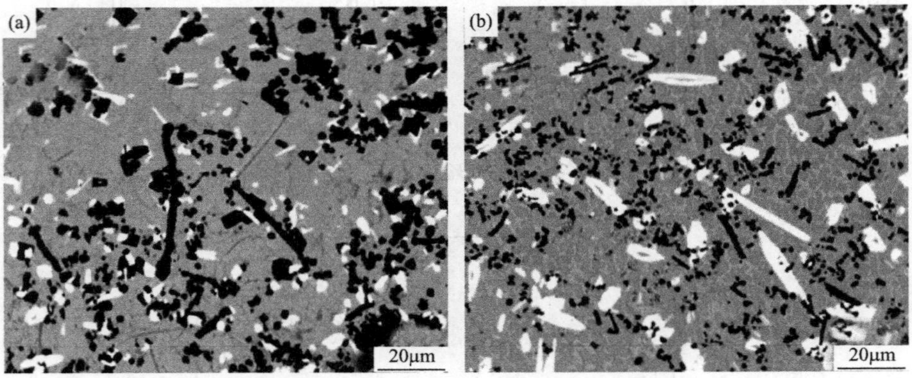

图 3.39 不同 WC 含量时反应生成 Ti(C,N) 镍基涂层的组织形貌

(a) Ni60＋30％Ti＋10％WC；(b) Ni60＋30％Ti＋20％WC

不同成分体系复合涂层的显微硬度如图 3.40 所示，与基体 Ni60 相比，可以明显看出几种复合涂层的硬度都有大幅度提高。首先，随着 Ti 含量的增多，形成的第二相（碳化物、氮化物）增多，涂层的表面硬度呈现递增的趋势。外加 WC 与原位生成的增强相之间相互作用，亦可使涂层维持在一个较高硬度的水平，平均值为 $1100HV_{0.2}$左右。当涂层粉末体系为 Ni60＋30％Ti＋10％WC 时，随着少量 WC 的加入，Ti 元素生成第二相并呈细小弥散颗粒状分布（细晶强化），并且 WC 的加入也起到了一定的第二相强化效果，故涂层硬度值会维持在较高的水平。原位合成增强相与外加增强相均对基体材料起到显著的强化作用。

3.2.5.3 WC 含量对反应生成第二相 Ti(C,N) 涂层冲蚀性能的影响

冲蚀试验的涂层体系选择及编号为 A：Ni60；B：Ni60＋10％Ti；C：Ni60＋20％Ti；D：Ni60＋30％Ti；E：Ni60＋30％Ti＋10％WC；F：Ni60＋30％Ti＋20％WC；G：Ni60＋30％Ti＋30％WC。金属基熔覆层的抗冲蚀性能是通过比较熔覆层单位面积的失重量来评定

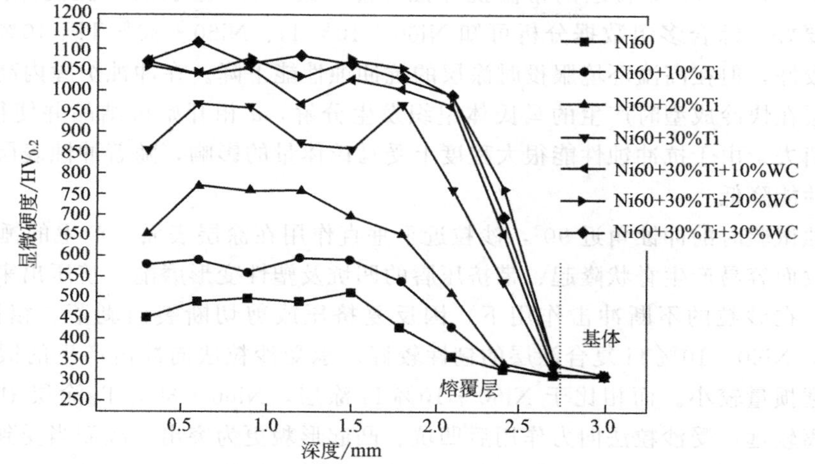

图 3.40　不同成分体系复合涂层的显微硬度

的。由于单位面积质量差＝质量差/冲蚀斑的面积，而实验中每个样品的冲蚀斑面积相等，所以本文直接通过比较质量差来评价涂层的抗冲蚀性能。

表 3.18 和表 3.19 分别为常温和 600℃高温时的冲蚀结果。从表 3.18 中可以得到结论：在常温下 Ni60 涂层抗冲蚀性能较好，当其加入 10％Ti 后抗冲蚀性能有所提高，但加入 20％Ti 和 30％Ti 以后抗冲蚀性能有所下降。结合 SEM 结果分析，Ni60＋10％Ti 熔覆层中增强相以细小颗粒状弥散分布时，能较好地提高抗冲蚀性能，而 Ni60＋30％Ti 熔覆层中增强相以枝晶的形式分布时，会降低熔覆层的抗冲蚀性能。当在 Ni60＋30％Ti 中再加入含量为 10％的 WC 第二相时，抗冲蚀性能又会有一定的提高，这是因为 WC 的加入会使原位合成的钛、碳化物趋向于呈颗粒状分布，并且更加均匀、细小，弥散效果更好，起到了提高抗冲蚀性能的效果。但当 Ni60＋30％Ti 中 WC 加入量增至 20％以上时，随 WC 的加入量继续增多，抗冲蚀性能越来越差。当涂层成分体系为 Ni60＋30％Ti＋30％WC 时，外加法加入过多第二相会造成熔覆的成型性恶化、缺陷增多，在强气流细沙冲击作用下，缺陷部位的微裂纹等很容易切削断裂而导致失重量显著增加。

表 3.18　常温冲蚀结果　　单位：g

样品编号	A	B	C	D	E	F	G
冲蚀前质量	8.0224	7.6331	7.6706	7.6735	7.4912	7.7798	7.9474
冲蚀后质量	8.0182	7.6313	7.6640	7.6665	7.4879	7.7731	7.9367
质量差	0.0042	0.0018	0.0066	0.0070	0.0033	0.0067	0.0107

表 3.19　600℃高温冲蚀结果　　单位：g

样品编号	A	B	C	D	E	F	G
冲蚀前质量	8.0106	7.6276	7.6591	7.6565	7.4854	7.7679	7.8095
冲蚀后质量	8.0038	7.6240	7.6519	7.6461	7.4802	7.7594	7.7942
质量差	0.0068	0.0036	0.0072	0.0104	0.0052	0.0085	0.0153

从表 3.18 和表 3.19 可看出，在 600℃的高温条件下，抗冲蚀性能较常温时均有一定程度下降，但不同涂层体系间的变化规律与常温时的变化规律基本一致。Ni60＋10％Ti、

Ni60＋30％Ti＋10％WC熔覆层的常温抗冲蚀性能与纯Ni60涂层的常温抗冲蚀性能相当，甚至比其还要好。综合多组数据分析可知Ni60＋10％Ti、Ni60＋30％Ti＋10％WC的常温抗冲蚀性能较好，但在高温环境服役时涂层的抗冲蚀性能下降。在冲蚀炉膛内高温预热冲蚀件，会使涂层在快冷成型时产生的马氏体组织发生分解，α相开始再结晶并使得晶粒长大，马氏体形态消失。由于抗冲蚀性能很大程度上受马氏体量的影响，随着冲蚀表层马氏体量的减少抗冲蚀性能降低。

由于冲蚀试验时的冲蚀角近90°，沙粒近乎垂直作用在涂层表面，产生的捶击锻打作用较为明显，故而容易产生脊状隆起、带挤压唇的凹坑及塑性变形磨削，挤压出来的材料堆积在凹坑边缘，在砂粒的不断冲击作用下，因反复挤压或剪切断裂而剥落。相比于Ni60＋30％Ti涂层，Ni60＋10％Ti复合涂层的韧性较好，承受沙粒法向冲击产生的锻造挤压能力较好，冲蚀磨损量较小。而相比于Ni60＋10％Ti涂层，Ni60＋30％Ti涂层中增强相粒径大、间隔距离较远，受沙粒法向力作用后凹坑、凸起形貌更为突出，故而当受到切削力时更容易造成大量磨削剥落。图3.41是不同Ti含量的Ni60熔覆层冲蚀表面形貌。通过对比图3.41中的四幅冲蚀表面形貌图，可看出图3.41(c)、(d)的冲蚀形貌比图3.41(a)、(b)更加严重。随着涂层中Ti含量的增加，涂层脆性增大，凹坑、凸起形貌增多，磨削受力后大量脱落，同时伴随着出现较深的划痕及犁沟，切削作用逐渐增强。切削作用的产生主要是因为形成的较多数量的凹坑及凸起形貌会改变法向粒子的运动方向，使得粒子的切削效应有所增强。而且法向粒子作用产生的凹坑、凸起受到切削后易破碎剥落，使冲蚀失重进一步加大。

冲蚀沙粒还会促使涂层表面产生裂纹。尖角粒子易造成涂层表面的径向裂纹，而钝头粒子易造成涂层表面的横向裂纹，冲蚀颗粒的垂直速度分量造成大量裂纹后，在水平速度分量的剐蹭下导致一些涂层剥落。脆性涂层中大量裂纹产生及扩展，最后导致涂层剥落。涂层中生成的增强相对裂纹的扩展起到一定的抑制作用，能改变裂纹的扩展路径，使大裂纹分裂为多个小裂纹，增加了裂纹的扩展形成功，使得裂纹向晶内次晶界扩展，促使穿晶断裂。以上几点都需消耗冲蚀粒子更多的动能，因此涂层中增强相的弥散分布有助于提高抗冲蚀性能。

3.2.5.4 Ni60基复合等离子熔覆层高温变形抗力

动态回复主要发生在Ni、Al等层错能高的金属材料的热变形中。由等离子熔覆制备的涂层在快冷作用下组织处于非平衡态，存在大量缺陷致使层错能较高。

图3.42为纯基体、Ni60涂层、Ni60＋30％Ti涂层与Ni60＋30％Ti＋10％WC涂层的600℃热模拟压缩试验应力-应变曲线。热模拟样品是将等离子熔覆好的样品进行线切割，切成直径为4.5mm、长度为6.5mm的小圆柱样品，然后对圆柱样品进行表面打磨，再用酒精超声清洗，使样品无杂质。热模拟工艺是将样品以10℃/s的速度加热到600℃，保温3min后以5℃/s的速度冷却，在600℃时用$1s^{-1}$的压缩速率进行压缩以达到30％的变形量。从曲线中可以得到不同成分的样品在相同应变速率时的高温变形抗力。由图可知，变形开始阶段应力先随应变而增大，位错密度不断增大；随后进入均匀塑性变形阶段，并发生加工硬化；最后达到稳定态，位错密度增加速率减小，此时的应力称为流变应力，在此恒应力下可持续变形。对纯基体，开始阶段应力随应变迅速增加到580MPa，然后缓慢增加到592.33MPa左右趋于稳定；熔覆层材料为Ni60时，开始阶段应力随应变迅速增加到580MPa，然后缓慢增加到625.7MPa左右趋于稳定；涂层材料为Ni60＋30％Ti、Ni60＋30％Ti＋10％WC时，最终流变应力稳定在667.55MPa左右。这说明在载荷作用下，涂层

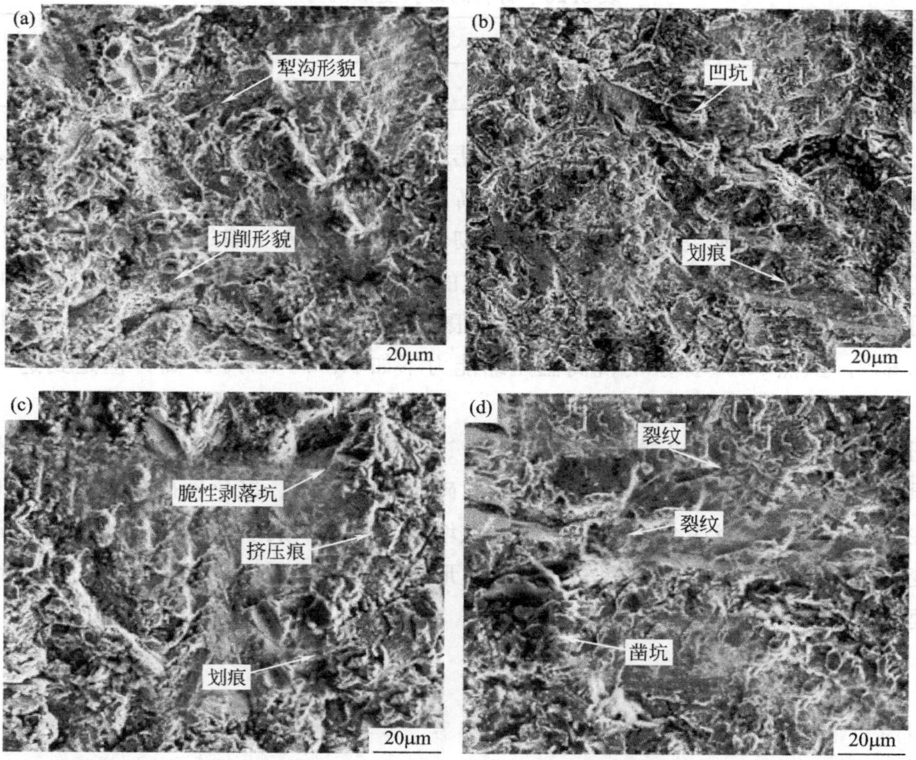

图 3.41　冲蚀后样品的表面形貌

(a)、(b) Ni60＋10%Ti；(c)、(d) Ni60＋30%Ti

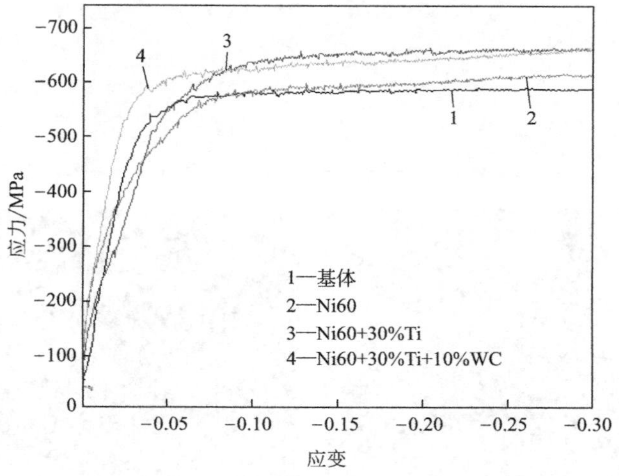

图 3.42　涂层的热模拟试验应变-变力曲线

先产生加工硬化，随着变形量的增加，变形抗力最终保持稳定，增殖的位错与回复消灭的位错呈动态平衡。相比于 Ni60＋30%Ti，随着 WC 硬质相的加入，涂层的加工硬化速率最大，变形抗力提升最快，可知加入 WC 硬质相有快速提升涂层变形抗力的作用。熔覆层最大变形抗力如表 3.20 所示。

表 3.20　材料的最大变形抗力

材料成分	纯基体	Ni60	Ni60＋30％Ti	Ni60＋30％Ti＋10％WC
最大变形抗力/MPa	592.33	625.78	667.55	687.41

图 3.43 是不同 Ni60 基复合等离子熔覆层样品压缩前后的界面形貌。从图 3.43(a)、(b) 中可以看出，Ni60 涂层的组织经 600℃高温压缩后由原来的长条树枝晶变为扁平状组织，但是涂层未出现明显裂纹，说明组织塑韧性较好。在热压缩过程中，涂层受力比较均匀，且其中枝晶的压缩过程缓慢，使得新生成的晶粒均匀分布。结合处仍呈现良好的冶金结合，说明 Ni60 涂层在材料受热压缩时起到了很好保护作用，使材料的高温变形抗力较基体提高了 5.6％。虽然 Ni60 涂层的抗高温压缩能力不如 Ni60＋30％Ti 高，但是到达一定压缩量之后，涂层没有出现裂纹，韧性较好。

由图 3.43(c)、(d) 可以看出涂层材料为 Ni60＋30％Ti 时热压缩后涂层与基体的界面形貌，原来的黑色枝晶氮化钛增强相已经被压碎呈块状分布。氮化钛硬质相不易变形，使得微裂纹在产生和扩展时发生偏转，从而有效地增大了裂纹扩展所需的能量，达到阻碍裂纹扩展提高变形抗力的目的。但压缩后的界面处易形成微量的小裂纹，压缩时应力集中到一定程度便迅速失稳断裂。

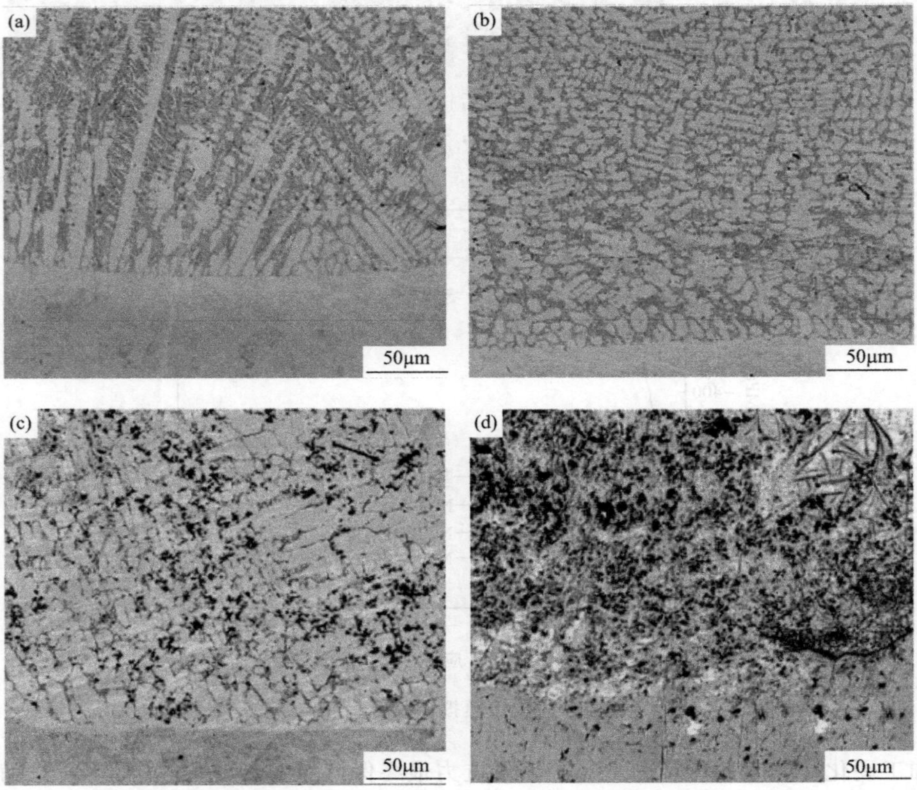

图 3.43　Ni60 压缩前 (a)，Ni60 压缩后 (b)，Ni60＋30％Ti 压缩前 (c) 和 Ni60＋30％Ti 压缩后 (d) 的界面形貌

3.2.5.5 Ni60基复合等离子熔覆层力学性能

采用一次摆锤冲击试验来测定材料抵抗冲击载荷的能力，即测定冲击样品被折断而消耗的冲击功 A_k，单位为J。用拉伸试验检测熔覆层的抗拉伸性能，三点弯曲试验用来检测熔覆的抗弯曲性能。试验结果分别如图3.44、表3.21和表3.22所示。

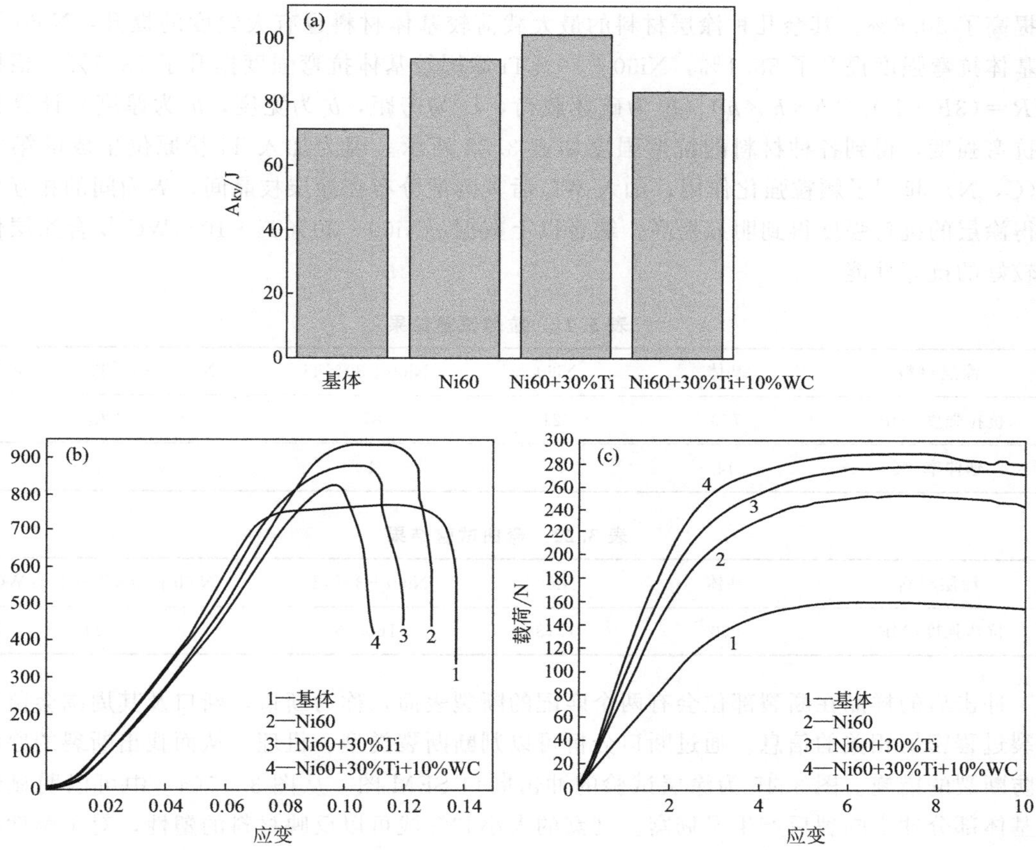

图3.44 熔覆层体系的冲击功（a），拉伸应力-应变曲线（b）和弯曲载荷-位移曲线（c）

图3.44(a)为不同涂层材料的抗冲击功能力，从左到右依次为基体、Ni60、Ni60+30%Ti、Ni60+30%Ti+10%WC。数据表明，对基体进行熔覆制备复合涂层可以提高材料的抗冲击性能，涂层为Ni60+30%Ti时材料的抗冲击性能明显提升。Ni60合金中加入30%Ti以后，熔覆层由于生成了以枝晶形式存在的氮化钛硬质相，有抵抗冲击的作用；但继续加入WC后，熔覆过程中产生的微裂纹增多，WC第二相的分布增大了材料的脆性，裂纹在受力下快速扩展，导致抗冲击性能有所下降。

FV520B不锈钢基体材料的抗拉强度为770MPa，由图3.44(b)和表3.21可以看出，表面熔覆Ni60时抗拉强度提高到921MPa，提高了19.6%，这表明涂层在材料受到拉伸力的时候能够起到阻挡的作用，能加强材料的性能。涂层材料为Ni60+30%Ti时，涂层材料抗拉强度为879MPa，比基体材料提高了14.2%。继续加入WC后，涂层材料为Ni60+30%Ti+10%WC时抗拉强度为828MPa，相较基体材料提高了7.5%。四种材料的均匀塑性区占有很大比例，之后发生颈缩。基体的颈缩区间较大，说明在颈缩时基体抵抗微裂纹萌生扩展的能力较强，塑韧性相对较好。相较于基体而言，其他三种材料的抗拉强度都有一定程度的提高，其中 Ni60 涂层的抗拉强度提升效果尤其明显且颈缩区间较宽，而涂层中生成增强相虽提高了基体的抗拉强度但颈缩区间较窄。

图 3.44(c) 为几种不同涂层材料的弯曲载荷-应变曲线。基体材料能承受的最大抗弯载荷为 160N，而复合涂层为 Ni60＋30％Ti＋10％WC 时最大抗弯载荷提高到 289N，抗弯强度提高了 80.6％。其余几种涂层材料的最大载荷较基体材料也有大幅度的提升：Ni60 涂层较基体抗弯强度提升了 58.1％，Ni60＋30％Ti 涂层较基体抗弯强度提升了 73.5％。根据公式 $R=(3F\times L)/(2b\times h\times h)$（$F$ 为破坏载荷，L 为跨距，b 为宽度，h 为厚度）计算材料的抗弯强度，得到各种材料的抗弯强度如表 3.22 所示。因为加入 Ti 粉原位生成的第二相 Ti(C，N) 起到了颗粒强化作用，加入 WC 后其弥散分布在涂层枝晶间，界面间的相互作用使得涂层的抗弯强度得到明显提高。综合以上数据，Ni60＋30％Ti＋10％WC 复合涂层体系有较好的抗弯性能。

表 3.21　拉伸试验结果

涂层材料	基体	Ni60	Ni60＋30％Ti	Ni60＋30％Ti＋10％WC
抗拉强度/MPa	770	921	879	828
延伸率/％	14	13	12	11

表 3.22　弯曲试验结果

涂层材料	基体	Ni60	Ni60＋30％Ti	Ni60＋30％Ti＋10％WC
抗弯强度/MPa	960	1518	1665.6	1734

冲击后的样品在断裂部位会有两个匹配的断裂表面，称为断口，断口及其周围会留下与断裂过程密切相关的信息。通过断口分析可以判断断裂类型、机理，从而找出断裂的原因和预防断裂的措施。图 3.45 为涂层试验的冲击断口 SEM 图。从图 3.45(a) 中可以明显地看出基体部分冲击断裂后产生了韧窝。韧窝的大小和深浅可以反映材料的塑性，对于塑性较低的材料，其韧窝尺寸往往较小而且韧窝比较浅，基体部分形貌符合这种情况，说明发生了韧性断裂。结合四幅图看，涂层处看不见韧窝且有明显的裂纹，说明涂层部分的断裂方式为脆性断裂。(b)、(c)、(d) 三种材料断口处均产生了大裂纹，且随着涂层中生成硬质相增多，裂纹越明显。熔覆过程中产生的微裂纹受力后萌生扩展以及外加法添加的 WC 硬质相与涂层基体存在结合性不良等问题，导致复合涂层受到冲击作用时，涂层中 WC 硬质相与基体界面处产生开裂，与基体分离，产生孔洞，孔洞在应力集中的作用下进一步长大，产生裂纹，最终失稳扩展而形成韧窝断裂，属韧性断裂。

为了分析材料断裂的机理，对拉伸后的样品断口进行了 SEM 分析。图 3.46 为三种典型涂层材料的原始形貌与拉伸断口截面形貌 SEM 图，其中图 3.46(a)～(c) 为三种涂层的原始形貌，图 3.46(d)～(f) 为其对应的断口形貌。图 3.46(d) 为 Ni60 涂层的拉伸断口形貌，左侧为涂层，右侧为基体，可以看出拉伸过程涂层和基体沿界面处产生了开裂，基体部分可以看到明显的韧窝，说明基体部分呈现韧性断裂。用等离子熔覆方法制备出的涂层中 Ni60 以枝晶的形式存在，从图 3.46(d) 可以看出涂层部分沿着枝晶界面断裂，断裂方式为沿晶断裂，为典型的脆性断裂，同时，断口比较平整。

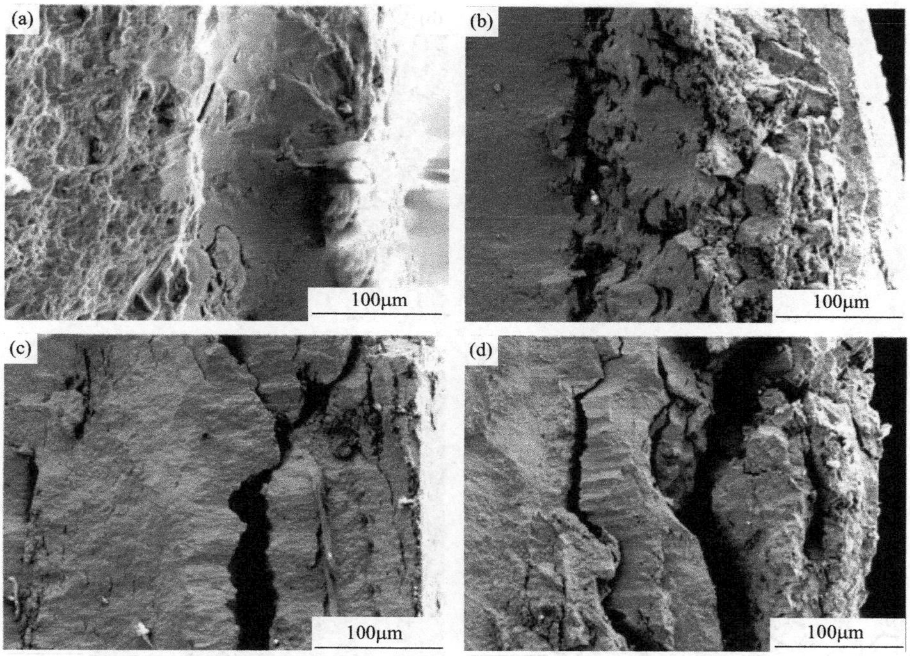

图 3.45　Ni60（a），Ni60＋30％Ti（b），Ni60＋30％Ti＋10％WC（c）和 Ni60＋30％Ti＋20％WC（d）冲击断口的 SEM 图

图 3.46(e) 为 Ni60＋30％Ti 涂层的断口形貌，同样，基体处表现出明显的韧性断裂。用等离子熔覆高温方法制备出的镍基加 Ti 涂层，由于第二相的存在，涂层中部小裂纹沿着原始的枝晶晶界形成，并沿晶界扩展，为典型的沿晶断裂。涂层受力变形时，晶界处造成应力集中，当应力达到晶界强度时，将晶界挤裂，产生裂纹。

图 3.46(f) 为 Ni60＋30％Ti＋10％WC 涂层的断口形貌，原位生成的氮化物与涂层基体结合性能好，能较好地抵抗裂纹的扩展，但外加法产生的 WC 增强相与涂层基体结合存在部分强度不够的隐患。颈缩处中心区域的显微裂纹、夹杂物（孔洞）或第二相粒子与基体的界面等处常成为金属拉伸样品断裂的裂纹源，导致裂纹在传播的过程中经过碳化钨颗粒、缺陷等处时，产生微孔洞。在三向拉应力的作用下，溶解在金属基体中的气体原子也可能发生迁移和聚集，致使断口出现较多的孔洞促使裂纹失稳扩展。

综上所述，虽然涂层部分都发生了脆性断裂，但是由于涂层的界面效应以及各相界面间的相互作用，相比于基体材料抗拉强度都有提高，说明制备的复合涂层在受到拉伸力的时候能够起到抗断裂的作用。

以上主要对制备的几种涂层用 SEM、能谱测试观察了组织形貌并分析了成分。通过显微硬度、冲蚀试验、热模拟试验、拉伸弯曲冲击试验测试了材料的力学性能，根据对试验结果分析讨论，得出如下结论：

① 用等离子熔覆方法制备出的涂层冶金结合质量良好。熔覆复合粉末 Ni60、WC 及 Ti 以后生成了氮化物、碳化物等硬质相，第二相均匀地分布在涂层枝晶间。

② 硬度结果表明，涂层可以大幅度提高基体材料的硬度，并且随着 Ti 加入量的增多，涂层的硬度也越来越高；加入更多的 WC 第二相后涂层硬度保持在一个稳定的水平，平均值为 1100$HV_{0.2}$左右。

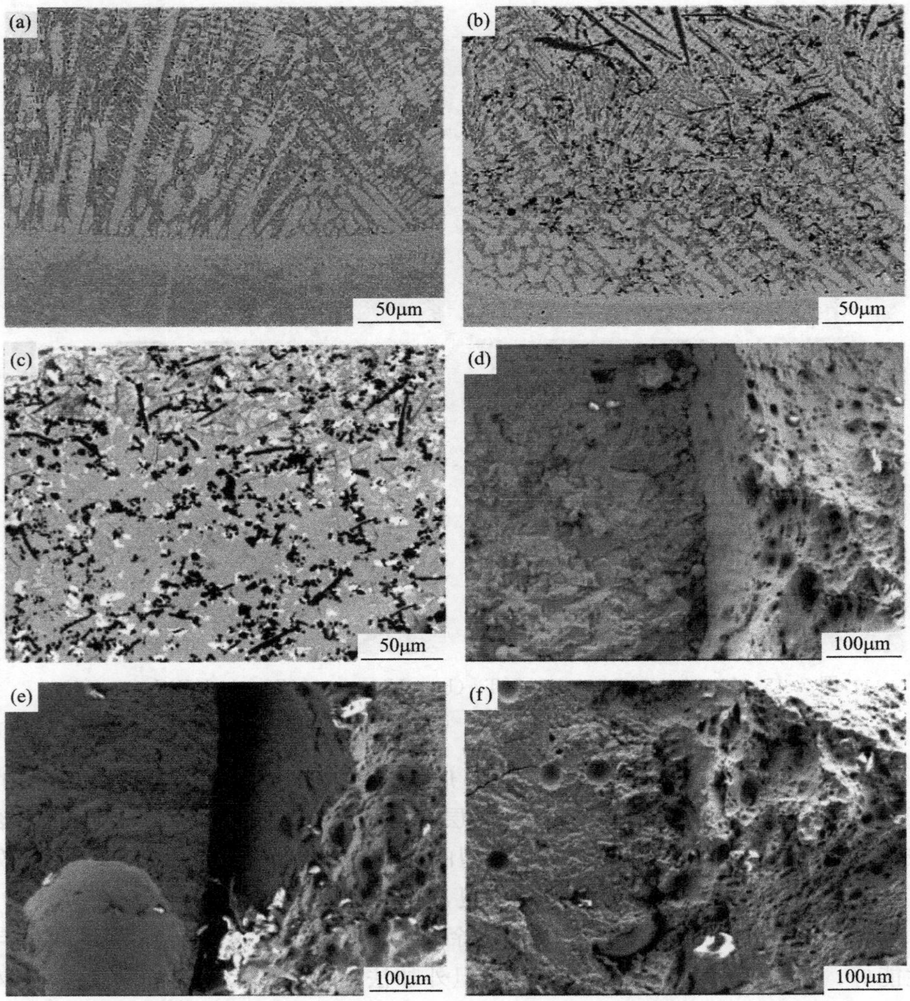

图 3.46 Ni60（a）、（d），Ni60＋30％Ti（b）、（e）和 Ni60＋30％Ti＋10％WC（c）、（f）材料的拉伸断口形貌

③ 热模拟试验显示，镍基涂层可以明显提高基体材料的高温变形抗力。熔覆材料为 Ni60＋30％Ti 与 Ni60＋30％Ti＋10％WC 的涂层高温变形抗力较大，高温力学性能比较好。

④ 根据冲蚀数据可知，在几种材料体系中，Ni60＋10％Ti、Ni60＋30％Ti＋10％WC 的抗冲蚀性能比较好。

⑤ 在冲击试验中，Ni60＋30％Ti 材料的冲击吸收功比较大，Ni60＋30％Ti＋10％WC 的抗冲击性能有所下降；在拉伸试验中，Ni60 的抗拉强度比基体明显提升，但在 Ni60 中加入 Ti 粉、WC 生成含增强相的涂层虽提高了基体的抗拉强度但颈缩区间较窄；在弯曲试验中，随着 Ni60 涂层中生成增强相，抗弯性能均有很明显的提升。

⑥ 比较压缩试验与拉伸试验结果可知，含增强相的复合涂层可明显改善涂层抗压能力，但对提升抗拉能力并没有明显效果。

以上分析表明，没有一种材料成分配比能同时改善各项力学性能，想要得到综合力学性能良好的材料需要选择适当的材料体系。

3.2.6 镍基Ni60复合熔覆粉末界面数值模拟

Ni基自熔合金粉末因其具有良好的润湿性、耐磨性、耐蚀性以及适中的价格，在涂层的制备中得到了广泛的应用。一般情况下，需要做大量的实验来研究Ni基粉末与不同的金属基体材料组分制备的涂层的力学性能，往往费时又费力。采用Material Studio软件中的Discover和Setup模块对在铁基上熔覆镍基粉末进行界面间相互作用模拟，以期进一步验证本文前述的实验结果。

研究的关键技术有如下几个方面：

① 建立双层结构模型，模拟熔覆工艺过程；

② 结合分子动力学来研究铁基上熔覆镍基粉末的界面相互作用能，通过改变温度值来探索界面相互作用能、晶格畸变率以及扩散系数随温度的变化；

③ 通过模拟建模，探索界面处缺陷对结合性能的影响；

④ 分析涂层组织结构特点，结合软件模拟来分析硬质相界面能对涂层的抗裂性能及裂纹扩展方式的影响。

3.2.6.1 模拟过程中采用的双层结构模型

双层结构模型由两层组合而成。上面一层是可移动的，在模拟过程中随时间的变化按设定的初始速度和外界力的作用而运动，直到受力平衡后达到平衡状态。下面一层是固定的，如金属、金属氧化物等。这一层在模拟前需要进行能量和几何构型的优化，然后在模拟过程中保持位置和空间构型的固定。双层结构模型如图3.47(a)所示。三维空间中无限重复的模型边界会对界面产生影响使模拟过程产生偏差，甚至错误，因此，需在移动层上方引入足够厚度的真空层，以避免周期性边界条件的影响，如图3.47(b)所示。

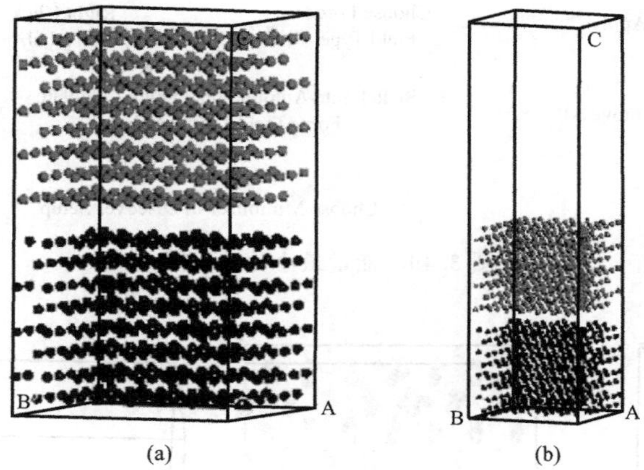

图3.47 双层结构模型图 (a) 和加入真空层后的结合层 (b)

3.2.6.2 双层结构的构建

双层结构中包含镍、铁原子，因此首先需要建立镍、铁原子的晶胞结构，如图3.48所示。取纯铁的单个晶胞，其结构呈体心立方结构，并且切出一个(011)面，如图3.48(a)所示。取纯镍的单个晶胞，该晶胞呈面心立方结构，切出一个(111)面，如图3.48(b)所示。

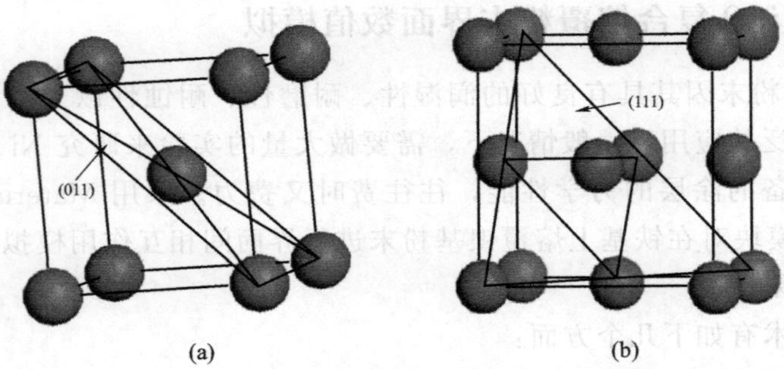

图 3.48 纯 Fe 单胞图（a）和纯镍单胞图（b）

对切过的面进行表面优化，首先要进行能量最小化。流程图 3.49 为能量最小化过程。两个面分别进行最小化后要增大其表面积并改变周期性，通过构造超胞来增大表面积。单击 Build/Symmetry/SuperCell。在 SuperCell 对话框中，将超胞的范围改为：$U=7$，$v=7$。单击 Create SuperCell 按钮，并关闭对话框。选择菜单上的 Build/Crystals/Build Vacuum Slab，并将 Vacuum thickness 改为 0，单击 Build 按钮。之后再进行一次能量最小化过程。Fe(011) 面能量最小化后再构造的超胞如图 3.50(a) 所示。Ni(111) 面能量最小化后构造的超胞图如图 3.50(b) 所示。现在得到了能量最小化的两个面，可以使用分层建模工具将一个面加到另一个面上。在菜单上选择 Build/layers，在 Layer1 中选择 Fe 优化后的（011）面，在 Layer2 中选择 Ni 优化后的（111）面。选择 Layer Details 标签部分。将 Layer2 的真空层加到 30，单击 Build 按钮。得到的结合层如图 3.50(c) 所示。

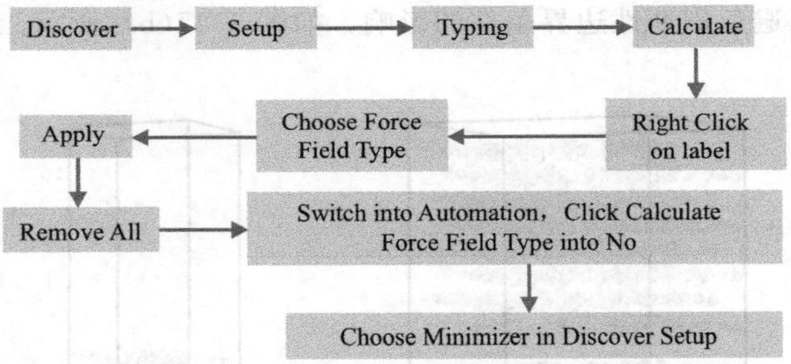

图 3.49 能量最小化流程图

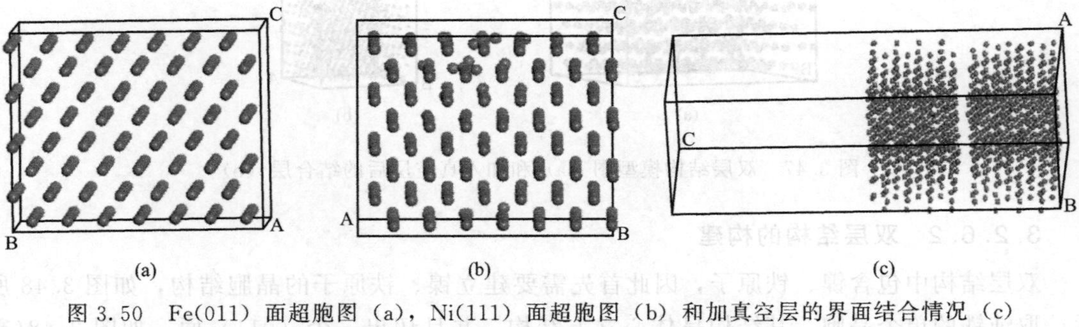

图 3.50 Fe(011) 面超胞图（a），Ni(111) 面超胞图（b）和加真空层的界面结合情况（c）

将构建好的双层结构的下层固定（Modify/Constrain 命令），然后再在合适的温度、压力和系综下进行动力学平衡，直到体系达到完全平衡为止。此时体系的能量会收敛，这是判断体系是否平衡的基本标志。

将充分平衡之后的双层结构在合适的温度和系综下进行数据采集，得到一系列平衡构型，然后将每一可能的平衡构型进行如下处理：

选择所有的原子，并且在菜单上选择 Modify/Constrain，取消 Fix Cartesian Position 的选择，从工具栏上选择 Discover 工具，然后选择 Setup。在 Energy 标签中，按下 Calculate 按钮，计算结束后，在输出文档中查找 Total Potential Energy（总势能）。

现在得到的是 E_{total}，要计算 E_{Fe}首先要排除表面对能量的贡献，然后才能计算单点能。首先要将该文档换个名称重新保存，然后删除表面。

激活轨迹文档，然后在菜单上选择 File/Save As，将名称改为 Ni _ only. xtd，然后保存。激活 Ni _ only. xtd 文档，选中并删除 Fe 原子。现在可以进行 Ni 的单点能计算。

从工具栏上选择 Discover 工具，然后选择 Setup，在 Energy 标签中，按下 Calculate 按钮，计算结束后，在输出文档中查找 Total Potential Energy（总势能）。得到的能量是 E_{Ni}，最后，我们需要计算 $E_{surface}$。

激活含有双层结构的轨迹文档，选中并删除 Ni，在菜单的 Modify/Constrain 检查 Fix Cartesian Position 是否被选中，如果选中，那么取消选择。关闭对话框，从工具栏上选择 Discover 工具，然后选择 Setup，在 Energy 标签中，按下 Calculate 按钮，计算结束后，在输出文档中查找 Total Potential Energy（总势能）。得到的能量是 $E_{surface}$。

通过公式：

$$E_{interaction}=E_{total}-(E_{Ni}+E_{surface}) \tag{3.17}$$

可以计算得到层间相互作用能量 $E_{interaction}$。

3.2.6.3 模拟熔覆工艺过程

熔覆样品采用自制等离子熔覆机，在离子弧高温作用下将基体与熔覆层冶金结合，之后结合熔覆过程的实际工况，确定模拟参数。将模拟系综定为 NPT，在等离子弧作用下将涂层与基体熔合，等离子弧外焰工作温度可达 2000K 以上，并且由于熔池在保护气等气流作用下受到一定的气流吹力，因此喷枪移动时熔池受到的压强比室压略大。之后熔池会经历冷却阶段，熔覆后样品在室温下冷却，无需水冷，后续的冷却也需要设定模拟参数，这样才能更加接近实际工况。

利用 Material Studio 模拟软件中的 Discover 模块进行分子动力学模拟，采用 COMPASS 力场模拟原子之间的相互作用。模型经能量最小化之后，在模拟熔覆过程时，采用 NPT 系综，温度 $T=2500\text{K}$，压力 $p=0.15\text{MPa}$，模拟时间为 200ps。最后将温度和压力降至常温常压，模拟熔覆后冷却至常温的过程。该阶段采用 NPT 系综（常压），分别取 5 个时间段模拟熔覆层室温冷却过程，模拟温度分别为 2500K、2000K、1500K、1000K、500K、300K，模拟时间为 200ps。分子动力学模拟的计算精度采用精细级（Fine），温度控制方法为 Nose 法，对于每个模型，模拟 2×10^5 步，时间步为 1fs（即 1×10^{-3}ps），总时间为 200ps。从图 3.51 熔覆冶金结合界面模拟图（彩图参见目录中二维码）和表 3.23 模拟熔覆界面能数据中可以看出，Fe/Ni 界面层间的界面能比 Fe-Ni/Cr-Si 与 Fe-Ni/WC 的界面能高，这一点与实际合金粉末的结合情况一致。一些复相多组元合金粉末确实比一些纯金属粉末的冶金结合能力好很多。在分子动力学模拟中则可以解释为多组元间各个原子产生的力场有别于单纯一种原子间产生的作用力。因此可以比较容易地得出各个模型界面能的强弱关系：$E_{Fe-Ni/Cr-Si}>E_{Fe-Ni/WC}>E_{Fe/Ni}$。

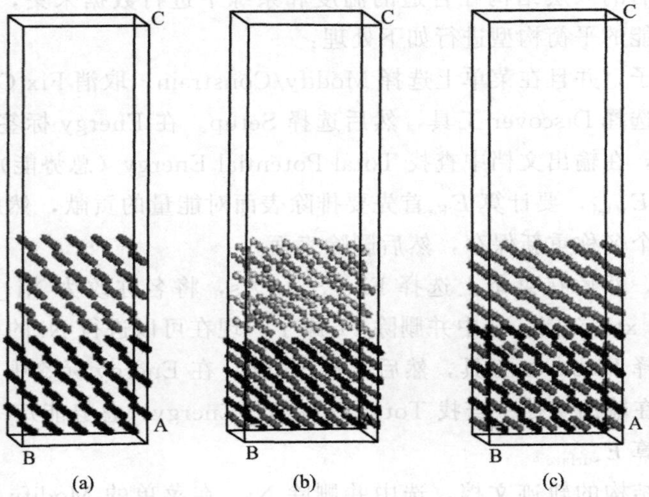

图 3.51　Fe/Ni（a），Fe-Ni/Cr-Si（b）和 Fe-Ni/WC（c）熔覆冶金结合界面模拟图

表 3.23　模拟熔覆界面能

单位：$kcal\cdot mol^{-1}$（$1kcal\cdot mol^{-1}=4.1868kJ\cdot mol$）

界面模型	E_{Total}	E_{Ni}	$E_{Surface}$	$E_{Interaction}$
Fe/Ni	−17621	−15873	−1163	−585
Fe-Ni/Cr-Si	−18027	−16137	−1257	−633
Fe-Ni/WC	−18545	−16585	−1268	−692

3.2.6.4　纯 Fe 与纯 Ni 的界面分子动力学模拟

根据图 3.51(a) 纯 Fe 与纯 Ni 的界面分子动力学模拟模型，在 Material Studio 的 Visualizer 三维建模平台上建立界面模型，模型下层是 Fe(110) 晶面，Fe150（Fe 原子数为 150）；上层是 Ni(111) 晶面，Ni150（Ni 原子数为 150）。界面模型的大小是 1.24nm×1.24nm×4.27nm，晶格角度 $\alpha=\beta=\gamma=90°$。考虑到熔覆过程中会有空位缺陷与一些固溶原子的作用，将在纯 Fe 与纯 Ni 模型界面以及原子层内部模拟空位以及固溶原子对模型界面能的影响。利用 Material Studio 材料分子模拟软件中的 Discover 模块进行分子动力学模拟，选用 COMPASS 力场来模拟原子之间的相互作用。

分子动力学计算前先对界面结构模型进行优化，从而得到能量最小的稳定构型。在模拟熔覆过程的材料界面模型时，采用 NPT 系综（即固定体系的原子个数、固定压力、固定温度），温度 $T=2000K$，压力 $p=0.15MPa$，模拟时间为 200ps。最后将温度和压力降至常温常压，模拟熔覆后冷却至常温的过程。分子动力学模拟的计算精度采用精细级（Fine），温度控制方法为 Nose 法，原子的初始速度按初始温度时的 Maxwell-Boltzmann 分布给出。

(1) 界面能

分子动力学模拟前后，模型的结构发生了较大的变化。不仅晶格常数发生了改变，模型中的原子也发生了明显的扩散。如表 3.24 所示，随着温度升高，界面模型 Fe(110) 晶面和 Ni(111) 晶面逐渐相互靠近。这表明随着温度升高，两个界面之间的相互作用增强。

表 3.24　不同温度下纯 Fe 与纯 Ni 的界面能　　单位：kcal・mol^{-1}

A	E_{total}	E_{Ni}	$E_{surface}$	$E_{interaction}$
300K	−16174	−14639	−1032	−503
700K	−16241	−14656	−1058	−527
1100K	−16287	−14672	−1069	−546
1500K	−16336	−14691	−1083	−562
1900K	−16391	−14712	−1096	−583
2300K	−16414	−14732	−1112	−570

(2) 空位与固溶原子对界面结合能的影响

在建立界面模型 Fe(110)/Ni(111)，镍原子之间间距为 2.492Å（1Å＝10^{-10}m）、铁原子之间间距 2.282Å。内部空位导致结合处镍原子间距变小，与铁原子间距差距变小，晶格匹配度变大，结合能升高。表 3.25 中显示：界面能数据由无缺陷 546kcal・mol^{-1} 提升至 557kcal・mol^{-1}；固溶的 Cr 原子对各相间的界面能也有一定的提升作用，这与本文中采用的镍基涂层材料（含有一定比例的 Cr）有一定的契合度。针对空位以及固溶原子的偏聚位置，得出其对界面的影响机理：涂层内部存在的空位缺陷有增大 Fe/Ni 界面能的作用；固溶的 Cr 原子则在一定程度上起到增强界面能的作用。

表 3.25　不同机制影响下的界面能　　单位：kcal・mol^{-1}

1100K	E_{total}	E_{Ni}	$E_{surface}$	$E_{interaction}$
没有缺陷	−16287	−14672	−1069	−546
内部空位	−16317	−14673	−1087	−557
界面空位	−16269	−14667	−1063	−539
内部固溶 Cr	−16299	−14665	−1081	−553
界面固溶 Cr	−16318	−14685	−1072	−561

(3) 扩散系数计算

晶粒生长主要是通过材料中的粒子扩散运动实现的。由于实际材料中存在的杂质原子会影响正常原子的迁移特性，因此用实验方法直接去测量粒子的扩散系数比较困难。分子动力学方法能排除杂质原子的干扰，是研究扩散现象的一种比较合适的方法。

在经典扩散理论中，通常用扩散系数来表征扩散速率。扩散系数（diffusion coefficient）可以利用 Einstein 关系方程获得

$$D=\frac{1}{6N}\lim_{t\to\infty}\frac{\mathrm{d}}{\mathrm{d}t}\sum_{i=1}^{N}\langle[r_i(t_i)-r_0(t_0)]^2\rangle \tag{3.18}$$

式中，N 为体系中所有扩散原子的个数；t_i 为扩散时间；r_i 为扩散速度；t_0 为初始扩散时间；r_0 为初始扩散速度。

利用建好的界面模型标定表面涂层中的镍原子，分析其运动轨迹。点击工具条上的 Discover 按钮，然后从下拉列表中选择 Minimizer，从菜单栏中选取 Modules | Discover | Dynamics。把 Ensemble 改为 NPT，把温度标定为指定参数，激活文档。点击 Animation 工具条上的 Play 按钮，轨迹从 1 到 20 帧循环，可以观察分子动力学模拟过程。当动画结束后，按 Stop 按钮，从菜单栏中选取 Edit | Atom Selection，从模拟涂层中选取几个有代表性的镍原子。现在已经把所有指定的镍原子定义成一组，可以分析它们的移动。点击工具条上的

Discover 按钮，然后从下拉列表中选取 Analysis。打开 Dynamic 条目，选择 Mean squared displacement。点击 Discover Analysis 对话框中的可用选项箭头，选择 Ni，点击 Analyze。关闭 Discover Analysis 对话框。

要计算镍原子的扩散系数，需要画出 MSD 对时间的曲线，拟合后计算斜率。画出 MSD 对时间的曲线，线性拟合成直线 $y=ax+b$，记下斜率 a。

上式中的微分近似用 MSD 对时间微分的比率来代替，也就是曲线的斜率 a。由于 MSD 的值已经对扩散原子数 N 作了平均，所以公式可以简化为：

$$D=a/6 \tag{3.19}$$

模拟过程中所选取的各个温度点的原子排列情况如图 3.52 所示（彩图参见目录中二维码）。图 3.52(a)、(b)、(c)、(d)、(e)、(f) 分别为温度 300K、700K、1100K、1500K、1900K、2300K 时的原子分布情况。以纯 Fe 与纯 Ni 界面层为例，从图中可以看出，随着温度的变化，扩散导致原子的分布也发生了变化，并且温度越高，原子的扩散情况越剧烈。

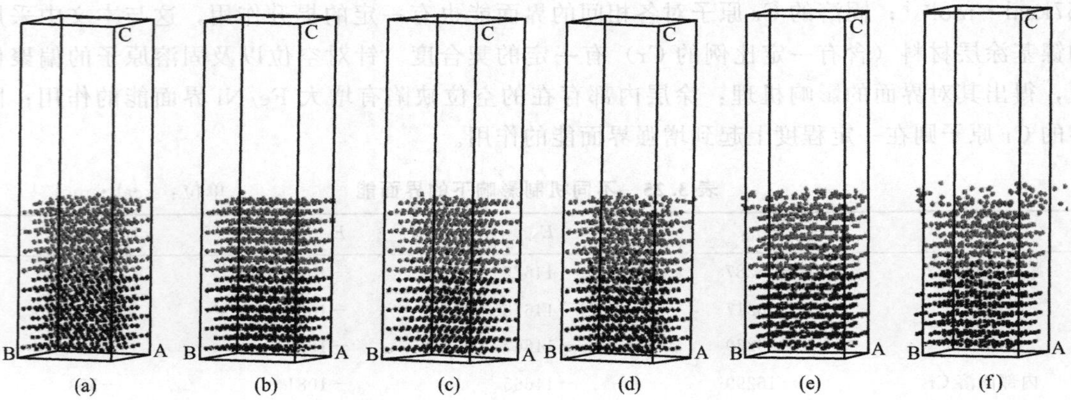

图 3.52 不同温度时双层界面结构中原子的扩散示意图

(a) 300K；(b) 700K；(c) 1100K；(d) 1500K；(e) 1900K；(f) 2300K

表 3.26 是不同温度时双层界面结构中原子的扩散系数。由表 3.26 可知，随着温度逐渐升高，Ni 原子的扩散系数逐渐变大。由于铁原子与镍原子的原子半径差别不大，不考虑晶格畸变与空位等缺陷的影响，镍原子在受热时更容易扩散，致使纯 Fe 与纯 Ni 的界面模型中镍原子扩散系数较大，熔覆过程中在等离子弧作用下 Fe/Ni 界面互相扩散熔解。实验得到结合性良好的熔覆层，足以证明其相互扩散性良好。

表 3.26 模型中镍原子的扩散系数

温度/K	300	700	1100	1500	1900	2300
扩散系数/($cm^2 \cdot s^{-1}$)	1.5×10^{-8}	1.95×10^{-7}	1.5×10^{-6}	2.3×10^{-5}	8.5×10^{-5}	1.76×10^{-4}

3.2.6.5 复杂双层体系下界面的分子动力学模拟

采用 Material Studio 软件的 Setup 模块，对在不同温度下铁基表面熔覆镍粉的界面能和扩散系数进行计算，得到表 3.27、表 3.28 和表 3.29 的数据。所选 Fe-Ni 的 Space group 为：P4/mmm；Cr-Si 的 Space group 为：P-213；WC 的 Space group 为：P-6m2。以下研究的是 Fe-Ni(110)/Cr-Si(110)、Fe-Ni(110)/WC(100) 的界面模型在熔覆过程中的界面结合

能变化和扩散行为。在 Material Studio 的 Visualizer 三维建模平台上建立界面模型。模型下层是 Fe-Ni(110) 晶面，Fe96Ni96；上层是 Cr-Si(110) 晶面，Si184Cr78；界面模型的大小是 1.41nm×1.36nm×4.45nm，晶格角度是 $\alpha=\beta=\gamma=90°$。另一模型下层是 Fe-Ni(110) 晶面，Fe96Ni96；上层是 WC(100) 晶面，C64W64；界面模型的大小是 1.30nm×1.28nm×4.22nm，晶格角度是 $\alpha=\beta=\gamma=90°$。

表 3.27　Fe-Ni 与 Cr-Si 之间的界面结合能　　单位：$kcal \cdot mol^{-1}$

B	E_{total}	E_{Ni}	$E_{surface}$	$E_{interaction}$
300K	−17503	−15806	−1153	−544
700K	−17548	−15832	−1161	−555
1100K	−17627	−15874	−1173	−580
1500K	−17686	−15886	−1192	−608
1900K	−17745	−15902	−1214	−629
2300K	−17744	−15918	−1223	−603

表 3.28　Fe-Ni 与 WC 之间的界面结合能　　单位：$kcal \cdot mol^{-1}$

C	E_{total}	E_{Ni}	$E_{surface}$	$E_{interaction}$
300K	−16920	−15263	−1167	−490
700K	−16976	−15288	−1179	−509
1100K	−17013	−15307	−1186	−520
1500K	−17060	−15324	−1197	−539
1900K	−17112	−15346	−1216	−550
2300K	−17206	−15379	−1243	−584

表 3.29　不同温度下模型中各原子的扩散系数　　单位：$cm^2 \cdot s^{-1}$

温度	Fe	Ni	Cr	Si	C	W
300K	3.05×10^{-8}	2.17×10^{-8}	4.17×10^{-8}	5.36×10^{-8}	5.72×10^{-8}	1.84×10^{-8}
700K	2.31×10^{-7}	1.85×10^{-7}	3.60×10^{-7}	4.28×10^{-7}	5.83×10^{-7}	8.82×10^{-8}
1100K	3.47×10^{-6}	2.51×10^{-6}	4.17×10^{-6}	6.46×10^{-6}	7.82×10^{-6}	5.43×10^{-7}
1500K	5.48×10^{-5}	4.83×10^{-5}	6.78×10^{-5}	8.53×10^{-5}	9.43×10^{-5}	6.38×10^{-6}
1900K	9.23×10^{-5}	8.72×10^{-5}	1.42×10^{-4}	4.26×10^{-4}	5.62×10^{-4}	1.06×10^{-5}
2300K	2.14×10^{-4}	1.73×10^{-4}	4.56×10^{-4}	6.53×10^{-4}	8.23×10^{-4}	7.35×10^{-5}

(1) 界面能

把表 3.27、表 3.28 两组数据中材料的界面结合能与纯 Fe/Ni 界面作对比，具有一定的可比性。

分子动力学模拟前后，模型的结构发生了较大的变化。不仅晶格常数（晶格长度和角度）发生改变，模型中的原子也发生了明显扩散。由图 3.52 模型中看出，随着温度升高，界面逐渐相互靠近，这表明随着温度升高，两个晶面之间的相互作用增强。由表 3.26 和表 3.27 可知，界面结合能随着温度的逐渐升高，呈现出逐渐增大的趋势。在室温 300K 时，材料是以粉体形式存在，此时界面能最低。随着熔覆温度升高，材料逐渐致密化，界面结合能不断增大，抵抗裂纹扩展的能力也逐渐变强。若想获得较高的界面结合强度，制定合理的熔覆工艺参数（熔覆电流、离子气流量等）至关重要。界面结合能在开始时随着温度的升高而逐渐增大，这主要由于随着温度的升高，靠近两个晶面结合处的原子获得的能量逐渐增大。原子通过扩散相互靠近，相互作用增强，部分原子对可能逐渐成键，此时界面结合能表现出随温度增加而增大的趋势。1900K 时，A（表 3.24）、B（表 3.27）界面结合能最大，但是 C（表 3.28）的界面结合能并未达到最大值，可见不同物质界面结合能随温度的变化趋势是不一样的。并且从低温到高温的过程中，C 的界面能在 1900K 以前一直比 A、B 低，说明在较低温度下 WC 粉末与镍基的相互作用不明显，只有达到一定的温度上限，界面作用才增强。综合熔覆合金粉末的成分以及熔覆过程中成型性的比较，可以得出比较合适的熔覆温度。

分析试验中采用的几种不同材料体系可知，基体材料的塑韧性较好、延伸率较高，但是抗拉强度、抗弯强度没有加入第二相时的高，说明复合涂层有较好的抗拉强度。加入第二相，导致界面能较高，损失了一定的塑韧性，但提高了涂层抗拉、抗压强度。从冲击、拉伸、弯曲等试验图中可以看出随着加入 Ti、WC，虽然抗冲击、抗裂纹扩展能力提高，但是涂层中的裂纹逐渐增多，这和模拟过程中得出第二相与涂层基体随模拟温度增加结合能不断提高的趋势有很好的契合度。从模拟结果可以看出由于界面能得以提高，涂层的抗裂纹扩展能力会得到很大的提升，一定程度上提高了裂纹失稳时所需的应力。

由图 3.43 所示的热模拟试验下涂层压缩前后的形貌可知，高温变形抗力明显随着复合涂层第二相的增多而增大。模拟过程中的基体与第二相间界面能（Fe-Ni/WC）较大，进而抗裂纹扩展能力有所提高，此外第二相的生成对位错运动有阻碍的作用，并能阻碍基体晶粒长大。综合以上因素，第二相的生成使得涂层的抗冲击能力、高温变形抗力都会有所提升。虽然涂层的抗高温压缩能力有明显的提高，但是到达一定压缩量之后涂层出现裂纹，说明涂层抗裂纹扩展能力较好，但裂纹一旦失稳便迅速扩展断裂。

（2）扩散系数

从表 3.29 数据中可以看出各个原子扩散系数的大小关系：C＞Si＞Cr＞Fe＞Ni＞W。原子半径越小，越容易发生迁移，其扩散系数也就越大。在低温下表面原子的扩散占据主导地位，而在高温下，晶粒内部原子获得的能量越来越多，变得更为活跃。较低温度下，材料的气孔缺陷较多，原子迁移部位主要在气孔等表面缺陷处。由于空位扩散所需激活能相对较低，故低温下主要发生空位扩散。随着温度的升高，原子所获能量增多，扩散加剧，使得所需激活能较高的间隙或置换扩散机制开始起主导作用。

从表 3.29 中可知，C 原子的扩散系数比 W 原子大，Si 原子的扩散系数比 Cr 原子要大，这主要是由于 C 原子的半径（0.07nm）小于 W 原子（0.19nm），而 Si 原子的半径（0.11nm）小于 Cr（0.17nm）。原子半径越小，越容易发生迁移，其扩散系数也就越大。如图 3.51 模拟中可以看出，在 WC 晶面靠近界面处的一侧，基本上都是 C 原子。而在分子动力学模拟之前的初始构型中，WC 晶面靠近界面处的一侧则是 C 原子和 W 原子同时存在。这表明熔覆过程中，C 原子比 W 原子更容易扩散。Cr-Si 晶面靠近界面处的一侧，基本上都是 Si 原子。而在分子动力学模拟之前的初始构型中，Cr-Si 晶面靠近界面处的一侧则是 Si 原子和 Cr 原子同时存在。这表明熔覆过程中，Si 原子比 Cr 原子更容易扩散。加入 10%WC 后，由模拟得知，W 扩散系数比较小，会对其他元素的扩散有一定程度的抑制作用。

以上通过建立纯 Fe/Ni 界面模型及复杂双层模型，计算了不同模型在施加不同热力作用下分子动力学运动状态及其界面能的变化趋势，得到以下结论：

① 熔覆过程采用 NPT 系综（即固定体系的原子个数、固定压力、固定温度），温度 $T=2500\mathrm{K}$，压力 $p=0.15\mathrm{MPa}$，模拟时间为 200ps。最后将温度和压力降至常温常压，模拟熔覆后冷却至常温的过程。该阶段采用 NPT 系综（常压），分别取 5 个时间段进行模拟熔覆层室温冷却过程，模拟时间为 200ps。

② 模拟纯 Fe/Ni 界面模型的界面能及其在不同温度下 Ni 原子的扩散系数变化趋势，分析了双层模型在有缺陷（空位及固溶原子）存在情况下，界面能的变化趋势。

③ 选择适当的空间群建立复杂的双层界面模型，计算出模型中各个原子的扩散系数及其界面能的变化趋势以及模型的晶格参数随温度的变化趋势；并将模拟结果与实验结果统一分析，得出其内在的关系，为实验结果分析讨论提供理论依据。

3.3 Ni60/h-BN/MoS_2 自润滑等离子熔覆复合涂层

以常见的 Ni60A-Ti-Ni 包六方氮化硼（h-BN）/Ni60A-Ti-Ni 包 MoS_2 等为主要组分的合金粉末为熔覆材料，以性价比较高的灰口铸铁 HT250 为基体，制备出了与基体冶金结合良好、具有自润滑功能的耐磨性较高的熔覆层。其中，h-BN 的结晶结构类似于石墨，属六方晶系，又称白石墨。六方氮化硼的密度比金属硫化物或金属氯化物低（$2.27\mathrm{g/cm^3}$），具有很低的机械强度，导热性、抗氧化性、耐蚀性及电绝缘性能良好，并且对几乎所有的熔融金属都呈良好的化学惰性，具有十分稳定的化学性质，可以承受高达 2000℃ 的高温，是很好的自润滑材料[111]。同时，二硫化钼（MoS_2）的化学惰性以及板层间弱的范德华作用力，使其作为一种固体润滑剂在机械工业和航空、航天等领域有着广泛的应用。MoS_2 润滑剂与其他润滑剂相比，具有抗压强度高、摩擦系数低、耐磨性好、附着力优良、对有色金属亲和力较强等优点，化学性质十分稳定，在高温、高转速、高压下仍可以保证良好的润滑性能。因此，本研究选用上述两类润滑相并分别添加到镍基等离子熔覆层中，分析其对涂层整体的组织结构润滑性能及其他性能的影响。

3.3.1 熔覆材料体系设计及工艺

基体材料为灰口铸铁 HT250，常用于制造承受较大载荷的汽缸，硬度为 $270\mathrm{HV}_{0.2}$，抗拉强度 R_m 为 240MPa。其化学成分如表 3.30 所示。

表 3.30 基体材料化学成分

成分	C	Si	Mn	S	P	Fe
质量分数/%	3.16～3.30	1.79～1.93	0.89～1.04	0.094～0.125	0.12～0.17	余量

摩擦副的减摩耐磨性能在一定程度上取决于两对磨材料本身固有的物理性能，同时也取决于润滑薄膜的成膜速率及其在材料表面的附着程度，附着越牢固润滑性能越优异持久。自润滑剂是在两对磨材料表面之间形成转移膜的物质来源，其适用温度及添加量对涂层的减摩性都是至关重要的，应根据零件服役工况选取与温度范围相对应的自润滑剂，并合理控制其添加量。因自润滑剂的添加量会影响自润滑转移膜的不断形成和持续补充，要尽量保证润滑膜的形成与消耗达到动态平衡。自润滑剂含量低，不易于形成完整的转移膜，减摩效果不

佳，而自润滑剂含量高，摩擦系数虽变小，但降低了涂层的强度，使涂层在工作过程中容易脱落形成缺陷。因此自润滑剂种类的选择以及对添加量的控制是形成连续润滑膜的关键。

由于自润滑剂与合金材料的物理性能相差较大，为防止自润滑剂在涂层制备时由于密度小而容易上浮、产生飞溅或高温下易于分解或烧毁流失，因此选用上述Ni包h-BN和Ni包MoS_2两种自润滑剂的镍合金包覆粉末。大量实验研究表明[112]：合金包覆后的涂层材料可以综合自润滑剂以及金属合金的优点，具有单种类粉末无法比拟的十分良好的综合性能，不仅解决了单独添加自润滑剂时密度小容易上浮以及在熔覆粉末中分散不均的情况，还可以与金属熔覆材料实现最大限度的互溶，增加了与其他熔覆材料的润湿性，从而在多个领域得到广泛应用。

参照实际摩擦副系统的工作环境，综合考量各种自润滑剂的性能特点及应用温度范围，同时结合等离子熔覆技术的特点，研究中选择Ni包h-BN、Ni包MoS_2作为自润滑剂。

无论采用何种涂层制备方法，自润滑耐磨复合涂层中引入固体润滑剂导致涂层显微硬度降低，韧性也存在一定程度的下降，虽拥有较好的减摩性，但承载能力下降，将对磨损量及磨损速率有不利影响。为了使涂层同时具有自润滑效果和较高的表面硬度，实现“软＋硬”的自润滑耐磨涂层的“硬度基础”，在自润滑耐磨涂层中引入硬度及强度较大的陶瓷相，在降低摩擦系数的同时提高涂层的承载能力，达到增强涂层的摩擦学性能以及提高承载能力、延长涂层使用寿命的最终目的。

陶瓷材料的种类有很多，它们的硬度高、强度大、密度低、化学性能稳定且具有良好的力学性能，因此应用十分广泛，常被用作耐磨涂层的增强相。在众多陶瓷增强相中，TiC是十分常见的一种，其硬度及弹性模量都很高，而热膨胀系数低，与金属基体有很好的润湿性。当其出现在涂层中时，可以增强涂层的耐磨性以及抗冲蚀性能，并且抗氧化性能也很优异，因此在工程中应用十分广泛。此外，在镍基合金中，TiC的生成或引入还能起到固溶强化的作用，从而极大地增强了第二相的强化作用[113]。已有大量的实验研究表明[114]：最适合等离子熔覆的增强相是碳化物陶瓷。由于自润滑耐磨涂层的制备方法采用的是等离子熔覆技术，因此，在该镍基自润滑熔覆涂层中采用TiC作为增强相。

在组成自润滑耐磨复合涂层过程中，起着黏结支撑作用的金属，以熔融或熔液的状态与增强相及自润滑相接触，快速冷却固化后，与各相结合在一起，形成复合涂层。因为与涂层中各相接触，因此在支撑黏结相的选择上要注重与其他组元的润湿性。其中，Ni60A合金粉是一种性能优良的自熔合金粉末，流动性及润湿性在诸多实践中被证实十分优良[115]。此外，Ni60A合金本身具有较高的硬度，优良的摩擦学性能，由其制得的熔覆层具有符合使用要求的表面硬度。因此研究中选用Ni60A自熔合金粉末作为黏结剂。

综上所述，本实验中选用的熔覆粉末为球形的Ni60A（粒度为140～270μm，化学成分见表3.15），Ti粉（粒度为150～300μm），Ni包MoS_2（粒度为150～300μm，其中Ni含量75%，MoS_2含量25%），Ni包h-BN（粒度为150～200μm，其中Ni含量70%，h-BN含量30%）。熔覆粉末成分配比设计如表3.31和表3.32所示。

表3.31　添加h-BN自润滑剂合金粉末成分配比　　单位：质量分数/%

Ni60A	Ti	Ni包h-BN	h-BN
90	10	0	0
63.3	10	26.7	8
56.7	10	33.3	15

表 3.32 添加 MoS_2 自润滑剂合金粉末成分配比 单位：质量分数/%

Ni60A	Ti	Ni 包 MoS_2	MoS_2
70	10	20	5
60	10	30	7.5
50	10	40	10

3.3.2 h-BN 自润滑剂对等离子熔覆层性能的影响

采用 Ni60A、Ti 以及 Ni 包 h-BN 混合合金粉末，通过等离子熔覆技术同步送粉的方式在铸铁基体的表面制备涂层，比较研究 h-BN 自润滑剂的含量（0%、8%、15%）对等离子熔覆层物相、显微组织、显微硬度的影响。对室温以及 200℃工况下自润滑耐磨涂层的摩擦磨损性能进行考核，分析其在摩擦磨损过程中的摩擦学行为及磨损机制，旨在为进一步探究自润滑耐磨涂层的性能进行前期尝试性探索。

3.3.2.1 不同 h-BN 添加量对等离子熔覆层物相的影响

图 3.53(a) 是铸铁基体表面等离子熔覆 Ni60A-Ti 混合合金粉末制备镍基耐磨涂层的 XRD 图谱。由 XRD 图谱可知，该等离子熔覆耐磨涂层主要由 γ-NiFeCr 固溶体、TiC 以及 $(Fe,Cr)_7C_3$ 组成，并且可以看出 γ-NiFeCr 固溶体的衍射峰强度较高。进行等离子熔覆试验时，在等离子束高温作用下，由送粉系统输送来的 Ni60A-Ti 混合合金粉末与铸铁基体表面的一部分同时熔化，经过气流的冲击发生对流，两种液态合金相互混合，形成 Ni-Fe-Cr 熔池。当等离子束移开之后，该熔池在基体本身以及大气环境下快速冷却凝固，形成熔覆层。在快速凝固过程中，由于 Ti 是强碳化物生成元素，这就意味着 Ti 元素与熔池中的 C 元素比较容易先发生化学反应生成 TiC，化学反应式如下：

$$Ti+C \longrightarrow TiC \tag{3.20}$$

随着 TiC 硬质相的生成和析出，熔池中的 C 元素含量逐渐减少，剩下一部分 C 元素同 Fe、Cr 元素反应生成碳化物，剩下的 Cr、Si 等元素溶于 γ-Ni 中形成 γ-Ni 基过饱和固溶体[116]。

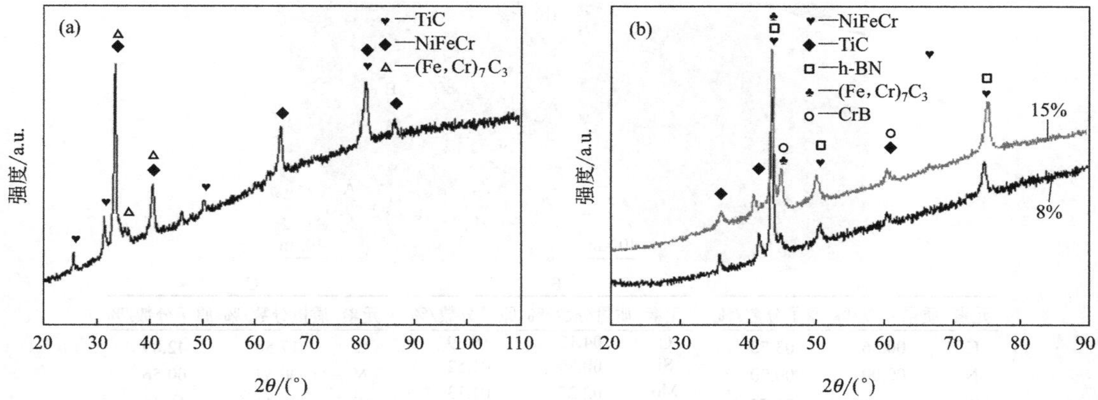

图 3.53 等离子熔覆自润滑耐磨涂层 XRD 图谱

(a) Ni60A-Ti；(b) Ni60A-Ti-8%h-BN、Ni60A-Ti-15%h-BN

图 3.53(b) 为等离子熔覆 Ni60A-Ti-8%h-BN、Ni60A-Ti-15%h-BN 涂层 XRD 图谱，由图可知，涂层主要的组成相为增韧相 γ-NiFeCr 固溶体、增强相 TiC、$(Fe,Cr)_7C_3$

和 CrB，以及自润滑相 h-BN。与未添加固体润滑剂 h-BN 的 Ni60A-Ti 涂层 XRD 图谱［图 3.53(a)］相比，该等离子熔覆层的物相中除了含有 γ-NiFeCr 固溶体以及 TiC、$(Fe,Cr)_7C_3$ 陶瓷增强相之外，在 XRD 图谱中还发现有 h-BN 和 CrB 存在。这可能是由于加入的 h-BN 熔点高，熔池中的温度呈梯度分布，并且等离子熔覆具有快速熔凝的特点，有部分 h-BN 粉末来不及分解或与其他金属元素反应，快速凝固后保留在熔池内。CrB 相的出现，可能是因为除了一部分未被熔化的 h-BN 仍以颗粒形式在熔池中存在，还有一部分 h-BN 在涂层制备过程中分解成 B 元素与 N 元素，其中 N 元素可能以 N_2 的形式逸出熔池，但 B 元素仍然在熔池中存在，就与 Cr 元素反应生成 CrB 增强相在涂层中析出。

等离子熔覆时，熔覆粉末 Ni60A、Ti、Ni 包 h-BN 在等离子束的直接辐照下与铸铁基体表面薄层同时熔化，从而形成一个混合了 Ni、Cr、Ti、Fe、C、B、N 元素的合金熔池。冷凝后的涂层中出现了 Fe、C 元素，这是由于 Ni60A 及铸铁基体中的 Fe、C 元素在等离子熔覆过程中进入涂层内部，熔覆粉末中的 Ti 元素稀释到熔池中，由于 Ti 元素是强碳化物形成元素，与熔池中的 C 元素结合原位反应生成 TiC 硬质相。当熔覆结束，等离子束被移走，熔池快速冷却，凝固生成自润滑耐磨复合涂层[117,118]。

XRD 分析结果表明，以 Ni60A、Ti、Ni 包 h-BN 混合合金粉末为熔覆材料，利用等离子熔覆技术在常用铸铁材料表面制备出了以 γ-NiFeCr 固溶体、TiC、CrB、$(Fe,Cr)_7C_3$ 以及 h-BN 自润滑相为组成相的金属基自润滑耐磨复合涂层。并且随着 h-BN 添加量的增多，h-BN 峰值增强，表明涂层中存在的 h-BN 含量增多。

3.3.2.2 不同 h-BN 添加量对等离子熔覆层显微组织的影响

图 3.54(a) 是等离子熔覆 Ni60A-Ti 横截面显微组织形貌，从图可以看出，涂层致密，熔覆层并未出现明显的孔洞和裂纹，与基体呈良好的冶金结合。本实验中的熔覆层均采用同步送粉的方式以原位合成法制备而成。原位合成法的特点之一就是涂层中的增强体是从金属基体中原位形核、长大的热力学稳定相，避免了预置涂层或外加引入增强相而引起的增强相与基体相容性不良的问题，生成的涂层界面结合强度高，等离子熔覆层均无明显裂纹。图 3.54(b) 为等离子熔覆 Ni60A-Ti 涂层截面典型组织放大的照片。由图可以看出，涂层组

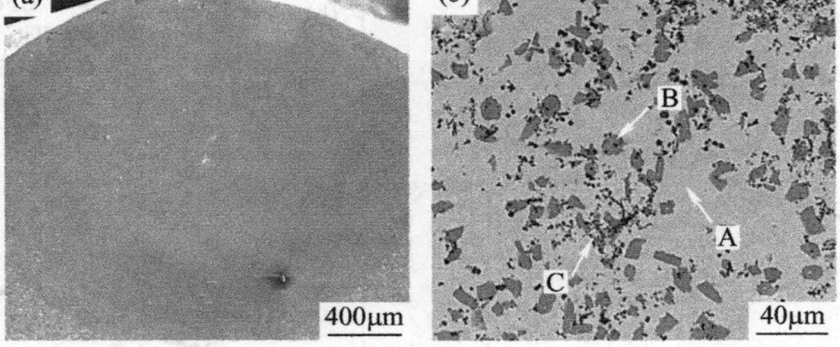

A

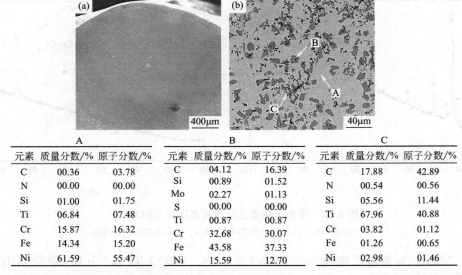

元素	质量分数/%	原子分数/%
C	00.36	03.78
N	00.00	00.00
Si	01.00	01.75
Ti	06.84	07.48
Cr	15.87	16.32
Fe	14.34	15.20
Ni	61.59	55.47

B

元素	质量分数/%	原子分数/%
C	04.12	16.39
Si	00.89	01.52
Mo	02.27	01.13
S	00.00	00.00
Ti	00.87	00.87
Cr	32.68	30.07
Fe	43.58	37.33
Ni	15.59	12.70

C

元素	质量分数/%	原子分数/%
C	17.88	42.89
N	00.54	00.56
Si	05.56	11.44
Ti	67.96	40.88
Cr	03.82	01.12
Fe	01.26	00.65
Ni	02.98	01.46

图 3.54 等离子熔覆 Ni60A-Ti 涂层截面形貌 (a)，高倍横截面形貌 (b) 及其不同区域能谱分析

织均匀致密，其主要的显微组织是由浅灰色基体区 A、深灰色不规则块状区 B 以及黑色颗粒状区 C 三种物相组成。

根据对 A、B、C 三个物相进行的 EDS 能谱分析结果可知，浅灰色基体区中 Ni、Fe、Cr 元素含量较高，结合 XRD 图谱推断浅灰色基体区 A 为 NiFeCr 固溶体。而深灰色不规则块状区 B 中的元素含量由大到小依次为 Cr、Fe、C、Ni，结合 XRD 图谱推测此相为 $(Fe,Cr)_7C_3$。结合黑色颗粒状区碳的能谱以及 XRD 图谱分析，此相为 TiC。

图 3.55(a)、(b) 分别为等离子熔覆 Ni60A-Ti-8%h-BN、Ni60A-Ti-15%h-BN 自润滑耐磨复合涂层微观形貌及各区域能谱分析。从图 3.55(a) 中可以看出，该涂层无明显气孔及裂纹等缺陷，所以通过控调整等离子熔覆工艺参数可以获得质量较优的涂层[119]。该耐磨自润滑复合涂层典型的组织主要由图中所标注的 A、B、C 三种类型的组织组成。A 区呈黑色，颗粒状，均匀分布在整个涂层中；B 区呈深灰色，形状不规则，多分布在晶界；C 区为灰色等轴晶，体积分数相对较大，起到连接支撑作用。由 XRD 结果［图 3.53(b)］可知，该涂层中还含有 h-BN 润滑相，但是在微观形貌图中并未观察到，这是因为 h-BN 的颗粒度较小，很难观察到。此外为了能够清楚地观察到典型组织的形貌，该复合涂层的浸蚀程度比较大，也加大了观察到 h-BN 的难度。对比不同含量 h-BN 涂层微观组织可知，当 h-BN 含量增多时，深灰色不规则形状的 B 区含量有所增加，等轴晶晶粒尺寸稍微变小。

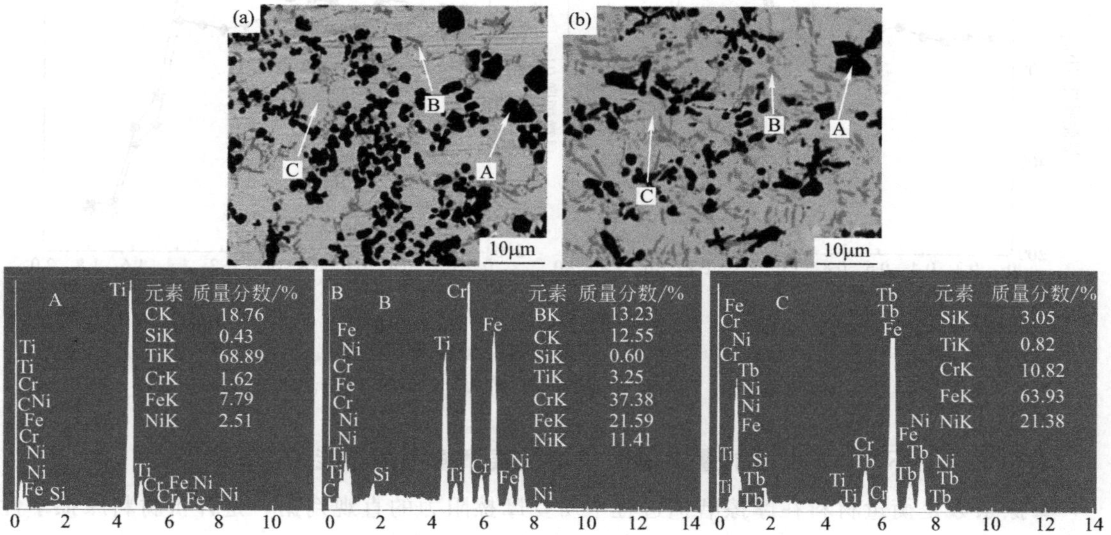

图 3.55　等离子熔覆 Ni60A-Ti-8%h-BN 涂层微观形貌 (a)，Ni60A-Ti-15%h-BN 涂层微观形貌 (b) 及各区域能谱分析

为进一步探究各个物质的化学成分组成，对黑色颗粒相 A、不规则深灰色相 B 以及浅灰色等轴晶 C 进行了 EDS 能谱分析，结果如图 3.55 所示。结果表明，结合 XRD 分析，组织 A 为 TiC 硬质颗粒增强相，组织 B 为 CrB，组织 C 为 Ni 基固溶体。

3.3.2.3　不同 h-BN 添加量对等离子熔覆层显微硬度的影响

图 3.56 为等离子熔覆 Ni60A-Ti、Ni60A-Ti-8%h-BN、Ni60A-Ti-15%h-BN 自润滑耐磨涂层沿层深方向的硬度分布曲线。由图 3.56(a) 可以看出，Ni60A-Ti 等离子熔覆层的显微

硬度明显高于铸铁基体，其平均显微硬度高达 722$HV_{0.2}$，是铸铁基体硬度（270$HV_{0.2}$）的 2.7 倍左右。这是因为该复合涂层中含有原位生成的 TiC、$(Fe, Cr)_7C_3$ 等一些碳化物增强相，提高了等离子熔覆层的硬度。在等离子熔覆层表面到 1500μm 的范围内，涂层的硬度有一定程度的提高，这是由于越靠近基体，基体中的碳元素含量越多，形成的碳化物硬质相含量越大，使硬度有了 100$HV_{0.2}$左右的提升。而涂层的显微硬度在 1500～1700μm 的范围内骤降，表明该区域为涂层的结合区。当层深方向距离增加至 1800μm 时，硬度值降至铸铁基体的显微硬度，为 270$HV_{0.2}$左右。

图 3.56(b) 为在铸铁基体上分别以 Ni60A-Ti-8%h-BN、Ni60A-Ti-15%h-BN 为熔覆材料制备的等离子熔覆自润滑耐磨复合涂层的显微硬度曲线图。由图可知，两种复合涂层的显微硬度较铸铁基体都有了显著提高。但 Ni60A-Ti-8%h-BN、Ni60A-Ti-15%h-BN 的显微硬度存在一定的区别。Ni60A-Ti-8%h-BN 涂层的硬度略低，其平均硬度约为 619$HV_{0.2}$，Ni60A-Ti-15%h-BN 涂层的平均显微硬度约为 654$HV_{0.2}$；Ni60A-Ti-15%h-BN 涂层的硬度明显高于 Ni60A-Ti-8%h-BN。这可能是当涂层中 h-BN 的含量增加时，在熔覆过程中分解的 h-BN 增多，使熔池中 B 元素的含量增加，生成硼化物硬质相的含量增加，从而相对减少了 Ni 基固溶体的含量，导致整体硬度稍有提高。

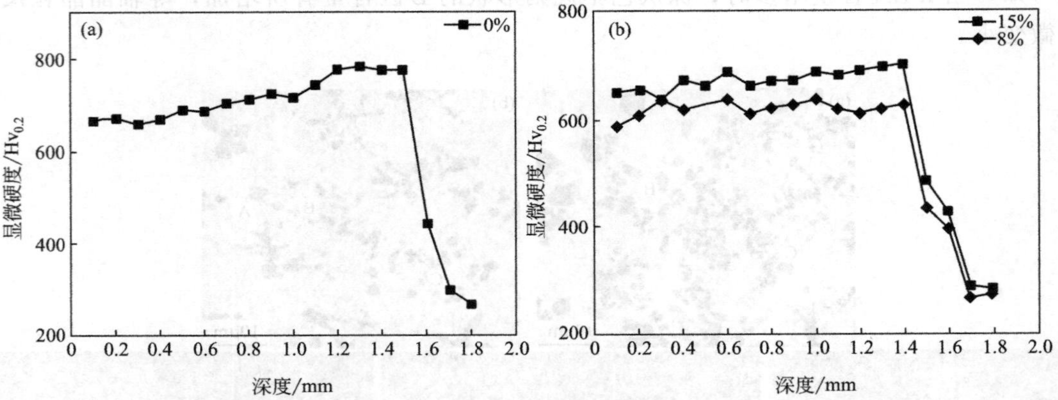

图 3.56　等离子熔覆层显微硬度分布曲线

(a) Ni60A-Ti；(b) TiNi60A-Ti-8%h-BN、Ni60A-Ti-15%h-BN

3.3.2.4　不同 h-BN 添加量对等离子熔覆层摩擦磨损性能的影响

摩擦系数是衡量材料在摩擦磨损过程中所受摩擦阻力的直观判据，是评价材料摩擦学性能的一个重要指标。摩擦系数通常受到多种因素的综合影响，如摩擦副材料的初始表面形貌、运动过程中两零件的接触形式、承受的载荷大小、相对运动速度及摩擦副的固有物理属性，可以反映材料在一定工况条件下所表现出来的摩擦学性能。除了抗磨特性外，摩擦磨损过程中摩擦系数的大小还可以从另一个方面反映材料的减摩特性。为了降低摩擦副在摩擦过程中的摩擦损耗，并尝试从减摩方向寻找进一步使材料耐磨的方法，因此研究材料摩擦系数的变化历程及其影响因素是十分必要的。

所谓的磨损是指工作载荷下两个相互接触并进行对磨运动的工件，在滑动、滚动或冲击运动中其接触表面因摩擦作用而发生损伤或脱落的现象[120]。本文主要研究了滑动摩擦磨损试验条件下等离子熔覆自润滑耐磨复合涂层在不同温度（室温、正常使用温度 200℃）时的摩擦磨损性能，详细地探讨了复合涂层在给定试验条件下的磨损机制。

图 3.57 为等离子熔覆 Ni60A-Ti、Ni60A-Ti-8%h-BN、Ni60A-Ti-15%h-BN 涂层与 GCr15 对摩擦副在常温时的摩擦系数和摩擦失重对比图。由图 3.57(a) 可以看出三种等离子熔覆涂层在开始磨损时，涂层的摩擦系数波动都较大。随着磨损的进行，摩擦系数逐渐变得较为平稳。这可能是在运行的初期，对磨表面的粗糙度较大，表面存在较硬的微凸体，使得局部的接触面积较小，接触应力较大，结果造成表面局部材料脱落并转移。在稳定磨损阶段，等离子熔覆 Ni60A-Ti 涂层的平均摩擦系数为 0.645，添加 8%h-BN、15%h-BN 的涂层的平均摩擦系数为 0.624、0.628。由此可见，相比 Ni60A-Ti 涂层，添加 8%h-BN、15% h-BN 的复合涂层在室温下表现出更为优异的减摩性能，其原因主要是等离子熔覆 Ni60A-Ti 合金粉末制备的涂层含有体积分数较大的碳化物来抵抗磨损，而添加 h-BN 的复合涂层中的润滑相在室温下已发挥出有效的润滑减摩作用。

图 3.57(b) 为等离子熔覆 Ni60A-Ti、Ni60A-Ti-8%h-BN、Ni60A-Ti-15%h-BN 涂层在室温下载荷为 9.8N 时与 GCr15 对磨 30min 的磨损失重图。图中显示，等离子熔覆 Ni60A-Ti、Ni60A-Ti-8%h-BN、Ni60A-Ti-15%h-BN 三种熔覆层的磨损失重分别 0.0045g、0.0037g、0.0035g。可见等离子熔覆 Ni60A-Ti-8%h-BN 磨损失重较 Ni60A-Ti 等离子熔覆层降低 17.8%，等离子熔覆 Ni60A-Ti-15%h-BN 磨损失重较 Ni60A-Ti 熔覆层降低 22.2%，可见室温下，h-BN 含量对磨损失重有明显影响，但影响程度并不悬殊。

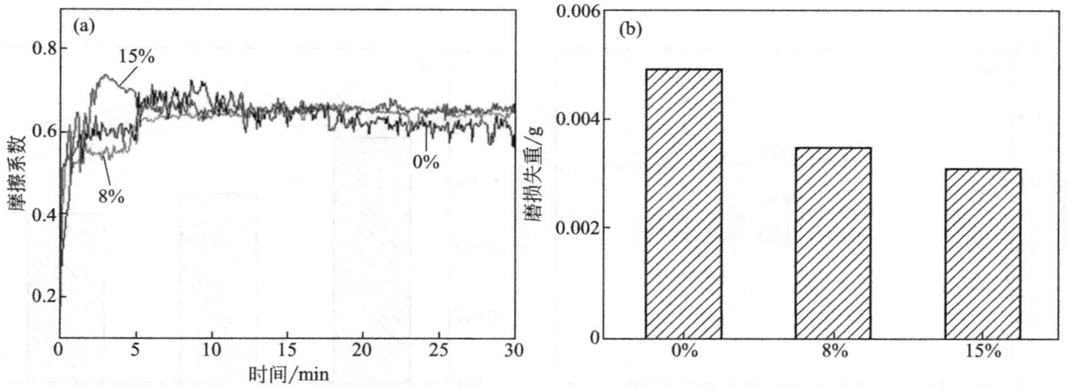

图 3.57　等离子熔覆 Ni60A-Ti、Ni60A-Ti-8%h-BN、Ni60A-Ti-15%h-BN 涂层室温下摩擦系数 (a) 和失重对比图 (b)

SEM 下三种涂层磨损后的表面形貌如图 3.58 所示。由图可知，等离子熔覆 Ni60A-Ti、Ni60A-Ti-8%h-BN、Ni60A-Ti-15%h-BN 三熔覆层的磨痕宽度、深度相近，差别不大，因此在室温下的摩擦磨损性能相近，均为有一定程度的黏着磨损。

图 3.59 为 200℃条件下等离子熔覆 Ni60A-Ti、Ni60A-Ti-8%h-BN、Ni60A-Ti-15%h-BN 涂层摩擦系数和磨损失重图。由图 3.59(a) 可知，在 200℃条件下，三种涂层的摩擦系数有很大变化。其中，等离子熔覆 Ni60A-Ti 摩擦系数最大，平均摩擦系数高达 0.62；Ni60A-Ti-8%h-BN 等离子熔覆层平均摩擦系数为 0.48，次之；Ni60A-Ti-15%h-BN 等离子熔覆层的平均摩擦系数为 0.41，在三种涂层中最小。与 Ni60A-Ti 等离子熔覆层相比，添加 8%h-BN 及 15%h-BN 等离子熔覆层 200℃条件下的摩擦系数下降的幅度分别达到 22.58% 和 33.87%。可以看出，200℃条件下，h-BN 自润滑剂开始发挥明显作用，并且随着含量的

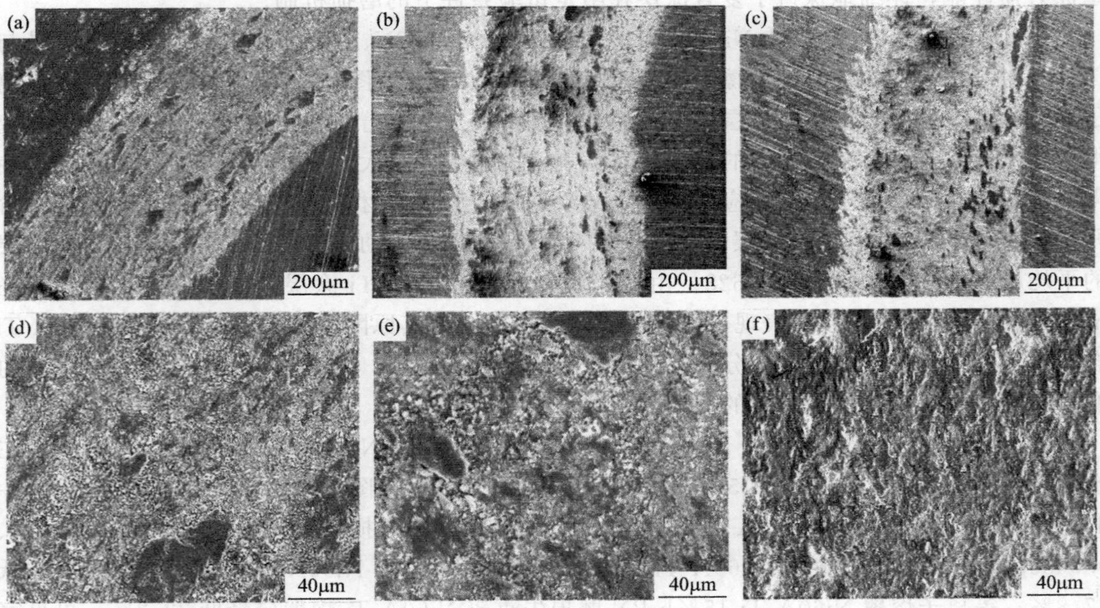

图 3.58 等离子熔覆 Ni60A-Ti (a)、(d)，Ni60A-Ti-8%h-BN (b)、(e) 和 Ni60A-Ti-15%h-BN (c)、(f) 涂层室温下的磨损形貌

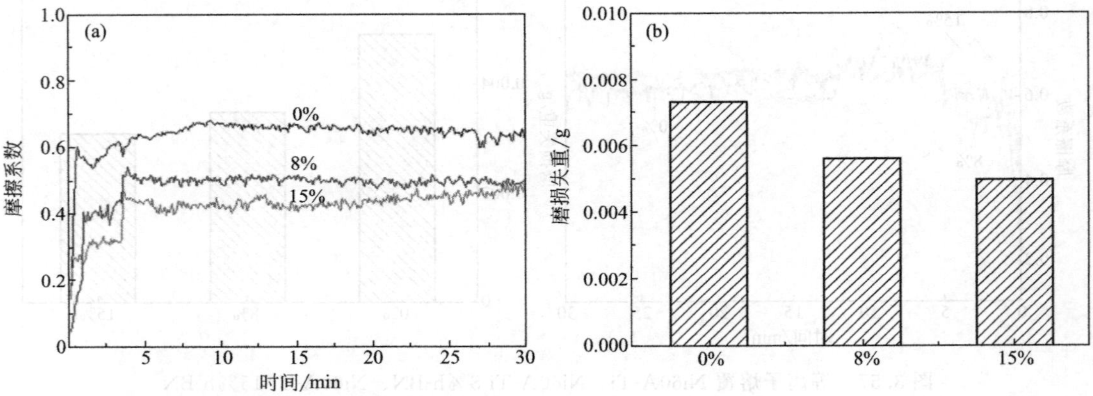

图 3.59 等离子熔覆 Ni60A-Ti、Ni60A-Ti-8%h-BN、Ni60A-Ti-15%h-BN 涂层 200℃下的摩擦系数 (a) 和磨损失重 (b)

增加，减摩效果越来越明显。如图 3.59(b) 所示，在 200℃条件下，h-BN 添加量为 0%时等离子熔覆层磨损失重为 0.0073g，等离子熔覆 Ni60A-Ti-8%h-BN 涂层磨损失重为 0.0056g，等离子熔覆 Ni60A-Ti-15%h-BN 涂层磨损失重为 0.0050g。与 Ni60A-Ti 等离子熔覆层相比，添加 8%h-BN 熔覆层的磨损失重降低了 23.29%，添加 15%h-BN 的熔覆层的磨损失重降低了 31.51%，其原因是 h-BN 在 200℃条件下发挥了很好的减摩效果，涂层中不但有 TiC、CrB 等增强相，未分解的 h-BN 也存在于涂层中，在摩擦磨损过程中被挤出到涂层表面，形成具有减摩效果的转移膜降低了相同实验条件下涂层的磨损。并且，随着 h-BN 添加量的增加，起减摩作用的 h-BN 的含量增多，因此，与 Ni60A-Ti 涂层相比，Ni60A-Ti-15%h-BN 熔覆层比 Ni60A-Ti-8%h-BN 熔覆层的磨损失重降低的程度更大。

图 3.60 为等离子熔覆 Ni60A-Ti、Ni60A-Ti-8% h-BN、Ni60A-Ti-15% h-BN 涂层在 200℃下磨损的表面形貌。由图可以看出，Ni60A-Ti 磨痕宽度较小，因为其显微硬度稍高，但此涂层磨损表面存在孔洞等缺陷，可能是由于在摩擦磨损过程中硬质相脱落形成磨粒，对涂层表面造成了二次磨损。Ni60A-Ti-15%h-BN 等离子熔覆层的磨损程度较小，氧化并不十分剧烈，并且表面有颗粒状物质均匀分布，分析认为 h-BN 可能以颗粒状的形式分布在两相对摩擦的表面，未形成完整的转移膜，但仍起到了很好的减摩效果[121]。对比室温下两等离子熔覆层的磨损形貌来看，200℃条件下的磨损，确实发生了很大程度的氧化，并且黏着磨损程度降低，涂层的片状剥落减少。综合来看，h-BN 在 200℃下的综合摩擦学性能要好于室温下的摩擦磨损性能，并且 Ni60A-Ti-15%h-BN 等离子熔覆层比 Ni60A-Ti-8%h-BN 涂层摩擦学性能好。

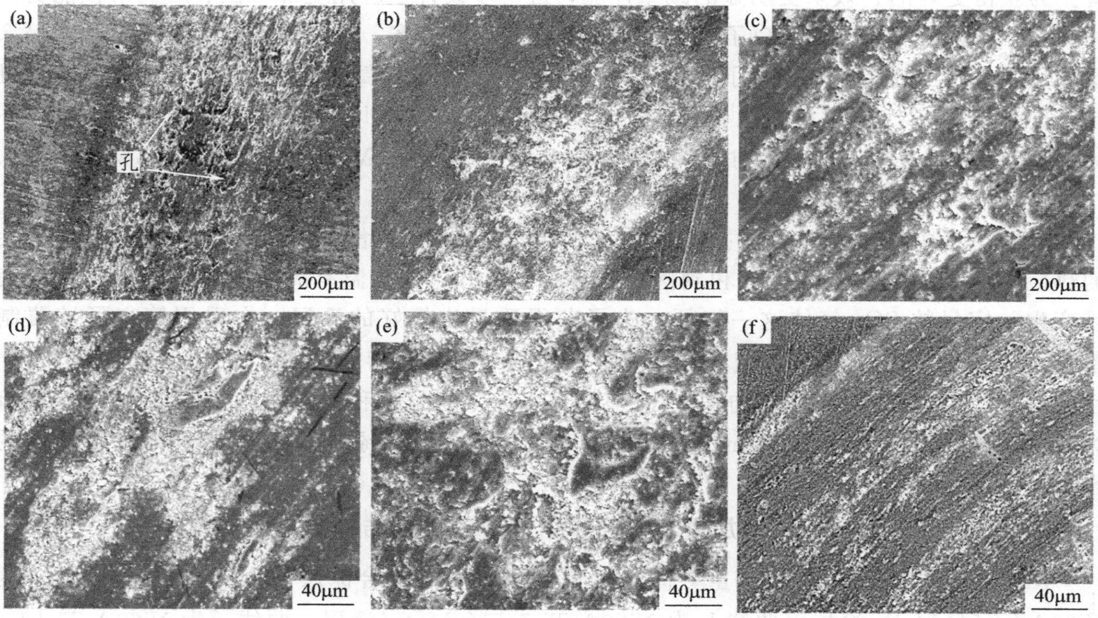

图 3.60 等离子熔覆 Ni60A-Ti (a)、(d)，Ni60A-Ti-8%h-BN (b)、(e) 和 Ni60A-Ti-15%h-BN (c)、(f) 涂层在 200℃时的磨损形貌

采用 Ni60A、Ti 以及 h-BN 混合合金粉末，通过等离子熔覆技术同步送粉的方式在铸铁基体的表面成功制备了自润滑耐磨涂层，并且考察了不同 h-BN 自润滑剂添加量对涂层组织及性能的影响，得出如下结论：

① 在相同工艺参数条件下，未添加 h-BN 的 Ni60A-Ti 等离子熔覆层与 Ni60A-Ti-8%h-BN、Ni60A-Ti-15%h-BN 等离子熔覆层的显微组织及物相组成显著不同。等离子熔覆 Ni60A-Ti 耐磨涂层主要由 γ-NiFeCr 固溶体、TiC 以及 $(Fe,Cr)_7C_3$ 组成。而 Ni60A-Ti-8% h-BN、Ni60A-Ti-15%h-BN 等离子熔覆层由 γ-NiFeCr 固溶体、增强相 TiC、$(Fe,Cr)_7C_3$ 和 CrB 以及自润滑相 h-BN 组成。

② 等离子熔覆 Ni60A-Ti 耐磨涂层显微硬度平均值为 $722HV_{0.2}$，Ni60A-Ti-8% h-BN 熔覆层显微硬度平均值为 $619HV_{0.2}$，Ni60A-Ti-15% h-BN 涂层的显微硬度平均值为 $654HV_{0.2}$。

③ 室温下，等离子熔覆层 Ni60A-Ti、Ni60A-Ti-8%h-BN、Ni60A-Ti-15%h-BN 涂层的摩擦系数及磨损量相差不大，h-BN 未发挥明显的减摩作用。在 200℃条件下，等离子熔覆 Ni60A-Ti-8%h-BN 和 Ni60A-Ti-15%h-BN 涂层的平均摩擦系数分别为 0.48 和 0.41，较 Ni60A-Ti 熔覆层的 0.62 有显著降低，下降幅度分别达到 22.58%和 33.87%；对比 Ni60A-Ti 涂层，添加 8%h-BN、15%h-BN 的等离子熔覆层在 200℃条件下磨损失重也明显减少，下降幅度分别为 23.29%和 31.51%，表现出良好的减摩耐磨性能。

3.3.3 MoS_2 自润滑剂对等离子熔覆层性能的影响

等离子熔覆 Ni60A-Ti-Ni 包 h-BN 制备自润滑耐磨复合涂层的组织及性能研究结果表明，所得涂层组织均匀致密，硬度较基体有大幅提升，耐磨性显著提高，整体性能有明显改善。为获得更好的、效果更明显的减摩性能，进一步设计了应用更加广泛、自润滑性能更好的 MoS_2 作为自润滑剂的等离子熔覆层制备和性能检测方案，对添加不同含量 MoS_2 制得涂层的显微组织、物相组成进行了分析，并且对其显微硬度、摩擦系数、磨损失重以及磨损机制等进行了探究。据有关文献[122]介绍，MoS_2 在金属基减摩材料中的最佳含量为 2%～6%，一般不超过 10%，故本试验设计并制备了三种不同 MoS_2 质量分数（5%、7.5%、10%）的镍基自润滑涂层。

熔覆过程中的温度梯度在扫描速度太快的时候会迅速增大，从而在熔覆层产生很大的热应力，易引起涂层的开裂和剥落。但考虑到 MoS_2 在高温有氧环境中特别容易分解而且产生一定量的 SO_2 气体这一特征，为了获得质量比较好的涂层，在采用等离子熔覆制备 MoS_2/Ni 基复合涂层时，应尽最大的努力去减小等离子熔覆功率，使扫描速度提升，而且要对涂层实行有效的气体保护，以此来降低 MoS_2 的分解和氧化[80]。熔覆最佳工作电流为 80A，最佳扫描速度为 3mm/s，同时研究了不同 MoS_2 添加量对等离子熔覆层性能的影响。

3.3.3.1 不同 MoS_2 添加量对等离子熔覆层的微观结构和形貌的影响

图 3.61 为不同 MoS_2 添加量等离子熔覆自润滑耐磨复合涂层的 XRD 图谱，曲线 a 为 Ni60A-Ti-5%MoS_2 涂层，曲线 b 为 Ni60A-Ti-7.5% MoS_2 涂层，曲线 c 为 Ni60A-Ti-10% MoS_2 涂层。根据图谱可以看出，涂层主要由 NiFeCrC、Ti_2CS、Cr_3C_7、NiTi、TiC 及金属

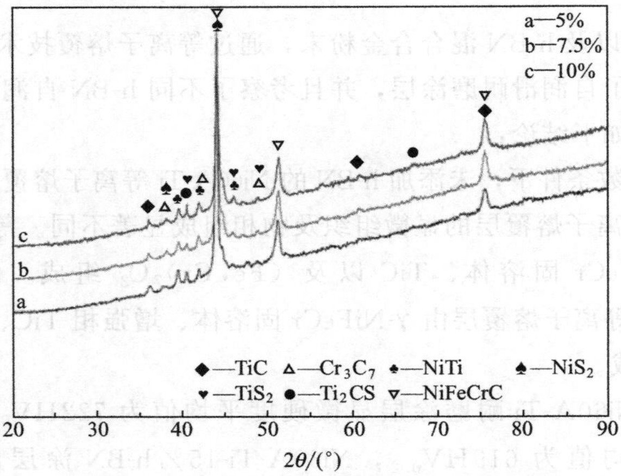

图 3.61 不同 MoS_2 添加量等离子熔覆层的 XRD 图谱

硫化物 NiS_2、TiS_2 等组成。由表 3.31 和表 3.32 已知，添加 MoS_2 的熔覆涂层中主要元素为 Cr、Fe、Ni、Ti、Mo、S、B、C 等。由于 MoS_2 的分解温度及氧化温度较低，熔池中的大部分 MoS_2 分解成 Mo 元素和 S 元素，之后部分 S 元素与 Ti、Ni 元素反应生成 TiS_2、NiS_2，还有部分 S 元素同基体析出的 C 以及熔覆层材料中的 Ti 元素反应生成 Ti_2CS 复合硫化物。涂层中还出现了 TiC、Cr_3C_7 硬质相，说明碳元素与熔覆材料中的钛元素原位合成了新的物质，TiC、Cr_3C_7 具有硬度高、耐磨性好等的优点，可以在一定程度上提高涂层的耐磨性[123]。熔池中发生的部分化学反应为：

$$MoS_2 \longrightarrow Mo+2S, S+O_2 \longrightarrow SO_2, Ti+C \longrightarrow TiC, 2Ti+C+S \longrightarrow Ti_2CS, \quad (3.21)$$
$$Ni+2S \longrightarrow NiS_2, Ti+2S \longrightarrow TiS_2$$

添加不同 MoS_2 含量的等离子熔覆自润滑耐磨复合涂层截面典型组织的扫描照片如图 3.62 所示，可以观察到等离子熔覆层中主要形成了四种组织，黑色板条状区、黑色颗粒区、灰色不规则多边形区以及浅灰色基体区。由图可知，随着 MoS_2 含量的提高，黑色颗粒逐渐减少。为了确定各区的成分，对样品进行了能谱分析。其中 A 区域为浅灰色基体区，B 区域为灰色不规则多边形区，C 区域为黑色颗粒区，D 区域为黑色板条状区。由能谱数据图知，黑色颗粒 C 区的能谱中 Ti 和 C 元素含量明显高，结合物相分析，可推测该区为 TiC[124]；浅灰色基体 A 区中，Ni、Fe、Cr 和 C 元素的含量明显较高，且有少量 Mo 元素，含量由大到小顺序为 Ni＞Fe＞Cr＞C＞Mo，结合 XRD 物相分析，推测浅灰色 B 区为 NiFeCrC 固溶体；灰色不规则多边形 B 区的能谱中 Cr、C 的含量较高，结合 XRD 物相分析推测灰色不规则多边形区为 Cr_7C_3；黑色板条状 D 区中 Ti、S 和 C 和含量较高，结合物相分析推测该相为 Ti_2CS 复合硫化物。

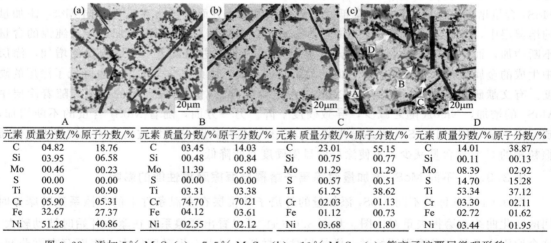

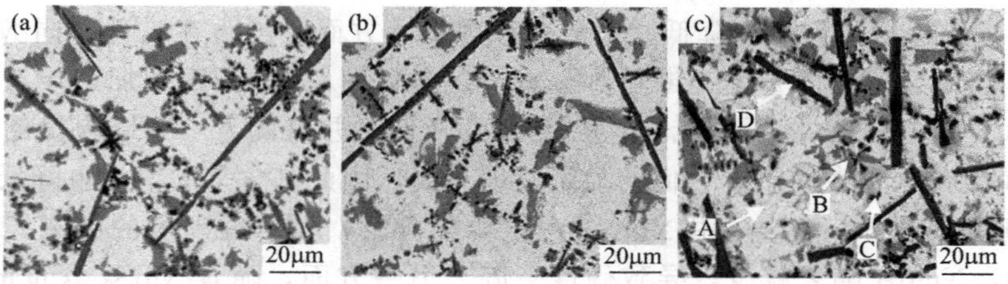

A

元素	质量分数/%	原子分数/%
C	04.82	18.76
Si	03.95	06.58
Mo	00.46	00.23
S	00.00	00.00
Ti	00.92	00.90
Cr	05.90	05.31
Fe	32.67	27.37
Ni	51.28	40.86

B

元素	质量分数/%	原子分数/%
C	03.45	14.03
Si	00.48	00.84
Mo	11.39	05.80
S	00.00	00.00
Ti	03.31	03.38
Cr	74.70	70.21
Fe	04.12	03.61
Ni	02.55	02.12

C

元素	质量分数/%	原子分数/%
C	23.01	55.15
Si	00.75	00.77
Mo	01.29	01.29
S	00.57	00.51
Ti	61.25	38.62
Cr	02.03	01.13
Fe	01.12	00.73
Ni	03.68	01.80

D

元素	质量分数/%	原子分数/%
C	14.01	38.87
Si	00.11	00.13
Mo	08.39	02.92
S	14.70	15.28
Ti	53.34	37.12
Cr	03.30	02.11
Fe	02.72	01.62
Ni	03.44	01.95

图 3.62　添加 5% MoS_2（a），7.5% MoS_2（b），10% MoS_2（c）等离子熔覆层微观形貌及添加 10% MoS_2 涂层各区域能谱分析

3.3.3.2　不同 MoS_2 添加量对等离子熔覆层的显微硬度的影响

图 3.63 为不同 MoS_2 添加量的等离子熔覆层的显微硬度。由图可以看出，等离子熔覆层的硬度整体都比较高。相对于铸铁基体来说，等离子熔覆层晶粒细小且组织致密，这是因为等离子熔覆技术制备涂层时合金熔池为快速凝固过程，过冷度较大，结晶过程中晶粒非常细小，产生细晶强化作用，并且涂层中含有合金元素，起到固溶强化的作用，明显地提高了

涂层的硬度。更为重要的是等离子熔覆层中生成大量弥散分布的 Cr_3C_7 以及 TiC 硬质相，相较于基体大大增加了涂层的硬度[125]。随着距离涂层表面深度的增加，熔覆层硬度有稍增大的趋势。这是因为，越靠近铸铁基体熔池中的碳元素含量越多，可以与 Ti、Cr 元素生成硬质相的含量越多。结合金相及 SEM 照片分析，越靠近涂层底部，呈黑色颗粒状的 TiC 相越多，同样证明越靠近基体的涂层中硬质相含量越多，因此越靠近基体的涂层硬度越比涂层表层的硬度大。

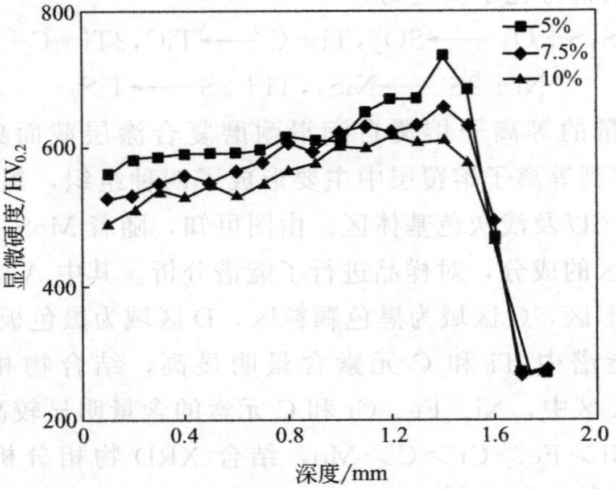

图 3.63　不同 MoS_2 添加量的等离子熔覆层的显微硬度

在三种熔覆粉末中，MoS_2 含量为 5%的熔覆层硬度最大，MoS_2 含量为 7.5%时硬度次之，最小的显微硬度出现在 MoS_2 添加量为 10%时的熔覆层，即三种熔覆粉末中，随着 MoS_2 含量增大，涂层硬度反而降低。造成这种现象一方面是因为在三种不同 MoS_2 添加量的熔覆层中，随着 MoS_2 含量的不断增加，即 Ni 包 MoS_2 的量不断增加，导致纯镍的含量不断增加，而 Ni60A 的含量不断减少，会使硬度降低。并且随着 MoS_2 含量的增加，涂层中生成的金属硫化物也在增多，它们的显微硬度不高，因此其含量的增加也降低了涂层的硬度。有文献研究表明[108]，涂层中 Ni60A 占主要部分时，显示高硬度的状态，随着涂层中 MoS_2 的增加，Ni60A 随之减少，导致硬度下降。另一方面，随着 MoS_2 含量的不断增加，硫元素含量增加，Ti、S 元素结合生成 Ti_2CS 复合硫化物时 C 元素被消耗掉，致使生成硬质颗粒相的 C 元素含量减少，也使涂层的显微硬度有所降低。

3.3.3.3　不同 MoS_2 添加量对等离子熔覆层摩擦磨损性能的影响

图 3.64 为基体及不同 MoS_2 添加量的等离子熔覆层在室温条件下的摩擦系数随摩擦时间的变化曲线和磨损失重对比图。从图 3.64(a) 可以看出摩擦系数在摩擦开始时波动较大。这个原因主要是在摩擦刚开始时，样品与对磨材料之间表面粗糙度较大，表面存在微凸起，导致真正摩擦的面积小，但是应力却很大，会使微凸起转移，因此磨损在刚开始时变化较大。摩擦系数波动较大的阶段为跑合磨损阶段，时间较短（5min 左右）。跑合磨损阶段结束之后，样品表面已经被磨平，这时的磨损速率曲线较为平稳，波动较小。这个阶段时间较长，为稳定磨损阶段。

等离子熔覆层摩擦磨损试验前，表面的组织均匀分布；而在等离子熔覆层摩擦磨损试验开始后，会产生大量的摩擦热，部分表层的自润滑剂受到摩擦热的作用和摩擦力的“挤压”，出现在涂层表面。即在摩擦初期，因为摩擦作用，固体润滑剂开始出现，并在涂层表面分

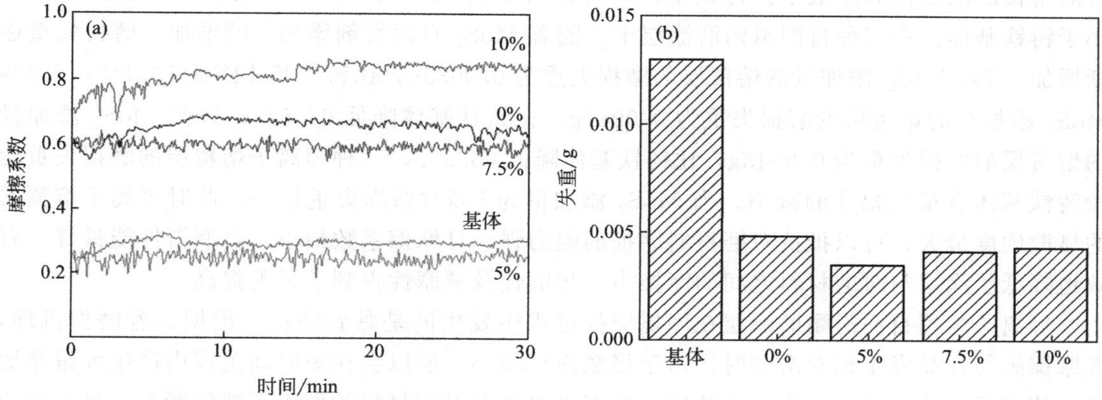

图 3.64　不同 MoS_2 添加量的等离子熔覆层室温下的摩擦系数（a）和磨损失重对比图（b）

布。由于摩擦过程中温度很高，固体润滑剂一直处于变形阶段，所以刚开始出现的固体润滑剂可以均匀分布在表层。摩擦一段时间后，固体润滑剂开始在表面富集且均匀分布。当大量的固体润滑剂在表面均匀分布时，摩擦表面出现了面积较大的固体润滑膜。同时，润滑剂可以转移到对磨材料上，使对磨材料上面也出现一小薄层的固体润滑膜。这样便有效地阻隔了样品和对磨材料的直接摩擦，降低了两表面原子直接接触的可能性，从而有效地降低磨损[126,127]。另一个原因是润滑膜的出现，使空气与熔覆层隔绝，降低了氧化程度，起到保护样品的作用。

从图 3.64(a) 中还可以看出，MoS_2 添加量为 10％时等离子熔覆层的摩擦系数最大，平均摩擦系数为 0.81，这是因为添加 Ni 包 MoS_2 的含量最大，即 Ni60A 含量最小，导致可以改善涂层质量的脱氧造渣的 B、Si 元素最少，致使涂层中留有部分杂质无法排除，在涂层中产生一定数量的微小缺陷，因此摩擦系数最高。其次为未添加自润滑剂 MoS_2 的熔覆层，平均摩擦系数达 0.65，这是由于熔覆层中没有自润滑相的存在，不能在摩擦副两滑移面之间产生可以减小阻力的转移膜来降低摩擦系数，因此摩擦系数也较高。MoS_2 自润滑剂添加量为 7.5％时，平均摩擦系数为 0.59。而 HT250 铸铁基体的平均摩擦系数较小，为 0.28，因其本身具有片状石墨所以具有自润滑性能，所以摩擦系数较低。摩擦系数最低的为 MoS_2 自润滑剂添加量为 5％的等离子熔覆层，平均摩擦系数为 0.25。这是由于熔覆层中的 MoS_2 的添加量适中，涂层中生成了大量 Ti_2SC 等各种硫化物，这些硫化物具有很好的自润滑性能，可以在对磨材料及涂层间产生滑移膜，有效地降低了涂层的摩擦系数。在涂层中，加入适量的 MoS_2 自润滑剂，可以显著降低涂层的摩擦系数，这是因为 MoS_2 与石墨具有类似的层状结构，层内的 Mo-S 化学键以离子键结合，层与层间则是由范德华力结合，因为特殊的晶体结构导致其在很小的剪切应力的作用下，层与层之间便发生剪切滑移作用，表现出自润滑性能，可以有效降低摩擦系数[128]。并且等离子熔覆时，部分 MoS_2 发生分解，剩余部分形成硫化物或者多硫化物，两者均可以起到润滑作用，使其具有良好的摩擦磨损性能。而 MoS_2 添加量过多会导致摩擦系数增大，涂层中会出现一些显微缺陷，引起涂层质量下降，使得摩擦系数不降反增。

在三种熔覆层中，拥有最低摩擦系数的涂层为 MoS_2 添加量为 5％的熔覆层。然而，判断一个涂层的综合性能时，还需要用磨损失重的性能指标进一步评价涂层的耐磨性能。

从图 3.64(b) 中可以看出，HT250 铸铁基体的磨损失重最大，而 MoS_2 添加量为 5％

时的熔覆层的磨损失重最小。铸铁基体的磨损失重为 0.013g，而三种熔覆层的磨损失重均小于铸铁基体。在三种自润滑耐磨涂层中，随着 MoS_2 自润滑剂添加量的增加，磨损失重逐渐增加。5% MoS_2 添加量的熔覆层的磨损失重为 0.0035g，比铸铁基体降低 73.1%；7.5% MoS_2 添加量的熔覆层的磨损失重为 0.0041g，比铸铁基体降低 68.5%；10% MoS_2 添加量的熔覆层的磨损失重为 0.0043g，比铸铁基体降低 66.9%，三种等离子熔覆层的磨损失重均较铸铁基体有很大幅度的减小。当 MoS_2 添加量为 5%时磨损失重最小，此时等离子熔覆层的显微硬度最大，可以抵抗对磨材料磨损的能力强，且摩擦系数最小、自润滑性能最好，有效地降低了涂层与对磨材料之间的摩擦力，耐磨性及减摩性得到了显著提高。

等离子熔覆自润滑耐磨涂层在摩擦磨损过程中发生的是黏着磨损。根据黏着磨损机理，在摩擦副与样品发生相对滑动时，由于接触面积较小，所以会在短时间范围内产生大量摩擦热，使温度迅速上升。因为黏着效应，黏着点将会在对磨材料的作用下剪切断裂，被剪切的部分可能脱落形成磨屑，也可能迁移到其他位置，但这些剥落体会黏着在涂层表面。随着磨损时间的增加，黏着产物逐渐被消耗或者被摩擦产生的热量所熔化，摩擦系数逐渐平稳。在接下来的磨损中，虽然也会有黏着、破坏、再黏着的过程发生，但由于熔覆层上与对磨材料接触的黏着点被消耗殆尽，摩擦磨损形貌也趋于稳定[129,130]。

图 3.65 是基体及不同含量 MoS_2 等离子熔覆层室温下的磨损形貌图。由图可知，铸铁基体磨损后表面形貌最为平整，这是因为铸铁基体本身含有大量片状石墨，具有很好的自润滑性能，表面几乎不发生黏着磨损，但其硬度低，因此对磨材料很容易将其表面金属磨损掉。试验中观察到，铸铁基体表面所形成的磨痕宽度最大，且磨痕最深，因此其磨损失重

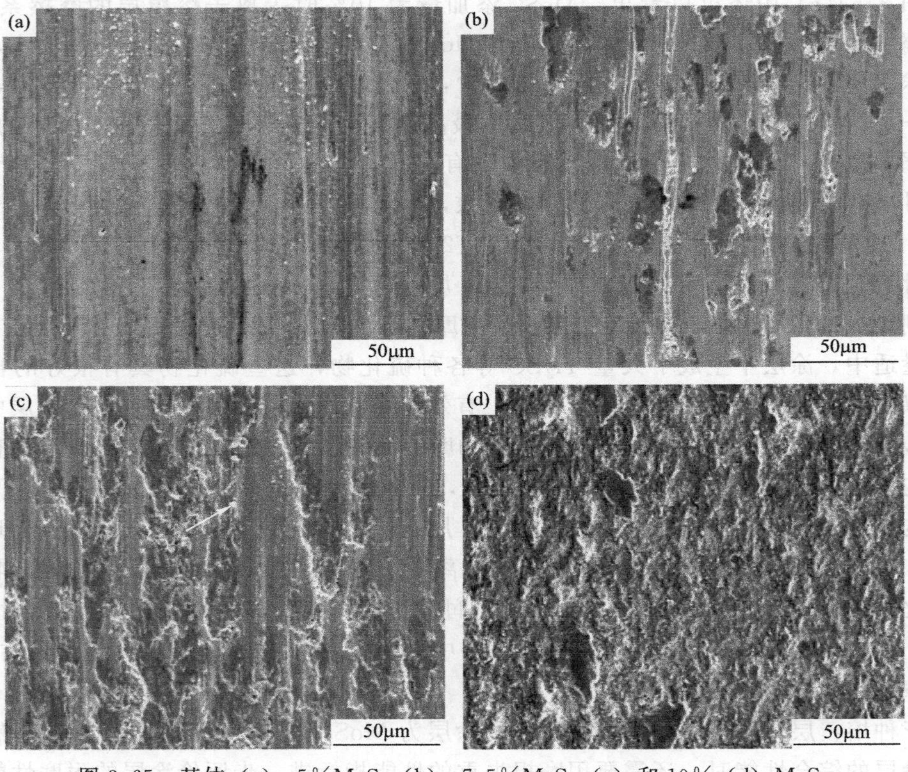

图 3.65　基体（a），5%MoS_2（b），7.5%MoS_2（c）和 10%（d）MoS_2 添加量等离子熔覆层室温下的磨损形貌

最大。

由图 3.65(b)、(c) 及 (d) 可以看出，等离子熔覆自润滑耐磨复合涂层发生的是黏着磨损，当 MoS_2 添加量为 5%时磨损形貌较为平整，因其硬度最大，且涂层中含有大量 Ti_2CS 自润滑相可以减小涂层与对磨材料之间的摩擦力，磨损程度较轻。随着 MoS_2 含量的增加和 Ni60A 含量的减少，黏着磨损越来越严重，这是由于其硬度逐渐降低，可以抵抗对磨材料摩擦磨损的能力降低，且 MoS_2 添加量为 10%时其微观缺陷较多，因此摩擦磨损性能较差。

以常温条件下涂层的摩擦磨损研究为基础，进一步分析了不同 MoS_2 添加量等离子熔覆层 200℃下的摩擦磨损行为。图 3.66(a) 为基体、不添加 MoS_2，以及 MoS_2 添加量分别为 5%、7.5%时等离子熔覆层在 200℃摩擦磨损条件下的摩擦系数曲线图。横坐标为试验时的摩擦磨损时间 (30min)，纵坐标为仪器设备自动计算的摩擦系数。整个磨损过程中，摩擦系数是连续记录的。从图中可以看出，基体以及三种等离子熔覆层在摩擦磨损开始时 (前 3min 左右)，摩擦系数急剧增大；接下来的磨损初期 (至 10min 左右)，摩擦系数波动比较严重；随着磨损的进行，摩擦系数逐渐变得较为平稳，进入稳定磨损阶段。这可能是在运行的初期，对磨表面的粗糙度较大，并且存在较硬的微凸体，使得局部的接触面积较小，接触应力较大，结果造成表面局部材料脱落并转移。

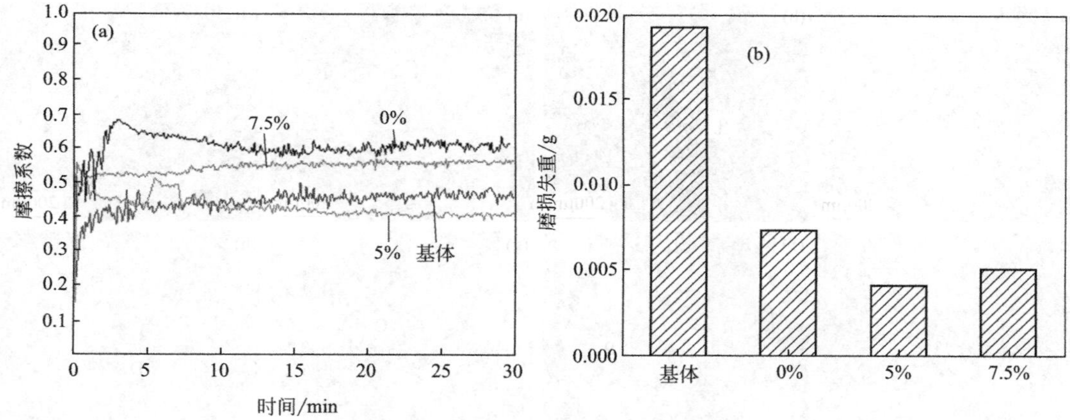

图 3.66 基体及不同等离子熔覆层 200℃下的摩擦系数 (a) 和磨损失重 (b)

比较基体以及 MoS_2 添加量分别为 0%、5%、7.5%的等离子熔覆层在稳定磨损阶段的摩擦系数值，未添加 MoS_2 自润滑剂的等离子熔覆层的摩擦系数最大，平均摩擦系数为 0.60；MoS_2 添加量为 7.5%的等离子熔覆层摩擦系数次之，平均值为 0.53；基体材料的摩擦系数再次之，平均摩擦系数为 0.44；MoS_2 添加量为 5%的等离子熔覆层摩擦系数最小，平均摩擦系数为 0.42。因此，对于基体以及三种熔覆层来说，MoS_2 添加量为 5%时最利于减摩。造成这种现象的原因是硬度较高，且存在具有润滑作用的金属硫化物，涂层中缺陷少，因此摩擦系数最小。

图 3.66(b) 为基体以及 MoS_2 添加量为 0%、5%、7.5%等离子熔覆制备的涂层在 200℃下的磨损失重柱状图。在 200℃条件下，基体的磨损失重为 0.0193g，MoS_2 添加量为 0%时等离子熔覆层磨损失重为 0.0073g，较基体下降了 62.2%，说明未添加 MoS_2 的等离子熔覆层的耐磨性已经有很大程度的提高，单位时间的磨损失重较小，可一定程度地延长零

件的使用寿命。而当 MoS_2 添加量为 5%时等离子熔覆层磨损失重为 0.0045g，较基体磨损量降低 76.7%；同未添加 MoS_2 涂层相比，降低 38.4%。由于添加 MoS_2 自润滑剂，在涂层中原位生成了 Ti_2CS 硫化物，在摩擦磨损过程中此硫化物可以起到减摩作用，在相互接触的两对磨材料表面中间形成了一层转移膜，有效地减少了摩擦副之间的直接接触，减小了滑动摩擦力，降低了磨损量。MoS_2 添加量为 7.5%时失重为 0.0050g。由此可知，基体在 200℃摩擦磨损条件下的磨损失重同室温下一样，失重量较各等离子熔覆层都大，造成此现象的原因是铸铁基体硬度低至 $270HV_{0.1}$，基体中没有硬质相来抵抗对磨材料对其产生的挤压和连续摩擦造成的磨损。而未添加 MoS_2 的等离子熔覆层磨损量较铸铁基体有明显降低，是因为涂层中原位生成了硬质增强相使其耐磨性提高。

图 3.67 为基体以及添加 0%、5%、7.5% MoS_2 的等离子熔覆层在 200℃时的磨损形貌及对应样品区域中磨屑的能谱分析。从图 3.67(a)、(b)、(c) 及 (d) 可以看出，200℃下摩擦磨损时，基体以及添加 0%、5%、7.5% MoS_2 的等离子熔覆层在相同放大倍数下磨痕的宽度有明显区别。其中，基体的磨痕宽度最大，由于铸铁基体硬度较低，在相同载荷下，GCr15 对磨球压入其中的深度就越深，抵抗对磨球的能力越差，相应宽度越大。并且铸铁基体表面 200℃下氧化程度较大，存在大片白亮色粉末区域，基体中的片状石墨在摩擦磨损过程中变为粉状石墨存在于两对磨件之间[131,132]。

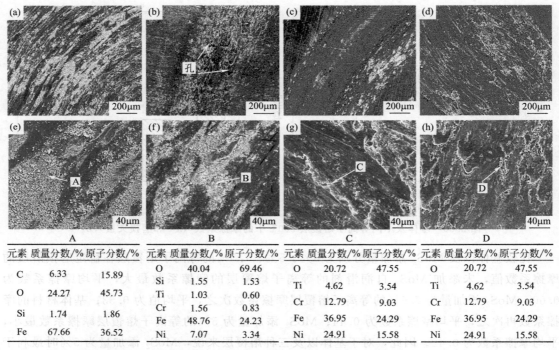

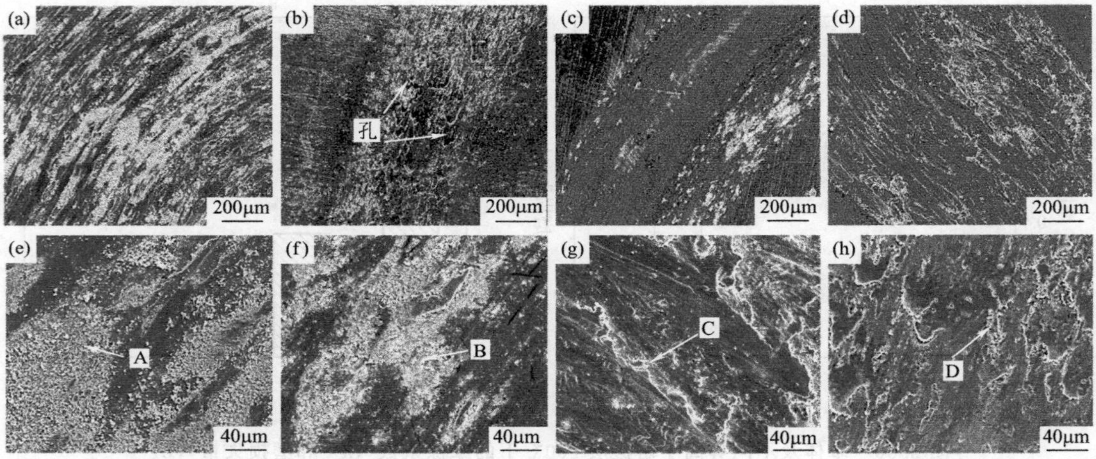

A

元素	质量分数/%	原子分数/%
C	6.33	15.89
O	24.27	45.73
Si	1.74	1.86
Fe	67.66	36.52

B

元素	质量分数/%	原子分数/%
O	40.04	69.46
Si	1.55	1.53
Ti	1.03	0.60
Cr	1.56	0.83
Fe	48.76	24.23
Ni	7.07	3.34

C

元素	质量分数/%	原子分数/%
O	20.72	47.55
Ti	4.62	3.54
Cr	12.79	9.03
Fe	36.95	24.29
Ni	24.91	15.58

D

元素	质量分数/%	原子分数/%
O	20.72	47.55
Ti	4.62	3.54
Cr	12.79	9.03
Fe	36.95	24.29
Ni	24.91	15.58

图 3.67　基体 (a)、(e)，0%MoS_2 (b)、(f)，5%MoS_2 (c)、(g) 和 7.5%MoS_2 (d)、(h) 等离子熔覆层 200℃时的磨损形貌和对应区域中磨屑能谱分析

图 3.67(b) 未添加 MoS_2 自润滑剂的等离子熔覆层的磨痕宽度明显较小，虽然发生一定程度的塑性变形，但因其中存在 TiC、Cr_7C_3 硬质相增强了其抵御外界挤压的能力。磨损表面出现了少量疲劳剥落坑，这是由于复合涂层中含有的微凸体硬质相 TiC 等被 GCr15 对磨球挤压剪切脱落造成的，但未发生剧烈氧化。

图 3.67(c) 和 (d) 为添加 5%、7.5% MoS_2 的等离子熔覆自润滑耐磨复合涂层的磨损形貌。磨痕宽度接近，没有明显差别，都比未添加 MoS_2 等离子熔覆层的磨痕宽度大。因为未添加自润滑剂的涂层中硬质相数量更多，而添加了自润滑剂涂层中一部分 Ti 原子与 S、C 元素生成具有润滑作用的硫化物，另一部分用于原位生成 TiC，生成的硬质相数量较少，因此磨痕稍大。添加 5%MoS_2 含量的等离子熔覆层的磨损表面更为平整光滑，磨损程度比添加 7.5%MoS_2 含量的等离子熔覆层小。

由高倍放大的图 3.67(e) 可以看出，铸铁基体磨损较严重，导致磨损后表面存在大量微小颗粒状磨屑，且大部分被氧化，其磨损机制主要为塑性变形及磨粒磨损。图 3.67(f) 给出了添加 MoS_2 自润滑剂的等离子熔覆层的磨损形貌，塑性变形量减小，磨屑数量相对减少且磨屑变得相对细小，与基体同为磨粒磨损。图 3.67(g)、(h) 分别为添加 5%、7.5% MoS_2 的等离子熔覆层的磨损形貌，从图可知，两熔覆层磨损表面均有一定程度的塑性变形，没有明显犁沟以及剥落坑。但 7.5%MoS_2 添加量的等离子熔覆层中生成的磨屑较多，缺陷较多，因此摩擦磨损过程中表现出不及 5%MoS_2 添加量的等离子熔覆层的摩擦磨损性能。

对应样品区域中磨屑的能谱分析图可以看出，在 200℃时铸铁基体的磨损形貌中出现较多白色团聚磨屑，磨损表面出现的磨屑主要成分有 C、O、Fe 和少量的 Si，可判断这些磨屑在摩擦磨损过程中发生了氧化，这些细小的、被氧化了的磨屑聚集并附着在磨损表面，有效地减少了摩擦副之间的直接接触。未添加 MoS_2 自润滑剂的等离子熔覆层的磨损形貌中出现许多细小磨屑，由磨损表面的能谱分析图可知，这些磨屑主要成分有 Cr、Fe、Ni、Si、Ti、O 等元素，磨损表面基本没有什么变化。值得注意的是，其中 O 元素的原子分数高达 69.46% (B 区)，说明涂层发生了严重的氧化反应。添加 5%、7.5% MoS_2 的等离子熔覆层的磨损表面形貌发生了一定程度的片状剥落，且存在少量颗粒状磨屑，磨损机理表现为黏着磨损和轻微的磨粒磨损。由磨屑的能谱分析结果可知，在 200℃摩擦磨损过程中磨屑中含有大量氧元素，表明此氛围下涂层以及磨屑发生一定程度的氧化。

对比基体以及三种等离子熔覆层涂层的能谱分析可知，铸铁基体磨屑氧含量最高，氧化程度最大，添加 0%、7.5%、5%MoS_2 的等离子熔覆层氧含量依次降低，5%MoS_2 添加量等离子熔覆层的氧化程度最小，且摩擦系数最低，表明此涂层的自润滑效果最佳。另外，磨损表面上未见明显的连续润滑膜的形成，作为固体润滑剂的金属硫化物只以颗粒形式弥散分布在涂层中，但是无论以润滑膜的形式还是弥散颗粒的形式分布，金属硫化物的存在都能够提高涂层的减摩耐磨性能。

3.3.3.4 不同 MoS_2 添加量对等离子熔覆层抗冲蚀性能的影响

材料表面受到细小而松散的运动粒子冲击，导致涂层被破坏磨损的现象叫做冲蚀磨损。冲蚀磨损是现代工业生产中经常见到的一种磨损形式，也是造成机器设备及其零部件损坏报废的重要原因之一。冲蚀磨损的影响因素有很多，如冲蚀角度、冲击速度、冲蚀时间、粒子大小、环境温度等。在其他条件不变的情况下，研究了冲蚀角度对不同 MoS_2 添加量的熔覆层抗冲蚀性能的影响。三种不同 MoS_2 添加量涂层在 30°、90°冲蚀角下的冲蚀试验结果见表 3.33。冲蚀角度对等离子熔覆层抗冲蚀磨损性能有很大的影响，冲蚀角度在 30°的冲蚀失重比冲蚀角度为 90°时的大，表明涂层为韧性冲蚀损伤。造成这个结果的原因是在 90°时冲蚀磨损主要以冲击为主，绝大部分为冲击作用，几乎没有诸如切削等其他作用。但是在 30°时，冲蚀不光有冲击作用，还会带有切削作用，因此磨损失重较大。

表 3.33 冲蚀试验结果

成分	冲蚀角度	冲蚀前质量/g	冲蚀后质量/g	冲蚀失重/mg
基体	90°	12.0567	12.0464	10.3
	30°	12.3273	12.3036	23.7
5% MoS_2	90°	13.5279	13.5260	1.9
	30°	13.6630	13.6566	6.4
7.5% MoS_2	90°	14.1520	14.1495	2.5
	30°	14.6864	14.6780	8.4
10% MoS_2	90°	14.7290	14.7246	4.4
	30°	14.6492	14.6392	10.0

同时，冲蚀角度为90°时基体的失重量较其他三种等离子熔覆层大，为10.3mg。其原因是HT250铸铁基体的硬度较低，为270～300HV，因此抵抗冲击磨损的能力较低。当冲蚀角度为90°时，等离子熔覆层冲蚀失重比基体有大幅度减小，5% MoS_2 添加量的等离子熔覆层的冲蚀失重仅为1.9mg，较基体下降81.55%，7.5% MoS_2 添加量的等离子熔覆层的冲蚀失重仅为2.5mg，较基体下降75.73%，10% MoS_2 添加量的等离子熔覆层的冲蚀失重仅为4.4mg，较基体下降57.28%。由于5% MoS_2 添加量的等离子熔覆层的硬度在三种涂层中最高，其抵抗冲蚀磨损的能力最强，因此冲蚀失重最小。

基体在冲蚀角度为30°时的失重为23.7mg，同样比其他三种等离子熔覆制备的涂层大。当冲蚀角度为30°时，三种熔覆层冲蚀失重比基体有大幅度减小，5% MoS_2 添加量的等离子熔覆层的冲蚀失重仅为6.4mg，较基体下降73.00%，7.5% MoS_2 添加量的等离子熔覆层的冲蚀失重仅为8.4mg，较基体下降64.56%，10% MoS_2 添加量的等离子熔覆层的冲蚀失重仅为10.0mg，较基体下降57.81%。由于5% MoS_2 添加量的等离子熔覆层的硬度在三种涂层中最高，因此其抵抗冲蚀磨损的能力最强，冲蚀失重最小。

图3.68是冲蚀角为90°的基体及不同 MoS_2 含量的涂层冲蚀形貌图，从图中可以看出，冲蚀主要是以冲击为主，石英砂粒子直接冲击到复合材料涂层的表面上，基材和涂层受到石英砂冲蚀时，容易产生变形，导致表面出现凹坑和微裂纹。基材没有复合涂层材料的保护，其表面由于冲蚀受损最为严重。MoS_2 含量为5%的熔覆层受损最小。

图3.69是冲蚀角为30°时基体及涂层的冲蚀形貌，此时石英砂中的固体粒子不仅对基体及复合材料涂层有冲击作用，同时伴有切削和犁沟作用。因此与90°冲蚀角相比，30°冲蚀角条件下，冲蚀形貌中凹坑和裂纹更加明显，冲蚀失重更大，其中基材受到的冲蚀作用、切削作用和犁沟作用最大，因此表面微坑及裂纹最明显。MoS_2 含量为5%的熔覆层表面也存在切削作用形成的犁沟以及凹坑，但与铸铁基材以及其他两种成分的涂层相比，被切削的程度相对较小，冲蚀形貌较好，因此其抵抗冲蚀磨损的能力显著。

在冲蚀初期，涂层表面在石英砂的冲击下，表面出现塑性变形，涂层材料被石英砂挤向两端或者两侧，又因为冲击的角度不能完全一致，故材料的变形方向并不是完全一致的。当出现磨屑之后，磨屑会改变后续冲蚀粒子的运动方向，从而开始对涂层造成切削损伤，出现切削状形貌。随着冲蚀磨损的继续进行，涂层的厚度减小，石英砂就会碰撞到涂层内部的硬质颗粒[133]。除了冲蚀形成的凹坑外，涂层表面还存在一些类似被刀具划过的沟壑。这是因为在冲蚀形成变形唇后，在后续冲击下，变形唇会断裂成为磨屑，在气体的带动下划过涂层，同时改变后续冲蚀颗粒的运动方向，在这两种颗粒的共同作用下，涂层表面出现切削状

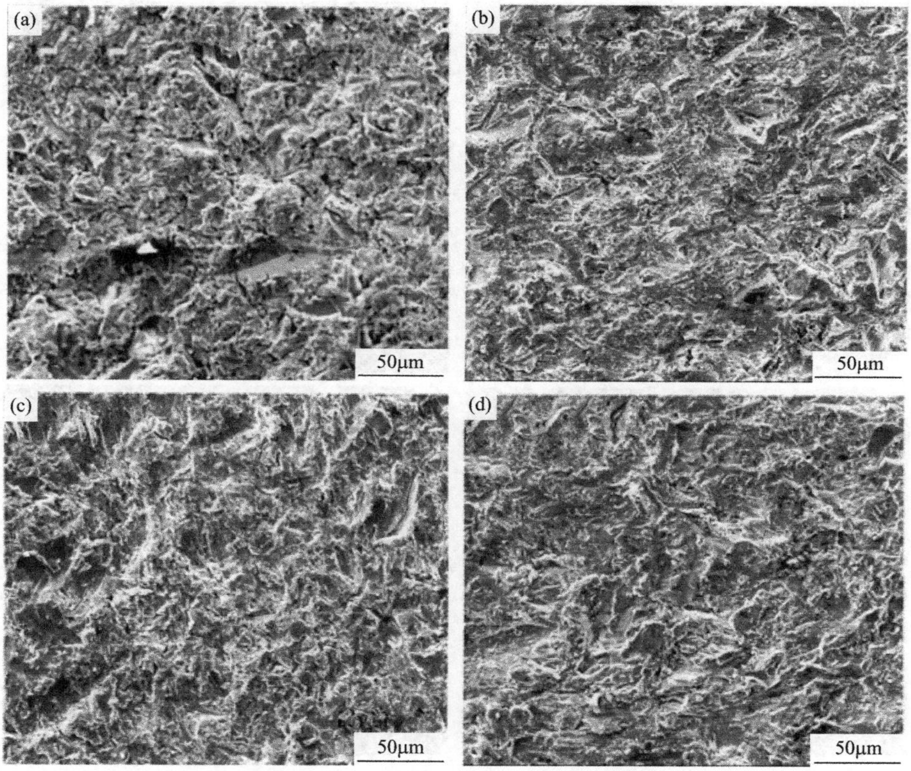

图 3.68 冲蚀角为 90°时，基体（a），5%MoS_2（b），7.5%MoS_2（c）和 10%MoS_2（d）添加量等离子熔覆层冲蚀形貌

形貌，当颗粒较大且相对硬度较高时，会出现深度更大的犁沟。一般来说，材料的硬度越低，切削情况越严重[134]。

根据冲蚀失重试验结果及冲蚀形貌观察可以判断，添加不同含量 MoS_2 的等离子熔覆层在冲蚀角度为 90°及 30°时的抗冲蚀能力强于基体。

本章 3.3 节分别将 h-BN 及 MoS_2 自润滑剂与 Ni60A-Ti 合金粉末混合，采用同步送粉的方式在铸铁基体表面成功制备出质量良好的等离子熔覆自润滑耐磨复合涂层。研究了 h-BN 及 MoS_2 自润滑剂对涂层显微组织、物相、显微硬度等的影响，并考察评估了不同自润滑剂添加量涂层的摩擦学性能。

① 在以 h-BN 为自润滑剂的涂层体系中，在相同工艺参数条件下制得的未添加 h-BN 的 Ni60A-Ti 等离子熔覆层与 Ni60A-Ti-8%h-BN、Ni60A-Ti-15%h-BN 等离子熔覆层的显微组织及物相组成显著不同。等离子熔覆 Ni60A-Ti 耐磨涂层主要由 γ-Ni-Fe-Cr 固溶体、TiC 相以及 $(Fe,Cr)_7C_3$ 组成。而 Ni60A-Ti-8%h-BN、Ni60A-Ti-15%h-BN 等离子熔覆层除了由增韧相 γ-Ni-Fe-Cr 固溶体、增强相 TiC、$(Fe,Cr)_7C_3$ 以及 CrB 外，还存在自润滑相 h-BN。

② 室温下，Ni60A-Ti、Ni60A-Ti-8%h-BN、Ni60A-Ti-15%h-BN 等离子熔覆层的摩擦系数及磨损量相差不大，h-BN 未发挥明显的减摩作用。在 200℃条件下，等离子熔覆 Ni60A-Ti-8%h-BN、Ni60A-Ti-15%h-BN 涂层的平均摩擦系数分别为 0.48 和 0.41，比 Ni60A-Ti 熔覆层有显著降低。与 Ni60A-Ti 涂层相比，添加 8%h-BN 及 15%h-BN 的等离子熔覆层的磨损失重也有所减少，表现出良好的减摩耐磨性能。

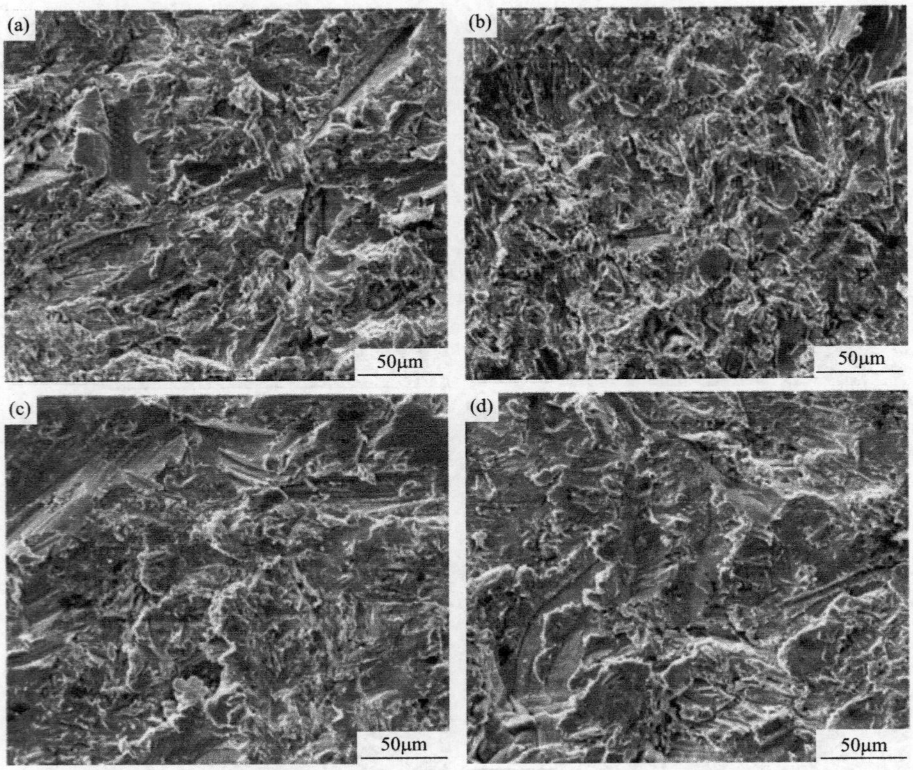

图 3.69 冲蚀角为 30°时，基体（a），5%MoS_2（b），7.5%MoS_2（c）和 10%MoS_2（d）添加量等离子熔覆层冲蚀形貌

③ 在以 MoS_2 为自润滑剂的涂层体系中，添加不同含量 MoS_2 等离子熔覆自润滑耐磨复合涂层的组织，主要由 Ti_2CS 复合硫化物、CrFeNiMo 固溶体以及 TiC、Cr_7C_3 硬质相组成。添加不同含量 MoS_2 等离子熔覆自润滑耐磨复合涂层的显微硬度均远大于铸铁基体的硬度，且硬度随着 MoS_2 添加量的增加而稍有降低。

④ 室温下及 200℃条件下添加 5%MoS_2、7.5%MoS_2、10%MoS_2 等离子熔覆自润滑耐磨复合涂层的摩擦系数以及磨损失重均比基体有大幅下降，200℃下磨损表面比室温下氧化程度大，磨损机制主要为黏着磨损。

⑤ 添加不同含量 MoS_2 等离子熔覆自润滑耐磨复合涂层，在 90°及 30°冲蚀角条件下的抗冲蚀能力明显均优于铸铁基体，90°角比 30°角的抗冲蚀性能优良，其中 5% MoS_2 添加量的熔覆层的抗冲蚀能力最强。

第4章

等离子熔覆钴基涂层

目前等离子熔覆层已经广泛应用于各种变温环境中，由于温度的循环变化会引起材料的热疲劳失效，于是热疲劳失效成为等离子熔覆层的主要失效方式之一[135-137]。因此，表面改性零部件的热疲劳性能已经成为评估其性能的一个重要指标[138-142]。例如，压缩机叶片和转子轴会在高低温循环的环境中工作，以等离子熔覆技术作为叶片和转子轴的修复手段，修复后形成的表界面结构就会经历高低温的循环，在一定条件下表界面结构会发生热疲劳失效。因此，需要对等离子修复后的表界面结构进行热疲劳测试，考察其热作用下的疲劳性能，探索其疲劳失效机理，为等离子熔覆层表界面结构的可靠性评价提供理论依据。

Co50 材料主要用于叶片的修复，具有优异的高温性能。本章选取 Co50 粉末作为涂层材料，旨在获得良好的热疲劳性能，并评估表界面在高低温循环环境中的疲劳行为及界面的匹配性。压缩机叶片及转子轴主要在 600℃左右高低温循环的工况中作业，因此，将 600℃作为其热疲劳性能的重点考察温度。同时，以修复叶片的司太立（Stellite）涂层为代表，利用等离子熔覆技术制备或修复再制造具有优越的耐磨性、耐蚀性以及热稳定性的涂层，并且在辅助磁场条件下研究其对熔覆层质量的影响。除此之外，稀土元素的添加对熔覆层的影响也作为本章的研究内容之一。

4.1 Co50 等离子熔覆层

4.1.1 熔覆材料的选择

FV520B 是一种马氏体沉淀硬化不锈钢，主要用于高强结构件叶轮或压缩机叶片、轴及转子等构件的制作。研究压缩机转子轴和叶片的等离子熔覆修复时，选择 FV520B 不锈钢作为基体材料，其化学成分见表 3.1。Co50 涂层具有良好的耐磨性、耐蚀性和优异的红硬性，适用于等离子熔覆，常用于 800℃以下要求具有优良的耐磨及耐蚀性能的场合，通常用于修复叶片。本节以压缩机叶片及转子轴为研究对象，选择了等离子熔覆技术作为叶片及转子轴的修复手段，考虑其具体的服役工况（600℃、离心力和摩擦等），选择适合该工况的Co50材料作为涂层的基体材料。钴基高温合金中主要以MC、$M_{23}C_6$和M_6C等碳化物对合金起到强化作用，$M_{23}C_6$是冷却时在晶界和枝晶间析出的。位于晶界上的碳化物（主要是$M_{23}C_6$）能阻止晶界滑移，从而改善熔覆层的强度。Co50粉末具体成分如表4.1所示。图4.1为Co50粉末的SEM形貌照片，粉末大多为球形结构，粒径在75μm左右，该尺寸刚好符合等离子熔覆对于粉末粒径的要求。Co50粉末的熔化温度在1380～1395℃，密度为8.05g/cm³，喷焊层硬度约为HRC45～50。为了在Co50的基础上进一步提升涂层的综合性能，选择了Nb和CeO_2两种添加相与Co50粉末混合，组合成Co50，Co50＋5％Nb和Co50＋5％Nb＋1％CeO_2三种成分的粉末。

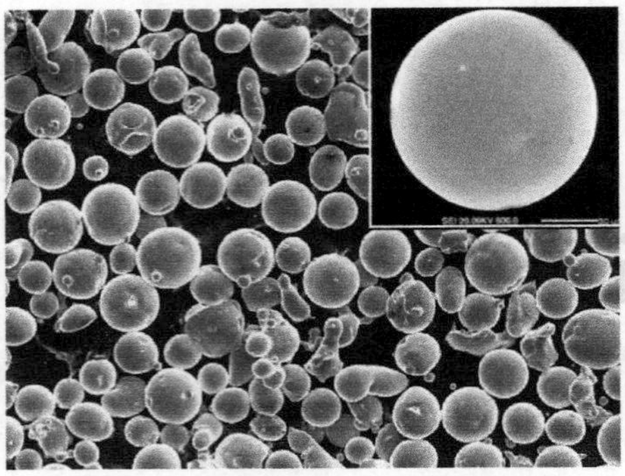

图4.1　Co50粉末的SEM形貌

表4.1　Co50涂层材料的成分

元素	C	Si	Cr	Ni	B	Co	W
质量分数/%	0.07	1.80	21.5	1.90	2.55	66.56	5.62

根据工艺参数对熔覆层成型的影响，经过多次工艺探索，总结出成型质量较好的工艺参数，如表4.2所示。

表4.2　等离子熔覆工艺参数

参数	电流/A	扫描速度/(mm/s)	送粉速率/(g/min)	送粉气流量/(L/h)	自动提升高度/mm
数值	100	3	12	6	6

4.1.2　Co50等离子熔覆层的组织形貌

利用金相显微镜获得Co50等离子熔覆层不同位置的组织形貌，如图4.2所示。左侧图(a)是从底部到顶部的纵向完整熔覆层的光学组织形貌，右侧图(b)～(d)为对应熔覆层底部、中部和顶部的放大组织形貌。通过放大后的形貌，可清晰地观察到涂层在不同位置存在着不同类型的组织，即涂层与基体间界面为平面晶，熔覆层从底部到顶部分别为胞状树枝晶、柱状树枝晶和等轴树枝晶。凝固组织的差异取决于熔池中不同区域的温度梯度和冷却速度。

熔覆层的结晶状态取决于固液界面前沿的温度梯度G与凝固速度R的平方根的比值$G/\sqrt{R}$。从平面晶、胞状晶、柱状晶到等轴晶是$G/\sqrt{R}$降低的过程，而晶粒尺寸取决于G与R的乘积GR[143-145]。在高温等离子弧下熔覆粉末熔化，熔融的涂层材料直接接触冷基体，在熔池底部接触基体的区域垂直于固液界面的温度梯度G很大，而此时的凝固速度R非常小，达到临界过冷在界面处形成平面晶。随着结晶逐渐远离界面，固液界面向液态熔覆层中推进，熔池温度升高，温度梯度G减小而凝固速度R增大，导致形核率减小，底部晶体向液相中生长成胞状晶区。当液相界面到达熔池上部时，随着等离子束与基体接触时间的延长，熔池内温度梯度严重减小，并且伴随着结晶释放潜热，熔池内液相前沿形核变得困难，只有已有的晶核继续生长，并沿着散热最快的方向择优生长而形成了熔池上部的柱状晶区。当到达熔池表面时，熔池直接接触空气，所以空气对流会加快凝固速度，凝固速度 R 的增大导致熔覆层顶部形成大量的等轴树枝晶。因而从底部到顶部结晶形态依次向平面晶、胞状树枝晶、柱状树枝晶及等轴树枝晶过渡。

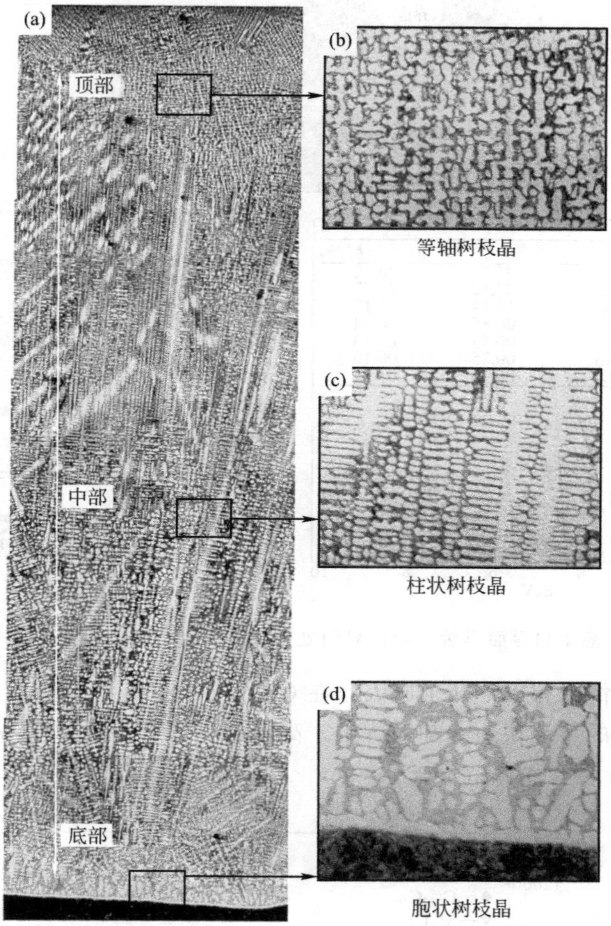

图 4.2　Co50 等离子熔覆层不同位置的组织形貌

图 4.3(a) 为 Co50 等离子熔覆层、界面及基体的 SEM 形貌。图 4.3(b) 是涂层和基体界面处的元素分布。等离子熔覆层组织均匀，致密性良好，无裂纹气孔等缺陷，且界面处呈良好的冶金结合。图 4.3(b) 的 EDS 结果表明界面位置处主要含有 Fe、Co、Cr 和 Ni 几种元素，其中 Fe 和 Co 含量最多。实际上界面主要是由等离子熔覆层和基体在熔融状态下的扩散所形成，Fe 从基体扩散到界面处而 Co 从涂层扩散到界面处。图 4.3(c) 为 Co50 涂层-界面-基体的线扫描结果。从结果可知 Ni、Cr、W、Si 和 C 几乎无变化，涂层中的 Co 元素较多，Fe 元素较少，而在基体中 Fe 元素较多，所以 Fe 和 Co 元素的变化不明显。

图 4.4 为 Co50 等离子熔覆层的 XRD 测试结果，可知 Co50 涂层主要由 γ-Co、Ni_2Si、$Cr_{23}C_6$、M_7C_3 和 Fe-Cr 组成。通常情况下，纯 Co 在 417℃以下应该为密排六方结构的 ε-Co，当温度达到 417℃时会发生结构的转变，转变成为具有面心立方结构的 γ-Co。在涂层的 XRD 图谱中并没有 ε-Co 的衍射峰，只存在 γ-Co 的衍射峰，说明涂层中的 Co 原子是面心

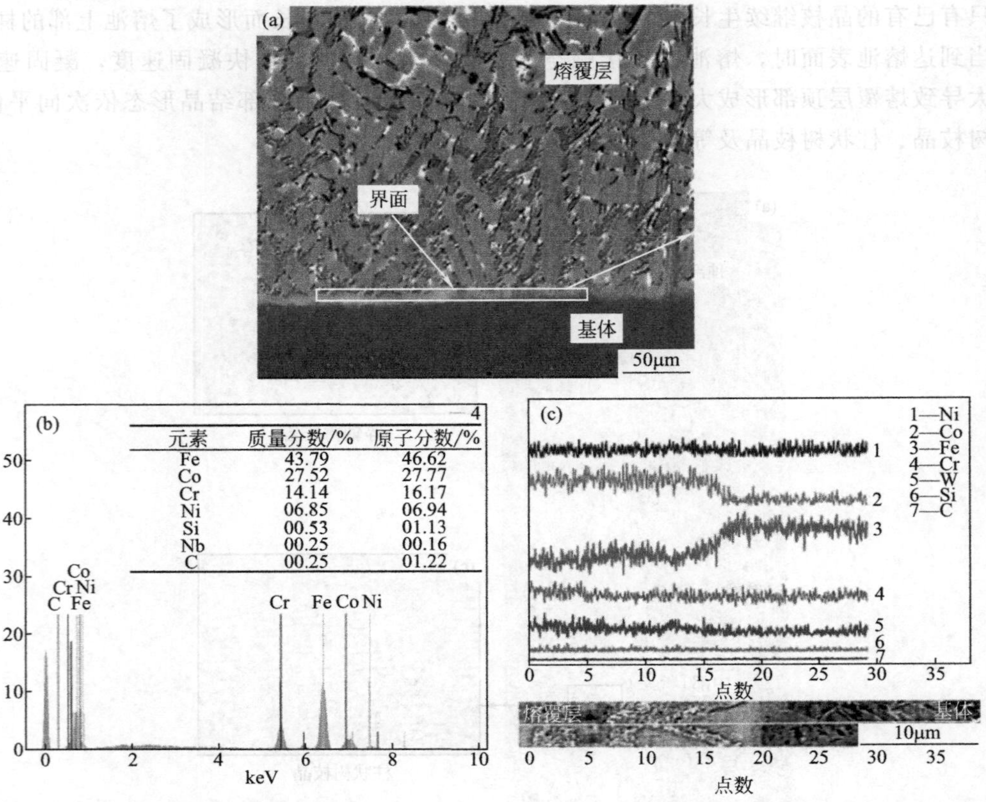

图 4.3 Co50 涂层、基体和界面形貌（a）；界面处元素分布（b）和涂层-界面-基体的线扫结果（c）

立方结构。出现这种情况有以下几个原因：在 Co50 粉末中有稳定面心立方结构的元素，如 Ni；在等离子熔覆后的熔池快速冷却过程中，高温态的面心立方结构 γ-Co 来不及向低温态的密排六方结构 ε-Co 转变而保留下来。

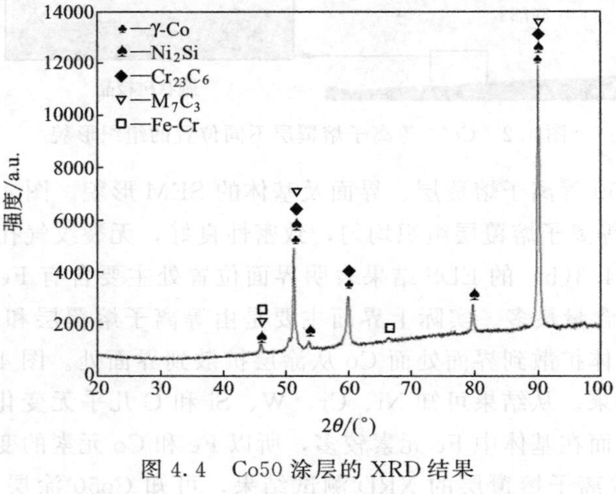

图 4.4 Co50 涂层的 XRD 结果

4.1.3 Co50 熔覆层的稀释率

所谓稀释率是指基材熔化质量与焊缝金属质量的百分比，计算方法采用横截面积之比[146]。金属熔焊、堆焊或熔覆时，熔融金属被稀释的程度用基材金属在焊缝金属中所占的百分比（即熔合比）来表示。通常，填充金属的成分同基材成分并不相同，特别是异质材料连接时。当堆焊金属的合金成分主要来自填充金属时，局部熔化了的基材在涂层中的效果可以认为是稀释。因此，熔合比又常称为稀释率。在等离子熔覆层中，有一定数量的熔化基材和填充金属混合，且因涂层组织的性质有些独特，所以基材被熔覆层过多的稀释而引起成分变化，就会影响涂层与基体间界面以及表界面整体结构的性能。

稀释率是评估熔覆层性能的重要指标之一，所以控制稀释率在一个合理范围内对于等离子熔覆层具有重要示范意义[147-151]。过高的稀释率会影响材料的整体性能以至于影响热疲劳性能，低稀释率呈现出较好的性能[152-156]。稀释率的控制对于制备一种高性能的熔覆层是至关重要的，因为熔覆层需要完整的冶金结合和适当的稀释，所以稀释率成为降低或者提高熔覆层性能的一个重要指标[157,158]。合理的工艺参数可获得较低的稀释率，低稀释率下的热疲劳性能优异[159]。等离子熔覆涂层的形貌特征将直接影响涂层质量[160]，如图 4.5 所示。等离子熔覆层的轮廓是弯曲的，这是表面张力在熔融涂层中占主导所致[161]。式(4.1) 是抛物线面积公式，式(4.2) 对应图 4.5 中熔覆层的稀释率计算方法。

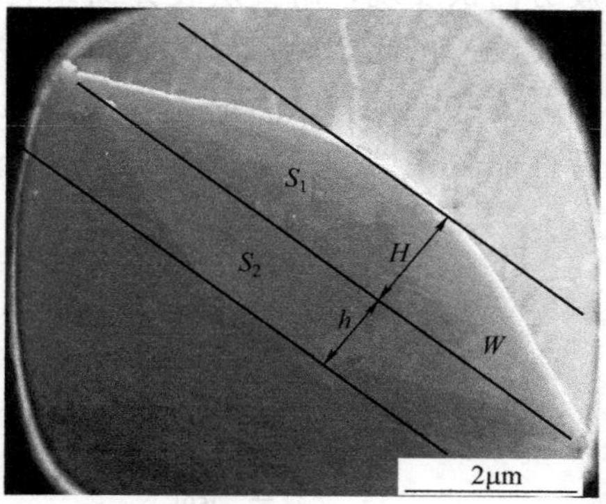

图 4.5　钴基熔覆层典型截面形貌

$$S=\frac{2}{3}ab \tag{4.1}$$

$$\eta=\frac{S_2}{S_1+S_2}=\frac{\frac{2}{3}Wh}{\frac{2}{3}W(H+h)}=\frac{h}{H+h} \tag{4.2}$$

式中　S——抛物线面积；

η——稀释率；

W——熔覆层宽度；

H——熔覆层高度；

h——熔池深度；

S_1——熔覆面积；

S_2——熔融面积。

等离子熔覆层的高度和熔池深度分别为 1.272mm 和 0.909mm，所以根据公式计算得到稀释率为 41.7%。对比相关文献，此稀释率为较低稀释率，预估该涂层具有良好的热疲劳性能。

4.1.4　Co50 熔覆层的热疲劳失效行为

本研究以等离子熔覆技术作为防护手段，制备应用于大型压缩机转子轴及叶片的修复层，其工作温度在 600℃左右。为考察基体与涂层在 600℃及以上温度的热稳定性及匹配性，对 Co50 熔覆层表界面结构进行热疲劳测试，测试主要选择 600℃、700℃、800℃和 900℃对材料进行评估。试验依照标准《金属板材热疲劳试验方法》(HB 6660—92) 进行。

图 4.6 为不同温度下 Co50 熔覆层表界面的热疲劳循环次数曲线。经过 900℃热疲劳测试发现，熔覆层表界面结构的冷热循环次数在 50～60 次时产生疲劳裂纹；经过 800℃热疲劳测试发现，熔覆层表界面结构的冷热循环次数在 80～90 次时产生疲劳裂纹；经过 700℃热疲劳测试发现，熔覆层表界面结构的冷热循环次数在 280 次时个别样品产生疲劳裂纹，其余样品均无裂纹产生，在热循环至 320 次左右时大部分样品产生疲劳裂纹；经过 600℃热疲劳测试发现，熔覆层表界面结构加热冷却循环次数在 400 次时在工具显微镜下仍未发现裂纹。由此，确定温度达到 600℃时熔覆层表界面结构具有良好热疲劳性能，700℃时稍差，800℃、900℃时循环次数在 100 次内产生明显裂纹，所以该温度下熔覆层的热疲劳性能较差。

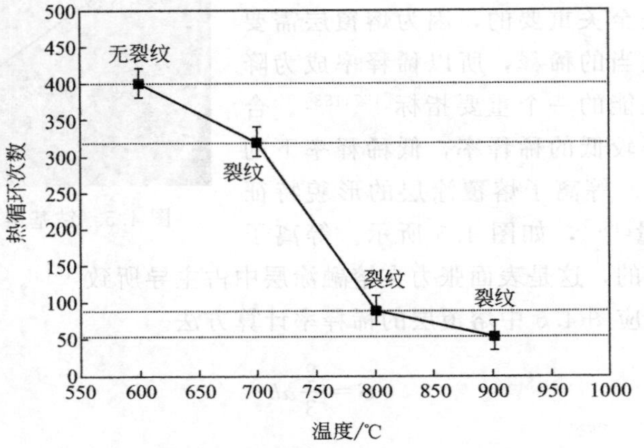

图 4.6　不同温度下 Co50 熔覆层表界面结构的热疲劳循环次数

为了确定裂纹源位置，选取 800℃热疲劳样品为例观察其疲劳断裂情况，将断裂位置取出，观察断裂形貌如图 4.7 所示（彩图参见目录中二维码）。图 4.7(a) 中，从椭圆处起源沿箭头方向呈放射状断口形貌，可以确定断裂起源于椭圆处，而椭圆处对应图 4.7(b)（热

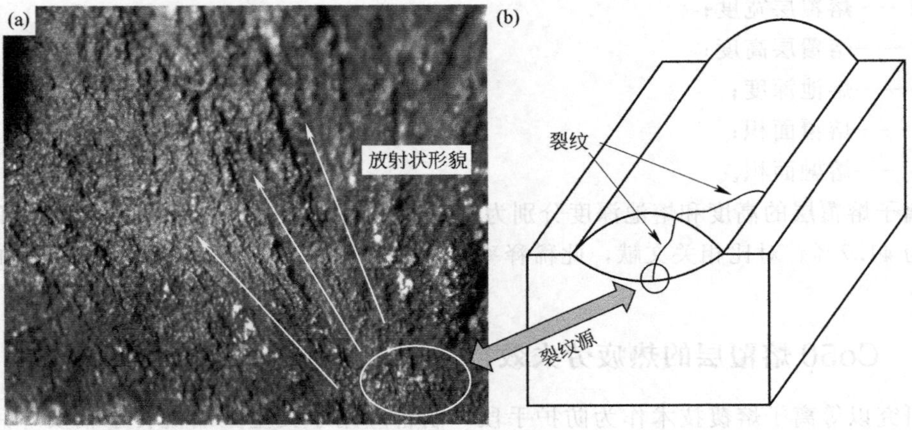

图 4.7　Co50 表界面结构中裂纹源位置

(a) 热疲劳断裂形貌；(b) 热疲劳样品示意图

疲劳样品示意图）中圆形位置的界面处，因此可以确定热疲劳断裂起源于界面处。图 4.8 是 Co50 表界面结构 800℃循环不同次数后热疲劳裂纹起源与扩展区域显微形貌（彩图参见目录中二维码）。图 4.8(a) 和（b）中各存在一条裂纹，图 4.8(a) 为 800℃下循环 70 次的样品，图 4.8(b) 为 800℃下循环 82 次的样品，根据裂纹宽度及终止位置可知，裂纹在界面处产生然后向涂层扩展。综上，可以确定热疲劳样品裂纹起源于界面。

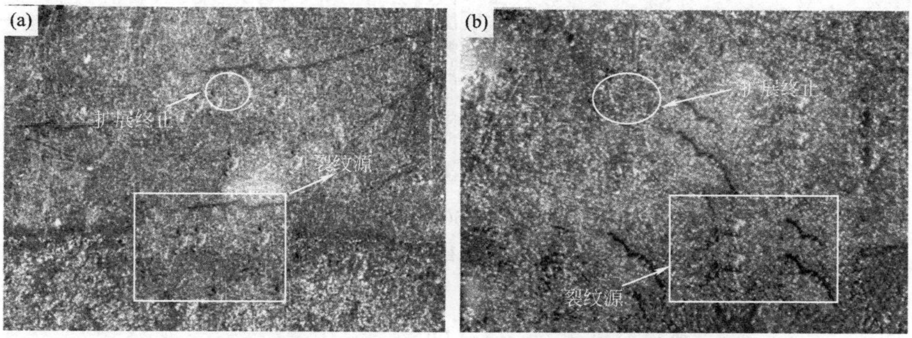

图 4.8　Co50 表界面结构中热疲劳裂纹起源与扩展区域显微形貌

(a) 800℃循环 70 次；(b) 800℃循环 82 次

图 4.9 为选取的 800℃热循环后断裂的 Co50 涂层的 SEM 形貌，展示了界面附近的塑性变形以及热疲劳裂纹的扩展情况。从室温到 800℃的循环作用下，基体材料内部发生明显的塑性变形，这是由于在该温度下基体材料发生相变，体积发生变化，随后反复的热循环产生了较大的应力集中，迫使界面从虚线 1 处移动到实线 2 处。同时，裂纹于界面位置萌生，裂纹萌生后持续的热循环继续产生应力，裂纹发生扩展以释放应力，其具体扩展方向如图中所示。反复的冷热循环产生的较大应力以及相变导致的体积变化，引起疲劳断裂后的涂层也从虚线 3 处移动到实线 4 处，最后导致等离子熔覆层表界面结构失效。

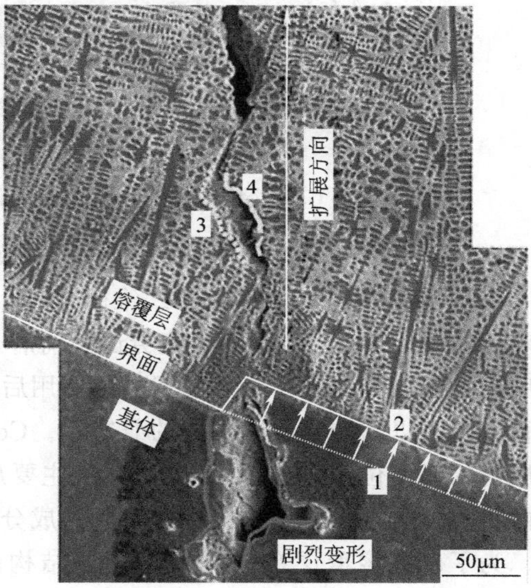

图 4.9　Co50 表界面结构的变形及疲劳裂纹的萌生扩展

图 4.10 是裂纹在 Co50 涂层材料中的扩展途径，根据放大位置所示，裂纹更倾向于在晶界位置扩展，而非晶内位置。裂纹更倾向于沿着晶界扩展说明在晶界处可能存在脆性相或杂质等，也可能是因为晶界的脆性比晶内脆性更大。此外，图 4.11(a) 和（b）分别为晶界位置和晶内位置的纳米压痕结果。压痕结果显示晶界位置的纳米硬度达到 10.59GPa，而晶内位置仅为 5.37GPa，晶界的硬度值约为晶内的 2 倍。由于硬度与脆性的对应关系，硬度越大则材料的脆性越大，晶界位置的硬度远大于晶内位置，所以晶界位置的脆性也远大于晶内位置，这也是裂纹倾向于沿着晶界扩展的另外一个原因。综合以上两点因素，由于晶界处脆性比较大，所以裂纹在界面萌生后，

易于沿着涂层中的晶界位置扩展。

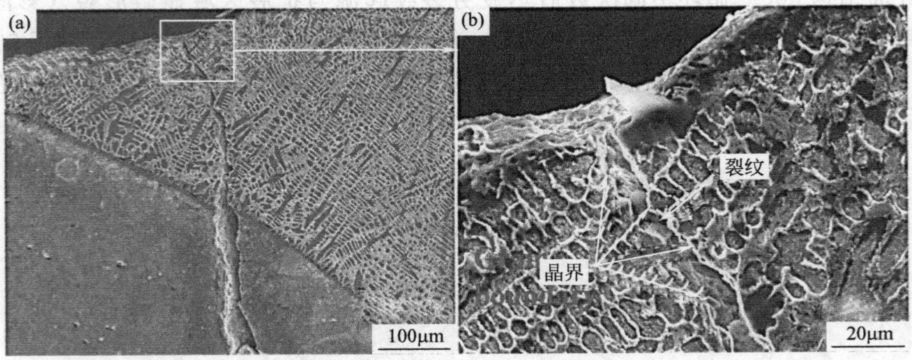

图 4.10 裂纹在 Co50 涂层中的扩展途径

(a) 裂纹扩展途径；(b) 放大图

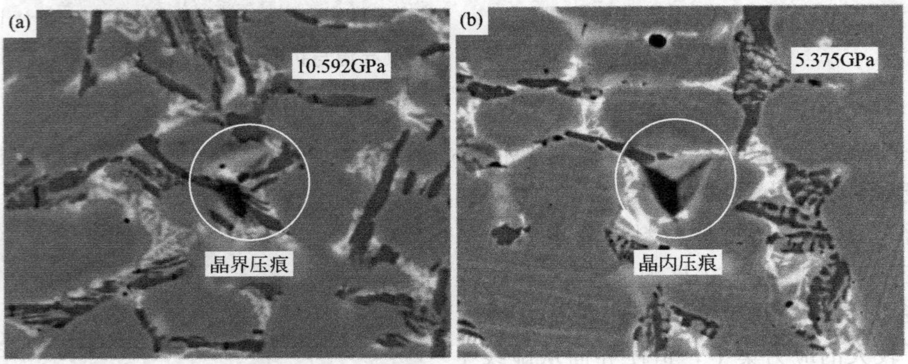

图 4.11 Co50 涂层中不同位置的纳米硬度晶界位置压痕 (a) 和晶内位置压痕 (b)

为了研究热作用下界面附近元素的扩散，对 600℃循环 400 次的样品进行了 EPMA 测试（图 4.12，彩图参见目录中二维码）。图 4.12(a) 和 (b) 分别是热疲劳试验前后的截面形貌，图 4.12(c)～(h) 为热疲劳试验前后 Fe、Co 和 Cr 的分布。通过对比各种元素热疲劳前后在界面附近的分布状态发现，热作用后 Fe 元素从基体到涂层扩散明显，Fe 的扩散从一定程度上可以增加涂层和基体的兼容性。Co 元素从涂层到基体扩散不明显，Co 主要分布于涂层内的晶内位置，热作用下 Co 元素主要从晶内向晶界扩散。Cr 元素在涂层内部从晶界向晶内扩散。扩散可以减小异种材料间的成分差异，改善异种材料连接的匹配性。

为了研究熔覆层在热作用下微观结构的变化，对涂层进行了 TEM 观察。图 4.13 为 Co50 涂层在 600℃热循环 400 次前后的 TEM 形貌。很明显，在热循环后有位错产生并且有黑色相析出，位错和析出相有利于改善材料的强韧性和耐氧化性，进而提高材料的热疲劳性能[160]。

4.1.5 Co50 熔覆层的界面匹配性研究

表界面结构是在等离子熔覆之后形成的，具有尺寸微小、结构复杂等特性。图 4.14 展示了熔覆层表界面结构及其服役状态，表面多指熔覆层本身，而界面包括涂层和基体界面、多层搭接界面、晶界及相界等。熔覆层的表面行为包括熔覆层的组织结构及其相应的表面性

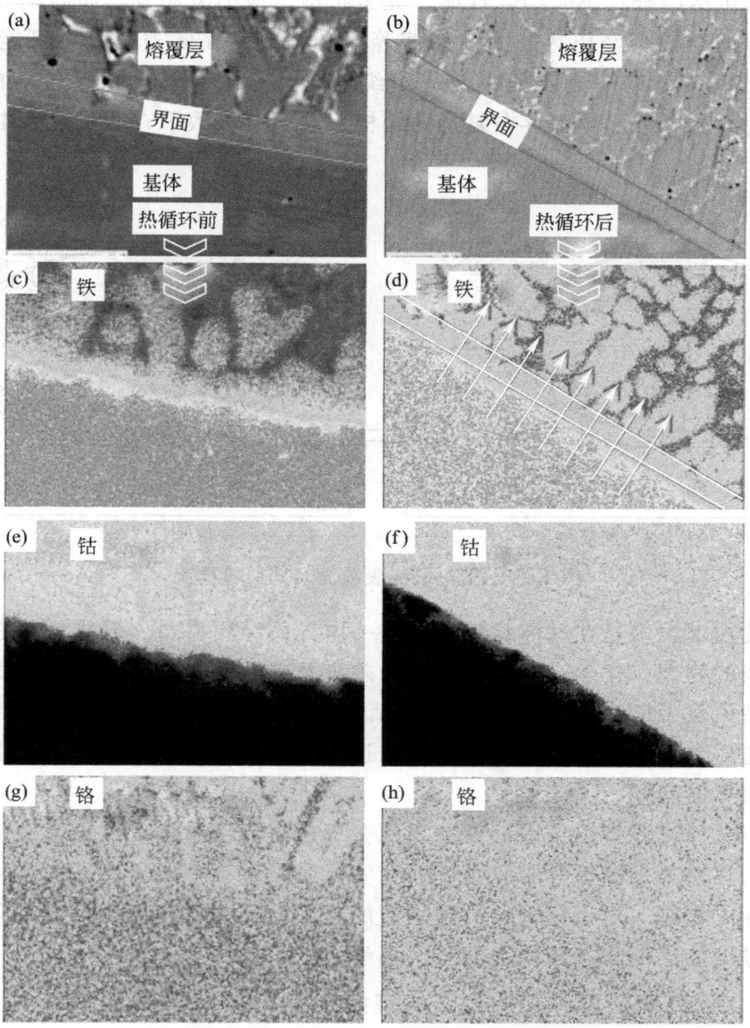

图 4.12　Co50 涂层热循环前后的 EPMA 测试

(a)、(c)、(e)、(g) 热疲劳试验前；(b)、(d)、(f)、(h) 热疲劳试验后

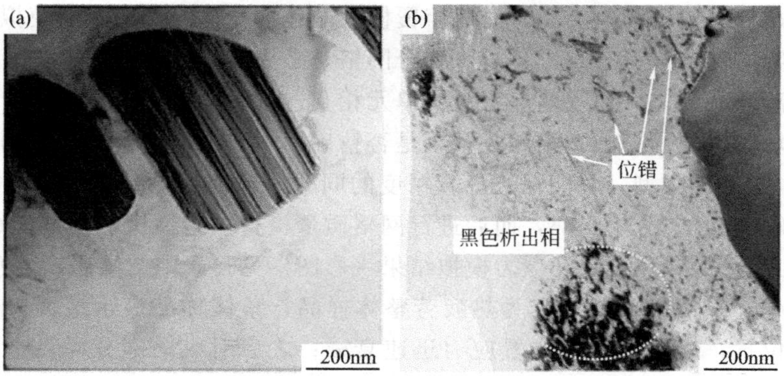

图 4.13　Co50 涂层热疲劳前后 TEM 对比

(a) 形貌热疲劳前；(b) 热疲劳后

能等，界面行为包括结合状态、结合性能、元素扩散、应力分布及异质匹配等。在熔覆层服役过程中，表界面结构会经历热、力及摩擦等复杂工况，在此类工况下可能会导致表界面结构的元素扩散、应力集中或匹配失效等组织结构或性能的变化。从宏观的涂/体界面和搭接界面到微观的相界和晶界都存在复杂的结构，这也就导致了在服役过程中表界面结构演变的复杂性。

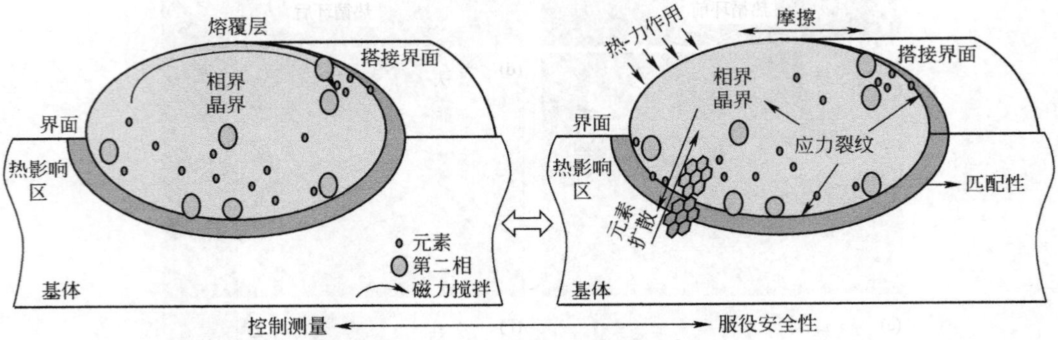

图 4.14　熔覆层的表界面及其服役情况

等离子熔覆技术大多是在基体材料上制备一层异质涂层材料。异质材料之间的结合优劣受到不同材料间的物理、化学、力学等参量的差异及成型手段的控制。若异质材料界面间匹配不好，在成型后就可能会使涂层与基体间结合强度变差，更严重的甚至引起涂层发生断裂、剥落等，这就会导致异质结合的失败或是达不到相应的服役寿命要求，于是就引入了表面工程范畴的表界面问题。

在对某些零部件进行等离子表面修复后便会形成表界面结构，而该结构在使用过程中将面对复杂苛刻的热、力和摩擦等服役条件，在实际服役过程中表界面结构任意一环的失效都将影响整个构件的使用。对于量大、高附加值的零部件来讲，其损伤失效将会影响工业生产的进度，生产进度的停滞将造成巨大的经济损失。

4.1.5.1　Co50 熔覆层界面应力场的模拟分析

为了研究热疲劳样品在高低温循环作用下的失效原因，采用 ABAQUS 三维实体建模模块建立熔覆模型，而后对零件材料本身赋予相应的热物理性能及力学性能参数，并在 ABAQUS 中进行局部区域拆分，保证网格正确划分，然后对模型定义种子，进行网格划分，设定边界条件，选取约束类型，完成熔覆模型的建立并进行应力场的模拟计算。

为使模型实体能够进行有限元分析，划分网格是必要的。通过对模型进行网格划分，使其变为微小的离散几何体，通过节点将微小单元相互连接，进行有限元迭代计算，所以网格划分质量的好坏关系到计算能否收敛，结果是否精确。本文中的熔覆模型采用结构化网格划分技术，采用 C3D8T 类型，在能保证计算精度的同时，还能有效缩短计算时间，划分后总结点数为 5182，单元总数为 4486，而后进行网格质量检查，结果显示质量良好。

图 4.15 为热疲劳样品有限元应力模拟结果（彩图参见目录中二维码），颜色越趋近于红色，代表应力越集中。图 4.15(a) 为热疲劳整体样品，整体样品显示最大应力处位于涂层与基体界面的位置，远离界面的位置应力迅速衰减；之后对纵向剖分样品进行模拟，如图 (b)，结果表明热疲劳样品的涂层与基体界面处应力最大；图（c）展示了实际测试过程热疲劳样品的失效位置，对比有限元模拟结果与实测结果可知两者完全吻合。有限元模拟表明在

高低温循环作用下，异质材料的界面结合处将产生较大的应力，在一定条件下将导致整体材料失效。

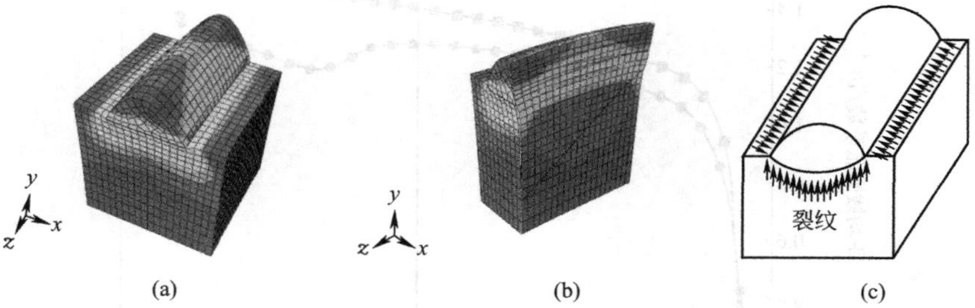

图 4.15　Co50 表界面结构有限元应力场模拟结果与实测结果

(a) 整体样品的应力分布；(b) 纵向截面应力分布；(c) 实测结果中失效位置

4.1.5.2　Co50 熔覆层的界面热匹配性分析

为了研究热疲劳失效时裂纹形成的原因，对涂层和基材的膨胀系数进行了测试，并对实际条件下的匹配能力进行了评估。

线膨胀率（$\Delta L_i/L_0$）计算公式为：

$$\Delta L_i/L_0=(L_i-L_0)/L_0 \tag{4.3}$$

平均线膨胀系数（α_m）计算公式为：

$$\alpha_m=(L_i-L_0)/[L_0\times(t_i-t_0)]=(\Delta L_i/L_0)/\Delta t \tag{4.4}$$

式中　L_0——t_0 温度下的原始长度；

L_i——t_i 温度下的原始长度；

ΔL_i——温度变化所导致的长度变化。

由异质材料膨胀系数差异所导致的残余应力 σ 计算公式为[161]：

$$\sigma=\frac{E\Delta\beta\Delta T}{1-\nu} \tag{4.5}$$

式中　E——熔覆层的弹性模量；

$\Delta\beta$——涂层与基体材料的膨胀系数差；

ΔT——温度差；

ν——泊松比。

根据式(4.5)，当涂层材料的膨胀系数高于基体材料时，$\Delta\beta>0$，所以此时的 $\sigma>0$，涂层中的应力为拉应力；相反的，当 $\Delta\beta<0$ 时，$\sigma<0$，此时的应力为压应力。众所周知，拉应力将会导致材料的失效，而压应力有益于降低断裂倾向。当涂层与基体之间的膨胀系数接近时，则 $\Delta\beta\approx0$，因此 $\sigma\approx0$。因此，当异质材料的膨胀系数接近时，或涂层的膨胀系数低于基体膨胀系数时，残余拉应力减小或趋于残余压应力。所以，减小膨胀系数差异有利于降低断裂倾向。

图 4.16 是基体和熔覆层的平均线膨胀系数随温度的变化曲线。随着温度的升高，涂层与基体材料均发生膨胀，在低于 600℃时材料的膨胀主要是由于热胀冷缩效应，随着温度升高金属材料发生膨胀，但并未发生相变。通过曲线可知在 600℃前涂层与基体材料膨胀系数差距较小，所以热疲劳实验在 600℃时循环 400 次材料仍未失效，这就是由于该温度下异质材料的膨胀系数接近，涂层与基体两种材料具有良好的热匹配性。据以上分析，热匹配性受膨胀系数差异的影响。

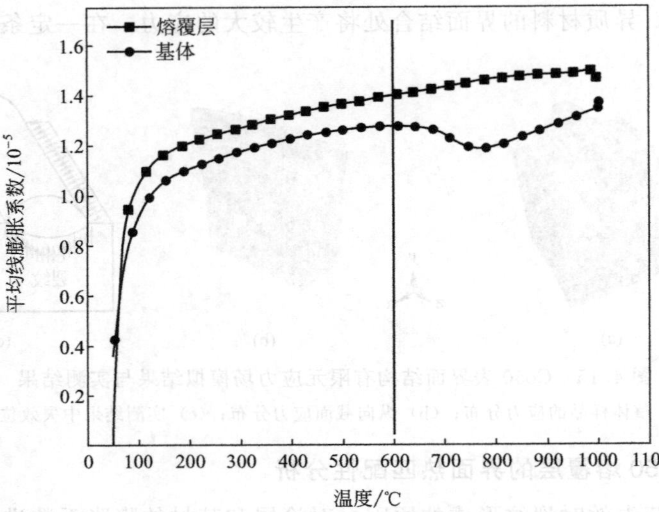

图 4.16　平均线膨胀系数随温度的变化曲线

从 700℃到 900℃，基体膨胀曲线发生突变。这是因为基体材料在该温度下发生了相变，相变引起体积变化，这就导致了两种材料的膨胀系数差异增大，所以在该温度范围内等离子熔覆层-基体结构的热疲劳性能较 600℃严重降低。此外，随着温度升高材料的耐高温性能也是影响热疲劳性能的一个重要因素，从较高温度到室温之间反复循环加热、冷却，更容易导致异质连接材料发生失效，所以在 900℃时仅仅循环 50 次材料就发生了失效。

本节主要是利用等离子熔覆技术在 FV520B 基体上制备了 Co50 等离子熔覆层，并对 Co50 涂层进行了组织形貌及微观结构表征，发现：

① Co50 涂层不同位置的组织形态不同，从底部到顶部分别为平面晶、胞状树枝晶、柱状树枝晶及等轴树枝晶。等离子熔覆层冶金界面主要由涂层和基体材料在熔融状态下扩散形成。Co50 涂层主要由 γ-Co、Ni_2Si、$Cr_{23}C_6$、M_7C_3 和 Fe-Cr 相组成。Co50 涂层的稀释率较同类涂层的低，较低的稀释率会提高熔覆层的整体性能。

② 热作用后 Co50 涂层和基体中的元素发生明显扩散，这种涂层与基体沿着界面的相互扩散从一定程度上可以增加涂层和基体之间的兼容性，也可以减小异种材料间的成分差异，改善异种材料连接的匹配性。热作用下产生位错并且有黑色相析出，位错和析出相有利于改善材料的强韧性和耐氧化性进而提高材料的热疲劳性能。Co50 涂层在 900℃时冷热循环 50～60 次时产生裂纹，800℃热循环次数在 80～90 次时产生裂纹，700℃热循环 300 次左右产生裂纹，600℃循环次数在 400 次时未发现有裂纹，表明在 600℃时涂层与基体具有良好的抗热疲劳性能。热疲劳裂纹萌生于界面附近并向涂层内部扩展，在 Co50 涂层内裂纹沿着晶界位置扩展。

③ 有限元模拟表明 Co50 熔覆层表界面结构在高低温循环作用下在界面处将产生较大应力，较大的应力迫使裂纹在应力集中位置萌生，所以裂纹萌生于界面处。膨胀系数测试发现在 700℃及以上时，基体发生相变导致涂层与基体的膨胀系数差异明显增大，异质材料膨胀系数差异大导致熔覆层表界面结构在较少的循环次数下发生失效。而对于 600℃，涂层与基体的膨胀系数非常接近，热匹配性较好，所以循环 400 次未发生失效。热疲劳裂纹的萌生主要是基体材料发生相变引起两者膨胀系数不匹配所导致，裂纹萌生后沿着涂层内部脆性较大的晶界位置扩展。

4.2 Co50/Nb/CeO_2 等离子熔覆层

在表面工程领域，等离子熔覆技术的研究大多只针对单层涂层结构，但在工程应用中，很多机械零部件都是以多层搭接的形式进行制备和实际应用的。多层搭接涂层冶金结合界面包括两方面：多层搭接界面（涂层的内聚结合）和涂层/基体界面的结合，两种结合都是保证再制造涂层使用完整性的必要条件[162]。熔覆层晶界和相界的结合状态也将直接影响等离子熔覆材料的整体性能。在以往研究中，对于多涂层内聚结合，涂层/基体界面、晶界和相界的结合问题的研究及报道较少。因此，为了更系统、更全面、更深入地了解等离子熔覆层及其多种界面结构，对多层搭接涂层的结合行为以及组织性能进行考察具有重要意义。

本节将研究合金元素对等离子熔覆层组织结构的影响，并研究其冶金界面的组织结构及元素分布。以大型压缩机叶片和主轴为研究对象，叶片在使用过程中将会受到较大的离心力[163-166]，等离子熔覆层在实际应用过程所受到的拉力是其最简单的受力形式，外力也是极容易引起失效的因素。为了探索熔覆层界面结构在外力作用下的结合性能与失效行为，本节对熔覆层的界面结合进行了常温下的单轴拉伸测试。单轴拉伸测试中，由于熔覆层尺寸因素的限制无法获得标准样品，只能选择非标准样品通过一种新型自制的夹具辅助进行拉伸测试。此外，相界面的微区结构很难直接进行性能测试，为了了解熔覆层内强化相与基体相界面的结合状态，采用第一性原理拉伸对相界的结合行为进行模拟研究。

4.2.1 Co50/Nb/CeO_2 熔覆层的组织结构特征

4.2.1.1 Nb 和 CeO_2 对 Co50 熔覆层组织结构的影响

用等离子熔覆技术在 FV520B 基体上制备了 Co50、Co50＋5％Nb 和 Co50＋5％Nb＋1％CeO_2 三种熔覆层。图 4.17 为三种熔覆层的 SEM 截面形貌。三种熔覆层组织结构相似，主要由树枝状初生相和枝间的共晶组织构成，Nb 的加入使枝晶间距明显减小，组织明显细化，共晶组织更加致密。对比有无 CeO_2 的熔覆层，发现加入 CeO_2 的熔覆层内黑色相减少甚至消失［图(c)］。根据图 4.18 中 Co50＋5％Nb 的涂层不同区域的 EDS 结果可知，黑色相主要由 B、Si 和 C 三种元素组成，三种元素的偏聚形成黑色相。实际上，B、Si 和 C 三种元素偏聚于晶界处是由急速冷却引起的一种非平衡晶界偏析现象，根据 B、Si 和 C 三种元素的自身特点可知黑色相为脆性组织，这种脆性组织分布于晶界势必会降低材料的力学性能。

Nb 在熔覆层中主要以两种形式存在：固溶态和析出态。一方面固溶态中 Nb 原子半径远大于 Co 的原子半径，根据图 4.18 中不同区域 EDS 结果可知固溶态的 Nb 富集于晶界，其含量为 3.36％（原子分数），相比之下，晶内 Nb 含量只有 0.19％（原子分数）。位于晶界处的 Nb 在晶粒长大过程中势必起到钉扎作用，钉扎在界面的 Nb 将拖拽晶界以阻碍晶界迁移，晶界迁移具有一定难度，导致晶粒难以长大，因此固溶态的 Nb 起到了细化组织的作用。

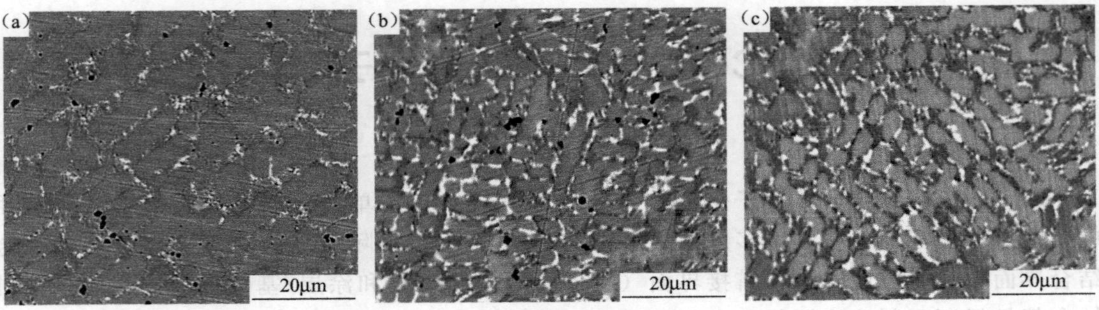

图 4.17　等离子熔覆层截面形貌

(a) Co50；(b) Co50+5%Nb；(c) Co50+5%Nb+1%CeO_2

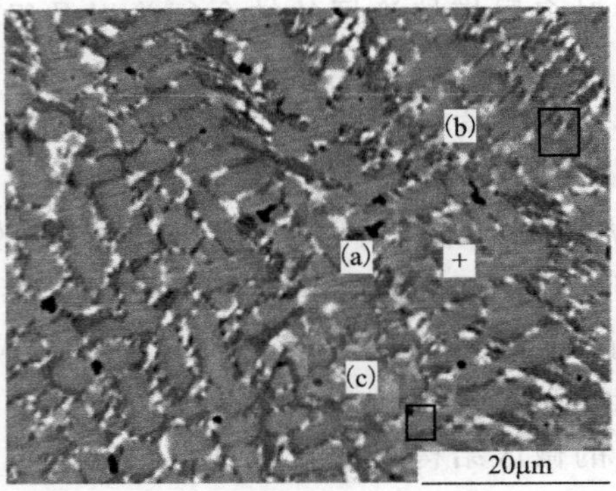

(a)

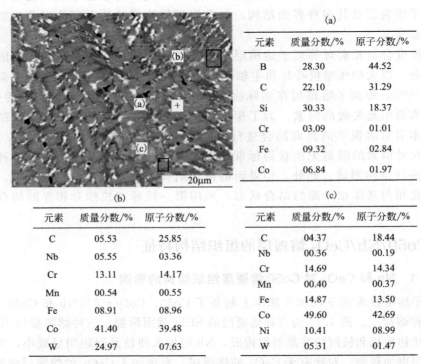

元素	质量分数/%	原子分数/%
B	28.30	44.52
C	22.10	31.29
Si	30.33	18.37
Cr	03.09	01.01
Fe	09.32	02.84
Co	06.84	01.97

(b)

元素	质量分数/%	原子分数/%
C	05.53	25.85
Nb	05.55	03.36
Cr	13.11	14.17
Mn	00.54	00.55
Fe	08.91	08.96
Co	41.40	39.48
W	24.97	07.63

(c)

元素	质量分数/%	原子分数/%
C	04.37	18.44
Nb	00.36	00.19
Cr	14.69	14.34
Mn	00.40	00.37
Fe	14.87	13.50
Co	49.60	42.69
Ni	10.41	08.99
W	05.31	01.47

图 4.18　Co50+5%Nb 熔覆层内组织的能谱分析

另一方面，在 TEM 下观察到 Nb 的析出物 NbC（图 4.19）。在图 4.19 中，NbC 明显存在于 γ-Co 相界上。在熔池结晶过程中，γ-Co 相界上的 NbC 势必要阻止 γ-Co 晶界的迁移与长大，Nb 的析出物 NbC 对界面会有钉扎、拖拽作用，所以 NbC 会阻碍晶界的迁移与长大进而对熔覆层内组织起到细化作用[167-169]。NbC 相与 γ-Co 相的界面结合行为将在下文进行模拟研究。在凝固过程中形成的 NbC 相还有另外一层作用，就是在熔池结晶过程中充当异质形核中心，提高了形核率，具有细化晶粒的作用。综合两方面因素，Nb 元素可以细化熔覆组织。

稀土是化学活性极强的元素，能与钢中的合金元素发生相互作用，改善熔覆层的组织以及夹杂物的形态和分布，通过调整组织结构来提升熔覆层的性能，从而提高材料的韧性[170-172]。Ce 可以球化组织，使其弥散分布，在钢中加入稀土元素 Ce 后明显能细化晶粒，

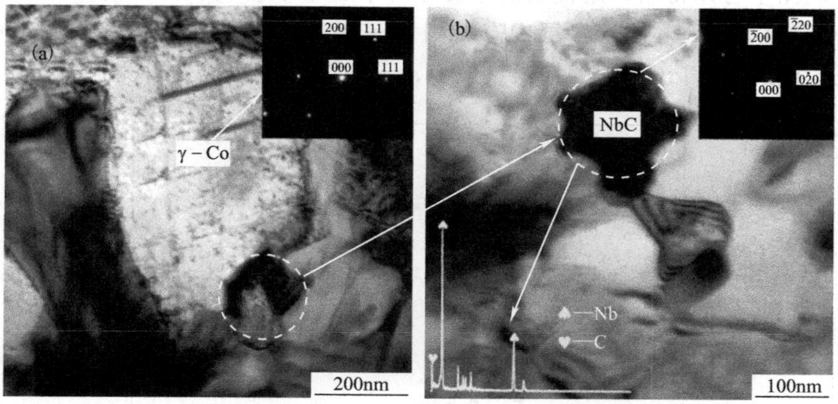

图 4.19　Co50＋5％Nb 熔覆层中的 NbC 相（a）和 NbC 相的放大图（b）

减少或消除柱状晶，增加等轴晶，除去有害杂质元素，净化晶界等[173]。

稀土氧化物 CeO_2 加入复合涂层中，使涂层组织进一步细化且黑色相减少。稀土是表面活性元素，可以降低液态金属的表面张力，从而降低形核功，增加结晶核的数量[174-176]，而且稀土氧化物的半径较大，主要分布于晶界上，在晶粒长大过程中，这些分布于晶界的原子通过钉扎作用可以阻碍晶界的迁移，从而使最终获得的晶粒得到进一步细化[177]。稀土不仅能净化钢液，而且还能细化钢的凝固组织，改变夹杂物的性质、形态和分布，同时固溶在钢中的稀土往往通过扩散机制富集于晶界，并且通过其净化作用减少了杂质元素在晶界的偏聚[178,179]。对于稀土减少黑色相，主要是由于稀土的化学活性极强，在高温熔池中可以与硫、氧、硅、碳和氮等元素结合，发生反应，在熔池中形成高熔点的化合物，此类化合物在熔池中无法熔解，由于密度较低，在熔池凝固前会上浮，作为熔渣排出。图 4.18 表明黑色相主要由硼、碳和硅三种元素组成，稀土在熔池中与元素结合形成高熔点化合物，作为熔渣排出熔池，所以黑色相减少甚至消失。

此外，根据图 4.20 中 Co50＋5％Nb 和 Co50＋5％Nb＋1％CeO_2 涂层的位错可知，CeO_2 的加入使涂层中的位错增加并出现明显的位错缠结现象，位错强化可以提升熔覆层的性能。

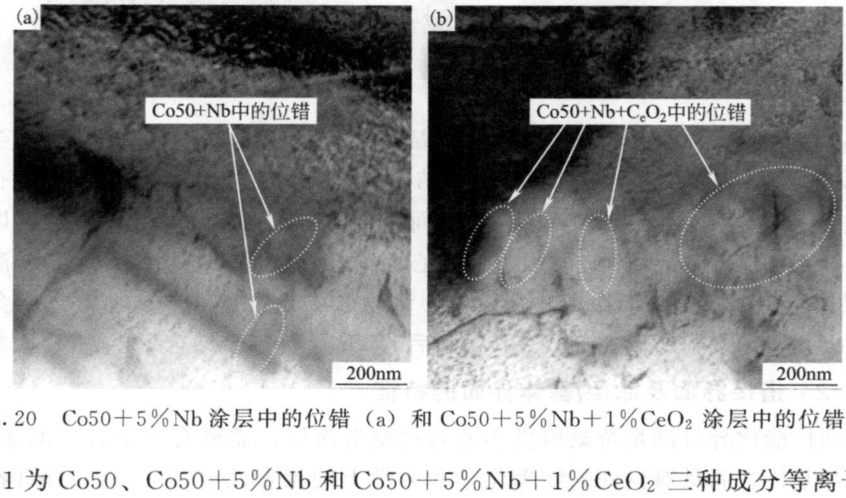

图 4.20　Co50＋5％Nb 涂层中的位错（a）和 Co50＋5％Nb＋1％CeO_2 涂层中的位错（b）

图 4.21 为 Co50、Co50＋5％Nb 和 Co50＋5％Nb＋1％CeO_2 三种成分等离子熔覆层的

XRD 图谱。从图中可以得出，熔覆层的主要相有 γ-Co、$Cr_{23}C_6$、M_7C_3、Fe-Cr 和 Ni_2Si 等，最明显的变化是在加入 Nb 的熔覆层中有新相 NbC 生成，但是稀土氧化物 CeO_2 未被 X 射线检测到，这主要是由于 CeO_2 的加入量较少，无法在 X 射线下被检测到。

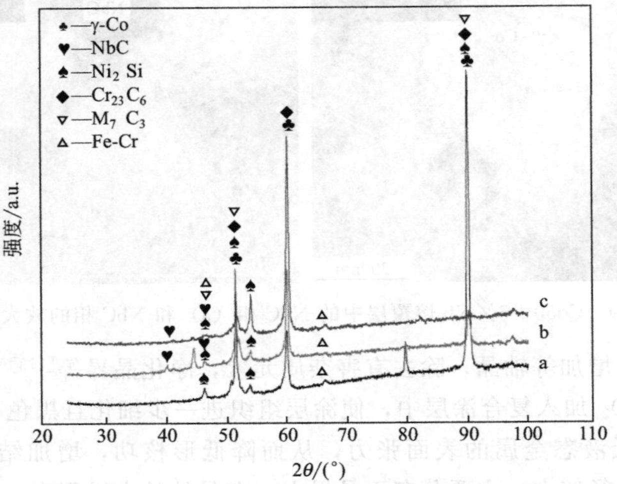

图 4.21 三种熔覆层的 XRD 图谱

(a) Co50；(b) Co50+5%Nb；(c) Co50+5%Nb+1%CeO_2

$Cr_{23}C_6$、γ-Co 和 M_7C_3 在 TEM 中也被观察到，由图 4.22 可以看到 $Cr_{23}C_6$、γ-Co 和 M_7C_3 三相的交界，三相交界处结合良好，$Cr_{23}C_6$ 相中存在大量的层错亚结构，导致其衍射斑点被“拉长”。

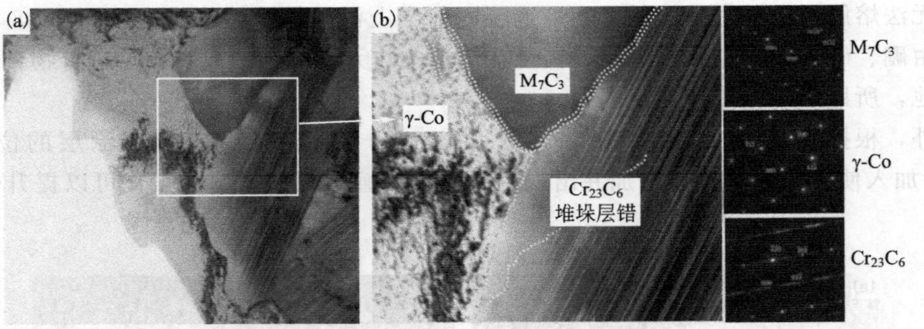

图 4.22 Co50 熔覆层 TEM 形貌（a）；Co50 涂层形貌放大图（b）

钴在 417℃具有同素异构转变特性，在该温度以上为面心立方结构的 γ-Co，当温度低于 417℃时将发生同素异构转变，形成密排六方结构的 ε-Co[180,181]。复合材料中具有大量合金元素如 Ni、Fe、Co 等的面心结构，还存在使面心钴向密排六方钴转变的元素，以及急速冷却，几种因素互相作用下导致 417℃以上的面心钴不会发生同素异构转变，随着温度的降低 γ-Co 最后保留至常温。此外，由于 Nb 为强碳化物形成元素[182,183]，加入之后会优于其他元素首先与碳元素结合，所以在加入 Nb 元素后，Nb 元素与 C 结合形成 NbC 颗粒。

4.2.1.2 搭接界面及涂层/基体界面的特征

为了得到性能优异且满足苛刻服役环境的再制造涂层，需要有一个合适的涂层/基体界面，使涂层与基体之间具有良好的物理化学和力学上的相容性[184-186]。目前国内外对涂层/

基体界面的相关研究较少，所以对于冶金界面的认知较少，因此，研究冶金界面的构筑方式及其存在特性具有重要意义。

本小节对等离子熔覆层多层搭接界面（涂层本身结合界面）和涂层与基体间的界面进行研究。图 4.23(a)、(b) 和 (c) 分别是 Co50、Co50+5%Nb 和 Co50+5%Nb+1%CeO_2 三种成分涂层的多层搭接界面的组织形貌，图 4.23(d)、(e) 和 (f) 分别是三种成分涂层搭接界面区域的放大形貌，放大倍数均为 1000 倍。由放大图可以明显看出，加入 Nb 元素之后搭接界面区枝晶间距明显减小，组织得到细化；继续加入稀土氧化物 CeO_2 后枝晶间距离进一步缩减，组织在原基础上得到进一步细化。正如前文所提，固溶态和析出态的 Nb 阻碍晶界迁移，抑制晶粒长大，而稀土氧化物则降低临界形核半径并且提高形核率，所以出现了更加细小的晶粒组织。一般来说，加入 Nb 和 CeO_2 的熔覆层将具有更加优异的力学性能。

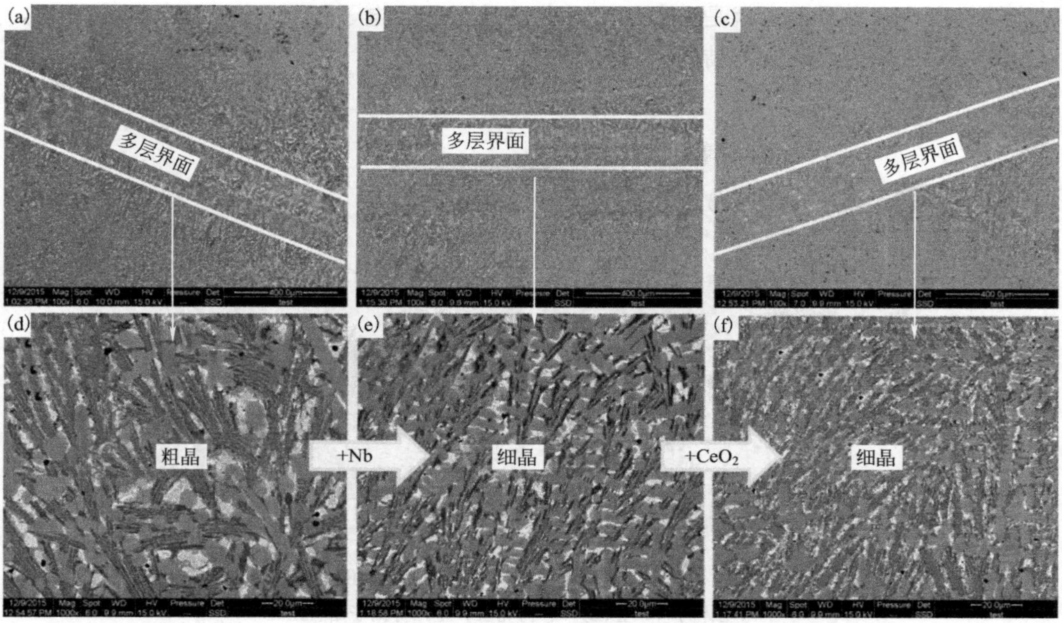

图 4.23　多层搭接界面组织形貌

(a)、(d) Co50、(b)、(e) Co50+5%Nb、(c)、(f) Co50+5%Nb+1%CeO_2

图 4.24 为等离子熔覆所得的三个区域（涂层、界面和基体）截面形貌，熔覆层中无裂纹气孔等缺陷。图中可见，基体与熔覆层在界面处形成了明显的白亮层，也称界面，界面清晰可辨说明涂层与基体之间形成了良好的冶金结合。白亮层是平面结晶区，熔化的熔覆粉末与部分熔化的基体成分在液态的状态下充分混合，然后相互扩散，在接触冷基体后迅速结晶，从而在涂层与基体间的界面处形成良好的冶金结合。白亮层结晶形态取决于结晶参数，即结晶方向上的实际温度

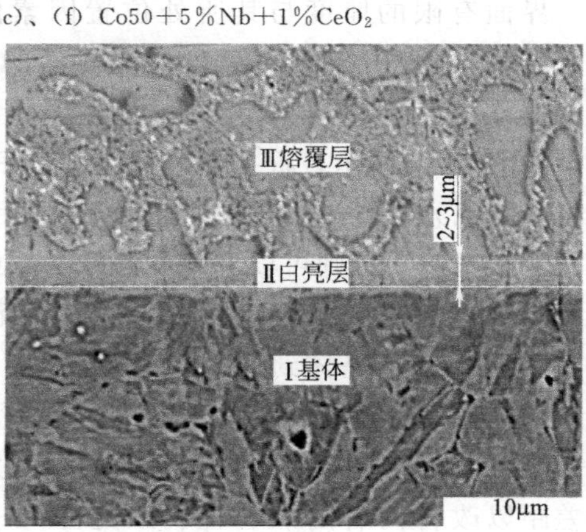

图 4.24　Co50 等离子熔覆层、界面和基体截面形貌

梯度 G 和结晶前沿的晶体生长速度 R 的比值（$G/\sqrt{R}$）。熔池结晶时，由于界面与 FV520B 基体冷金属接触，FV520B 导热系数大，蓄热量大，造成大的温度梯度；界面处瞬时生长速度很小，$G/\sqrt{R}$ 趋于无穷大，达到形核所需的临界过冷度，所以液态金属接触冷基体后出现薄层快速结晶，这就是平面状结晶[148]。白亮层的厚度约为 2～3μm。

由于其极薄的特性及所处的位置等原因，很难在 TEM 制样后仍能将白亮层保留下来，经过若干次的 TEM 制样过程，在 TEM 下观察到的界面组织如图 4.25 所示。Ⅰ区 Fe 含量远远高于 Co 含量，并观察到 Cu、Mo 等只有基体材料中才有的元素，另外一个典型特征是呈黑色板条形的马氏体组织，所以可以确定Ⅰ区为基体。Ⅲ区 Co 含量高于 Fe 含量，可清晰地观察到带有层错结构的 $Cr_{23}C_6$ 相，所以完全可以确定Ⅲ区为熔覆层。Ⅱ区由两图组成，在 TEM 下可以观察到两图之间存在由减薄所产生的空心区，可以确定两图中的Ⅱ区均在Ⅲ熔覆层和Ⅰ基体之间，EDS 显示该区具有含量相当的 Fe 与 Co，并且两衍射结果完全相同，所以能够确定该区为界面也就是白亮层。对Ⅱ区进行选区电子衍射（SAED）标定发现，界面（白亮层）区域为面心立方结构。

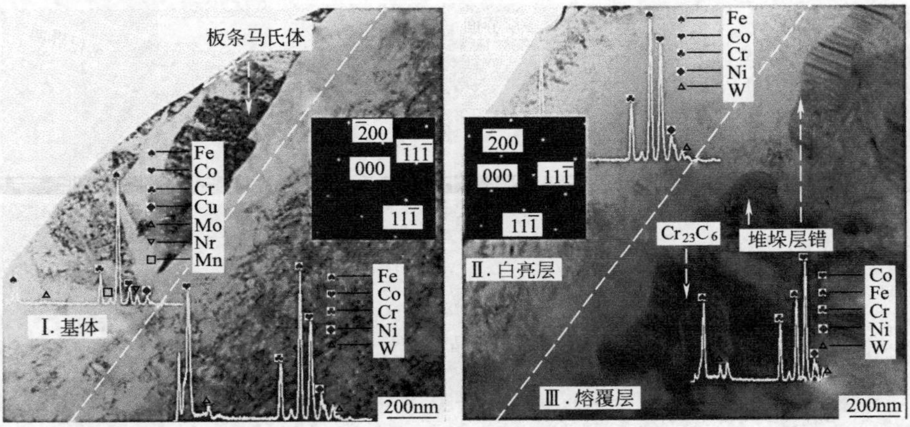

图 4.25　涂层、界面和基体三个区域的 TEM 形貌

Ⅰ区基体材料；Ⅱ区界面/白亮层；Ⅲ区等离子熔覆层

界面有限的厚度与其所处位置因素的限制，导致很难使用 X 射线对其物相进行鉴定，所以选择了 EPMA 手段检测界面的元素组成，结果如图 4.26 所示（彩图参见目录中二维码）。

如图 4.26 所示，根据颜色可以确定不同元素的含量多少，其中红色含量最高，其次是黄色，绿色元素含量居中，蓝色代表元素含量较少，黑色代表组织中基本不含该元素或含量极少。根据以上原则可以确定界面处含量最多的元素是 Fe 元素与 Co 元素，这也与 EDS 结果相吻合。此外界面处还含有少量的 Cr 元素和 Ni 元素，但其他元素的含量极少甚至为零。Fe 元素的含量从基体到熔覆层逐渐降低，与此相反，Co 元素的含量沿着从涂层到基体的方向逐渐降低，也就是 Fe 和 Co 两种主要元素在熔覆过程中向彼此的方向扩散，这种现象是因为熔覆过程液态金属间的元素通过界面发生了相互扩散，这种扩散减小了涂层与基体的成分差距以改善两者的兼容性、匹配性，这也是界面存在的必要性。EPMA 再次验证了图 4.25 中的 EDS 分析，也确认了界面处 Fe、Co 元素含量相当。

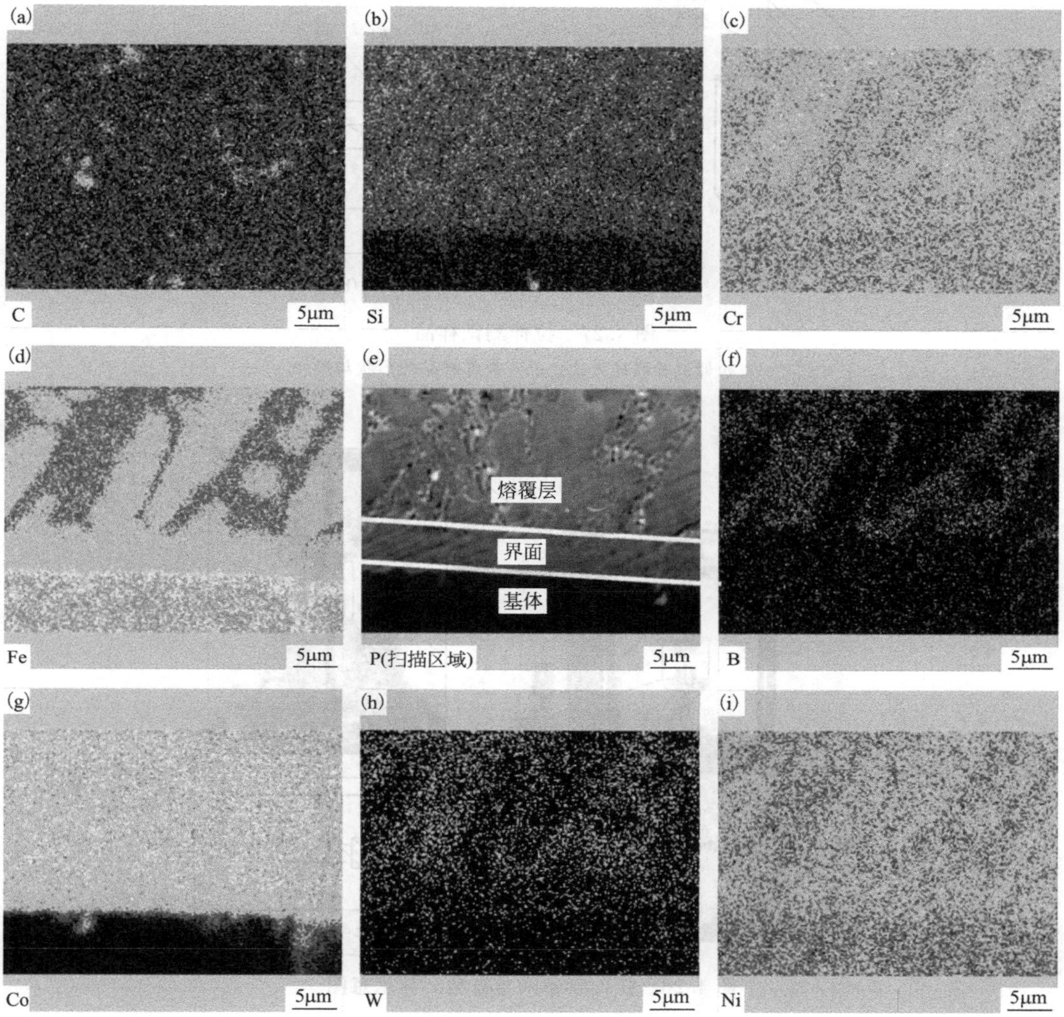

图 4.26　Co50 涂层的 EPMA 结果

4.2.2　Co50/Nb/CeO_2 熔覆层的界面拉伸行为研究

4.2.2.1　熔覆层的界面拉伸性能

为了研究熔覆层界面的结合性能，制备了多层搭接熔覆层，用于拉伸试验。由于熔覆层厚度的局限性，本试验只能选择非标准拉伸样品。如图 4.27(a)，在 FV520B 基体上制备钴基多层多道搭接复合涂层，样品为 1/2 涂层+1/2 基体构成的“哑铃状”拉伸棒。图 4.27(b) 为拉伸棒的形状与尺寸示意，涂层和基体分别各占 10mm，夹持端直径为 5mm，中间工作段直径为 3mm。采取电火花线切割、机械加工、金刚石研磨膏进行打磨等手段加工拉伸样品，最后一道工序是为了使表面粗糙度达到要求，避免表面机械加工痕迹影响拉伸试验结果。由于样品尺寸较小难以直接在拉伸试验机上进行夹持，所以自制了一种新型辅助夹具夹持样品进行拉伸试验，图 4.28 为拉伸设备与夹具。

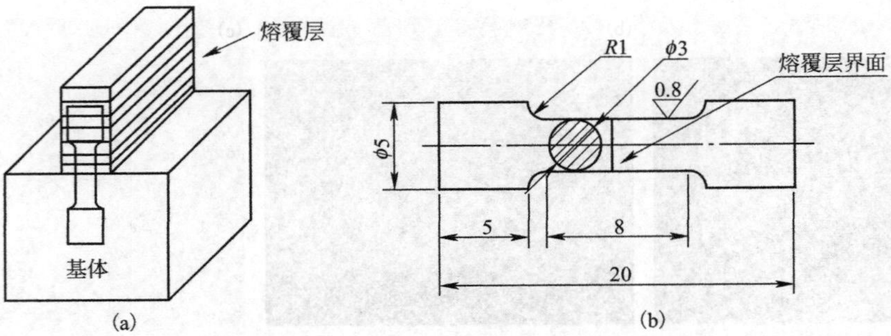

图 4.27 拉伸测试样品

(a) 拉伸试验取样方式；(b) 拉伸样品的形状与尺寸

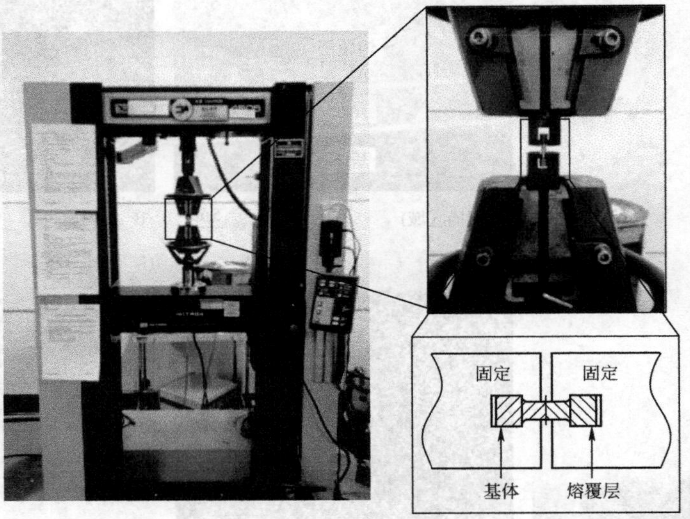

图 4.28 拉伸设备图与自制夹具示意图

拉伸样品的宏观断裂位置如图 4.29 所示，取两个断裂样品进行宏观观察，样品上部为涂层材料，样品下部为基体材料，中间位置为涂层与基体间界面位置。断裂位置没有明显的颈缩现象。很明显断裂发生在涂层处而不是涂层与基体间界面或基体的热影响区。说明涂层的内聚结合强度要低于涂层与基体界面结合强度。由于断裂发生于涂层位置，接下来主要针对搭接涂层进行分析研究。

图 4.30 给出了三种不同成分的样品的单轴拉伸应力-应变曲线。Co50、Co50＋5％Nb、Co50＋5％Nb＋1％CeO_2 三种成分的抗拉强度分别为 819.07MPa、882.12MPa 和 933.01MPa。加入 Nb 和 CeO_2 后抗拉强度分别比 Co50 涂层提升了 7.6％和 13.9％。对于 Nb 和 CeO_2 的加入改善拉伸性能的原因将在下文进行分析。

图 4.31 为三种材料的拉伸断口形貌，整体来看三种成分的涂层断口形貌有些相似。准解理刻面和撕裂棱是准解理断裂的典型特征[187]，在三种成分的涂层断口中均有准解理刻面和撕裂棱的存在，准解理断裂是其断裂的主要机制。在加入 Nb 和 CeO_2 的涂层断口形貌中出现了一些微孔，微孔是第二相破裂或第二相与基质分离形成的。

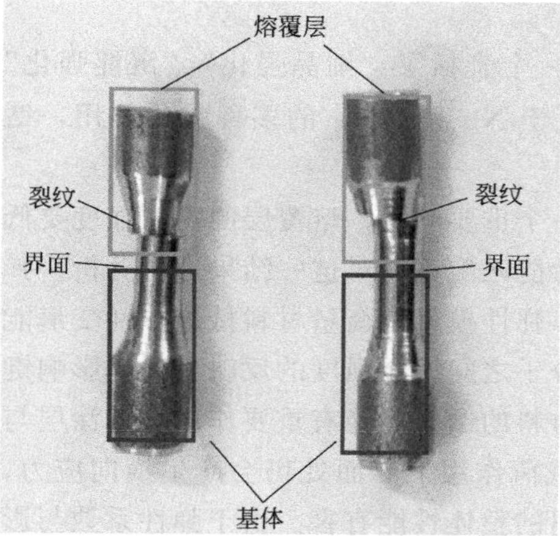

图 4.29　拉伸样品宏观断裂位置

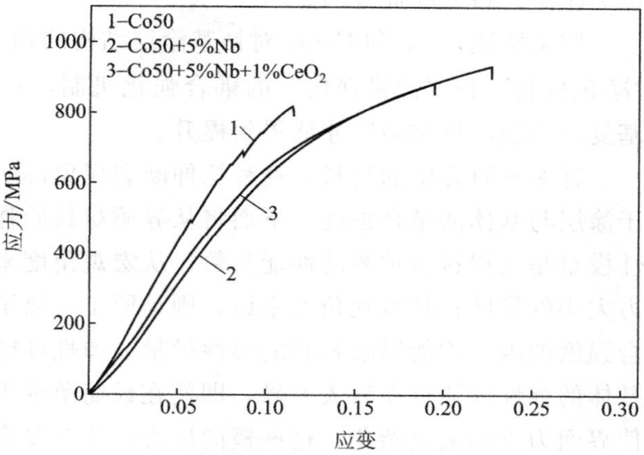

图 4.30　三种不同熔覆层单轴拉伸应力-应变曲线

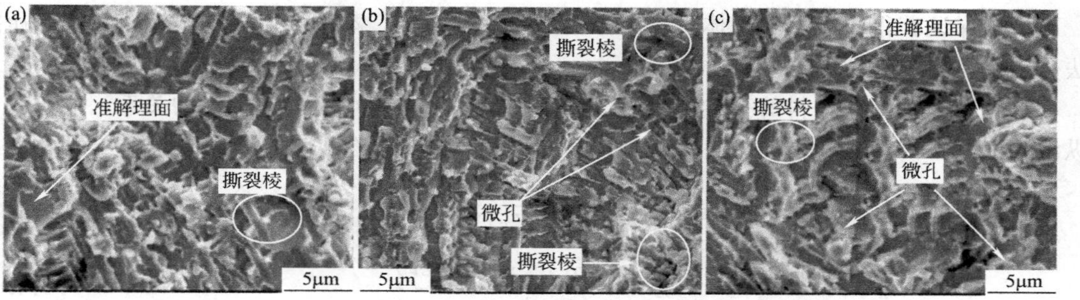

图 4.31　拉伸断口形貌

(a) Co50 涂层；(b) Co50＋5％Nb 涂层；(c) Co50＋5％Nb＋1％CeO_2 涂层

4.2.2.2　熔覆层的界面拉伸失效机理

拉伸试验中材料断裂于涂层位置而非涂层/基体界面或基体处，说明界面或基体的强度要高于涂层。加入 Nb 和 CeO_2 后涂层材料的抗拉强度得到一定的提升，对于出现这种现象的原因分析如下：

① 正如前文所提，如图 4.17 所示，在加入 Nb 元素后，组织得到细化，根据图 4.18 能谱分析可知结晶过程中固溶态的 Nb 主要位于晶界处，将钉扎并拖拽晶界以阻碍晶界迁移，晶界迁移具有一定难度导致晶粒难以长大，Nb 起到了细化组织的作用，细晶强化机制是涂层材料拉伸性能提升的一个重要原因。

② 在等离子熔覆过程中添加的 Nb 与 Co50 中的 C 元素结合原位合成新相 NbC，在图 4.19 和图 4.21 的 TEM 和 XRD 结果中均已发现 NbC 相的存在，NbC 属于 Nb 的析出态，在涂层中具有沉淀强化（析出强化）作用。

③ 图 4.17 中可以看出加入 CeO_2 后涂层中黑色减少甚至消失，这主要是由于其净化作用会减少甚至消除元素偏聚所形成的黑色脆性相，外力作用下脆性相的破裂将成为断裂失效的诱因，一旦产生裂纹源，脆性材料会瞬间断裂失效。于是脆性相的减少直接降低了拉力作用下材料的断裂概率，从而提高抗拉强度。

④ 在图 4.20 的 TEM 图中观察到加入 CeO_2 的熔覆层比前两者产生更多的位错线，并且位错线发生了明显的缠结现象，位错强化是金属材料有效的强化方式之一，所以位错强化

也是涂层材料强度提升的原因。

综上所述，Nb 和 CeO_2 对钴基涂层结构的强化是一个囊括了“细晶强化”“沉淀强化”“净化机制”和“位错强化”的耦合强化机制，正是由于 Nb 和 CeO_2 的多种强化作用，钴基复合涂层的抗拉强度才能得到提升。

针对本研究中的材料，这种拉伸断裂现象说明了一个重要问题，熔覆层的内聚强度要低于涂层与基体的结合强度，下面将从异质材料的弹性性能匹配方面对这一结果进行分析。弹性模量是工程材料重要的性能参数，从宏观角度来说，弹性模量是衡量材料抵抗弹性变形能力大小的量度；从微观角度来说，则是原子、离子或分子之间键合强度的反映，凡是影响键合强度的因素均能影响材料的弹性模量。弹性性能对材料的结合性能有重要作用，若涂层与基体的弹性性能存在较大差异，即使在最简单的纵向载荷作用下界面处仍会产生横向应力，使界面力学环境复杂化，这些横向应力往往对复合材料的整体性能有害。由于弹性系数与影响键合强度的因素有关，是材料的固有属性，因此合金化对弹性系数的影响不明显，所以只研究了 Co50 涂层与 FV520B 基体的弹性性能匹配性。

为了保证获得的涂层和基体材料的弹性性能的准确性，本文选用了超声波法和纳米压痕法分别进行了弹性性能的测试。

以超声波法测试材料的弹性模量时，利用弹性系数与超声波波速之间的关系，通过测试纵波和横波在固体材料中的传播速度来计算弹性模量，具体公式为：

$$\nu=\frac{1-2(V_T/V_L)^2}{2-2(V_T/V_L)^2} \tag{4.6}$$

$$E=\frac{V_L^2\rho(1+\nu)(1-2\nu)}{1-\nu} \tag{4.7}$$

式中：ν——泊松比；

E——弹性模量；

V_L——纵波波速；

V_T——横波波速；

ρ——材料密度。

图 4.32 为 Co50+5%Nb+1%CeO_2 涂层与 FV520B 基体材料的弹性模量对比，涂层和

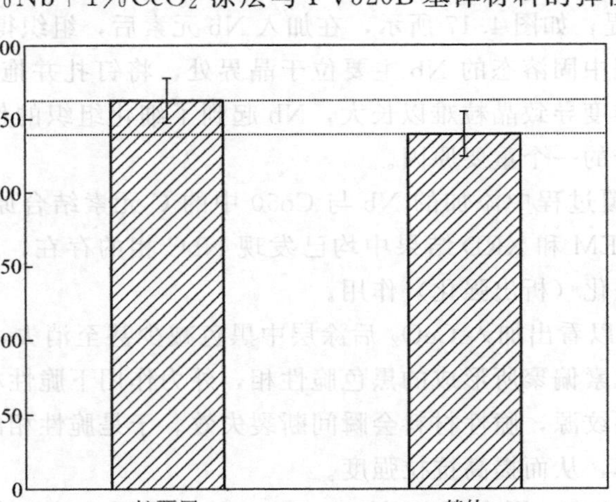

图 4.32　熔覆层和基体的弹性模量对比

基体的弹性模量分别是 262.36GPa 和 239.65GPa，两者弹性系数差距较小，仅为 9.48%，说明涂层和基体具有较好的弹性系数匹配性，形成了一个具有良好物理化学和力学相容性的冶金结合界面。也正如上文所述，良好匹配的弹性系数可以避免界面力学环境复杂化，减少对材料整体性能的危害。

为了更准确表征涂层与基体的弹性模量，获得近界面区域涂层与基体材料的弹性模量差异，进而采用纳米压痕法对近界面区域的涂层与基体进行了测试。图 4.33 为近界面区域的纳米压痕测试点，在近界面的涂层和基体位置各随机测试 10 个点，最后取平均值以获得准确的材料弹性模量。

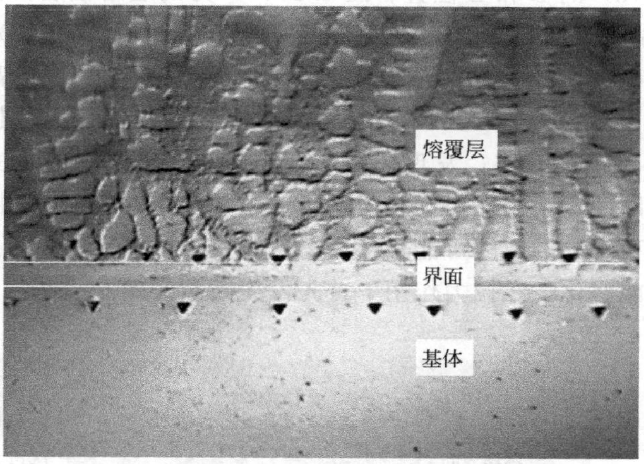

图 4.33 近界面区域的纳米压痕测试点

10 个测试点的数据与平均弹性模量列于表 4.3 中，涂层和基体材料的弹性模量分别为 264GPa 和 243GPa，两者的差距为 8.64%。纳米压痕测试值与超声波法测得的弹性模量非常接近，两种方法相互印证了弹性模量数值的准确性，同时也说明了涂层材料与基体材料在弹性性能方面的匹配性良好。图 4.34 为近界面处的涂层与基体材料的纳米压痕硬度测量值，与弹性模量测试相同。Co50 涂层与基体材料的硬度值分别为 6.367GPa 和 6.545GPa，涂层

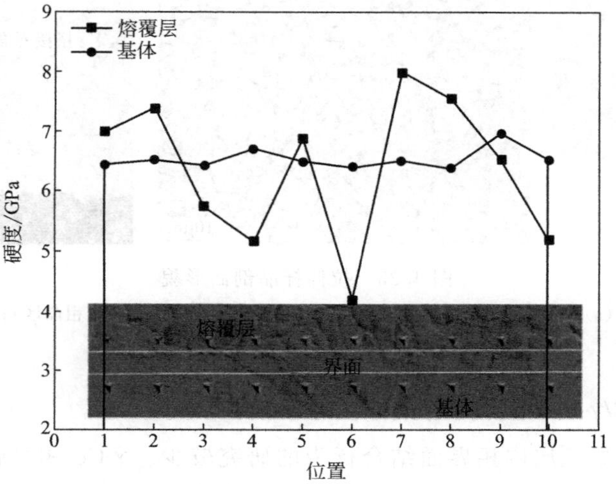

图 4.34 近界面处的涂层与基体硬度值

和基体两种材料的硬度差距也较小。

表 4.3 纳米压痕测得涂层与基体弹性模量 单位：GPa

测试点	1	2	3	4	5	6	7	8	9	10	平均值
涂层	239	243	243	280	270	286	266	262	260	289	264
基体	245	239	250	243	243	237	251	235	242	242	243

为了进一步研究 Co50＋5％Nb＋1％CeO_2 熔覆层的断裂机制，将断裂样品以一分为二的方式剖开，观察其断裂后剖面的组织形貌，其示意图如图 4.35(a) 所示。图 4.35(b) 和 (e) 分别取自图 4.35(a) 的 B 和 E 位置。图 4.35(b) 为两层熔覆层搭接处形貌，很明显层间界面晶粒粗化，细晶区为单道熔覆层内部。图 4.35(c) 为图 4.35(b) 中层间界面（粗晶区）的高倍形貌，图 4.35(d) 为图 4.35(b) 中单道熔覆层内部组织的高倍形貌，对比两图有明显的不同。图 4.35(e) 为断口处的剖面图，插图为断裂位置放大图，插图与图 4.35(c) 粗晶区、图 4.35(d) 细晶区对比，发现插图形貌与图 4.35(c) 粗晶区相似，与图 4.35(d) 细晶区截然不同，所以确定断裂发生于层间位置（两层熔覆层界面），层间位置强度低于层内位置强度。出现这种现象的原因可能是多层熔覆过程中热输入较大且反复加热粗化了结晶组织，粗大组织的性能恶化，在拉力作用下首先发生断裂失效。

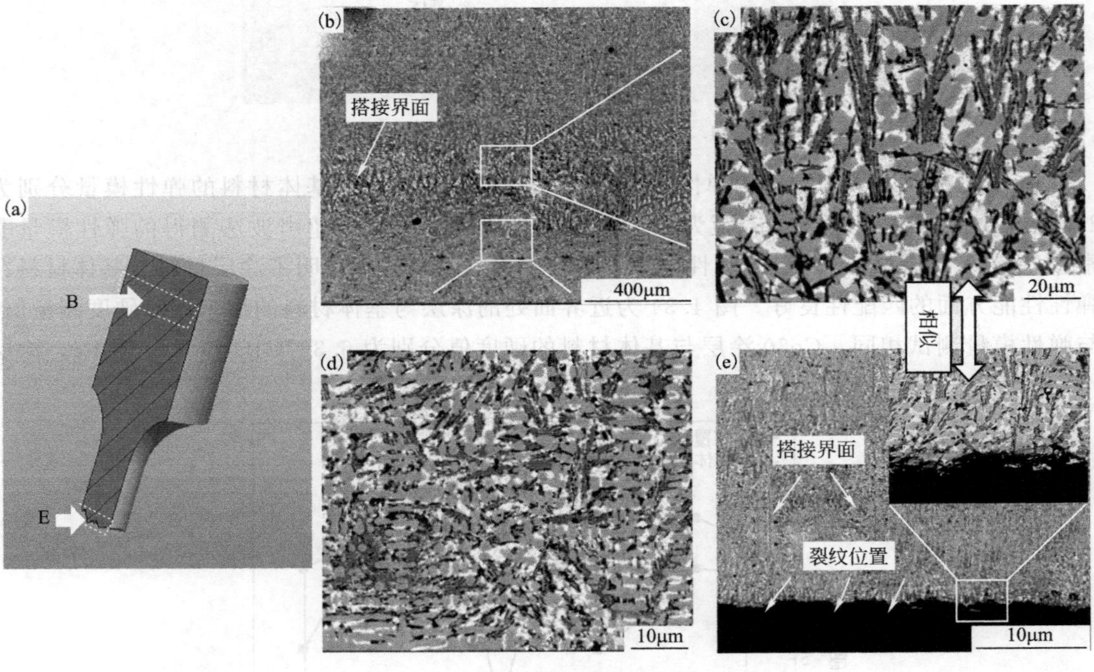

图 4.35 拉伸样品剖面形貌

(a) 剖面示意图；(b) 熔覆层搭接区域；(c) 搭接界面（粗晶区）；
(d) 单层组织（细晶区）；(e) 断裂位置形貌

4.2.2.3 NbC/γ-Co 相界面的第一性原理研究

目前，对等离子熔覆层内相界面结合行为的研究较少。γ-Co 相是钴基涂层中的主要组成相，NbC 是本研究中通过添加 Nb 原位合成的强化相，NbC 有效地提升了熔覆层的力学性能，但 NbC 和 γ-Co 的尺寸因素及相界微区的复杂性，导致对其强化机制的直观研究存在一定难度。第一性原理计算可以从原子角度分析相界面的结合特性，只需要确定材料的晶体结构，就可以通过计算机模拟得出材料的微观本质。根据从图 4.19TEM 的测试结果中观察到的 γ-Co 相和 NbC 相的结合形式，NbC 相是重要的强化相，NbC 的存在可以在一定程度上改善和提高涂层材料的综合性能。根据两者实际的结合形式构建三维层状超晶格模型，对 γ-Co 和 NbC 相界进行第一性原理拉伸研究，以此考察熔覆层中母相和强化相的结合行为。

(1) 计算方法及模型构建

本研究的计算方法是基于密度泛函理论的第一原理赝势平面波（plane wave pseudo-potential）量子力学方法，计算软件为 Material Studio 中的 CASTEP 程序。根据相关文献[188,189]，本计算采用密度泛函理论（density functional theory，简写 DFT）计算晶体结构模型的总能和电子结构，电子与电子之间相互作用的交换关联能采用广义梯度近似（GGA）进行校正，并根据 GGA-PBE 对 NbC/Co 界面模型的晶体结构进行优化，利用 BFGS 优化算法，获得最稳定的晶体构型，进而进行总能、态密度以及电荷分布的计算。赝势为倒易空间的超软赝势，K 点的选取为：8×8×1，总能计算采用自洽场方法（SCF），体系总能量的收敛值为 1×10^{-6} eV/原子，动能截断点为 320eV；每个原子上的应力低于 0.03eV/Å(1Å=10^{-10}m)，应力偏差小于 0.05GPa，公差偏移小于 10^{-3}Å。

图 4.36（彩图参见目录中二维码）为 NbC/γ-Co 相界面第一性原理拉伸模拟中所构建的四种计算模型示意图，图 4.36(c)是对四种模型的界面黏附功和体系总能量的计算结果。根据前文 Co50+5%Nb 等离子熔覆层 XRD、EPMA 及 TEM 实验检测结果可知，等离子熔覆层中 γ-Co 相和 NbC 相的晶体结构均为 Fm-3m 空间点群的面心立方结构（FCC）。因此，计算模型在实验数据的基础上做了一定的近似处理，认为界面由两相表面层黏合在一起而成，选择目标米勒面（h,k,l），构建二维层状模型，然后在垂直于表面的方向扩展，构建成三维层状超晶格模型。

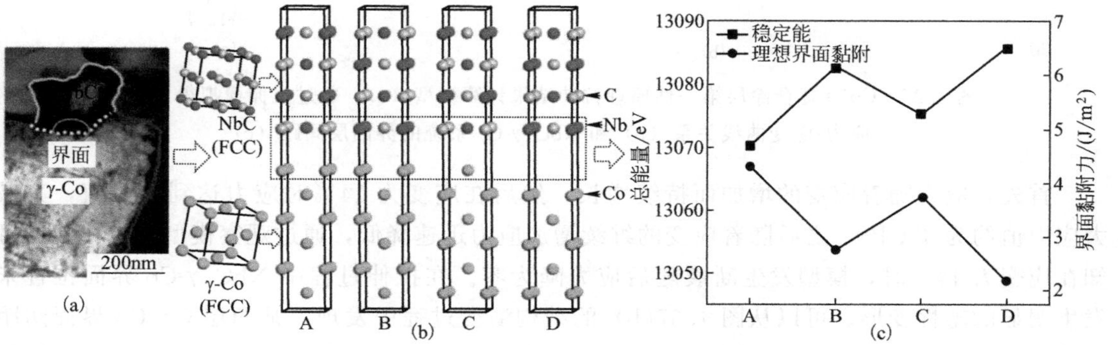

图 4.36　NbC/γ-Co 的 TEM 形貌（a）；4 种不同的界面原子连接方式(b)；
4 种模型的体系总能量（E_s）及其界面黏附功（W_{ad}）(c)

如图 4.36 所示，考虑界面模型的稳定性及计算的可行性，构建了包含 10 个原子层的 NbC/γ-Co 界面，分别选取 γ-Co 和 NbC 相的（100）面作为它们的目标表面，构建包括 6 层 γ-Co（100）与 4 层 NbC（100）的界面计算模型。根据分析可知，上述方法构建的模型中，γ-Co相和 NbC 相存在 4 种不同的界面原子连接方式，如图 4.36(b) 所示，为了明确最稳定的界面结构，分别计算了 4 种模型的体系总能量（E_s）及其界面黏附功（W_{ad}），计算结果如

图 4.36(c)所示。4 种界面模型中，A 模型的体系总能量最低且界面黏附功最大，根据能量最低原则以及界面结合理论，说明 A 模型是 4 种模型中最稳定的，所以选择 A 模型作为后续计算所用的界面模型。

(2) 第一性原理拉伸

为了更直观地探究界面结合情况及断裂失效机制，对上述 A 类 NbC/γ-Co 界面进行了第一性原理拉伸模拟[190]，本实验是一个忽略塑性变形和结构缺陷的理想拉伸实验，其原理是外界应力垂直作用于界面，且通过逐步增加某一方向的晶格常数（c）来实现应力拉伸效果。具体操作过程为：从经过优化的初始模型开始，以 0.02 的应变步长逐渐增加界面模型 Z 方向的晶格矢量，每一步应变施加后都对模型结构（原子和基矢）进行充分弛豫优化直至稳定状态，且每次变形均是在前次变形弛豫优化结构上进行，以此类推，直到界面模型发生断裂。

NbC/γ-Co 模型第一性原理拉伸结果如图 4.37 所示（彩图参见目录中二维码）。

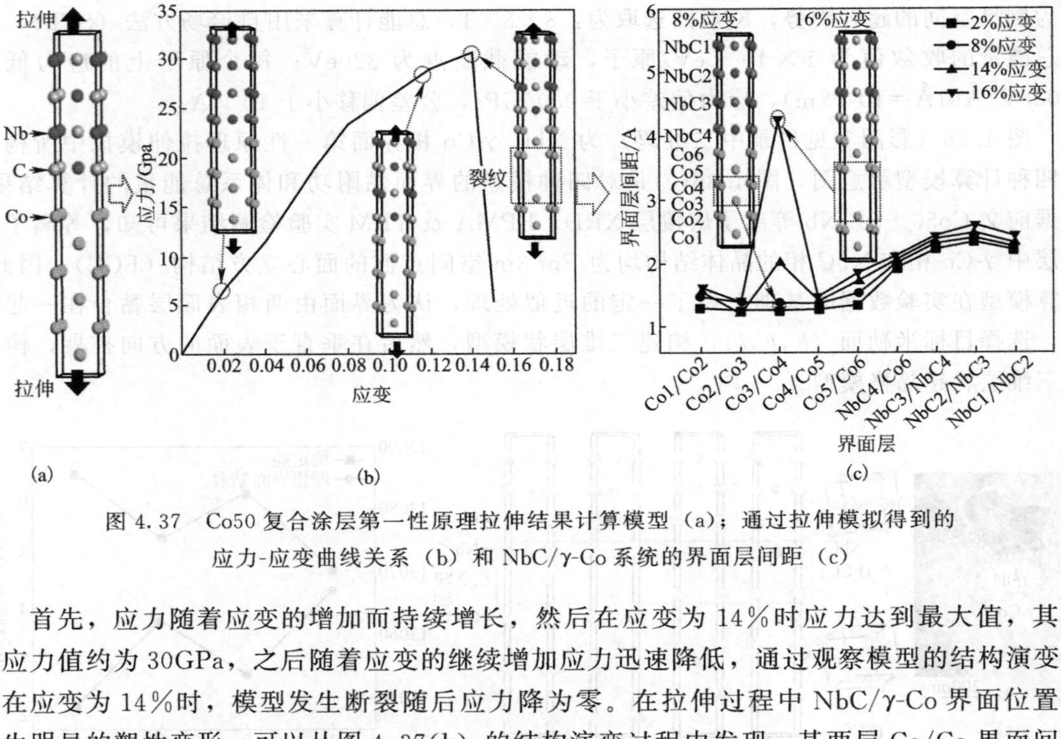

图 4.37 Co50 复合涂层第一性原理拉伸结果计算模型（a）；通过拉伸模拟得到的应力-应变曲线关系（b）和 NbC/γ-Co 系统的界面层间距（c）

首先，应力随着应变的增加而持续增长，然后在应变为 14%时应力达到最大值，其最大应力值约为 30GPa，之后随着应变的继续增加应力迅速降低，通过观察模型的结构演变可知在应变为 14%时，模型发生断裂随后应力降为零。在拉伸过程中 NbC/γ-Co 界面位置未发生明显的塑性变形。可以从图 4.37(b) 的结构演变过程中发现，某两层 Co/Co 界面间距与其他原子层间距相比达到了较大值，说明断裂发生在 Co/Co 界面而不是 NbC/γ-Co 界面，这也说明 NbC/γ-Co 界面的结合强度要强于 Co/Co 界面的结合强度。

为了揭示 NbC/γ-Co 界面系统的微观变形机制和失效源头，深入分析了不同应变下原子层间的变形行为，重点关注相邻原子层的间距变化。相邻原子层的间距变化计算结果如图 4.37(c)所示，当施加外力到 NbC/γ-Co 界面系统时，所有原子层间的间距均呈现增大的趋势。但 Co/Co 原子层间和 NbC/Co 原子层间的间距变化存在一定的差别。其中，Co3/Co4 原子层间的间距变化明显大于其他原子层间，当应变增大到 16%时，其层间间距达到最大值，由图 4.37(b) 可知，此时 Co3/Co4 原子层已断裂，而 Co/C 等其他原子层未发生断裂。

所以，说明 Co3/Co4 原子层间界面相对于 Co/C 等其他层间界面是整个界面系统中结合最弱的位置。同时也说明 NbC/γ-Co 界面系统的界面原子（Co/C）结合强于其内部原子层间（Co/Co）的结合。

（3）界面结合机制分析

NbC 相发挥强化作用的关键前提条件是和相邻的晶体形成强结合进而能够实现在晶界处的钉扎作用，这种第二相的存在可以更加有效地强化涂层性能，如图 4.38 所示。

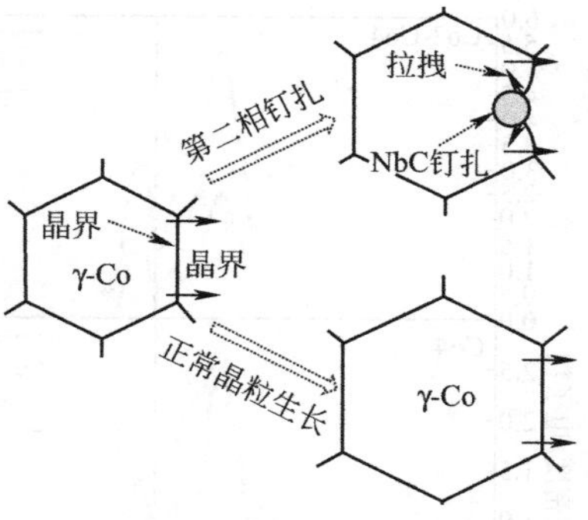

图 4.38　NbC 相对晶粒的钉扎作用

第一性原理拉伸实验已经证明，界面模型中 NbC/γ-Co 层的结合强于 Co/Co 原子层，为了深入揭示上述层间的微观结合机制，分别计算了界面结构的态密度、电荷密度分布、电荷差分密度分布及布居分布情况。从图 4.39（彩图参见目录中二维码）NbC/γ-Co 模型中 NbC/γ-Co 原子层的电荷密度分布图可以看到，界面附近的 Co 原子与 C 原子间存在很强的电荷重叠区，即存在电子云的共用区域，且从电荷差分密度分布图看到电荷明显地从 Co 原子向 C 原子转移，电荷转移具有较强的方向性，说明 Co 与 C 原子间形成了较强的键合作用。

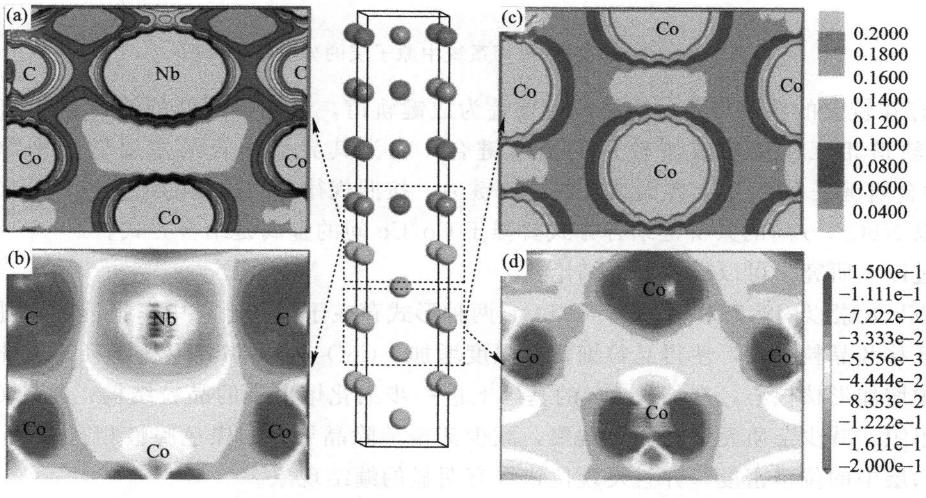

图 4.39　NbC/γ-Co 界面系统中电荷密度分布（a）、（c）；电荷差分密度分布（b）、（d）

如图 4.40 所示（彩图参见目录中二维码），NbC/γ-Co 原子层的分波态密度图展现出在费米能级附近（−10～0eV），Co 原子的 3d 轨道、C 原子的 2p 轨道与 Nb 原子的 4d 轨道存在较大的轨道重叠，为成键轨道，表明界面附近的 Co 原子与 C 原子形成了较强的共价键合，是其界面结合的主要键力来源。这些说明 Co-C 共价键是 NbC/γ-Co 界面结合的主要键力。

从 Co3/Co4 原子层的电荷密度图与电荷差分密度图可以看出，在 Co3 与 Co4 原子间出现了明显的电子云重叠，即电子云的共用区域，同时看到界面附近的 Co3 与 Co4 原子都发生了一定数量的原子向两层原子界面处转移的现象，大量的电荷聚集在原子间，说明 Co3 与 Co4 界面附近的原子具有相互作用，从而形成相应的金属键。同时，根据 Co3/Co4 原子层的分波态密度图可知，在费米能级附近（−10～0eV）Co3 原子的 3d 轨道与 Co4 原子的

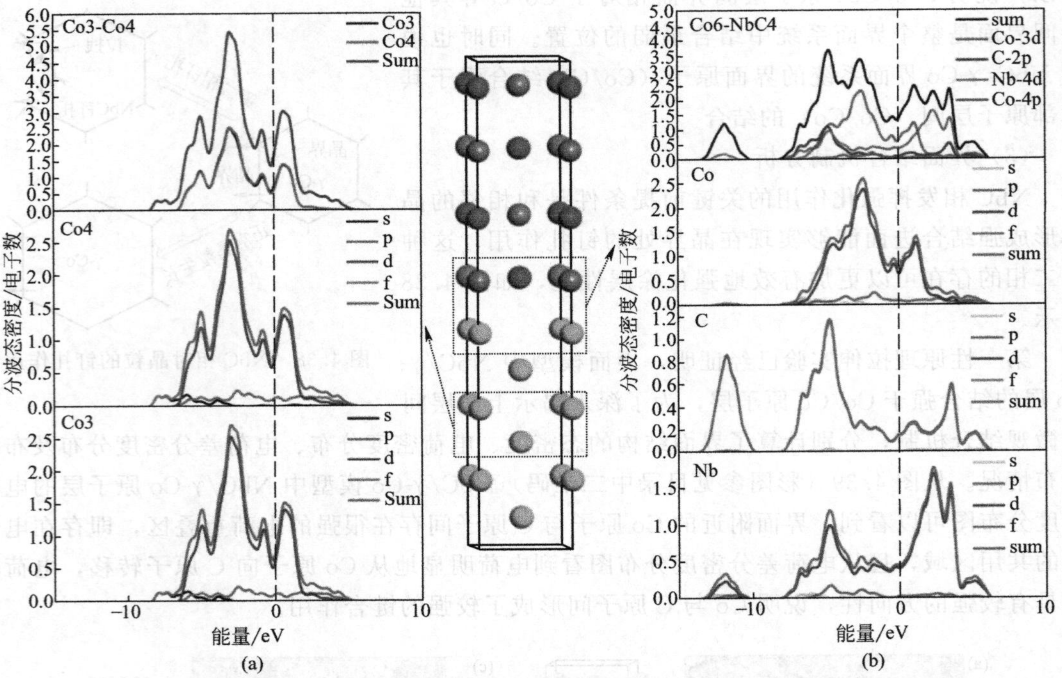

图 4.40 NbC/γ-Co 界面系统中原子层的分波态密度图

3d 轨道存在较大的轨道重叠，这种轨道重叠为成键轨道，说明界面处的 Co3 原子与 Co4 原子的 3d 轨道相互作用形成了较强的金属键合，成为其界面结合的主要键力来源，表明 Co-Co的金属键是 Co3/Co4 界面结合的主要键力。按照规律，共价键的结合强于金属键的结合，所以 NbC/Co 间的共价键结合方式要强于 Co/Co 间的金属键结合方式。

通过以上研究，可以得出如下结论：

① Nb 元素以固溶态和析出态（NbC）两种形式存在于钴基涂层中，拖拽和钉扎晶界阻碍晶界迁移和晶粒长大，使得晶粒细化、强度增加。CeO_2 减小临界形核半径，在非自发形核过程中增加形核核心，在加入 Nb 的基础上进一步细化熔覆层的晶粒结构；此外 CeO_2 可以净化组织，减少杂质元素在晶界偏聚，减少甚至消除晶界处的黑色脆性相；CeO_2 加入后增加了涂层中的位错密度，并且发现位错线有明显的缠结现象。

② 界面分为涂层多层搭接界面和涂层/基体间界面。搭接界面主要由枝晶及枝晶间的共晶组织组成，在加入 Nb 和 CeO_2 后搭接界面枝晶间距减小，组织明显细化；涂层/基体界面为良好冶金结合呈平面晶组织，是由涂层与基体在液态中扩散而成，主要由基体中的 Fe 和涂层中的 Co 元素组成，涂层/基体冶金界面为面心立方结构。

③ 拉伸试验表明搭接界面的强度低于涂层/基体界面的强度，断裂发生在涂层的搭接处而非涂层/基体界面，弹性性能的良好匹配决定了涂层/基体界面的良好结合。Nb 和 CeO_2 的加入显著增强了材料的拉伸性能，Nb 和 CeO_2 的强化机制是一个囊括了“细晶强化”“沉淀强化”“净化机制”及“位错强化”的耦合强化机制。

④ 对 NbC/γ-Co 相界面系统的第一性原理拉伸模拟表明，NbC/γ-Co 界面的结合强度要强于 Co/Co 界面的结合强度，这种第二相的存在可以更好地强化涂层性能。根据电荷密度和分波态密度分析可知，这是由于 NbC/γ-Co 界面是以共价键的方式连接，而 Co/Co

界面以金属键的方式连接，所以 NbC/γ-Co 的共价键结合方式要强于 Co/Co 的金属键结合方式。

4.2.3 热-力耦合作用下钴基熔覆层表界面的演变

等离子熔覆后会获得表面和界面结构，在服役过程中一旦表界面结构的任意一环发生失效，都将影响整体构件的使用性能和可靠性，因此保持表界面结构的完整性是保证等离子熔覆层具有优良性能的先决条件。无论何种涂层，良好的表面性能及优异的界面结合是保证涂层经久耐用的必要条件。实际上很多熔覆层的表界面结构在其实际服役环境中除了受到各种外力作用的同时还需在高温环境中作业[191]，也就是说，有很多再制造涂层要在热-力耦合的环境中工作。表面熔覆的主要研究重点集中于涂层材料腐蚀、磨损及氧化等现象及机理方面，较少研究表界面结构在热-力耦合作用下的失效形式与机理，主要难点在于该系统的尺寸较小，无法满足正常表征测试方法对样品尺寸的要求。为了满足更多的使用需求，等离子改性涂层技术正朝着更广阔的领域发展，而不仅仅限于涂层表面的腐蚀、磨损及氧化等，所以对熔覆层表界面结构在热-力耦合作用下的服役行为展开研究具有重大意义。

基于压缩机叶片修复后的等离子熔覆层表界面结构在实际服役过程中所面临的热-力耦合应用环境，对熔覆层的表界面结构进行接近实际工况的高温拉/压试验，研究表界面结构在不同形式热-力耦合作用下的失效形为，探索表界面结构在不同高温环境及外力联合作用下的失效机理。

4.2.3.1 热-力耦合作用下钴基熔覆层表界面组织与性能

金属材料在高温热变形条件下，会发生宏观形状的显著变化，同时在金属材料的内部，其微观组织和结构会随之发生一系列的改变，例如回复再结晶、扩散相变等。这些宏观上或是微观上的改变都会在一定程度上影响金属材料的热变形行为[192,193]。变形速率与变形温度等热变形参数，都可以影响到材料的微观组织。本部分以熔覆层表界面结构在热-压力作用下的热变形为重点，研究表界面在热-压力作用下的组织结构及性能演变规律，考察了不同的热变形参数（变形量及变形温度）对表界面结构热变形行为的影响。

（1）钴基熔覆层的高温压缩性能研究

前述的实验结果分析表明，熔覆层 Co50＋5%Nb＋1%CeO_2 为组织及性能最优的成分，所以高温压缩实验对该成分的熔覆样品进行测试。用 Gleeble3800 热模拟试验机研究了不同温度及不同变形量下熔覆层的高温压缩性能，以及不同压缩参数对熔覆涂层的组织以及性能的影响，Gleeble3800 热模拟试验机要求尺寸为 ϕ8mm×12mm 的圆柱形样品。

图 4.41(a) 为压缩样品的取样方式，类似于拉伸取样方法，圆柱样品由 1/2 涂层＋1/2 基体组成，图 4.41(b) 为压缩样品尺寸。本实验分别选择温度及变形量作为变量对表界面结构进行性能测试。在 600℃下进行 30%、40%和 50%变形量的高温压缩实验以及在 600℃、800℃和 1100℃下进行变形量为 50%的高温压缩实验。温度的选择是基于图 4.42 涂层材料的差式扫描量热法（DSC）测试结果，通过 DSC 测试获得涂层材料的相变温度，实验结果表明涂层材料在 1020℃左右发生相变。根据图 4.16，发现基体材料在 750℃左右发生相变，因此实验温度选择涂层与基体材料均未发生相变的 600℃，此外该温度也是压缩机主轴和叶片的工作温度。然后选择基体材料发生相变但涂层未发生相变的 800℃，最后选择涂层与基体均已发生相变的 1100℃进行压缩实验。为了研究变形量对样品的影响，先将样品加热到 600℃，然后分别进行变形量为 30%、40%和 50%的高温压缩实验，研究不同变

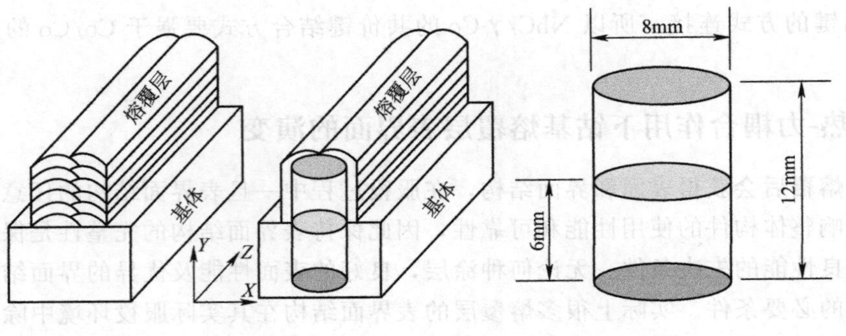

(a) (b)

图 4.41 高温压缩实验样品取样方式（a）和样品的形状尺寸（b）

形量对组织及性能的影响。热压缩工艺路线如图 4.43 所示，首先以 10℃/s 的加热速率升温至设定的实验温度（600℃、800℃和 1100℃），然后保温 120s 以确保样品整体温度均衡，随后对均温样品进行压缩。为了保留其高温压缩后的组织，压缩后进行水冷降至室温。

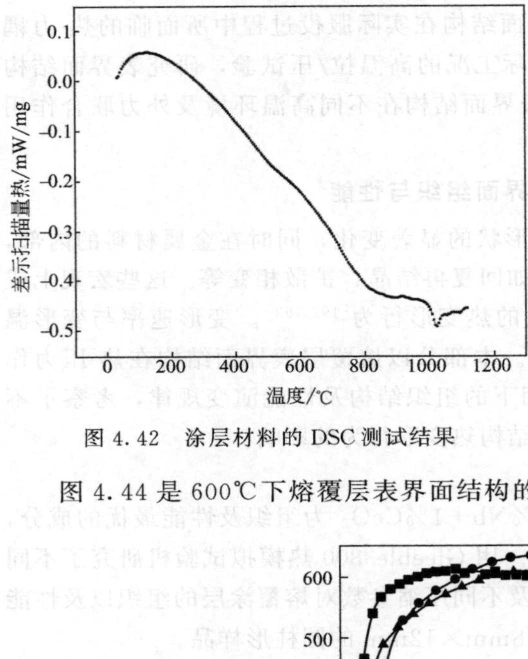

图 4.42 涂层材料的 DSC 测试结果

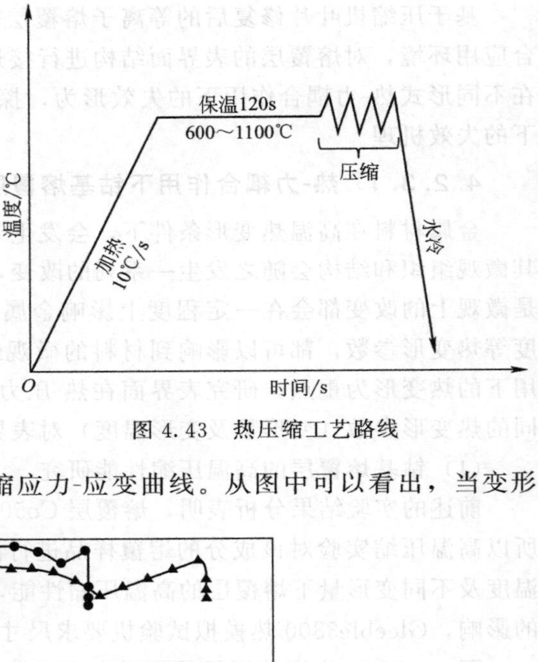

图 4.43 热压缩工艺路线

图 4.44 是 600℃下熔覆层表界面结构的压缩应力-应变曲线。从图中可以看出，当变形

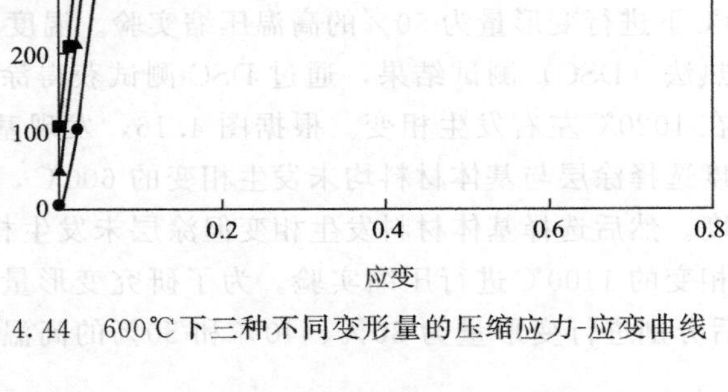

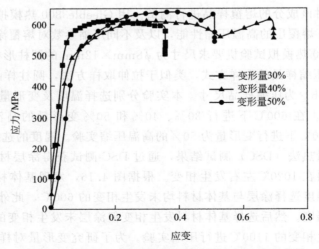

图 4.44 600℃下三种不同变形量的压缩应力-应变曲线

量为 30%时，在开始变形阶段应力随应变的增加迅速增加到 580MPa 左右，并迅速趋于稳定，之后有小幅下降；当变形量为 40%时，样品的应力随应变的增加迅速增加到 570MPa 左右，而后缓慢增加到 590MPa 左右稳定下来，随后出现缓慢下降；当变形量为 50%时，应力随着应变迅速增加到 570MPa 左右，然后缓慢增加到 610MPa 后稳定，之后随着变形量的继续增加，应力总体呈下降趋势，并有小幅波动。

从 4.44 图中三条曲线的变化趋势可以看出，开始阶段在载荷的作用下应力急速上升，样品在该阶段发生的是弹性变形。弹性变形后的持续变形阶段，按照金属材料热变形理论，样品开始出现明显的屈服现象，说明开始发生塑性变形，晶粒之间开始相互滑移，位错开始不断地进行缠结，硬度升高，出现加工硬化现象。而在发生加工硬化的同时，由于处在高温环境下，原子活动能力较强，位错在进行滑移的同时，还可进行攀移，发生多边化，使样品中点缺陷数目减少，位错从滑移面上消失，进入亚晶界，能在很大程度上降低位错密度[194]。

在塑性变形初始阶段，加工硬化起主要作用，但是随着变形量的增加，位错产生速率会慢慢降低，应力的增加速度也变缓，当加工硬化导致的位错增加速率与钴基涂层中组织的动态回复造成的位错减小速率相同时，应力开始稳定。之后，应力-应变曲线开始出现较小的下降趋势。压缩量继续增加，动态回复与再结晶的驱动力变大，导致动态回复再结晶的速率加快，当压缩量达到一定程度时，回复和再结晶引起的软化速率开始稍稍大于因为加工硬化而产生的硬化速率，消除了一小部分内应力，所以曲线中应力会出现一个小幅下降。当变形量为 40%、50%的时候，两条应力-应变曲线都出现了一个小幅波动，这很可能是因为在熔覆过程中，在进行多道搭接时，未能及时将表面的氧化皮清理干净，造成熔覆层存在缺陷，从而引起应力-应变曲线产生小幅波动。

为了研究熔覆层表界面结构在不同温度下的高温压缩性能，分别在 600℃、800℃、1100℃的温度下对样品进行变形量均为 50%的热压缩实验，具体压缩参数已经在前文中进行叙述，应力-应变曲线如图 4.45 所示。温度为 600℃时的曲线与图 4.44 中所对应的曲线相同，这条曲线的走势及出现该走势的原因也在上一段中作了阐述。

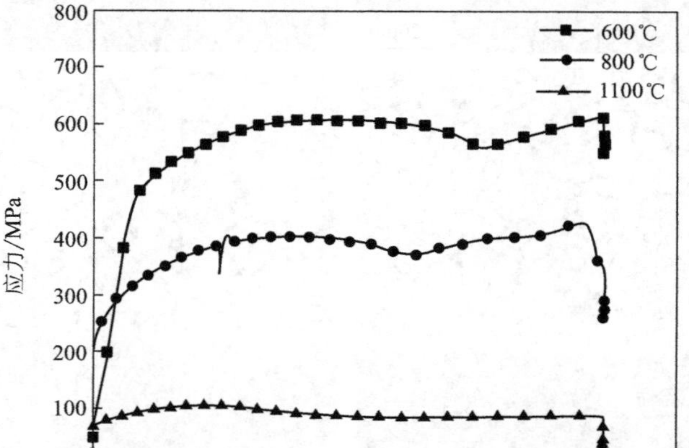

图 4.45　变形 50%三种温度下试样的应力-应变曲线

当温度上升到 800℃时，与温度为 600℃的曲线相比，相同应变幅度下，应力值更小，说明样品的应力在该温度下变小。综合线膨胀系数曲线分析结果，在这个温度下，基体FV520B中马氏体开始发生相变，马氏体析出的碳化颗粒开始聚集并长大，再加上固溶体的软化和前文所述的动态回复造成的位错密度下降，导致FV520B内的一部分内应力被消除，造成了FV520B的软化，最终表现为样品的应力下降。

当温度升至1100℃时候，此时的应力已经出现明显下降，说明压缩实验产生的加工硬化已经不再占据主导地位，同时马氏体不锈钢FV520B发生了相变，当温度不断升高，钴基熔覆层也在1000℃到1100℃之间发生了相变，熔覆层中细晶强化、析出强化及位错强化维持较高硬度的能力开始迅速降低，此时高温软化起主导作用。所以，此时高温应力出现明显下降的现象。

(2) 热-力耦合作用下钴基熔覆层表界面的组织演变

因为高温压缩会改变表界面结构（以下简称试样）的微观组织，进而改变试样的力学性能，所以想要彻底了解高温压缩对试样性能的影响，就必须了解组织的变化规律，因此用SEM、TEM及电子背散射衍射（EBSD）几种表征手段对经过高温压缩的试样进行组织观察。

为了了解变形量对高温压缩试样微观组织的影响，对压缩温度保持恒定（600℃），变形量分别为30%、40%、50%的压缩试样进行SEM组织形貌观察，结果如图4.46所示。

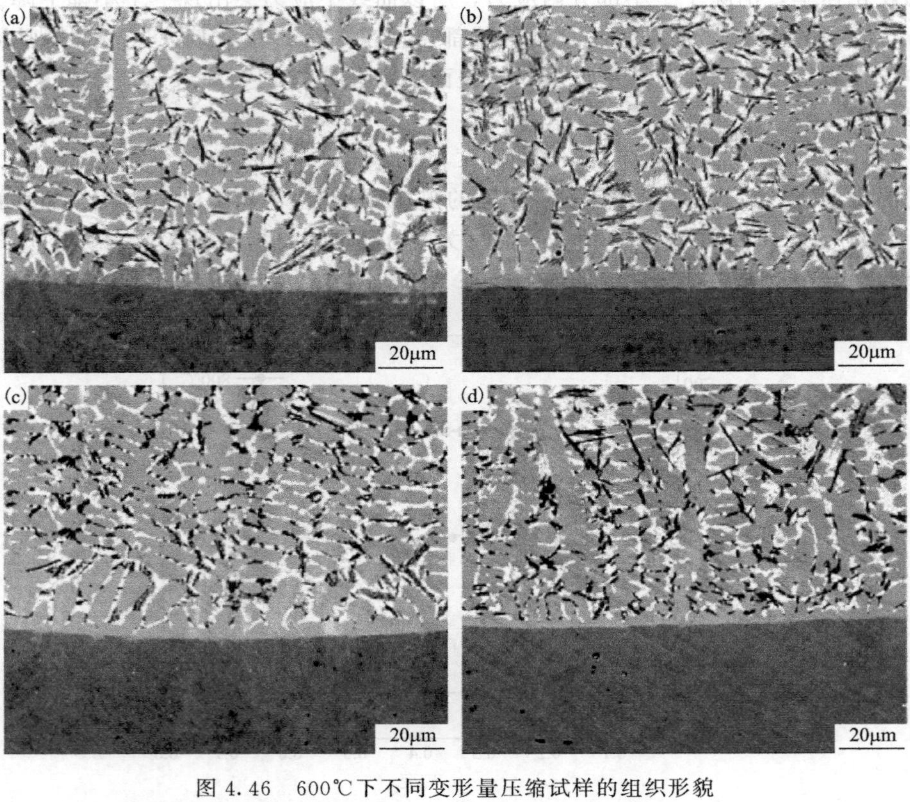

图4.46　600℃下不同变形量压缩试样的组织形貌

(a) 未压缩试样；(b) 变形量为30%；(c) 变形量为40%；(d) 变形量为50%

从图4.46(a) 中可以看出，未经高温压缩的试样微观组织中可以看到大量的长条状树枝晶，涂层组织中没有发现明显的裂纹。经过30%的热压缩后涂层的微观组织如图4.46（b）所示，与未压缩试样相比组织中粗大枝晶明显减少，这是因为在高温压缩作用下粗大枝晶发生扭转及变形。高温压缩后，涂层中并没有观察到较为明显的裂纹，说明涂层组织具有良好的塑韧性。当压缩量增加到40%和50%的时候，由图4.46(c)和（d）可知，长条枝晶变少，二次枝晶变为扁平状且基本与压缩方向垂直分布。当压缩量达到50%时，界面附近的胞状晶组织变小。

以上现象均是由高温下压力导致枝晶的扭转及变形所造成的，在该温度下压缩涂层并未发生相变，总体来讲该温度下压缩后涂层组织基本保持着枝晶状形貌。此外，从4种不同变形量的高温压缩组织形貌中可以看出，随压缩变形量增大，基体与涂层结合处一直保持着良好的冶金结合，且涂层/基体界面的厚度随着压缩变形量的增加而逐渐减小，这是在压力作用下界面被挤压所致，通过该现象可知界面材料在该温度下具有一定的变形能力，也就是说该温度下界面结构有良好的塑韧性。

为了进一步了解温度对材料微观组织的影响，对不同温度下压缩变形量均为50%的试样进行SEM形貌观察，形貌如图4.47所示。

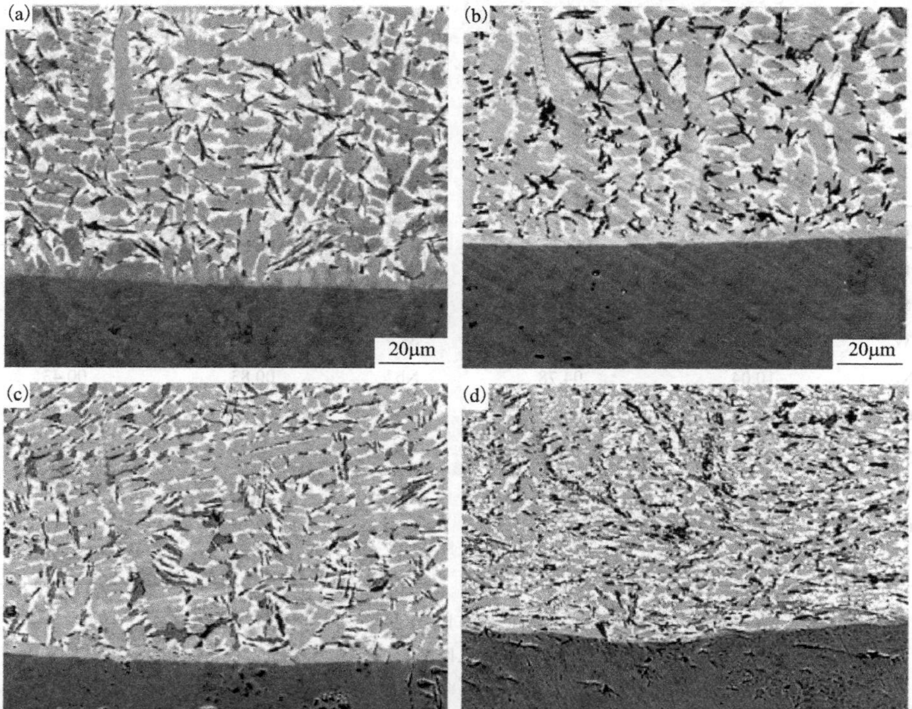

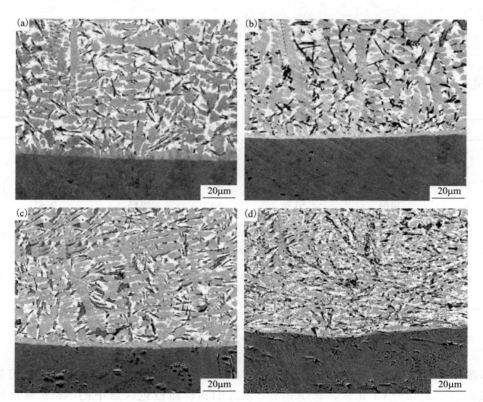

图4.47　不同温度下变形量均为50%试样的微观组织形貌

（a）未压缩；（b）600℃下压缩；（c）800℃下压缩；（d）1100℃下压缩

对于图4.47(b）中600℃下压缩的组织，上文已经做出分析。当温度上升到图4.47(c)所示的800℃时，枝晶由竖直方向的长条状开始向扁平状转变，这是由于高温压力作用下枝晶发生扭转，枝晶形态已经不清晰，此时的基体材料已经发生相变，界面在压缩后厚度变小。当温度达到图4.47(d）所示的1100℃时，组织内原本存在的枝晶形态完全消失，而变为基质中均匀分布着黑色相和白色相的组织，组织类似于发生“流动”，此时界面结构的变化更加明显，界面不再是平直状而变成弯曲状。这是由于该温度下涂层与基体材料均发生相变，材料内部组织完全变化。相变引起的体积变化而产生的塑性变形加上外力的共同作用导致了界面结构的变化，展现了界面结构的良好塑性变形能力。最后还可以观察到，随着温度的变化，基体依然和涂层保持着良好的冶金结合。

为了能更清楚地了解 1100℃下的压缩组织，将 SEM 照片放大到 2000 倍，并对组织中的黑色区域、白色区域和灰色基质区进行能谱分析，结果如图 4.48 所示。

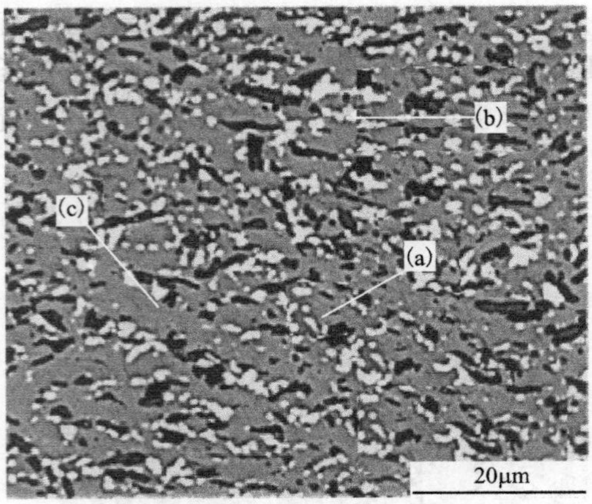

(a)

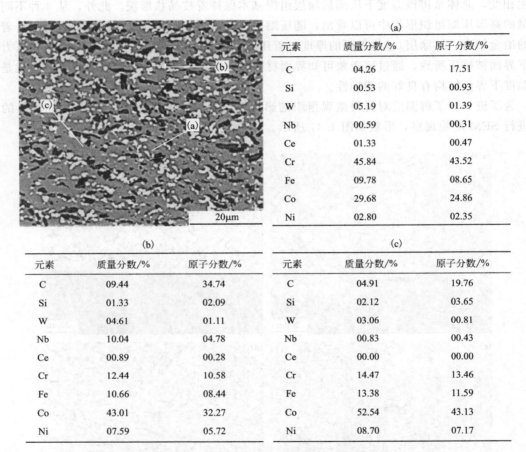

元素	质量分数/%	原子分数/%
C	04.26	17.51
Si	00.53	00.93
W	05.19	01.39
Nb	00.59	00.31
Ce	01.33	00.47
Cr	45.84	43.52
Fe	09.78	08.65
Co	29.68	24.86
Ni	02.80	02.35

(b)

元素	质量分数/%	原子分数/%
C	09.44	34.74
Si	01.33	02.09
W	04.61	01.11
Nb	10.04	04.78
Ce	00.89	00.28
Cr	12.44	10.58
Fe	10.66	08.44
Co	43.01	32.27
Ni	07.59	05.72

(c)

元素	质量分数/%	原子分数/%
C	04.91	19.76
Si	02.12	03.65
W	03.06	00.81
Nb	00.83	00.43
Ce	00.00	00.00
Cr	14.47	13.46
Fe	13.38	11.59
Co	52.54	43.13
Ni	08.70	07.17

图 4.48　1100℃下压缩后的试样形貌与区域能谱图

(a) 黑色区域；(b) 白色区域；(c) 灰色基质区域

从图 4.48 可以更为清楚地看到黑色相与白色相的分布情况，通过能谱分析可知，黑色区域的主要成分为 Cr 元素，含量达到了 45.84%。而白色区域中的 Nb 元素含量比较高，达到了 10.04%，根据 XRD 测试得到的物相分析图，推断此相可能含有在熔覆过程中形成的 NbC 相，该相在熔覆层中起沉淀强化作用。而基质含有的主要元素为 Co，含量为 52.54%。

为了进一步研究微观组织结构在热-力耦合作用下的演变行为，对组织进行了 TEM 观察。首先了解一下扩展位错（extended dislocation）。扩展位错，是指一个全位错分解为两个或多个不全位错，其间以层错相连，这个过程称为位错的扩展，形成的缺陷体系称为扩展位错。在钴基熔覆层中也发现了特征明显的扩展位错，如图 4.49所示，两侧为不全位错，尖端为全位错，其间以层错相连。该结果说明在 Co 基粉末的熔化及结晶过程中，存在位错反应并伴有层错结构的存在，所以在涂层中形成了扩展位错结构。

图 4.50 是热-力耦合作用下钴基等离子熔覆层中被分割的扩展位错。对比图 4.49 和图 4.50，热-力耦合作用后晶粒内部的扩展位错被分割为三段，这是由扩展位错在晶粒内部与层错交织，在高温下进行变形，致使层错将扩展位错分割，并且随着塑性变形的发生，扩展位错在晶粒内部发生移动，所以会分割成三段。在热-力耦合作用下涂层内部伴随着层错结构与位错结构的交割。

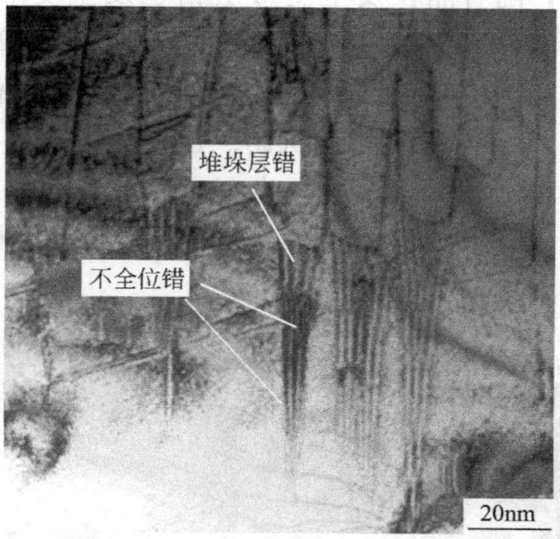

图 4.49　钴基涂层中的扩展位错结构

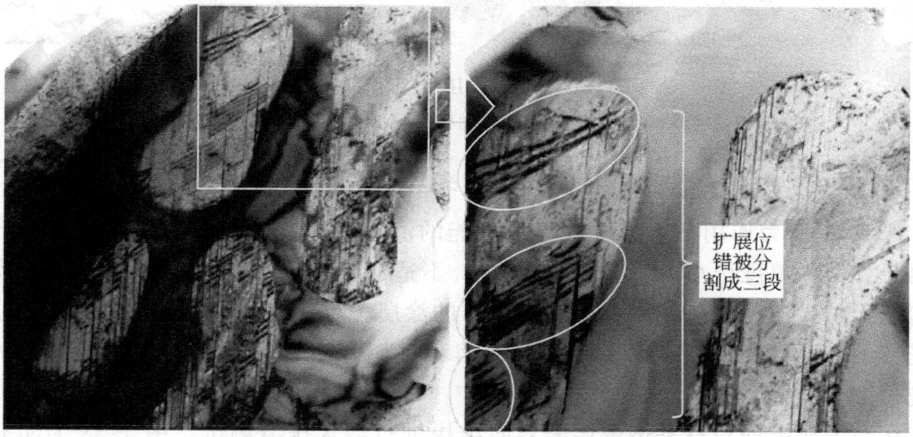

图 4.50　热-力耦合作用下钴基等离子熔覆层中被分割的扩展位错

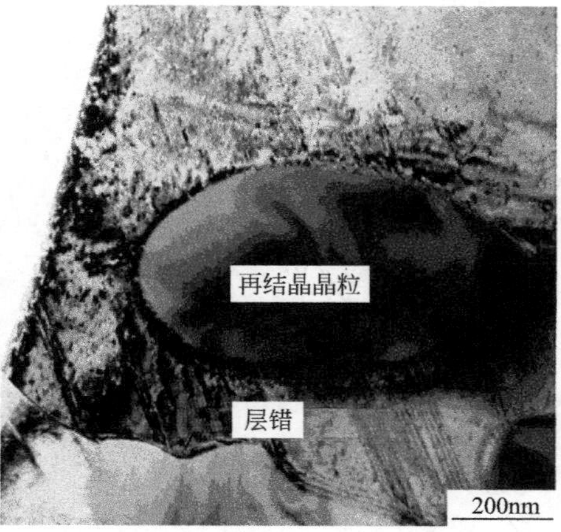

图 4.51　热-力耦合作用下钴基等离子熔覆层中的再结晶晶粒

此外，在 1100℃下压缩量为 50%的组织内发现被晶粒分割开的层错亚结构，如图 4.51 所示，晶粒上下错层的方向完全相同，若无晶粒可将层错结构完好拼接。所以可断定，该晶粒是高温压缩过程中发生的动态再结晶所形成的新晶粒，由于在原本错层位置上形成了新的再结晶晶粒，所以晶粒将层错结构隔断。

如图 4.52 所示（彩图参见目录中二维码），在晶粒内部观察到错综复杂的层错结构，且发现有位错网格出现，该类亚结构均是由热加工过程中晶粒发生塑性变形所产生。在图（a）中原本呈直线分布的层错结构在变形后变为折线形，这是由于热加工过程中晶粒在外力作用下发生塑性变形，随着晶粒发生变形层错也发生变形，变形结束就形成了折线形的层错结构。对于图4.52(b) 中的位错网格结构，则是随着塑性变形的进行，晶体中的位错数目越来越多，因为晶体中存在着在晶体塑性变形时不断增殖位错的位错源，最常见的一种位错增殖机制就是弗兰克-瑞德位错源机制。位错网格形成后将增加金属材料的塑性应力，从而大大增加材料的强度。图4.52(c) 为1100℃压缩后的涂层组织EBSD分析结果，涂层中原有的枝晶完全消失，取而代之的是大量的再结晶小晶粒，这是由于在热-力作用下材料发生再结晶，形成了大量的细小再结晶晶粒。

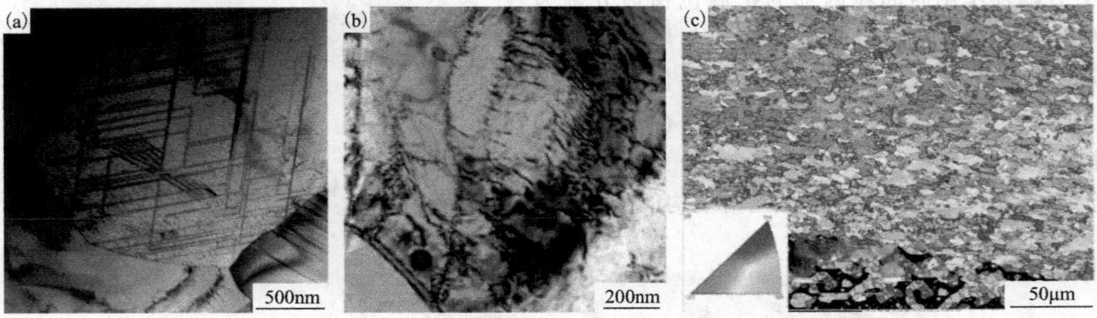

图4.52　热-力作用下产生的亚结构

(a) 晶粒内的层错；(b) 晶粒内的位错网格；(c) 1100℃压缩后的涂层组织EBSD

4.2.3.2　热-力耦合作用下钴基熔覆层表界面的性能演变

为了研究热-压力作用下熔覆层表界面性能的演变规律，对压缩前后的试样进行了硬度测试。由于界面的厚度极小，只有2μm左右，不适合使用传统的显微硬度计进行实验，所以本实验利用纳米压痕测试技术，分别对试样的涂层、界面和基体在高温压缩前后以及不同温度下进行纳米硬度测试，进而了解高温压缩对材料造成的具体影响，并结合应力-应变曲线对其进行综合分析。

首先在高温压缩前对钴基熔覆层表界面结构进行纳米压痕测试，图4.53为实验造成的纳米压痕表面三维形貌，在熔覆层、界面及基体位置各测十个点，取平均值，并将测得的各部分纳米硬度值绘制成曲线图，如图4.54所示。由于研究的重点主要是熔覆层的表面和界面，所以以下分析讨论只关注熔覆层的表面和界面硬度。

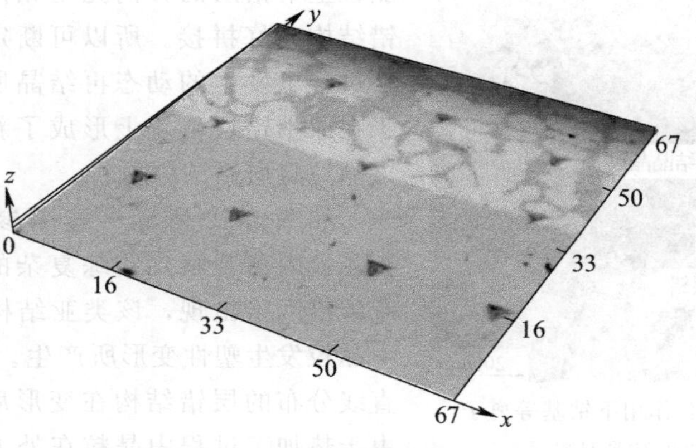

图4.53　纳米压痕表面的三维形貌

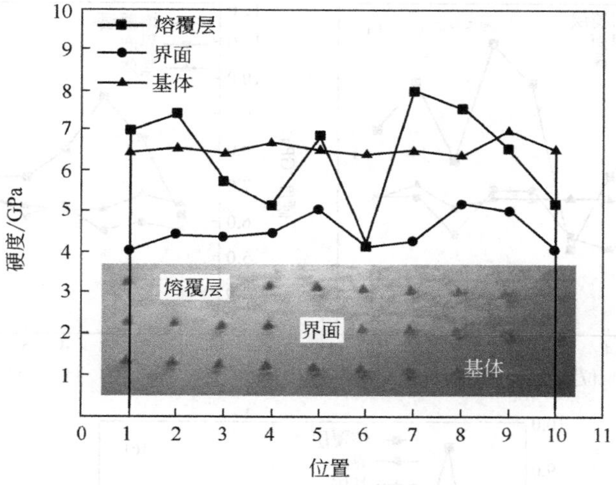

图 4.54　未经高温压缩试样的纳米硬度

从图 4.54 可以看出，基体与界面的硬度较为稳定，界面硬度较低。熔覆层的硬度达到了较大值，这与等离子熔覆层快速冷却组织有关。熔覆层的硬度值波动较大，这是由熔覆材料在高能束等离子弧的作用下，快速加热快速冷却的特点导致其必须经过非平衡冶金反应才能形成熔覆层，由此形成的熔覆层具有一定的组织及成分不均匀性，导致了其不同位置的硬度值不稳定。

为了探究在相同温度下，不同变形量对试样硬度的影响，对在 600℃下分别经过变形量为 30%、40%、50%的压缩试样进行纳米硬度测试。纳米硬度变化曲线如图 4.55(a)、(b) 和 (c) 所示。涂层、界面及基体各位置的硬度平均数值如表 4.4 所示。

表 4.4　不同变形量的试样纳米硬度　　单位：GPa

变形量	涂层	界面	基体
未压缩	5.10	4.51	6.13
30%	8.53	6.03	6.45
40%	8.03	6.12	6.16
50%	6.71	5.73	6.64

结合表 4.4 与图 4.55 可以看出，当变形量为 30%时，熔覆层不同位置的硬度依然有较大程度的波动，说明熔覆层的非平衡组织并没有因为变形量增加而被消除。变形量为 30%的试样相比未压缩的涂层、界面和基体，平均硬度均有所增大，这是因为随着压缩量的增加，产生塑性变形，导致位错密度不断增大，造成位错互相缠结，出现了加工硬化现象。当变形量为 40%时，基体硬度的变化趋于稳定，熔覆层硬度波动依然很大，结合处界面的硬度基本不变，而涂层与基体的纳米硬度有一个小幅度的下降，是因为当变形量增加时，更大的变形量为回复提供驱动力，开始发生回复，消除一小部分内应力，但此时加工硬化还是占据主导地位，动态回复再结晶的速率依然不高。当变形量继续增加达到 50%时，更大的变形量为回复提供更大的驱动力，消除了大部分第一类内应力，导致涂层与界面的硬度都出现明显减小，此时的加工硬化不再强于高温软化作用，也不再占据主导地位。

为了研究在相同变形量下，不同温度对试样纳米硬度的影响情况，对 600℃、800℃、

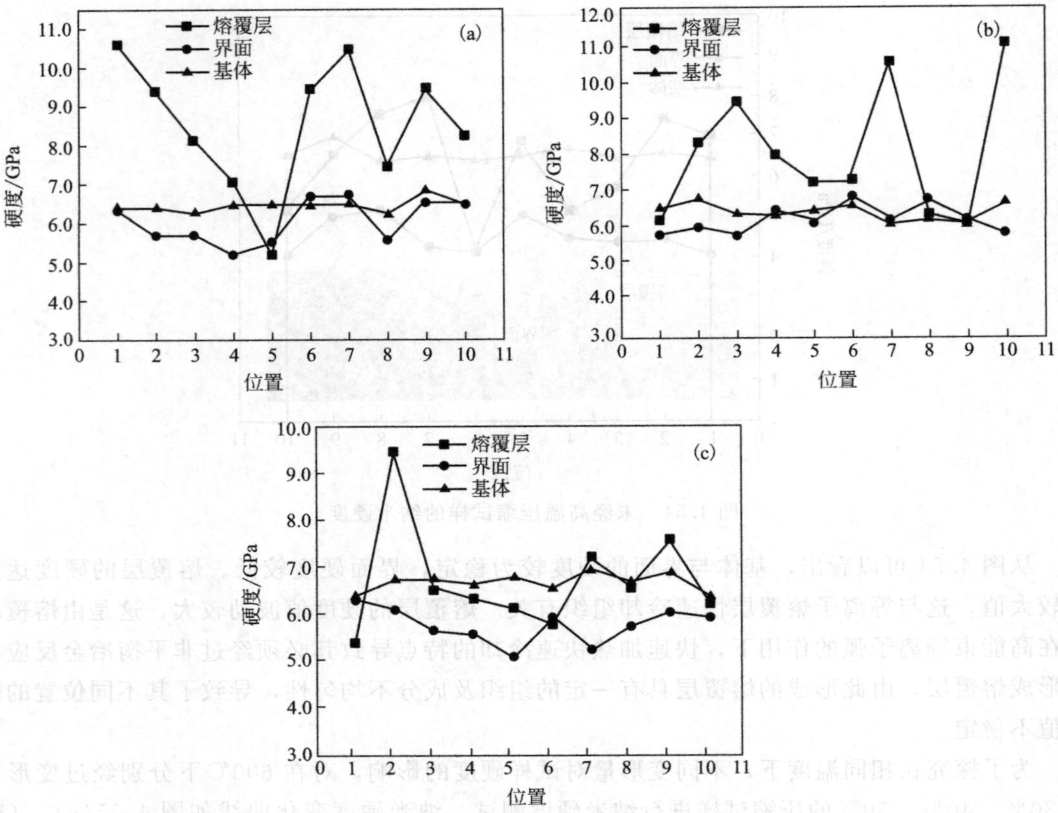

图 4.55　600℃下不同变形量试样的硬度

(a) 变形量为 30%；(b) 变形量为 40%；(c) 变形量为 50%

1100℃温度下经过变形量同样为 50%的高温压缩试样进行纳米压痕测试，结果如图 4.56 所示，各位置硬度平均数值如表 4.5 所示。

表 4.5　不同温度下变形量为 50%试样的纳米硬度　　单位：GPa

温度	涂层	界面	基体
未压缩	5.10	4.51	6.13
600℃	6.71	5.73	6.64
800℃	7.81	5.51	5.98
1100℃	6.12	5.66	5.64

结合表 4.5 与图 4.56 来看，与未压缩的试样相比，当温度变为 600℃时，压缩后样品的涂层、界面及基体硬度均有所增大，且涂层部分的硬度增幅最大。这是因为在温度低于一定值的时候，随着变形量的增加，位错密度开始增大，试样中的内应力增大而引起的加工硬化起主导作用。因此在加工硬化作用下，试样各个位置的硬度都有一定程度的增大。

而当温度升高到 800℃时，由于依然存在等离子熔覆过程中产生的非平衡组织，涂层的硬度波动依然很大。在这个温度下，回复速率有限，随着压缩变形的继续，加工硬化起的主导作用继续增强，涂层的硬度继续增大。界面硬度基本保持稳定。但是基体的硬度出现了减小的趋势，基体材料 FV520B 在 600℃与 800℃之间发生了相变，钢中的马氏体开始转变为

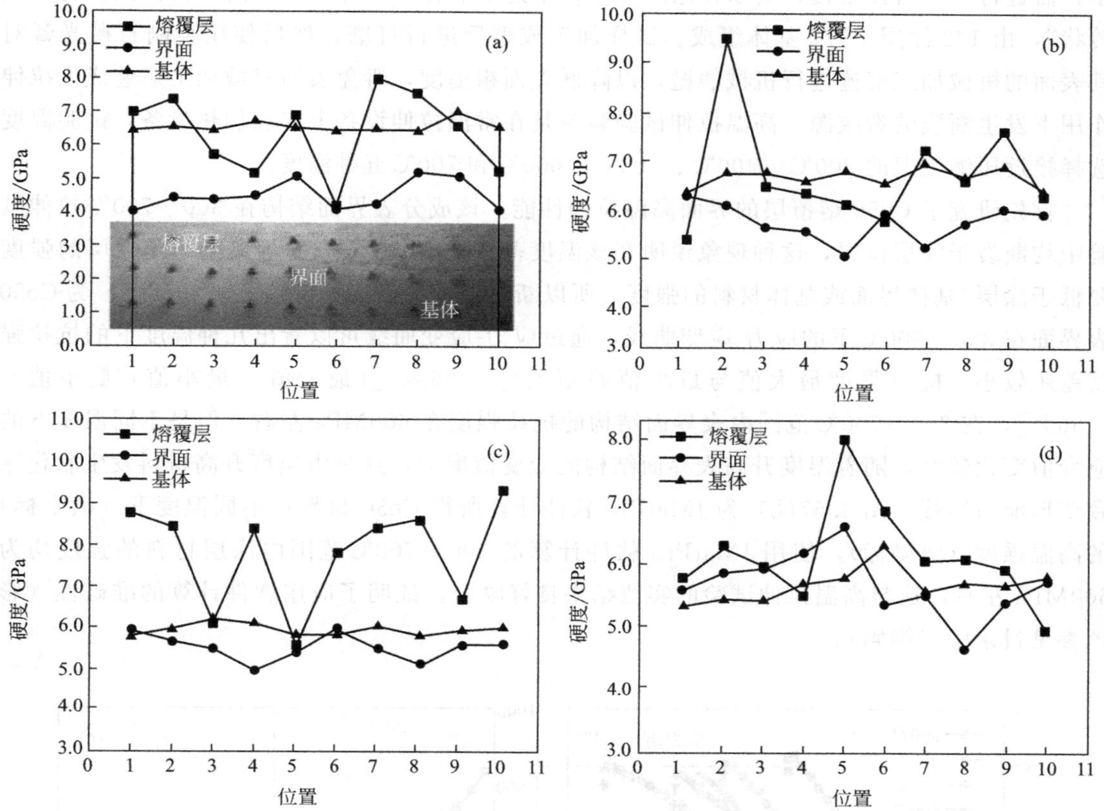

图 4.56 不同温度下试样变形量为 50%时的纳米硬度

(a) 未压缩；(b) 600℃；(c) 800℃；(d) 1100℃

奥氏体，而且温度升高，回复再结晶的驱动力变得更大，回复再结晶率升高，共同导致了基体硬度出现明显的减小，还可以看到基体的硬度波动幅度明显变小。

当温度上升到 1100℃时，界面位置的硬度受到影响不大，基体硬度受相变、回复再结晶的影响继续保持下降趋势，但变化幅度并不大，此时涂层的硬度开始出现明显的减小现象。涂层材料在 1000～1100℃之间发生了相变，同时由于温度上升到一个较高的值，回复再结晶的速率又上升到一个较大幅度，两方面共同作用引起了涂层的软化，动态软化作用使涂层硬度显著减小。因此，表面和界面结构纳米硬度的变化受加工硬化和动态软化两种作用共同控制，当温度较低时加工硬化作用占据主导地位，使材料的硬度增大；当温度升高后材料的动态回复再结晶产生的动态软化作用占据主导地位，使材料的硬度减小。从整个实验过程中来看，无论是压缩量发生变化，还是温度变化，都对界面的硬度影响较小，硬度一直保持在 5.6GPa 左右，证明涂层结构对基体材料起到很好的保护作用，钴基涂层与基体材料之间保持着良好的冶金界面结合。

4.2.4 热-力耦合作用下钴基熔覆层的断裂行为与失效机制

4.2.4.1 钴基熔覆层的高温拉伸性能研究

高温拉伸试样与常温拉伸试样的形状、尺寸均相同，如图 4.27 所示。由于涂层尺寸较小，需进行多层搭接熔覆，所以在涂层和基体中选取非标准拉伸试样。高温拉伸试样为“哑铃状”，由 1/2 涂层+1/2 基体组成。试样加工成型后进行打磨，然后使用金刚石抛光膏对其表面的机械加工痕迹进行机械磨抛，以降低表面粗糙度，避免表面机械加工痕迹成为拉伸作用下发生断裂的裂纹源。高温拉伸试验装备是在常温拉伸设备上安装加热设备，试验温度选择接近压缩工况的 300℃、400℃、500℃、600℃和 700℃五种温度。

首先研究了 Co50 熔覆层的界面高温拉伸性能，该成分表界面结构在 300～700℃拉伸试验中均断裂于涂层位置，这种现象说明在该温度范围内 Co50 成分的等离子熔覆涂层的强度要低于涂层/基体界面或基体材料的强度，所以断裂均发生于涂层位置。图 4.57(a) 为 Co50 表界面在 300～700℃下的应力-应变曲线，通过应力-应变曲线可以看出几种温度下的抗拉强度差距较小，抗拉强度最大值与最小值差距仅为 5.56% [(最大值－最小值)/最小值=5.56%]，在 300～700℃范围内表界面结构的抗拉强度在 600MPa 左右。但是不同温度下的应变值变化较大，随着温度升高表界面结构的应变值增大，这是由温度升高材料发生软化导致变形能力增强。图 4.57(b) 为 JMatPro 软件计算所得 Co50 材料在不同温度下（横坐标）的高温强度（纵坐标），使用 JMatPro 软件计算的 300～700℃范围内涂层材料的强度均为 600MPa 左右，这与高温拉伸试验的实测结果良好吻合，证明了应用软件计算的准确性（彩图参见目录中二维码）。

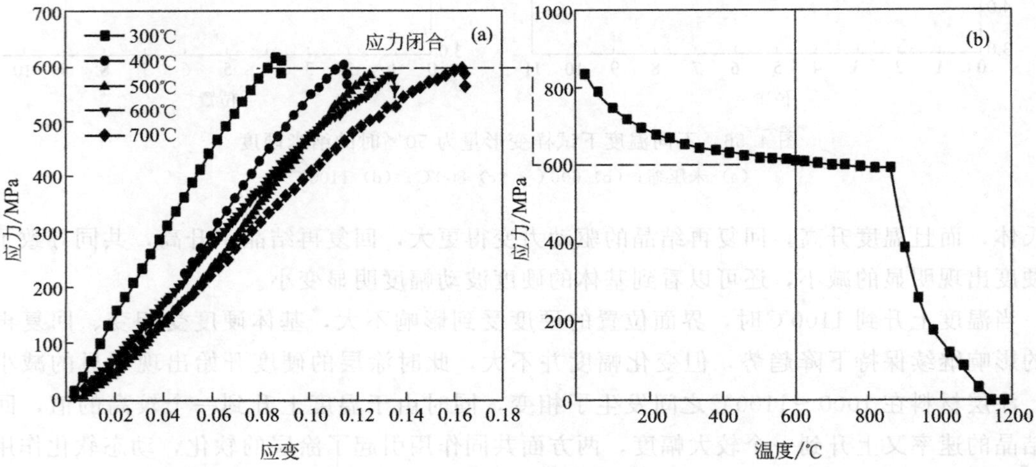

图 4.57 Co50 表界面在不同温度下的应力-应变曲线（a）和 JMatPro 软件计算 Co50 材料在不同温度下的高温强度（b）

为了改善熔覆材料的高温机械性能，在涂层材料中添加了 Nb 和 CeO_2，以下叙述及讨论分别用 A、B 和 C 代表 Co50、Co50+5%Nb 和 Co50+5%Nb+1%CeO_2 三种成分的涂层。表 4.6 为三种成分表界面结构在不同高温拉伸试验中的最终断裂位置。涂层材料为 A 成分时，从 300℃到 700℃的拉伸试样均断裂于涂层位置，这一结果类似于常温拉伸中所产生的失效现象，断裂发生在涂层-界面-基体结构中的最薄弱区域，由于涂层的强度低于涂层/基体界面的强度及基体材料的强度，所以拉伸试验中试样的断裂发生于涂层位置。

表 4.6 三种材料在不同温度下拉伸断裂的位置

涂层	300℃	400℃	500℃	600℃	700℃
A	断于涂层	断于涂层	断于涂层	断于涂层	断于涂层
B	断于涂层	断于涂层	断于涂层	断于基体	断于基体
C	断于涂层	断于涂层	断于基体	断于基体	断于基体

与 A 成分相比，发现加入 Nb 元素之后 B 成分涂层断裂失效的位置发生变化。当温度升至 600～700℃时表界面结构的拉伸断裂失效位置由原来的涂层位置转移到了基体位置，说明涂层材料的强度要高于基体材料的强度，由此可以断定加入 Nb 元素后涂层材料的高温强度得到提升，且在 600～700℃时加入 Nb 元素后的钴基等离子熔覆涂层的强度要高于基体材料的强度。

随着 CeO_2 的加入，C 成分涂层的断裂位置再次发生变化，从 500℃开始一直到 700℃表界面结构的拉伸断裂位置均位于基体处，说明 C 成分不同于 A 成分和 B 成分。在 500℃时 C 成分涂层的强度已经高于该温度下基体材料的强度，同时证明了稀土氧化物 CeO_2 的加入是在 Nb 元素的基础上进一步增强了等离子熔覆层的高温力学性能。自始至终，并未发现样品断裂于涂层和基体间界面的现象，这更有力地证明了涂层与基体材料有良好的冶金结合。

图 4.58 为表界面结构的极限抗拉强度（UTS）随温度变化的曲线。曲线中实心球代表某成分涂层在某温度下失效于涂层位置，空心球代表某成分涂层在某温度下失效于基体位置。总体来说，随着温度的不断升高表界面结构的极限抗拉强度呈现出明显的下降趋势（Co50 成分不同于另外两种成分，变化趋势相对比较稳定），并且随着 Nb 和 CeO_2 的加入涂层材料的高温强度得到了明显的改善。类似于对表 4.6 的分析，在较低温度下涂层的强度低于基体材料的强度，但是随着温度的升高以及 Nb 和 CeO_2 的添加，涂层材料的强度明显要高于基体材料，所以断裂位置从原来的涂层位置转移到了基体位置。综上所述，Nb 和 CeO_2 可以显著改善钴基涂层的高温力学性能。

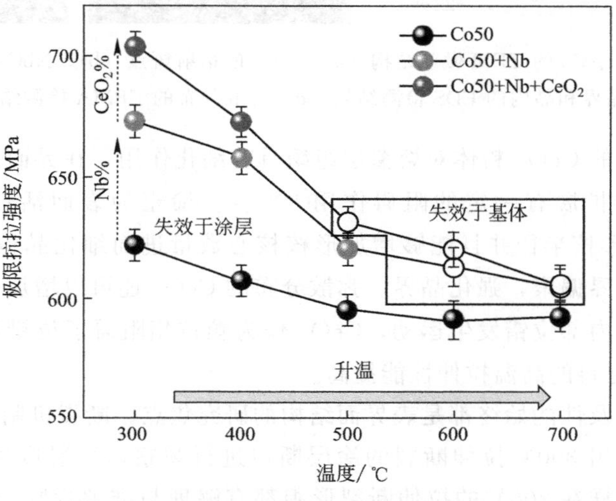

图 4.58 不同温度下三种成分表界面的极限抗拉强度

VA 族元素 Nb 具有体心立方结构（BCC），是高温合金中使用的四种主要难熔元素之一。这些合金化元素，无论是单独添加还是复合添加，都有助于合金的固溶强化、碳化物强化和含 Nb 的析出相强化。Nb 和 Co 元素之间不仅尺寸错配度较大而且晶体结构不同，这就限制了 Nb 在 Co 中的充分溶解，较大的原子尺寸错配度导致 Nb 更容易造成晶格畸变，所以 Nb 的加入将产生严重的晶格畸变，而晶格畸变可与位错相互作用，提高材料强度。Nb 产生的固溶强化可提高熔覆材料的高温强度。其次，Nb 可以增加合金的反相畴界能，从而增大位错切割的阻力，提高熔覆层的高温强度[195,196]。

图 4.59 为 Nb 和 NbC 的分布情况图。NbC 在涂层中被检测到，并且发现 NbC 位于 γ-Co 的晶界位置。图 4.59(d) 表明 Nb 元素主要分布于晶界，只有少量的 Nb 元素分布于晶内位置。图 4.59(e) 中的 EPMA 结果也证明了 Nb 元素大量地分布于晶界位置，晶内含 Nb 量较少。因此，Nb 在结晶过程中钉扎晶界，阻碍晶界迁移，阻碍晶粒长大，起到细晶作用[148,196,197]。此外 Nb 是强碳化物形成元素，在熔覆过程中 Nb 先于其他元素与 C 结合，Nb 的碳化物形成后对等离子熔覆层的性能也会有第二相强化作用，这种碳化物在结晶过程中将在细化晶粒度上发挥重要作用，从而提高等离子熔覆层材料的高温力学性能。

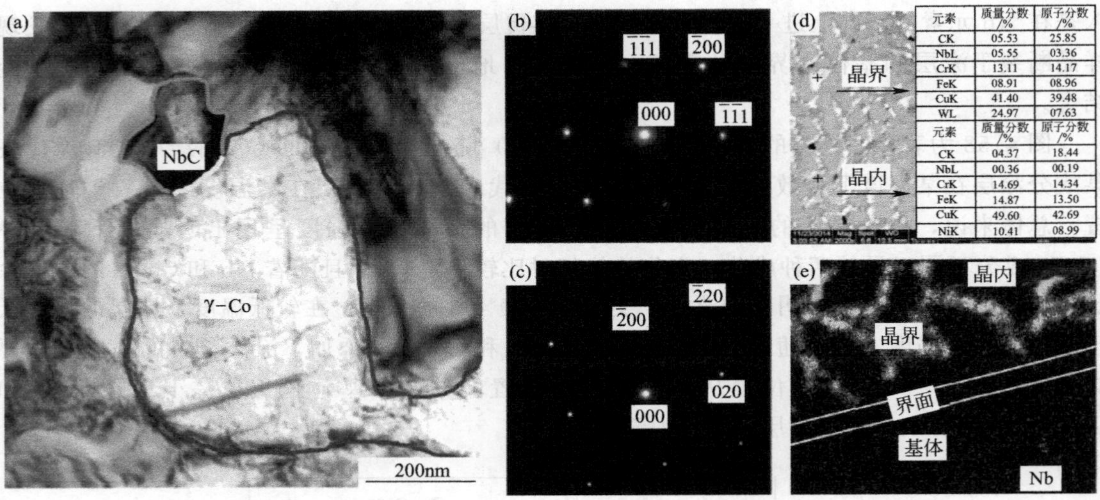

图 4.59 NbC 和 γ-Co 的 TEM 微观结构 (a)；γ-Co 的衍射斑点 (b)；NbC 的衍射斑点 (c)；Nb 在晶界和晶内的 EDS 检测结果 (d)；Nb 分布的 EPMA 检测结果 (e)

有研究表明适量的 CeO_2 粉体对熔覆层组织具有细化作用，在界面区产生裂纹后，适量的 CeO_2 对于裂纹的扩展有一定的阻碍作用[198-200]。稀土为表面活性元素，稀土氧化物 CeO_2 可以减小临界形核半径并且能够增加形核核心数量进而细化晶粒。此外，CeO_2 还可以阻止杂质元素在晶界偏聚，强化晶界。弥散分布的 CeO_2 还可以增加位错运动的阻力，在高温拉力作用下材料内部位错发生运动，CeO_2 作为颗粒相阻碍了位错运动[117]。因此加入 Nb 和 CeO_2 后涂层材料的高温拉伸性能提高。

涂层材料的组织及性能始终都是表界面结构的研究焦点，断裂机制也是材料失效后的重点研究方向，所以选出 300℃ 拉伸断裂的涂层断口进行观察，涂层典型断裂形貌如图 4.60 所示。三种成分的试样在 300℃ 的拉伸断裂形貌都有解理与准解理断裂特征，即解理台阶、河流花样和撕裂棱。楔形裂纹仅出现在图 4.60(a) 的 Co50 涂层中，楔形裂纹的形成主要是因为界面结合强度薄弱。但是楔形裂纹并未在加入 Nb 和 CeO_2 的涂层中观察到，这主要是由于 Nb 加入后以固溶态或者析出态存在于晶界位置，钉扎晶界使晶界强化；而 CeO_2 加入后明显减少了涂层晶界中的黑色脆性相。所以，两者加入后都会增强晶界的强度，以至于在断口形貌中无楔形裂纹存在。

在 CeO_2 加入后，形成了更多的由塑性变形所导致的撕裂棱，说明 CeO_2 有提高材料变形能力的作用。此外在图 4.60(b) 和 (c) 中出现了更多的微孔，微孔是由第二相和夹杂物的破裂，或第二相和夹杂物与基质分离所造成。因此在加入 Nb 和 CeO_2 后晶界得到强化，而且伴有微孔聚集型韧性断裂，在高温下涂层材料的变形能力亦增强。

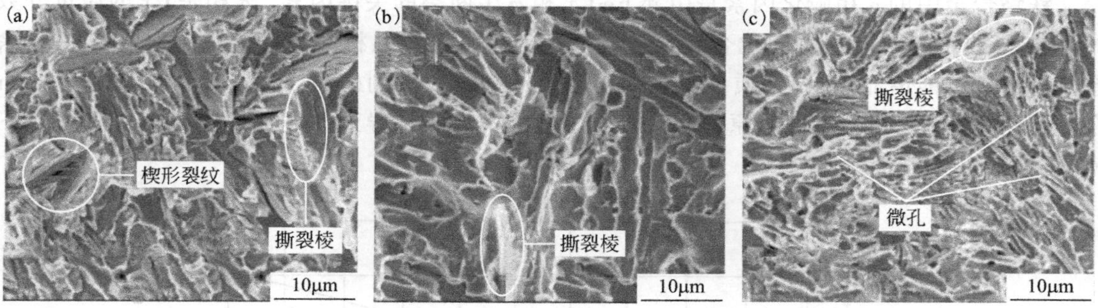

图 4.60　三种成分涂层 300℃时的断口形貌

(a) Co50；(b) Co50+5%Nb；(c) Co50+5%Nb+1%CeO_2

4.2.4.2　热-力耦合作用下钴基熔覆层的失效机制

为了深入了解涂层材料热-力耦合作用下的行为特点，拓宽其实际应用范围，采用 TEM 对涂层断裂前沿进行观察，并对钴基复合涂层的断裂机制进行分析。图 4.61(a) 为 TEM 下观察到钴基涂层断裂前沿的显微裂纹，图 4.61(b) 为图 4.61(a) 的局部放大图，图 4.61(c)

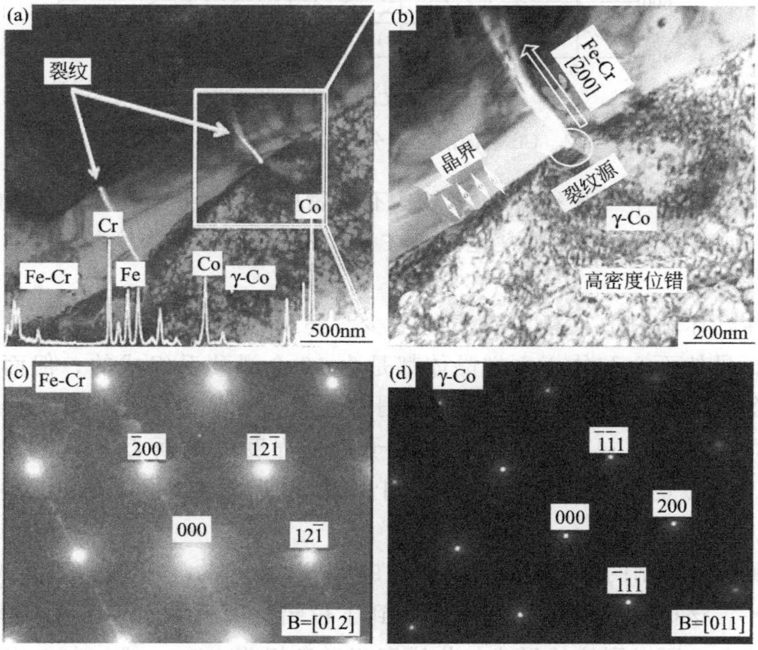

图 4.61　Co50 涂层断裂前沿的显微裂纹 (a)；局部放大图 (b)；Fe-Cr 衍射斑点 (c)；γ-Co 衍射斑点 (d)

和（d）分别是 Fe-Cr 和 γ-Co 两相的 SAED 斑点。通过 EDS 及 SAED 分析可知，图中有 Fe-Cr 和 γ-Co 两相，Fe-Cr 相为体心立方结构，而 γ-Co 相为面心立方结构，在拉伸垂直方向观察到两处裂纹［图 4.61(a)］，且裂纹均位于 Fe-Cr 相位置，在 γ-Co 位置无裂纹产生。在图 4.61(b) 中，根据显微裂纹的形貌及位置可知裂纹萌生于两晶粒的交界处（图中圆圈位置）。因为裂纹出现在 Fe-Cr 相位置而不是 γ-Co 相位置，由此可知 Fe-Cr 相的脆性较大，裂纹更倾向于在脆性相中扩展，所以 Fe-Cr 是首先发生断裂的晶粒，裂纹沿着［$\bar{2}00$］方向扩展，而 γ-Co 的塑韧性要比 Fe-Cr 相的塑韧性更好。

铁铬合金中的 σ 相脆化因素是引起 Fe-Cr 相发生断裂的关键因素，σ 相是 Cr 的质量分数约为 45%的典型铁铬金属间化合物，σ 相的存在将明显降低材料的塑韧性[201,202]。钴基涂层元素分析的能谱显示 Cr 的质量分数为 45%，在 600℃下刚好为 σ 相，如图 4.62 中 Fe-Cr 合金相图所示。σ 相无磁性，原子间共价电子数的不均匀性导致其硬而脆，所以外力作用下 Fe-Cr 更容易发生断裂[203]。

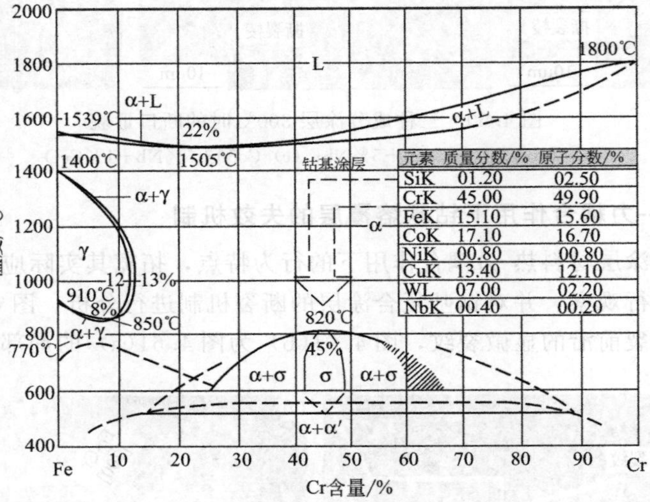

元素	质量分数/%	原子分数/%
SiK	01.20	02.50
CrK	45.00	49.90
FeK	15.10	15.60
CoK	17.10	16.70
NiK	00.80	00.80
CuK	13.40	12.10
WL	07.00	02.20
NbK	00.40	00.20

图 4.62　Co 基涂层元素分析及铁铬二元合金相图

同时在图 4.61(b) 中可观察到 γ-Co 相中有高密度的位错。图 4.63 为 γ-Co 相中位错的高倍率观察图，通过该图可以更清楚地看出在 γ-Co 相中存在高密度的位错，并且位错之间具有明显的缠结现象。

此外，塑性好坏不只取决于滑移系的多少，还与滑移面上原子的密排程度和滑移方向的数目有关。虽然面心和体心立方晶体都是由 12 个滑移系组成的，但面心立方的滑移面有4 个，滑移方向有 3 个，而体心立方的滑移面有 6 个，滑移方向只有 2 个，面心立方的滑移方向多，同时体心立方滑移面上的原子密排程度也比面心立方金属低，因此面心立方金属塑性比体心立方要好[204]。综合以上因素，所以裂纹在晶界处萌生后向 Fe-Cr 相中扩展。

在关于金属断裂机制的研究中，Zener（1948）和 Koehler（1952）等共同研究了裂纹形核的概念[205,206]。该概念的成型是基于观察到了位错在障碍物前塞积后阻碍滑移和运动，最后形成裂纹核心，所以裂纹的形成与位错塞积息息相关。Zener[205] 在 1948 年首先提出位错塞积理论。在滑移面上的临界分切应力作用下，刃型位错沿着滑移面滑移，在晶界前受阻

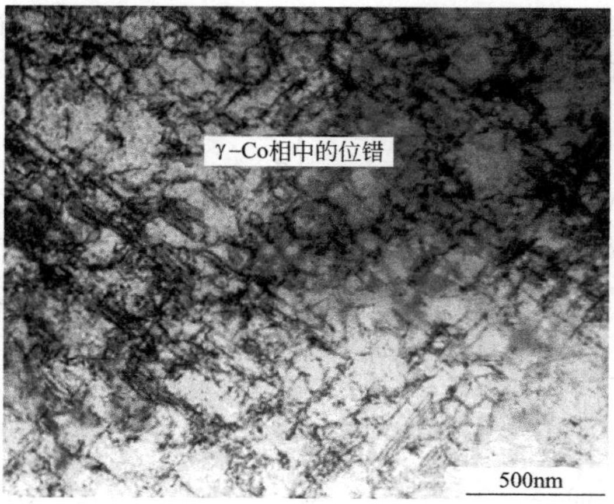

图 4.63　γ-Co 相中的位错

并互相靠近形成位错塞积。当切应力达到某一临界值时，塞积头处的位错互相挤紧聚合而成为高为 nb、长为 r 的楔形裂纹（或孔洞形位错）。Stroh 指出，如果塞积头处的应力集中不能为塑性变形所松弛，则塞积头处的最大拉应力 $\sigma_{\max}$ 能够达到理论断裂强度值而形成裂纹。

当滑移面与拉应力的方向呈 70.5°角（θ）时，拉应力将达到最大值，此值近似为：

$$\sigma_{\max}=(\tau-\tau_i)\left(\frac{d/2}{r}\right)^{\frac{1}{2}} \tag{4.8}$$

式中　$\tau-\tau_i$——滑移面上的有效切应力；

d——晶粒直径，从位错源到塞积头的距离可视为 $d/2$；

r——自位错塞积头到裂纹形成点的距离。

可推导出，理想晶体沿解理面断裂的理论断裂强度 σ_m 为：

$$\sigma_m=\left(\frac{E\gamma_s}{a_0}\right)^{\frac{1}{2}} \tag{4.9}$$

式中　γ_s——表面能；

a_0——原子晶面间距；

E——弹性模量。

如此形成裂纹的力学条件为：

$$(\tau-\tau_i)\left(\frac{d}{2r}\right)^{\frac{1}{2}}\geqslant\left(\frac{E\gamma_s}{a_0}\right)^{\frac{1}{2}} \tag{4.10}$$

$$\tau_f=\tau_i+\sqrt{\frac{2Er\gamma_s}{da_0}} \tag{4.11}$$

式中　τ_f——形成裂纹所需要的切应力。

若式(4.11) 中的 r 与晶面间距 a_0 相当，且 $E=2G(1+\nu)$，ν 为泊松比，则上式可以写成：

$$\tau_f=\tau_i+[4G\gamma_s(1+\nu)]^{\frac{1}{2}}d^{-\frac{1}{2}} \tag{4.12}$$

以上所述主要涉及解理裂纹的形成，并不意味着由此形成的裂纹将迅速扩展而导致金属材料的完全断裂失效。根据位错塞积理论，无论单晶体金属还是多晶体金属，裂纹的形成势必与塑性变形息息相关，而金属材料的塑性变形以位错运动为主要形式，因此裂纹的形成与位错运动有直接关系。实际解理断裂过程包括图 4.64 所示的三个阶段：由塑性变形形成裂纹；裂纹在某一晶粒内部初期长大；裂纹越过晶界向相邻晶粒扩展，最后导致材料失效。

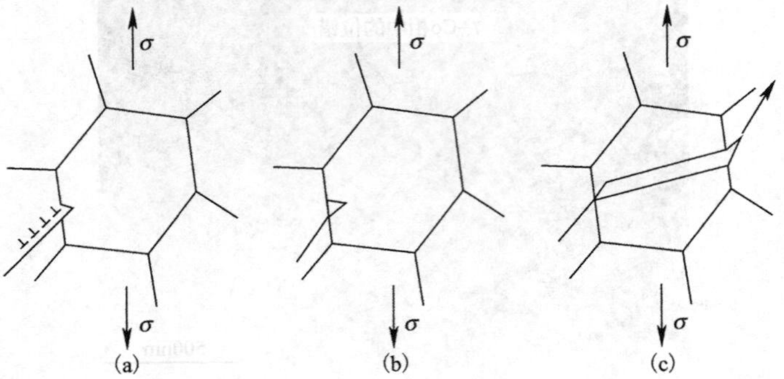

图 4.64　位错塞积理论导致裂纹形成原理图

(a) 裂纹萌生；(b) 裂纹扩展；(c) 裂纹穿过晶界扩展

如前所述，在钴基复合涂层 γ-Co 相内存在高密度位错，在外力作用下高密度位错将在晶界前受阻并互相靠近形成位错塞积，位错塞积头处的应力集中不能被塑性变形所松弛，则塞积头处的最大拉应力能够等于理论断裂强度而形成裂纹，这与 Zener 等人提出的位错塞积理论完全相符，以上只是裂纹形成的第一步，如图 4.64(a)。接下来，图 4.64(b) 展示了裂纹形成的第二步，裂纹在晶界处萌生后向晶粒内部扩展，而对于图 4.61 中的实际情况而言，裂纹势必要向脆性更大的 Fe-Cr 晶粒内扩展，在外力作用下裂纹持续在晶粒内部扩展。图 4.64(c) 为裂纹形成的第三步，在实验中继续施加拉力，裂纹将穿越晶界向相邻晶粒内扩展，直至材料失效。

以上三步即为位错塞积导致材料失效的整体过程，这个过程反映了图 4.61 中涂层材料的断裂机制。热-力耦合作用下在 γ-Co 内形成大量位错，随后位错在晶界处塞积产生较大的应力集中，应力达到理论断裂强度后在晶界处萌生裂纹，继续施加能量将使裂纹在晶粒内部扩展，然后穿越晶界向相邻晶粒扩展。综上，钴基等离子熔覆层裂纹的形成是由位错塞积所导致。

高分辨透射电子显微镜（HRTEM）可以更加直观、清晰地观察到位错结构，有利于进一步深入了解涂层内部的显微组织，观察 γ-Co 相内的位错结构，所以采用 HRTEM 观察了涂层中的 γ-Co 相，结果如图 4.65 所示。由图 4.65(a) 可以看出，γ-Co 内层错结构明显。图 4.65(b) 和 (c) 分别是对于 γ-Co 相的傅里叶变换和傅里叶逆变换，图 4.65(d)、(e) 和 (f) 分别是 γ-Co 相内的三种晶面间距的测量结果。图 4.65(b) 是基于傅里叶变换所得的衍射图 B=Z=[001]，基于傅里叶逆变换对晶面间距进行分析，分析结果与 γ-Co 相的 PDF 卡片（PDF＃150806）完好对应，三个晶面间距非常接近 0.176nm、0.207nm 和 0.207nm。

此外，在傅里叶逆变换的图 4.65(c) 中发现了刃型位错的存在，在连接过程中发现未形成一个完整的回路，图中的白色线、黑色线与红色线分别代表伯氏回路、刃型位错和伯氏矢量。因为其位错线垂直于伯氏矢量，这与刃型位错的特点相同，所以可以确定其为刃型位错。根据此结果可以确认 γ-Co 相中存在刃型位错，可支撑前文对于刃型位错沿着滑移面滑移，在晶界前受阻并互相靠近形成位错塞积的裂纹形成理论。

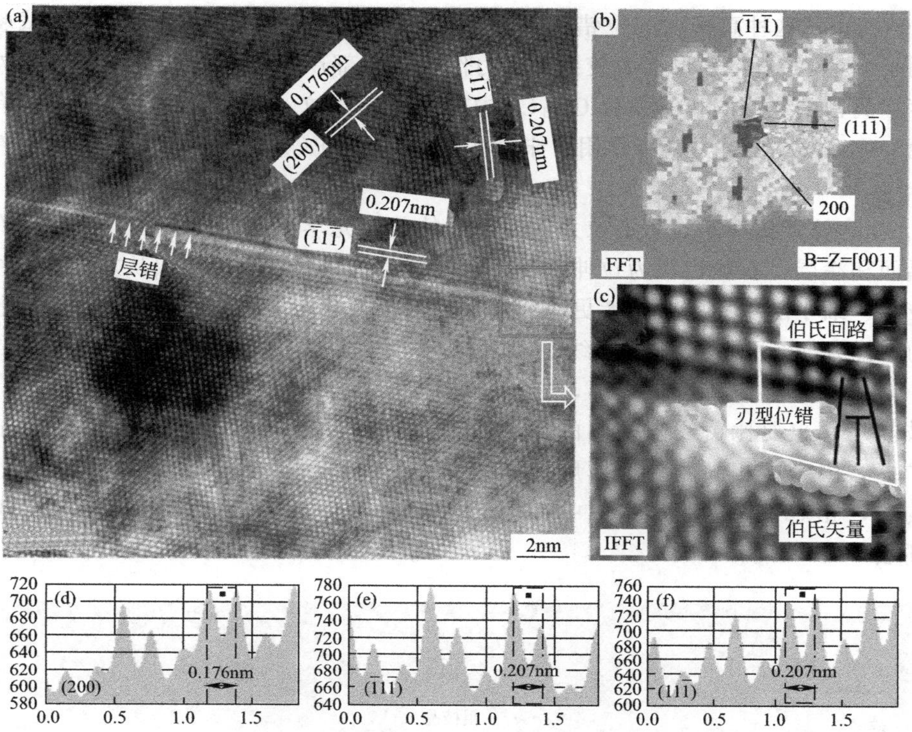

图 4.65 γ-Co 相的 HRTEM 图 (a)；傅里叶变换 (b)；傅里叶逆变换 (c)；三种晶面间距的测量结果 (d)、(e)、(f)

图 4.66 为 γ-Co 和 $Cr_{23}C_6$ 两相间晶界的 HRTEM 图，图 4.66(b) 和 (c) 分别为 $Cr_{23}C_6$ 相的傅里叶变换和傅里叶逆变换，图 4.66(d) 和 (e) 分别为 γ-Co 相的傅里叶逆变换和傅里叶变换。图 4.66(a) 中两相的相界清晰可见并呈现良好结合。在 $Cr_{23}C_6$ 内存在大量的层错结构（图 4.22 分析讨论中已经提及），在相关文献中已经证实这种堆垛层错结构的存在[207,208]，大量层错结构的存在对等离子熔覆层的性能有一定的提升作用。在 γ-Co 相的

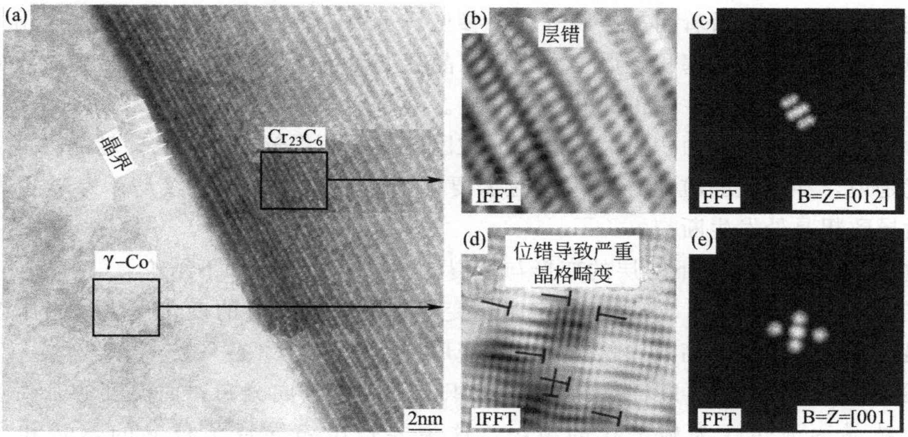

图 4.66 γ-Co 和 $Cr_{23}C_6$ 两相间晶界的 HRTEM 图 (a)；$Cr_{23}C_6$ 相的傅里叶变换和傅里叶逆变换 (b)、(c)；γ-Co 相的傅里叶逆变换和傅里叶变换 (d)、(e)

傅里叶逆变换中发现了大量的位错结构，高密度位错的存在导致了 γ-Co 相的严重晶格畸变[如图 4.66(d)]，这种高密度的位错就是在热-力耦合作用下所产生的。这里的试验结果一方面证明了 γ-Co 的塑性变形能力较好，热力作用下内部产生了高密度的位错，另外一方面同样是存在高密度位错的相邻晶粒 $Cr_{23}C_6$ 中并未出现裂纹，这就肯定了 Fe-Cr 相有较大的脆性，而 $Cr_{23}C_6$ 相在热-力耦合作用下未发生断裂，说明 $Cr_{23}C_6$ 相在高温拉伸条件下的性能较好。

图 4.67 为拉伸试样断裂后沿拉力方向剖开的截面光学形貌的拼接图。从左到右分别为基体、界面和涂层，右侧边缘为拉伸试验中的断裂位置。多道搭接涂层从左到右组织分别为粗大树枝晶、细小晶粒和较前两者更粗大的枝晶，且枝晶均沿着涂层的厚度方向生长（垂直于熔覆的扫描方向)。图 4.67 中白线围起区域为粗大枝晶，枝晶两侧生长出来的二次枝晶尺寸较小，中间位置晶粒比较细小，右侧位置的粗大枝晶周围生长出了较大的二次枝晶，此处的枝晶尺寸也要比黄线内枝晶的尺寸大。根据细晶强化理论，裂纹更倾向于在粗大枝晶处扩展，因为在相同的外力作用下，细小晶粒的晶粒内部和晶界附近的应变相差小，变形较均匀，相对来说因为应力集中而引起的断裂机会更少，所以会在右侧的粗大枝晶处发生断裂。

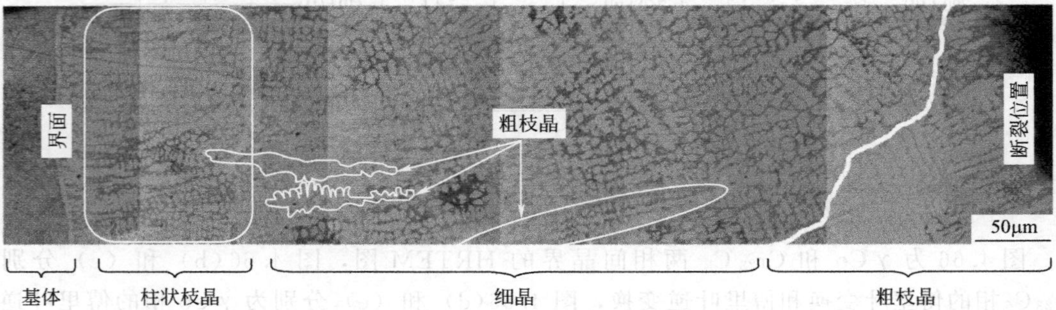

图 4.67　拉伸断裂后截面形貌

图 4.68 与图 4.67 类似，图 4.68(a) 为拉伸断裂后的截面形貌，图 4.68(b) 为相应位置的 EBSD 结果。枝晶沿着涂层厚度方向生长，EBSD 结果更清晰、直观地看到断口前沿处的粗大枝晶，裂纹易于沿着粗晶扩展（彩图参见目录中二维码)。因此在热-力作用下，首先裂纹起源于晶界处的位错塞积，严重塞积后在晶界处萌生显微裂纹，这类显微裂纹同时会形成很多，随后裂纹沿着脆性相扩展并穿越晶界。处于粗大枝晶位置的显微裂纹更容易扩展，这是因为小晶粒区的晶界面积更大，而大晶粒区的晶界面积较小，裂纹穿越晶界需要额外能量。也就是说，穿越大晶粒比穿越小晶粒需要更少的能量，所以裂纹易于穿越粗大枝晶扩展，最后导致粗晶处发生断裂。

通过对热-力耦合作用下涂层的变形与断裂研究，可以得出如下结论：

① 在高温压缩实验中，当温度恒定时，变形抗力随压缩量的变化不大；当压缩量恒定时，因温度升高而产生的高温软化作用导致变形抗力下降。

② 压缩变形量的增加可以使涂层中的组织沿一定的方向分布，而温度的升高会使涂层中长条状枝晶逐渐转变为扁平状的组织，这主要是压缩导致了枝晶的偏转和变形。到 1100℃时，压缩组织中枝晶形态完全消失。界面在整个过程中发生明显的塑性变形，说明界面具有良好的塑性。

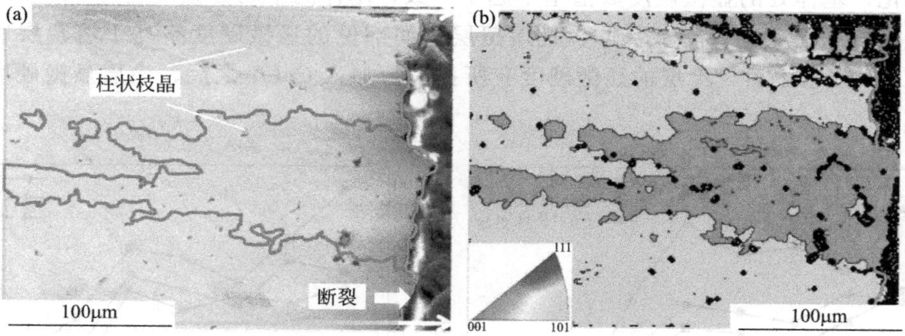

图 4.68 拉伸断裂后截面形貌（a）和断口截面 EBSD 结果（b）

③ 热-力作用后一些晶粒内部的扩展位错与层错交织可被分割为三段：有再结晶晶粒形成，在晶粒内部观察到错综复杂的层错结构及位错网格，并有大量的再结晶晶粒出现。

④ 当温度恒定时，因为塑性变形产生加工硬化作用，导致基体与涂层的硬度随压缩量的增加而增大。当压缩量不变时，因为动态再结晶导致的位错密度减小，涂层与基体的硬度随温度升高出现了减小。界面的硬度值在整个过程中变化不大。

⑤ 在高温拉伸试验中，Co50 表界面结构在 300～700℃拉伸时均断裂于涂层位置，表明在该温度范围内 Co50 涂层材料的强度要低于基体材料的强度和涂层/基体界面的强度。涂层中加入 Nb 之后在 600～700℃拉伸时，断裂位置由涂层转移到基体，同时加入 Nb 和 CeO_2 后在 500～700℃拉伸时断裂于基体位置，说明加入 Nb 和 CeO_2 后涂层的高温强度得到提升，而且其强度高于基体材料的强度。

⑥ 位错塞积是本研究中涂层材料的断裂机制，热-力耦合作用下在 γ-Co 相中产生了高密度的位错，位错在 γ-Co 与 Fe-Cr 晶界处大量塞积，塞积产生较大的应力集中，导致在晶界处萌生裂纹，外力作用下晶界处的裂纹在脆性相 Fe-Cr 内扩展，随后穿越晶界扩展到相邻晶粒直至材料失效。此外，裂纹易于沿着粗大枝晶形成。钴基涂层的断裂是一种以解理、准解理及微孔聚集型断裂为主的复合断裂机制。

4.2.5 热处理对 Co50/Nb/CeO_2 熔覆层力学性能的影响

等离子熔覆过程温度过高，产生的热量过于集中，冷却结束后，基体与涂层的结合处及热影响区残留应力较大，导致涂层的力学性能受到影响。在复杂的工作环境下，涂层容易产生裂纹，进而导致涂层断裂。因此有必要从热处理对钴基等离子熔覆层微观组织及力学性能的改善方面入手，研究不同的热处理对易断裂区的影响，进一步提升熔覆层的性能。同时，有研究表明 FV520B 相变温度在 800℃左右，因而选择低于基体材料的相变温度（700℃）和高于基体材料的相变温度（950℃）两种热处理温度[148]，分析讨论热处理工艺对熔覆层性能的影响及其机制。

4.2.5.1 热处理后熔覆层的显微硬度

图 4.69 为熔覆层热处理前后样品截面的显微硬度分布图。从图 4.69(a) 可以看出，Co50 熔覆层平均硬度为 410$HV_{0.1}$左右，结合处显微硬度为 380$HV_{0.1}$；Co50＋5％Nb 涂层的平均硬度为 450$HV_{0.1}$左右，结合处显微硬度为 400$HV_{0.1}$；Co50＋5％Nb＋1％CeO_2 涂层的平均硬度为 520$HV_{0.1}$左右，结合处显微硬度为 420$HV_{0.1}$。试样的显微硬度在热影响处发

生显著变化，基体处的显微硬度数值基本趋于一致，基体的平均显微硬度为 340$HV_{0.1}$左右。整体来说涂层的硬度显著高于基体，且熔覆层中间部位的显微硬度略高于熔覆层底部和顶端。加入 Nb 元素之后，涂层的显微硬度有所提高。加入 CeO_2 之后，涂层显微硬度的改善较为明显。

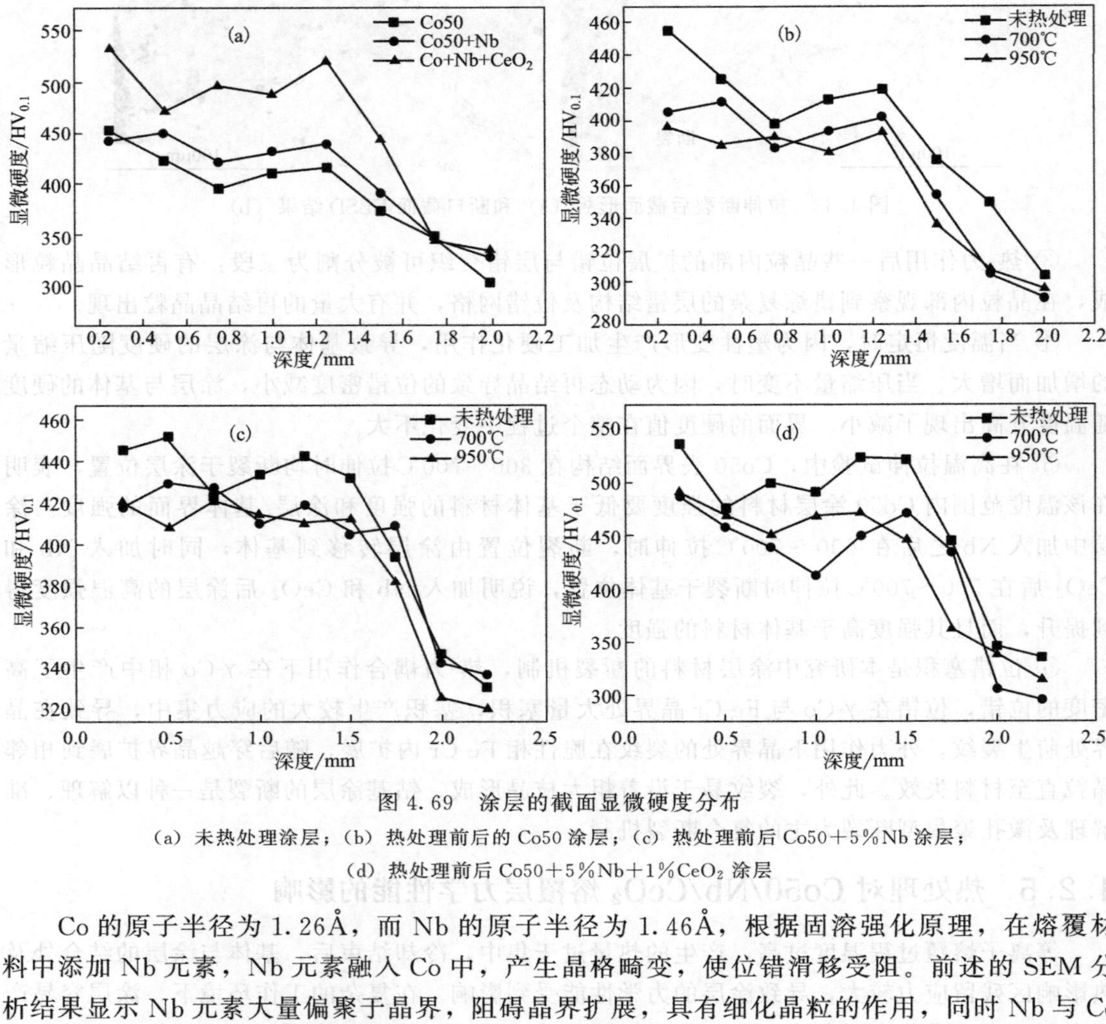

图 4.69 涂层的截面显微硬度分布

(a) 未热处理涂层；(b) 热处理前后的 Co50 涂层；(c) 热处理前后 Co50＋5％Nb 涂层；(d) 热处理前后 Co50＋5％Nb＋1％CeO_2 涂层

Co 的原子半径为 1.26Å，而 Nb 的原子半径为 1.46Å，根据固溶强化原理，在熔覆材料中添加 Nb 元素，Nb 元素融入 Co 中，产生晶格畸变，使位错滑移受阻。前述的 SEM 分析结果显示 Nb 元素大量偏聚于晶界，阻碍晶界扩展，具有细化晶粒的作用，同时 Nb 与 Co 基中的 C 元素发生作用，生成 NbC，NbC 具有弥散强化的作用，在固溶强化、细晶强化和弥散强化的共同作用下，使涂层材料的硬度增大。加入 CeO_2 粉末后，在等离子熔覆过程中，CeO_2 首先与涂层中的 Si、C 等硬质相发生作用，生成细小的弥散相分布于晶界中，使涂层的显微硬度得到明显的改善。在等离子熔覆过程中，涂层底部 Co 与 Fe 基发生稀释现象，有一部分基体元素进入涂层之中，造成涂层与基体的结合界面处显微硬度明显减小。

图 4.69(b)、(c) 和 (d) 为热处理后各个涂层显微硬度对比，图 4.69(b) 为 Co50 涂层经过热处理之后的显微硬度，涂层的显微硬度略有降低，经过 700℃热处理和 950℃热处理之后的显微硬度差距不大。图 4.69(c) 和 (d) 分别为 Co50＋5％Nb、Co50＋5％Nb＋1％CeO_2 涂层的显微硬度，热处理之后显微硬度有所降低，与 Co50 类似。这是因为未热处理的材料熔覆过程中加热、冷却速度极快，形成较小晶粒，硬度较高。另外，较快的加热、冷

却速度导致涂层中残余应力较大，而较大的残余应力使硬度增大。热处理使涂层组织发生重构，热处理之后材料的冷却速度慢，晶粒尺寸相比未热处理的材料略有粗化，并且残余应力减小，两者均会使涂层硬度降低。

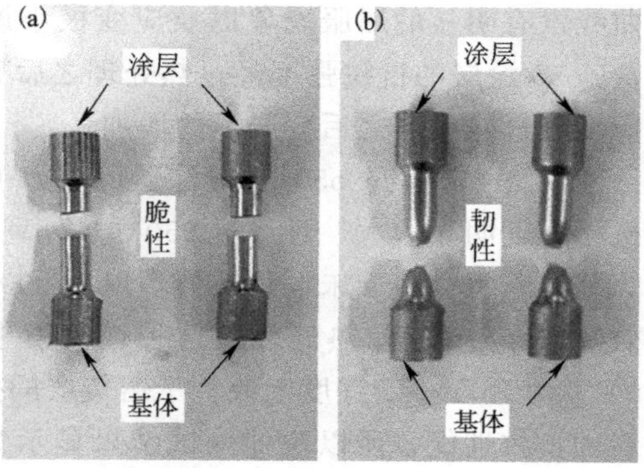

图 4.70　不同热处理温度材料的宏观断裂形貌

(a) 700℃断裂位于涂层（脆断）；

(b) 950℃断裂于基体（韧断）

4.2.5.2　热处理前后材料的拉伸测试

图 4.70 为不同热处理温度后拉伸测试所得的宏观断裂形貌，由图可以看出，热处理温度为 700℃时，断裂发生于涂层处；当热处理温度达到 950℃时，断裂发生于基体处。

图 4.71 为三种不同成分组成的涂层在不同热处理温度下的应力-应变曲线，试样在拉伸应力达到最大值时发生脆性断裂。试样的应力和断裂前最大应变如表 4.7 所示。

表 4.7　试样的应力和断裂前最大应变

热处理温度	Co50			Co50＋5％Nb			Co50＋5％Nb＋1％CeO_2		
	未热处理	700℃	950℃	未热处理	700℃	950℃	未热处理	700℃	950℃
应力/MPa	810	833	846	840	876	931	903	913	951
应变/mm	0.158	0.166	0.189	0.163	0.203	0.455	0.218	0.237	0.401

图 4.71(a) 为 Co50 涂层三种处理方式试样经拉伸测试所得的应力-应变曲线，应力-应

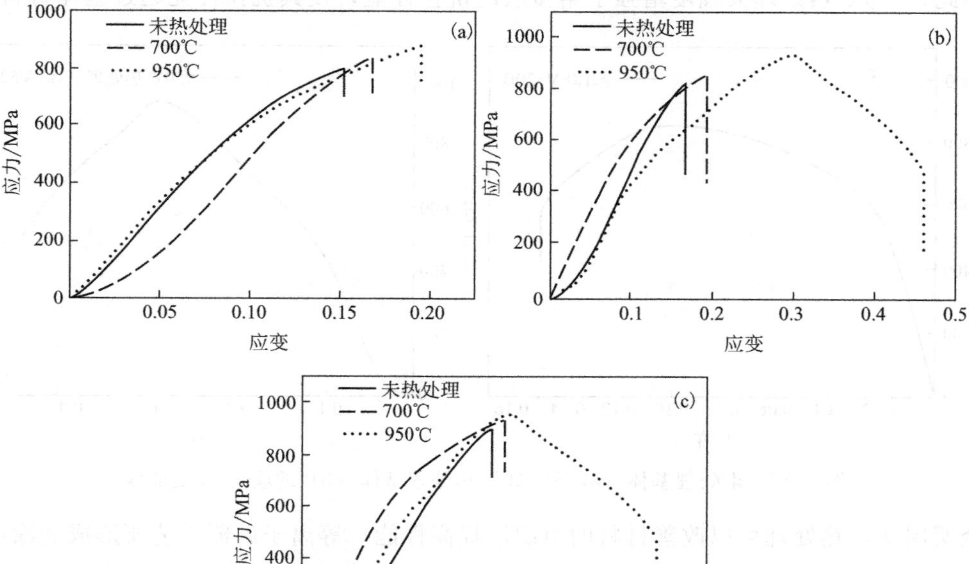

图 4.71　熔覆层热处理后的应力-应变曲线

(a) Co50；(b) Co50＋Nb；(c) Co50＋Nb＋CeO_2

变曲线没有明显的屈服现象以及应变极小说明断裂方式为脆性断裂。经过数据分析可以看出，Co50 涂层的抗拉强度经过热处理之后有所提高，从 810MPa 提高到 846MPa，断裂前最大应变经过热处理之后有明显的增加。

图 4.71(b) 为 Co50＋Nb 涂层的应力-应变曲线，经过 700℃和 950℃热处理之后，涂层的抗拉强度明显增大，且经过 950℃热处理之后出现了特殊现象，试样的断裂由涂层断裂改变为基体断裂。由于未进行热处理以及 700℃热处理的试样拉伸测试结果为涂层材料的断裂失效，而经过 950℃热处理后这种现象发生转变，失效位置位于基体材料。这种现象表明 950℃热处理在一定程度上改善了熔覆层的抗拉性能，最终导致熔覆层的抗拉性能超过基体材料的抗拉性能，所以拉伸测试结果显示为基体材料的断裂失效。涂层断裂方式为脆性断裂，基体断裂方式为韧性断裂。

图 4.71(c) 为 Co50＋Nb＋CeO_2 涂层的应力-应变曲线，经过 700℃和 950℃热处理之后，整体材料的拉伸性能得到显著提高。其中改善效果最为明显的是经过 950℃热处理之后出现了与 Co50＋Nb 涂层 950℃热处理相同的拉伸结果，Co50＋Nb＋CeO_2 成分的断裂失效位置也处于基体。出现这种结果可能有两种原因：热处理提高熔覆层的性能；热处理恶化基体的性能。

为了验证热处理对基体的作用效果，选择未经热处理的基体和经过 950℃热处理的基体进行拉伸测试，记录应力-应变曲线。图 4.72(a) 为未进行热处理的基体材料 FV520B 拉伸测试所得的应力-应变曲线，图 4.72(b) 为经过 950℃热处理的基体材料 FV520B 拉伸测试所得的应力-应变曲线。对比有无热处理两种应力-应变曲线可知，热处理后的抗拉强度及应变得到一定幅度提升，据此，可以确定热处理没有使基体材料的抗拉性能降低，反而有所提高。因此，950℃热处理大幅度增强了熔覆层的抗拉性能，使其抗拉性能超过基体材料。

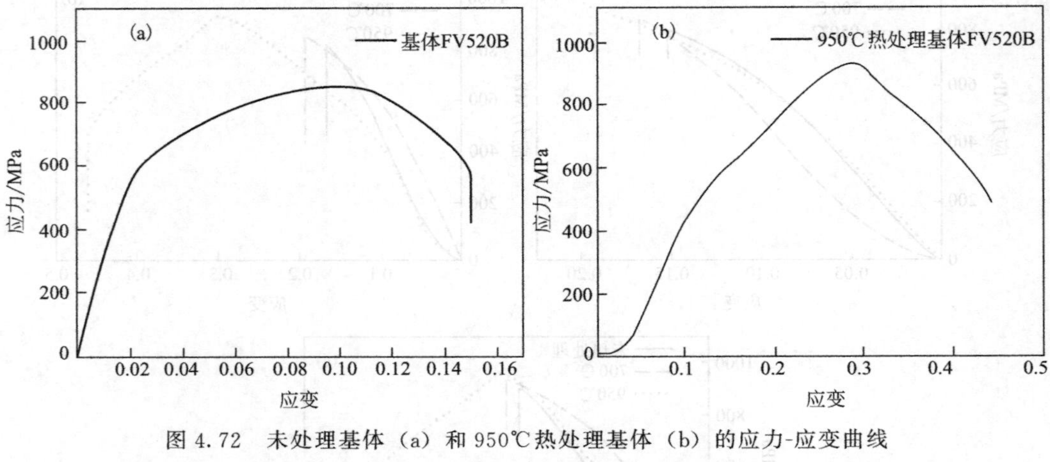

图 4.72　未处理基体（a）和 950℃热处理基体（b）的应力-应变曲线

众所周知，热处理可以改善材料的组织以提高性能。等离子熔覆工艺所形成的涂层，由于加热以及冷却的速度极快，导致等离子熔覆层组织处于亚稳态，在热处理的作用下亚稳态的等离子熔覆层将趋向于稳定态转变[38,39]。除此之外，热处理有着均匀组织、改善偏析、降低残余应力的作用。在 700℃热处理后组织趋于稳态，残余应力减小，因此 700℃热处理后整体材料的拉伸性能得到提高。而在 950℃热处理后这种效果更为明显，更高的热处理温度使亚稳态组织更充分地转变为稳态。

为了分析拉伸试样的断裂机理，对拉伸后的试样断口进行 SEM 分析。图 4.73 为三种不同成分的拉伸试样在不同温度热处理后的断口形貌。

图 4.73(a)～(c) 为 Co50 涂层的断口，为典型的解理断裂，拉伸试样在正应力作用下，由于原子结合键破坏而造成沿一定的晶体学平面断裂，解理台阶呈现河流状花样，根据河流状方向，可以确定晶粒大小和裂纹方向；河流方向在晶界处发生改变，河流的流向为裂纹扩展方向。在 Co50 涂层的拉伸断口形貌中，既有解理台阶，又有撕裂棱，故其断裂类型为解理断裂或准解理断裂。

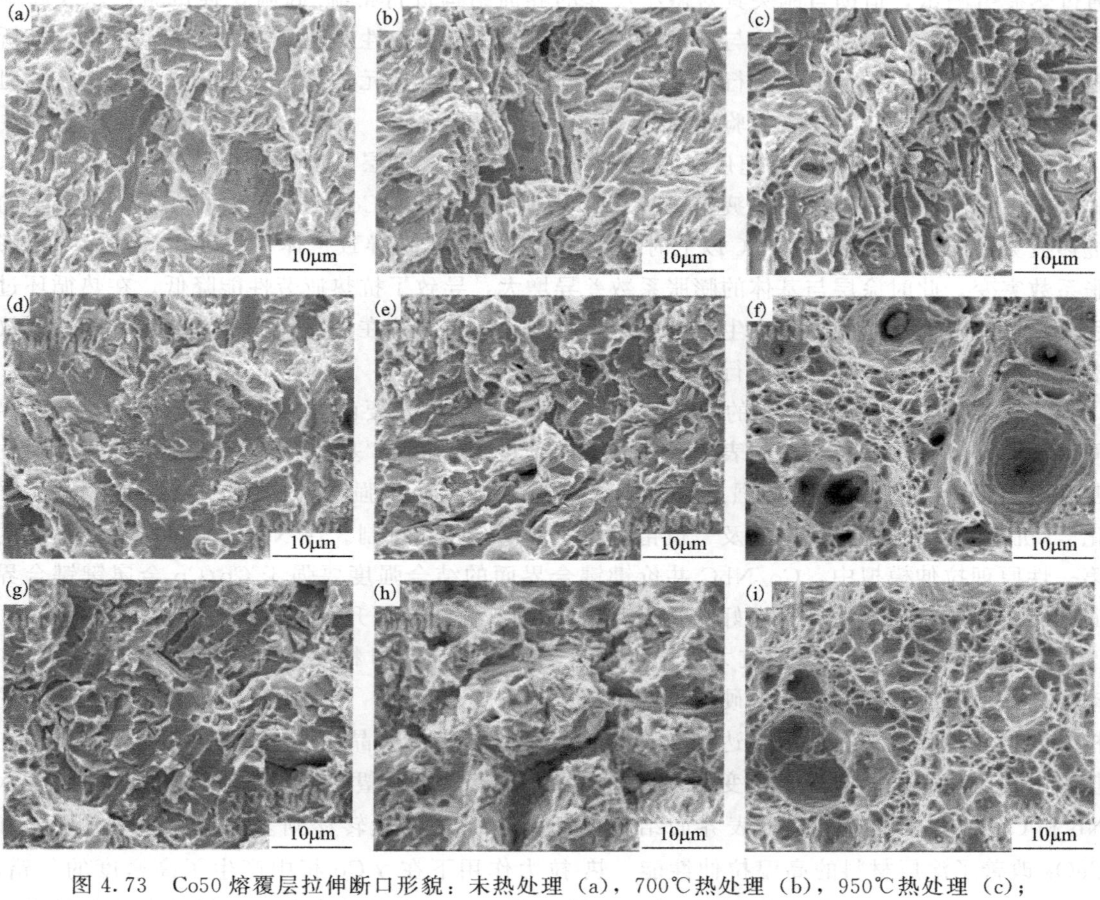

图 4.73 Co50 熔覆层拉伸断口形貌：未热处理 (a)，700℃热处理 (b)，950℃热处理 (c)；
Co50＋5％Nb 熔覆层拉伸断口形貌：未热处理 (d)，700℃热处理 (e)，950℃热处理 (f)；
Co50＋5％Nb＋1％CeO_2 熔覆层拉伸断口形貌：未热处理 (g)，700℃热处理 (h)，950℃热处理 (i)

图 4.73(d)～(f) 为 Co50＋5％Nb 的涂层断口，图 4.73(d) 和 (e) 与 Co50 涂层断口相似，故 Co50＋5％Nb 涂层的断裂方式为解理断裂和准解理断裂。试样经过 700℃热处理后的断口形貌与未热处理时相比并无明显的变化，断口宏观上无明显塑性变形或变形较小，断口平整，具有脆性断裂特征；微观形貌有河流状花样。图 4.73(f) 为拉伸试样经过 950℃热处理之后的断口形貌，涂层的断裂位置发生改变，由涂层断裂变为基体断裂，同时断裂方式发生改变，由脆性断裂变为韧性断裂，断口上分布有大量韧窝。韧窝是金属微观断裂的主要方式，韧窝一般形核于夹杂物、第二相粒子或硬质点处，它是材料在微小的区域内塑性变形产生的微小孔洞经形核、长大、聚集直至最后相互连接在断口上留下断裂痕迹[44]。

图 4.73(g)～(i) 为 Co50＋5％Nb＋1％CeO_2 拉伸试样的断口形貌。未处理之前有明显

的解理断裂特征；经 700℃热处理后，准解理断裂的特征增多；950℃热处理之后，断裂位置发生在基体处，断裂方式为韧性断裂，断口中存在大量韧窝，韧窝中存在大量第二相粒子。

以上采用等离子熔覆技术在 FV520B 基体上制备了钴基复合等离子熔覆层。基于等离子熔覆技术的修复特点及压缩机的实际应用背景，研究了熔覆层表面和界面结构在热、力、以及热-力耦合作用下的服役行为及失效机理，以及热处理对熔覆层性能的影响和作用机制。通过热疲劳测试，借助自制夹具对微小尺寸的界面结构进行常温/高温拉伸试验，以及高温压缩测试，结合微观组织结构与分析，界面热匹配、界面弹性匹配及模拟等技术手段，分析界面结构在不同条件下的失效行为及机理，同时探究了合金元素和稀土氧化物对钴基涂层组织与性能的作用机制。基于实验研究分析结果得到以下结论。

① 由于温度梯度与凝固速度共同的影响，等离子熔覆层从底部到顶部分别为平面晶、胞状晶、柱状晶及等轴晶。热疲劳试验结果表明，600℃时 Co50 的表界面结构具有最好的抗热疲劳性能；温度达到 700℃以上时，基体材料发生相变导致了体积的变化，进而导致膨胀系数突变，此时涂层与基体的膨胀系数差异增大，导致了抗热疲劳性能降低。在热循环过程中界面位置由于膨胀原因产生较大的应力集中，迫使裂纹在应力集中位置萌生，随后裂纹沿着涂层内脆性较大的晶界进行扩展。

② 涂层/基体界面为良好的冶金结合呈平面晶组织，主要由 Fe 和 Co 元素组成，冶金界面为面心立方结构。拉伸试验表明搭接界面的强度低于涂层/基体界面的强度，良好的弹性匹配决定了涂层/基体界面的强度大于粗大晶粒搭接界面的强度。Nb 和 CeO_2 是“细晶强化”“沉淀强化”“净化机制”及“位错强化”的耦合强化机制。在 NbC/γ-Co 相界面系统的第一性原理拉伸模拟中，Co/NbC 共价键键合界面的结合强度要强于 Co/Co 金属键键合界面的结合强度，与母相结合极好的 NbC 相更有助于性能的提升。

③ 高温压缩试验中变形抗力受温度的影响较大。涂层材料硬度值的变化受加工硬化和动态软化的共同支配，界面的硬度值在整个过程中变化不大。变形量的增加可以使涂层中的枝晶发生偏转和变形，而温度达到 1100℃时会使涂层中的枝晶完全消失。涂层/基体界面在整个过程中发生了明显的塑性变形，说明了界面具有良好的塑性。在高温拉伸试验中，加入 Nb 和 CeO_2 后在较高温度下表界面结构的断裂由涂层位置转移到基体位置，表明 Nb 和 CeO_2 改善了涂层材料的高温拉伸性能。热-拉力作用下在 γ-Co 相中产生了高密度的位错，位错在 γ-Co 与 Fe-Cr 晶界处大量塞积，位错塞积产生较大的应力集中，导致裂纹在晶界处萌生，外力作用下晶界处裂纹在脆性相 Fe-Cr 内扩展，随后穿越晶界扩展到相邻晶粒直至材料失效。

④ Co50 涂层加入 Nb 元素之后由于固溶强化和弥散强化的作用，涂层硬度可达到 450HV 左右；加入 CeO_2 之后，由于 CeO_2 具有细化晶粒的作用，涂层的平均硬度为 520HV 左右。经过 700℃和 950℃热处理之后，涂层的显微硬度有所降低，且 950℃热处理效果更显著。

⑤ Co50 试样经过 700℃和 950℃热处理后，仍然在涂层位置断裂；Co50＋Nb 和 Co50＋Nb＋CeO_2 涂层，经 700℃热处理之后从涂层断裂，而经过 950℃热处理之后，断裂发生在基体中。这说明此时在 Nb、CeO_2 强化和热处理的共同作用下，涂层抗拉强度的改善已经优于基体。

4.3 磁场作用下的 Co50/TiC 等离子熔覆层

研究表明，随着磁控技术的不断发展，磁力搅拌作用可以改变凝固结晶方向、细化晶粒组织、减少或消除裂纹的产生[209-215]。磁场具有设备简单、低能耗、低成本等优点。本研究将磁场引入到等离子熔覆层的制备过程中，通过磁场来改变熔池结晶状态以获得组织与性能优良的熔覆层。

本节针对压缩机转子轴的服役工况，通过磁场辅助获得耐磨性优良的熔覆层，以满足转子轴所面临的摩擦工况，因此选择 FV520B 作为基体材料。钴基涂层由于其较好的耐磨性且通常用来修复轴或叶片等零部件，因此以 Co50 作为熔覆材料，并选择了润湿性、化学相容性较好和高模量的 TiC 颗粒（Co50 与 TiC 质量比为 9∶1）作为硬质相以提高耐磨性。

4.3.1 磁场作用下 Co50/TiC 熔覆层的制备

图 4.74 是 Co50 粉末和 TiC 粉末的形貌，两图的右上角为两种粉末的放大形貌，Co50 粉末的形状为球形，TiC 颗粒是不规则形状。由图(b)-1 和图(b)-2 可知 TiC 颗粒由多个晶粒构成，因此可知 TiC 颗粒是多晶体。

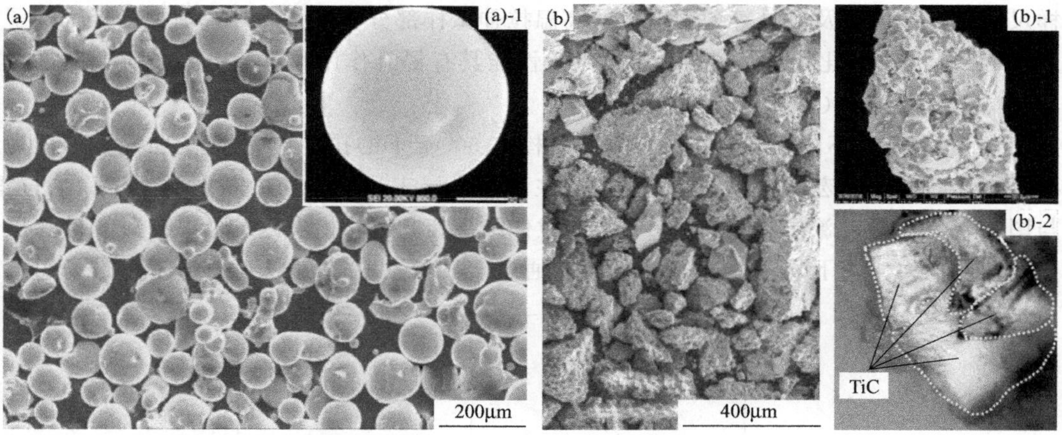

图 4.74 粉末的 SEM 形貌

(a) Co50 粉末；(b) TiC 粉末

图 4.75 是纵向磁场与横向磁场的示意图，纵向磁场的方向垂直于熔覆扫描方向，横向磁场的方向平行于熔覆扫描方向。纵向及横向磁场强度均选择已经优化后的 48mT。在涂层制备前将粉末混合均匀，然后进行干燥。基体经前处理后，使用等离子熔覆设备进行磁场辅助的涂层制备。由于磁场作用与成分差异，选择表 4.8 中的熔覆参数制备涂层。

表 4.8 等离子熔覆参数

参数	电流/A	扫描速度/(mm/s)	送粉速率/(g/min)	送粉气流量/(L/h)	自动提升高度/mm
数值	110	4	10	6	5

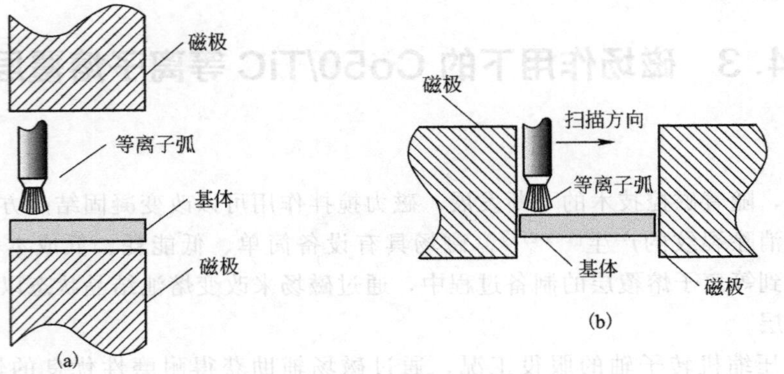

图 4.75　两种磁场的原理示意图

(a) 纵向磁场；(b) 横向磁场

4.3.2　磁场对 Co50 熔覆层界面拉伸性能的影响

为了研究磁场对熔覆层表界面结构性能的影响，考察涂层在热-力耦合作用下的服役情况，对磁场涂层表界面结构进行了 600℃下的高温拉伸测试。由于熔覆层尺寸的局限性，所以需要在无磁场、横向磁场及纵向磁场下进行搭接，然后选取非标准拉伸试验。高温拉伸试样由 1/2 涂层＋1/2 基体组成，为“哑铃状”，试样成型后进行打磨及使用金刚石抛光膏进行抛光，以减小表面粗糙度，避免表面机械加工痕迹成为拉力作用下的裂纹源。取样方式、试样尺寸、拉伸设备及夹具等均与前述的高温拉伸试样部分相同。此外，前文已经证实了合金元素 Nb 及稀土氧化物 CeO_2 对涂层的结合性能具有提升作用，本节主要是研究磁场对涂层的影响，所以选择 Co50 成分涂层进行研究。

图 4.76 为三种不同磁场熔覆层表界面结构在 600℃下的拉伸应力-应变曲线，插图为三种磁场表界面结构的宏观断裂位置示意图。在无磁涂层表界面结构中断裂发生于涂层位置，这与图 4.57 中 Co50 涂层材料在 600℃下的拉伸结果相吻合；横向磁场及纵向磁场的涂层表界面结构在拉力作用下均断裂于基体位置。通过宏观断裂位置可以判断，在无磁场引入时

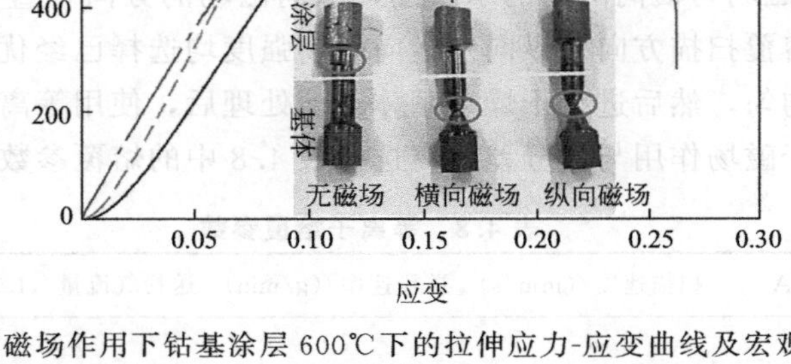

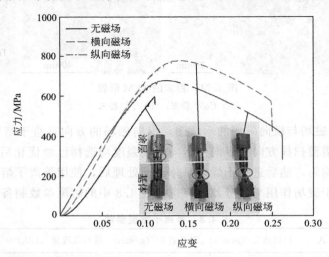

图 4.76　不同磁场作用下钴基涂层 600℃下的拉伸应力-应变曲线及宏观断裂位置

600℃下涂层材料强度低于基体材料，在引入磁场后无论是横向磁场或是纵向磁场均提升了原涂层（无磁涂层）的高温拉伸性能，此时的涂层强度要高于基体材料的强度，所以断裂发生于基体位置。根据三种涂层表界面结构实际断裂位置，断裂发生在基体时出现明显的颈缩现象，可知基体断裂方式为韧性断裂，所以在应力-应变曲线上基体断裂表现出更好的变形能力。反观涂层中发生的断裂为正断方式，且无明显塑性变形。

图 4.77 为三种涂层表界面结构高温拉伸试验的断口形貌。图 4.77(a) 为无磁场涂层表界面结构断裂于涂层位置的断口形貌，根据涂层断口 SEM 图像清晰可见微孔、撕裂棱等特点，根据其断口特征可知涂层断裂机制为以准解理断裂与解理断裂为主的混合断裂机制。此外在涂层中发现了微裂纹，说明了涂层材料有一定的脆性。图 4.77(b) 和 (c) 分别是横向磁场和纵向磁场涂层表界面结构在高温拉伸试验中的断口形貌，两种磁场作用下制备的涂层表界面结构均断裂于基体位置。与图 4.77(a) 相比，断裂材料的不同导致了断口形貌的差异，根据断口 SEM 图像可见有明显的韧窝存在于基体材料的断口处，且在韧窝中存在着较多的第二相，这表明了涂层材料具有良好的韧性，其断裂机制为基体材料的韧性断裂。综上，磁场作用下等离子熔覆层的高温力学性能得到提升，且强度要高于相同条件下的基体材料强度。

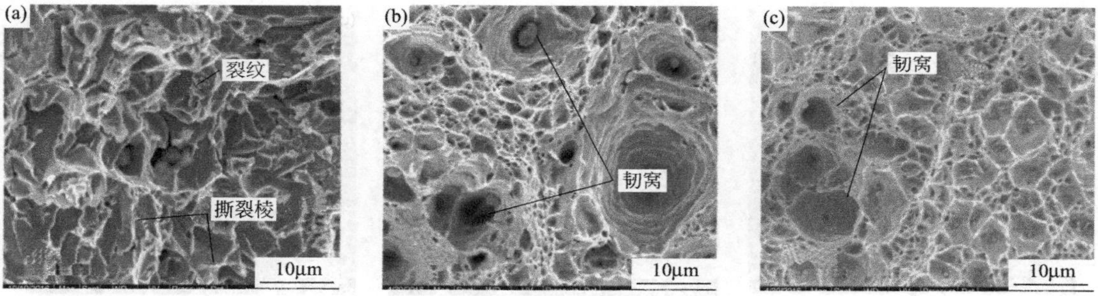

图 4.77　涂层的断口形貌

(a) 无磁场作用涂层；(b) 横向磁场作用涂层；(c) 纵向磁场作用涂层

4.3.3　磁场对 Co50/TiC 熔覆层摩擦学性能的影响

图 4.78 为三种制备条件下 Co50/TiC 涂层的摩擦系数随摩擦磨损时间的变化曲线和磨损失重图。图 4.78(a) 中，无磁场、纵向及横向磁场作用下的涂层平均摩擦系数分别为 0.78、0.42 和 0.32。对于横向磁场和纵向磁场作用下制备的涂层而言，摩擦系数曲线在摩擦磨损试验进行的前 30min 内并不稳定，稳定磨损出现在摩擦开始后的 30min 内，但是对于无磁场涂层而言，在整个磨损的 60min 内，摩擦系数均保持不稳定状态。这种不稳定的磨损状态可能与熔覆层中硬质相状态有关。图 4.78(b) 是三种不同磁场作用下涂层的磨损失重结果。根据柱状图的对比可知横向磁场涂层和纵向磁场涂层的失重都小于无磁场涂层。无磁场、纵向磁场和横向磁场涂层失重的具体数值分别是 3.6mg、2.8mg 和 2.5mg，通过失重可以看出引入磁场的涂层比无磁场涂层具有更优良的耐磨性能，而横向磁场的涂层为最佳。

图 4.79 是磨痕形貌及能谱分析结果，三种涂层的磨痕中均存在氧化现象，同样存在磨削和浅槽，表明三种涂层磨损机制是包含氧化磨损、磨粒磨损和黏着磨损的复合磨损机制。

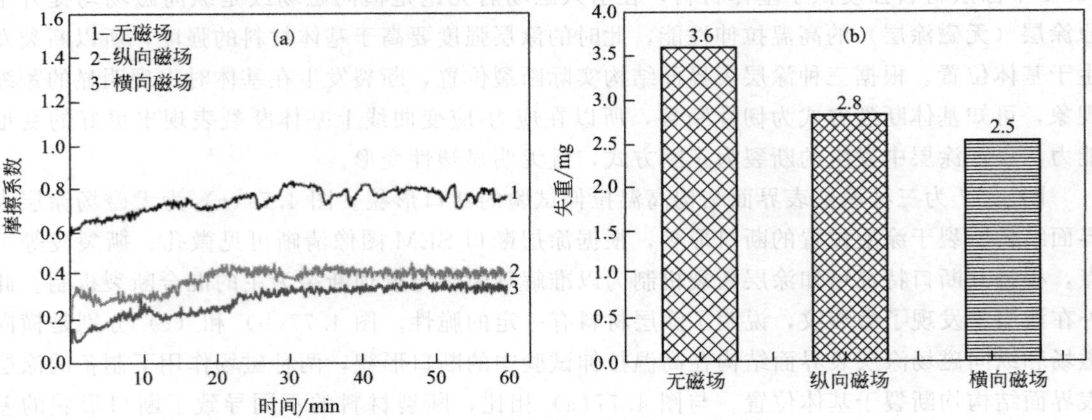

图 4.78 熔覆层的摩擦曲线（a）及其摩擦失重（b）

但是，在无磁场涂层中出现了严重的剥层现象，如图 4.79(a)，而在横向磁场和纵向磁场涂层内均未发现剥层现象，并且横向磁场和纵向磁场涂层中凹槽减少甚至消失。在横向磁场涂层磨损表面，磨屑减少且尺寸减小，磨损机制由黏着磨损主导。

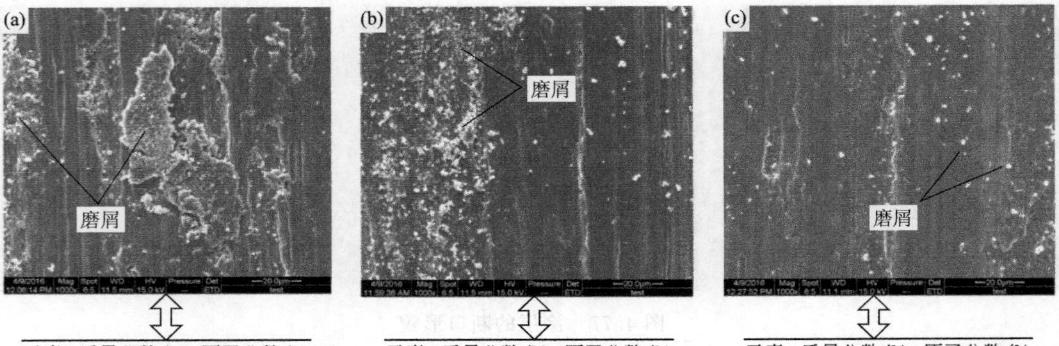

(a)

元素	质量分数/%	原子分数/%
C	05.65	12.38
O	33.76	55.52
Si	09.47	08.87
W	03.06	00.44
Ti	06.18	03.40
Cr	08.26	04.18
Fe	07.95	03.75
Co	21.99	09.82
Ni	03.68	01.65

(b)

元素	质量分数/%	原子分数/%
C	02.95	07.72
O	24.91	49.04
Si	07.69	08.62
W	04.04	00.69
Ti	02.69	01.77
Cr	11.61	07.04
Fe	15.87	08.95
Co	26.11	13.95
Ni	04.14	02.22

(c)

元素	质量分数/%	原子分数/%
C	02.40	07.86
O	14.03	34.47
Si	03.32	04.65
W	05.69	01.22
Ti	01.46	01.20
Cr	16.89	12.77
Fe	08.97	06.32
Co	40.84	27.34
Ni	06.38	04.27

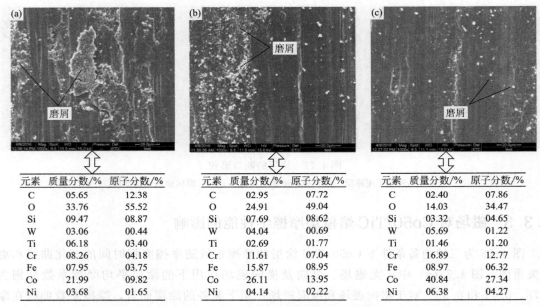

图 4.79 涂层的磨痕形貌及能谱分析结果

（a）无磁场涂层；（b）纵向磁场涂层；（c）横向磁场涂层

综上，在磁场作用下制备的横向磁场涂层和纵向磁场涂层要比无磁场作用的涂层具有更优异的抗磨损性能，说明横向磁场和纵向磁场作用都可以改善等离子熔覆层表面的耐磨性能。

4.3.4 磁场对 Co50/TiC 熔覆层表面冲蚀磨损性能的影响

在实际工况下，材料会面临着各种角度的冲蚀磨损，由于冲蚀角度对冲蚀磨损有一定的影响，所以选择几种冲蚀角度进行试验研究，以了解角度对冲蚀磨损的作用规律。图 4.80

为三种涂层在不同冲蚀角度（30°、60°和 90°）下的冲蚀失重结果。明显可见，横向磁场涂层在各个冲蚀角度下都具有最小的冲蚀失重，其次是纵向磁场涂层，无磁场涂层在三种冲蚀角度下的冲蚀失重量都是最大的。冲蚀失重随着冲蚀角度增大而增加，符合脆性材料高角度冲蚀失重大的规律，当最大冲蚀角为 90°时冲蚀失重最大。

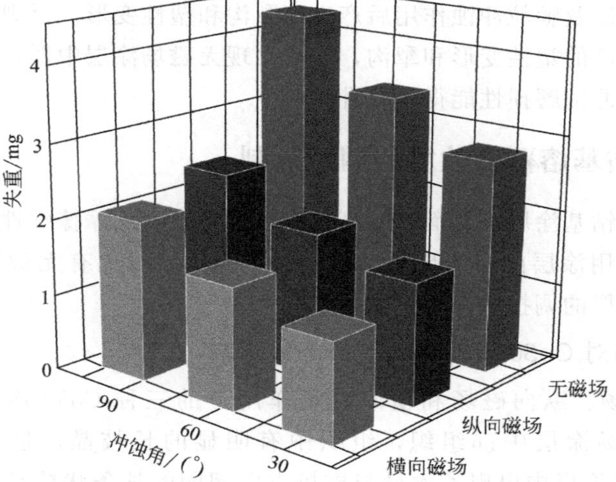

图 4.80　三种涂层在不同冲蚀角度下的冲蚀失重

为了研究不同冲蚀角度下的冲蚀磨损机理，选取冲蚀角为 30°和 90°的冲蚀表面进行组织观察，如图 4.81 所示。

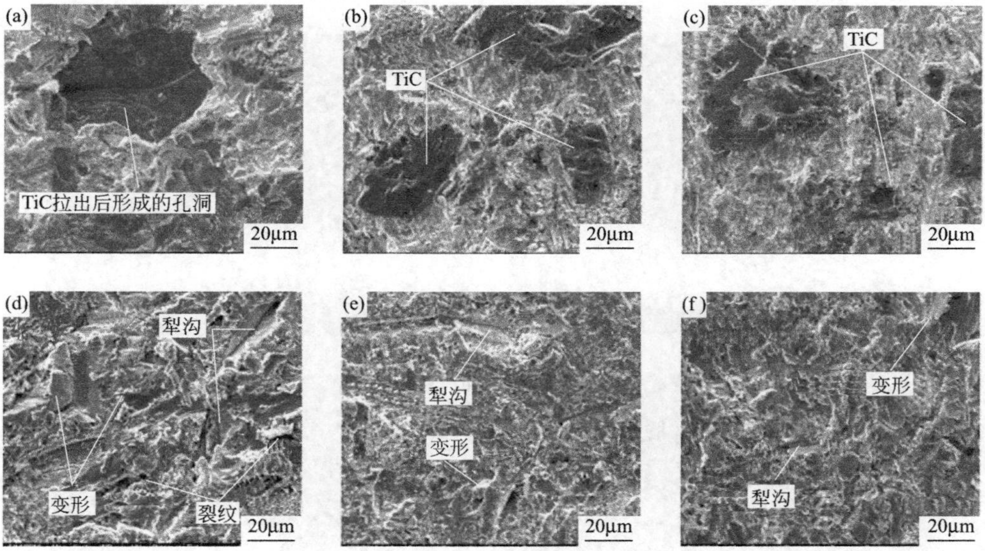

图 4.81　涂层冲蚀磨损表面的组织观察

90°冲蚀角：(a) 无磁场涂层；(b) 纵向磁场涂层；(c) 横向磁场涂层；

30°冲蚀角：(d) 无磁场涂层；(e) 纵向磁场涂层；(f) 横向磁场涂层

图 4.81(a)、(b)、(c) 为三种钴基等离子熔覆层在 90°冲蚀角下的冲蚀磨损形貌，图 4.81(d)、(e)、(f) 为三种钴基等离子熔覆层在 30°冲蚀角下的冲蚀磨损形貌。由图 4.81

(a) 可以看出，在无磁场涂层中 TiC 颗粒在冲蚀粒子的作用下被拉出，说明无磁场涂层中 TiC 和 Co50 涂层的结合较差，在该试验条件下冲蚀外力或外来颗粒冲击的作用下 TiC 硬质相和 Co50 基质会发生分离。但在其他两种磁场涂层内均未发现 TiC 颗粒从 Co50 基质中脱落的现象，说明磁场涂层中 TiC 硬质相与 Co50 基质之间具有更牢固地结合。再观察 30°冲蚀角下的三种不同磁场涂层的冲蚀磨损表面 [图 4.81(d)、(e)、(f)]，在无磁场涂层中存在着较轻的材料流失，以及颗粒冲蚀作用后产生的犁沟和塑性变形。反观横向磁场涂层与纵向磁场涂层，只出现轻微的塑性变形和犁沟，并未出现无磁场涂层中严重的材料流失现象。磁场作用下涂层表面耐冲蚀磨损性能得到提升。

4.3.5 磁场对钴基熔覆层性能的调控机制

为了探索磁场对钴基涂层表界面结构高温力学性能及表面摩擦学性能的提升机制，对磁场作用下和无磁场作用涂层的组织形貌、物相进行分析，对比有无磁场作用的熔覆组织差别，分析磁场对熔覆层的调控机制。

4.3.5.1 磁场对 Co50 熔覆层结晶形态的影响

图 4.82 是无磁场、纵向磁场和横向磁场作用下的三种 Co50 涂层中部位置的形貌。图 4.82(a) 为无磁场涂层中部组织，组织中有明显的长枝晶，且二次枝晶比较粗大。图 4.82(b) 纵向磁场涂层中出现了大量与磁场方向相同的长条状枝晶，枝晶长度比无磁场涂层长枝晶有所减小，二次枝晶的尺寸要比无磁场涂层中二次枝晶的尺寸小得多，并且在枝晶间分布着大量的、均匀的等轴状晶粒。而横向磁场涂层的组织中大多为等轴晶，如图 4.82(c)。为了确定横向磁场涂层的组织是否为等轴晶，观察垂直方向的涂层中部组织同样发现有大量的等轴状晶粒，如图 4.82(d)，所以可以确定横向磁场涂层中部存在着大量的

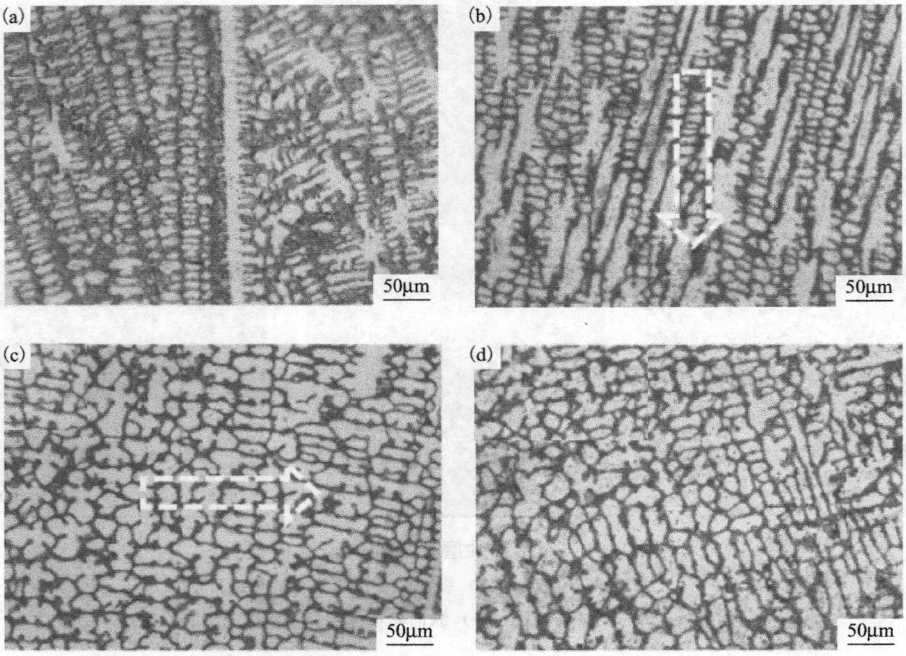

图 4.82 (a) 无磁场涂层截面形貌；(b) 纵向磁场涂层截面形貌；
(c) 横向磁场涂层截面形貌；(d) 横向磁场垂直截面形貌

等轴晶粒，这无疑会对性能有所提升。

在熔覆层的不同区域位置，组织中的晶粒形态具有一定的差异性。图 4.83 是不同磁场条件下涂层截面组织形貌。如图 4.83(a)，熔覆层显微组织从底部到顶部分别是平面晶、胞状树枝晶、柱状树枝晶、等轴树枝晶。在熔覆层结晶过程中，由于温度梯度的差异会在熔覆层不同的位置（底部、中部、顶部）形成不同形态的组织。结晶状态取决于固液界面前沿温度梯度 G 和凝固速度 R 的比值 $G/\sqrt{R}$。在高能束等离子弧的作用下，填充金属变成液态然后直接接触冷基体，此时的温度梯度 G 极大，同时凝固速度 R 比较小，所以在界面处形成一层平面晶。随着结晶逐渐向熔池中上部推进，温度梯度 G 逐渐减小而凝固速度 R 逐渐增大，便会形成沿着垂直于界面方向（散热方向）生长的胞状晶。固液界面继续向熔覆层中上部推进，此时的温度梯度 G 严重减小，并且释放结晶潜热，结晶不像在底部一样容易，此时形核率极低，只有已有晶核择优生长，从而形成了柱状树枝晶。熔池顶部直接接触冷空气，温度梯度 G 较大，所以在熔覆层顶部形成了等轴树枝晶。所以从熔覆层底部到顶部分别是平面晶、胞状树枝晶、柱状树枝晶、等轴树枝晶。

磁场对熔覆组织的细化机理如图 4.83(b)、(c)、(d) 所示。熔覆层中部组织本应为如图 4.83(a) 所示的无横向磁场作用下的柱状树枝晶，由于横向磁场的引入，等离子熔覆层中部形成图 4.83(c)、(d) 所示的等轴状晶粒。

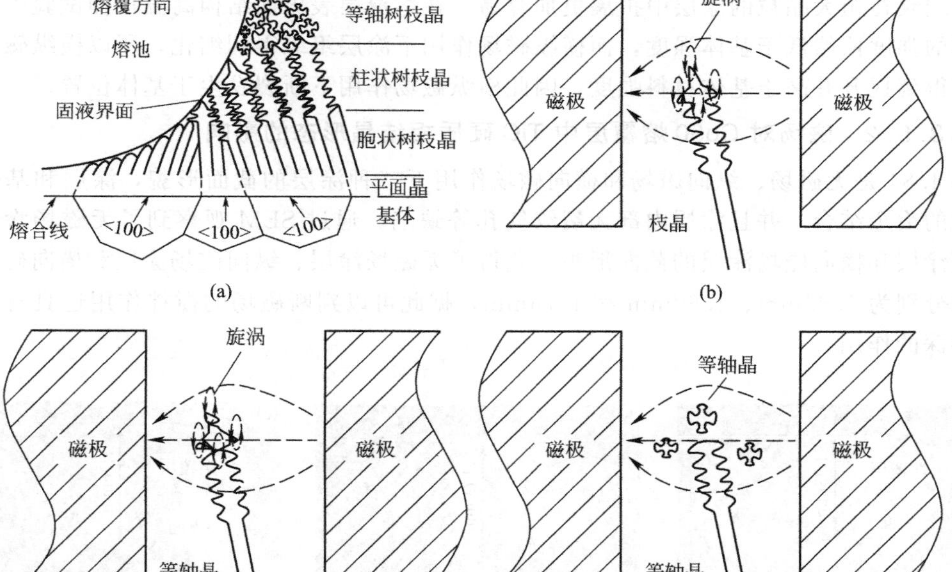

图 4.83 涡流作用细化机理示意

(a) 涂层内不同位置组织；(b) 磁场形成的涡流示意图；(c) 涡流搅拌击碎枝晶；(d) 等轴晶形成

将涂层中部某柱状树枝晶引入图 4.83(b)、(c) 的磁场中以便来解释等轴晶的形成机制。磁场引入后会在整个液态熔池中产生强烈的搅拌作用，磁场以涡流搅拌的方式来影响液态金属的流动，基于磁场的强烈搅拌，初生枝晶尖端的脆弱部位将被涡流的搅拌作用打碎，如图 4.83(c)。与原枝晶分离的部分将在液态熔池中扮演形核核心的角色，很多脆弱的枝晶尖端被磁场的搅拌作用打碎，就会产生更多的形核核心，如图 4.83(d) 所示。一方面，大块枝晶被打碎使枝晶得到细化，另一方面形核率增大亦会致使等轴晶的形成，两方面原因共同促进等轴晶的形成。此外，磁场在液态熔池中产生涡流后，涡流的搅拌作用加速了熔池内部的热量交换，使液态温度趋于一致，两相区间迅速扩大，降低了固液界面前沿液相的温度梯度，成分过冷增大，熔池内大量晶核进行各向同性生长，促进了等轴晶的形成，这就为熔覆组织由柱状晶向等轴晶转变提供了必要条件。纵向磁场的方向与柱状晶的生长方向相同，所以熔覆层中部柱状树枝晶的方向依然是沿着垂直于界面的方向，并且搅拌作用形成的一些等轴晶分布于长条枝晶间。

至此，通过分析可以确定熔覆过程中磁场通过涡流搅拌作用打碎初生枝晶，提高形核率，同时通过改变熔池内部热交换，获得细小的等轴晶组织。横向磁场涂层的组织中大多为等轴晶，纵向磁场中出现了大量与磁场方向相同的长条状枝晶，并且在枝晶间分布着大量均匀的等轴晶，而在无磁场涂层中存在着大量均匀分布的树枝晶，包括粗大的二次枝晶。根据晶粒形态分析可知，具有较多细等轴晶结构的横、纵向磁场涂层要比具有粗大枝晶的无磁场涂层性能优异。这是由于晶粒越细，单位体积中晶粒数量便越多，变形时同样的形变量便可分散到更多的晶粒中进行，晶粒转动的阻力小，晶粒间易于协调，产生较均匀的变形，不至于造成局部的应力集中而引起裂纹的萌生及扩展。此外，对于已经萌生裂纹的涂层材料，细小晶粒的涂层具有更多的晶界，裂纹通过晶界扩展需要做更多功，也就是需要更多能量，相比之下裂纹在粗大晶粒的涂层中扩展更加容易。在熔覆层表界面结构高温拉伸试验中，无磁场涂层的强度依然低于基体强度，而横纵磁场作用下涂层组织得到细化，所以横纵磁场涂层的强度得到提升并高于基体材料强度，因此横纵磁场作用下断裂发生于基体位置。

4.3.5.2 磁场对 Co50 熔覆层中 TiC 硬质相结晶形态的影响

图 4.84 是无磁场、纵向磁场和横向磁场作用下三种涂层的截面形貌，涂层和基体间形成良好的冶金结合，并且涂层内部无裂纹气孔等缺陷。通过 SEM 观察到了无磁场涂层、纵向磁场涂层和横向磁场涂层的截面形貌，获得了无磁场涂层、纵向磁场涂层和横向磁场涂层的厚度分别为 1.33mm、1.69mm 和 1.76mm，据此可以判断磁场的搅拌作用还具有增加熔覆层熔深的作用。

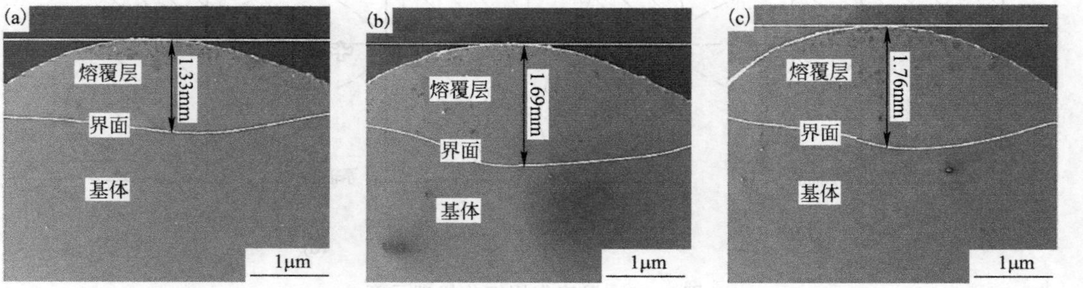

图 4.84　Co50＋TiC 熔覆层截面形貌与涂层厚度

(a) 无磁场；(b) 纵向磁场；(c) 横向磁场

图 4.85 为硬质相 TiC 在三种涂层中的分布情况与能谱分析结果。对比发现，相比于图 (a) 的无磁场涂层，图 (b) 的纵向磁场涂层和 (c) 的横向磁场涂层中的灰色相分布更加弥散而且具有更加细小的尺寸。Image-ProPlus 是一款功能强大的 2D 和 3D 图像处理、增强和

分析软件，具有异常丰富的测量和定制功能。通过 Image-ProPlus 图像分析软件对三种熔覆层中灰色相的尺寸进行计算，得到无磁场涂层、纵向磁场涂层和横向磁场涂层中灰色相的平均尺寸分别为 7.47μm、5.17μm 和 5.65μm，所以纵向磁场和横向磁场作用下制备的熔覆层比无磁场作用的等离子熔覆层拥有更细小的灰色相。

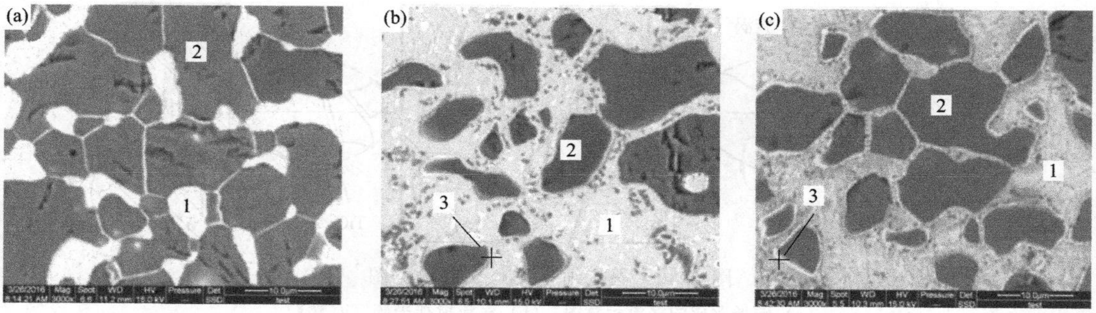

(a)-1

元素	质量分数/%	原子分数/%
C	03.17	14.24
Si	01.66	03.19
Ti	02.51	02.84
Cr	20.53	21.33
Mn	00.44	00.44
Fe	03.48	03.37
Co	47.33	43.38
Ni	08.12	07.47
W	12.76	03.75

(b)-1

元素	质量分数/%	原子分数/%
C	04.47	18.35
Si	01.85	03.25
Ti	01.98	02.03
Cr	16.80	15.92
Mn	00.38	00.34
Fe	13.00	11.47
Co	47.41	39.64
Ni	09.14	07.67
W	04.97	01.33

(c)-1

元素	质量分数/%	原子分数/%
C	06.05	23.76
Si	01.81	03.04
W	05.87	01.51
Ti	03.25	03.20
Cr	16.21	14.70
Mn	00.36	00.31
Fe	06.11	05.16
Co	52.04	41.65
Ni	08.30	06.67

(a)-2

元素	质量分数/%	原子分数/%
C	22.93	54.70
Si	00.34	00.35
Ti	73.69	44.08
Fe	00.11	00.06
Co	00.53	00.26
Ni	00.58	00.28
W	01.82	00.28

(b)-2

元素	质量分数/%	原子分数/%
C	24.08	56.43
Si	00.54	00.54
Ti	69.71	40.97
Cr	00.66	00.36
Mn	00.29	00.15
Fe	00.57	00.29
Co	01.08	00.52
Ni	00.86	00.41
W	02.21	00.34

(c)-2

元素	质量分数/%	原子分数/%
C	23.78	55.66
Si	00.33	00.33
W	00.86	00.13
Ti	73.62	43.21
Co	00.69	00.33
Ni	00.73	00.35

(b)-3

元素	质量分数/%	原子分数/%
C	17.27	56.65
Si	01.71	02.40
Ti	33.34	27.42
Cr	03.29	02.50
Mn	00.33	00.24
Fe	00.53	00.37
Co	01.49	01.00
Ni	00.92	00.62
W	41.11	08.81

(c)-3

元素	质量分数/%	原子分数/%
C	24.28	67.56
Ti	30.80	21.49
Co	03.27	02.10
Ni	03.33	01.89
W	38.32	06.96

图 4.85 TiC 在无磁场（a），纵向磁场（b），横向磁场（c）时熔覆层中的分布情况

(a)-1 白色相能谱；(a)-2 灰色相能谱；(b)-1 白色相能谱；(b)-2 灰色相能谱；(b)-3 白亮相能谱；(c)-1 白色相能谱；(c)-2 灰色相能谱；(c)-3 白亮相能谱

灰色相的细化机理与前文分析枝晶的细化机理相同。如图 4.86 所示，磁场作用导致

熔池中产生液态涡流，在液态涡流的强力搅拌作用下，高温状态下硬质相的边缘脆弱部位被打碎，大块的硬质相被打碎后形成较细小的硬质相颗粒，使磁场作用下的硬质相尺寸减小，所以相比于无磁场搅拌作用的涂层，两种磁场作用下的涂层内均分布着细小而弥散的硬质相。

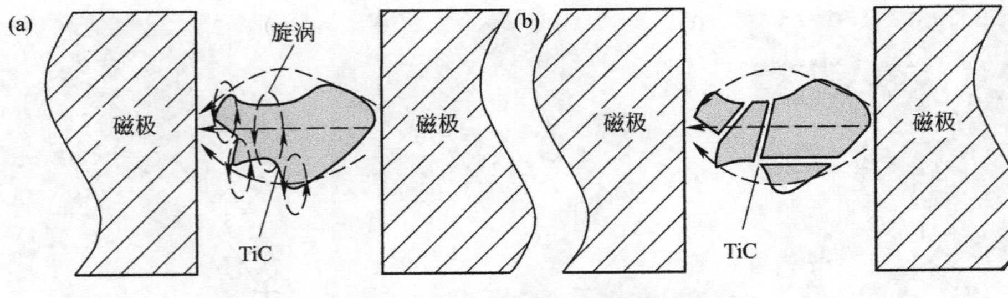

图 4.86　涡流细化 TiC 机制示意图

(a) 磁场形成的涡流示意图；(b) 涡流搅拌击碎 TiC 颗粒

4.3.5.3　磁场对钴基熔覆层相结构的影响

无磁场、纵向磁场和横向磁场作用下三种涂层的 XRD 物相分析结果如图 4.87 所示。无磁场涂层主要由 γ-Co、TiC、Fe-Cr 和［Fe，Ni］四种相组成，但引入磁场的涂层中产生了新相（Ti，W）C_{1-x}，图 4.85 的 EDS 结果也证明了这一点。图 4.85(a)、(b) 和 (c) 分别是无磁场，纵向磁场和横向磁场三种涂层的熔覆层组织形貌，图 4.85(a)-1、(a)-2，(b)-1、(b)-2、(b)-3 及 (c)-1、(c)-2 和 (c)-3 分别代表着三种涂层中部不同颜色相的能谱结果。白色相主要由 Co、Cr 和 Fe 三种元素组成［如图 4.85(a)-1、(b)-1 和 (c)-1］，灰色相由 Ti 和C 组成［如图 4.85(a)-2、(b)-2 和 (c)-2］，所以灰色相是 TiC。

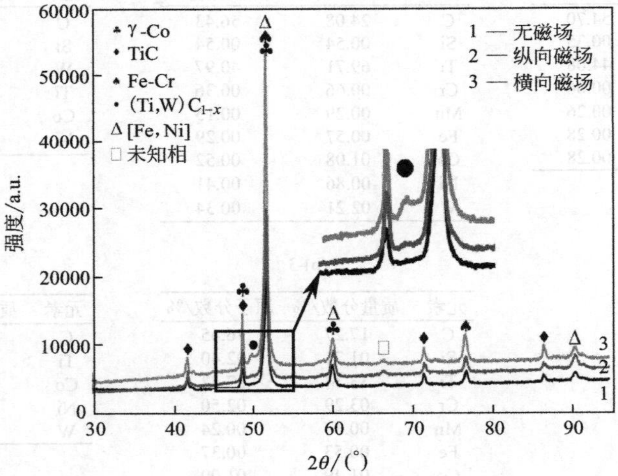

图 4.87　三种熔覆层的 XRD 结果

分布于灰色相 TiC 周围的白亮相主要成分是 Ti、W 和 C 元素［如图 4.85(b)-3 和 (c)-3］，所以结合 XRD 结果可以确定该相是（Ti，W）C_{1-x}。很明显无磁场涂层中并未出现（Ti，W）C_{1-x} 相。

图 4.88 是 TiC 和（Ti，W）C_{1-x} 相的 TEM 和 SAED 结果，在图 4.88 中观察到 TiC 相

与分布其周围的（Ti，W）C_{1-x}相，通过 XRD、EDS 与 SAED 综合分析可以确定（Ti，W）C_{1-x}相的存在，TiC 和（Ti，W）C_{1-x}相均是面心立方结构。

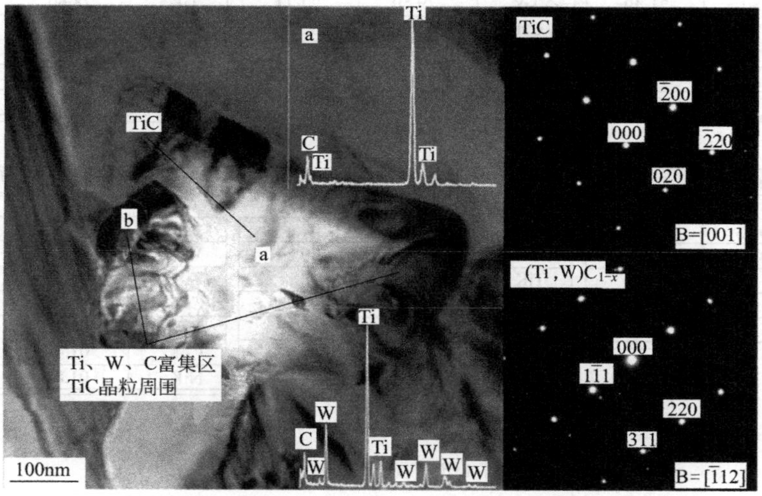

图 4.88　TiC 和（Ti,W）C_{1-x}相的 TEM 图和 SAED

熔覆层结晶过程中磁场引发的涡流对 TiC 边缘的强烈冲刷作用促使 TiC 迅速向其固液界面前沿排出大量的 Ti、C 原子，而此时液态金属中的 W 原子迅速与 Ti、C 原子结合，以致在 TiC 固液界面前沿出现一定厚度的 Ti、W、C 原子富集层，这就促进了 TiC 相与 W 元素的结合，在 TiC 颗粒边缘生成（Ti，W）C_{1-x}相。这样，Ti、W、C 原子富集层的存在，降低了 TiC 固液界面前沿的 Ti 原子浓度，并使 C 原子的平均扩散自由程增大，从而使 TiC 颗粒的生长受到抑制，这也是磁场导致 TiC 颗粒尺寸减小的一个原因。相关扩展文献可参阅采用超重力下燃烧合成技术开展 TiC-（Ti，W）C_{1-x}复合陶瓷刀具材料的研究[216-219]。

图 4.89 是对（Ti，W）C_{1-x}和 TiC 相成分误差的分析，对两种相进行多点能谱分析以减少误差对试验结果造成的影响。首先对（Ti，W）C_{1-x}相的能谱结果进行讨论，三个不同位置的碳含量分别是 24.24%、20.79%和 20.75%（质量分数），三个位置的碳含量差距较小，其误差范围小于 5%，同样方法得到 Ti 和 W 的含量误差也小于 5%。根据国家标准 GB/T 17359—1998《电子探针和扫描电镜 X 射线能谱定量分析方法通则》所规定，误差在 5%范围内是被允许的。相似的，TiC 相在不同位置的元素含量误差也在 5%以内，所以元素误差符合标准要求。其他相的误差均在允许范围内，在此不再赘述。

综上所述，磁场辅助等离子熔覆制备出结合良好且无缺陷的 Co50 及 Co50＋TiC 复合涂层。在摩擦磨损试验中，无磁场涂层摩擦曲线中发现的不稳定现象是因为无磁场涂层组织中大而不均匀的硬质相导致了摩擦系数的不稳定性，而在磁场涂层中相对细小的、弥散的硬质相形成了稳定的磨损阶段。在横向磁场的作用下形成了呈等轴晶形态的 Co50 组织，TiC 相更加细小弥散，并且有耐磨性较好的（Ti，W）C_{1-x}相生成，所以磁场改变了熔覆层的组织结构，进而提升了涂层的表面耐磨性。

在冲蚀磨损试验中，磁场涂层中的（Ti，W）C_{1-x}相由 TiC 和 Co50 中的 W 在结晶过程中通过扩散结合所成，该相分布在 TiC 周围，通过原位合成所得到的相具有较好的稳定性。新相（Ti，W）C_{1-x}作为 TiC 和 Co50 基质之间的过渡层以提高二者的结合，所以磁场涂层在冲蚀粒子的冲击作用下未出现 TiC 颗粒的脱落现象。涂层表面冲蚀磨损性能的提升主要

元素	质量分数/%	原子分数/%
CK	24.28	67.56
TiK	30.80	21.49
CrK	03.27	02.10
CoK	03.33	01.89
WL	38.32	06.96

(a)

元素	质量分数/%	原子分数/%
CK	20.79	63.89
TiK	29.50	22.74
CrK	03.80	02.70
CoK	03.43	02.15
WL	42.48	08.53

(b)

元素	质量分数/%	原子分数/%
CK	20.75	63.37
TiK	28.60	21.91
CrK	03.95	02.79
FeK	00.70	00.50
CoK	06.40	03.98
WL	39.60	07.90

(c)

$(Ti, W)C_{1-x}$

元素	质量分数/%	原子分数/%
CK	23.78	55.66
SiK	00.33	00.33
WM	00.86	00.13
TiK	73.62	43.21
CoK	00.69	00.33
NiK	00.73	00.35

(d)

元素	质量分数/%	原子分数/%
CK	23.46	55.38
SiK	00.67	00.68
WM	01.50	00.23
TiK	71.20	42.16
FeK	00.74	00.38
CoK	01.56	00.75
NiK	00.87	00.42

(e)

元素	质量分数/%	原子分数/%
CK	25.01	57.57
SiK	00.53	00.52
WM	01.53	00.23
TiK	68.54	39.57
CrK	00.31	00.16
FeK	00.81	00.40
CoK	01.40	00.65
NiK	01.88	00.89

(f)

TiC

图 4.89　成分误差分析

(a)、(b)、(c) (Ti, W)C_{1-x}相的三个不同位置能谱结果；
(d)、(e)、(f) TiC 相的三个不同位置能谱结果

是由于在磁场搅拌作用下产生了细小而均匀的 Co50 涂层组织，以及加入 TiC 颗粒相后形成了耐磨性极为优良的 TiC-(Ti，W)C_{1-x}复合组织。

① 无磁场涂层表界面结构在热-拉力作用下失效于涂层位置，在 600℃下涂层材料的强度低于基体材料；但引入横向和纵向磁场后，涂层材料的组织得到明显细化，横向磁场涂层以等轴晶形态存在，高温力学性能得到提升，在热-力作用下失效位置由涂层转移到基体材料，表明磁场改性后涂层材料的强度要高于基体材料。

② 无磁场涂层、纵向磁场涂层和横向磁场涂层的平均摩擦系数分别是 0.78、0.42 和 0.32，相应的磨损失重分别是 3.6mg、2.8mg 和 2.5mg，主要磨损机制有氧化、磨粒和黏着磨损，细小均匀的涂层组织和 TiC-(Ti，W)C_{1-x}复合组织决定了熔覆层具有优异的表面抗磨损性能。

③ 涂层的冲蚀失重随着冲蚀角度增大而增加，由磁场搅拌获得的均匀、细小的组织及 TiC-(Ti，W)C_{1-x}复合组织提升了熔覆层表面抗冲蚀磨损性能。

4.4　Stellite6 等离子熔覆层

汽轮机叶片汽蚀、水蚀问题严重制约了叶片使用的可靠性及安全性，工程上亟待解决。对叶片表面处理不仅可以防护叶片的水蚀，还可对失效叶片修复再利用。由于叶片本身的加工、制造成本很高，如果对部分受损的叶片进行修复重新利用将大大节约生产成本[220-223]。目前，等离子熔覆和激光熔覆表面处理技术以其本身的优势在叶片修复中占主要地位，在延长叶片的使用寿命等方面提供了重要的技术保障。

司太立（Stellite）涂层具有优越的耐磨性、耐蚀性以及热稳定性，足以满足汽轮机叶

片表面处理的要求[224-226]。其中 Stellite6 合金是应用比较广泛的一种，但由于在利用熔覆技术制备 Stellite6 涂层的过程中会产生较大的残余应力，使得在熔覆过程中容易出现开裂，因而严重制约了其在叶片材料修复领域的应用。目前对熔覆过程中残余应力的控制方法主要有选择合适的工艺参数，熔覆过程中的预热处理及熔覆后续处理，添加合金元素及稀土元素以增韧、增塑，添加稀土元素及其氧化物以及添加中间过渡层或梯度涂层等。

本部分以汽轮机叶片表面修复为研究背景，在纳米压痕测试的基础上，研究不同磁场条件以及添加不同含量的 Y_2O_3、La_2O_3 对叶片修复涂层的残余应力及组织性能的影响，并采用 Ansys 软件分析添加了不锈钢网的熔覆过程的温度场及应力场，并对模拟结果进行分析和试验验证。

4.4.1 熔覆材料的选择

熔覆试验所用的基体材料为 45 钢，基板的大小为 90mm×90mm×10mm，不锈钢网为 316L 材质。试验前，对基板表面进行打磨、除锈处理，并用丙酮去除油污及杂质，之后进行烘干。熔覆试验中采用纯 Ar 气作为保护气及离子气。各种试样的制备均以 Stellite6 粉末为主要成型材料，粉末的微观形貌如图 4.90 所示，粉末目数为 140～270，粉末绝大部分为球状，尺寸大小分布均匀。Stellite6 粉末化学成分如表 4.9 所示。试验用的稀土 Y_2O_3、La_2O_3 粉末纯度均为分析纯（≥99.7%）。将按相应配比混合好的粉末用行星式球磨机搅拌半小时以上，确保粉末粒度均匀，然后烘干除水，装袋备用。

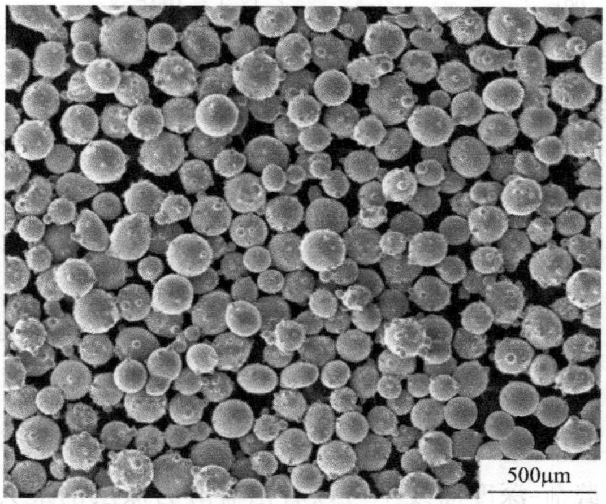

图 4.90 Stellite6 粉末的微观形貌

表 4.9 Stellite6 粉末化学成分

元素	C	Cr	W	Fe	Ni	Mn	Si	Mo	Co
质量分数/%	1.15	28.60	4.00	3.00	2.27	0.50	0.90	1.00	余量

等离子熔覆过程中的工艺参数如表 4.10 所示。

表 4.10 等离子熔覆工艺参数

熔覆参数	工作电压/V	工作电流/A	送粉量/(g/min)	自动提升/mm
数值	30	105	6.5	6

4.4.2 Stellite6 熔覆层的性能

磁场在熔覆层形成过程中具有磁力搅拌作用，可以有效地改善熔覆层的组织与性能，因此广泛用于熔覆层的制备。用等离子熔覆技术在铁基体材料上熔覆 Stellite6 涂层后，分析外加磁场对熔覆层表面残余应力的影响，并对熔覆层进行相分析和耐磨、耐蚀性试验研究。

4.4.2.1 磁场对熔覆层中残余应力的影响

外加磁场使熔覆电弧发生旋转，电流密度的径向分布发生改变。电弧的改变对熔覆层产生磁力搅拌作用，熔覆层的显微结构随之细化，成分更加均匀。因此，外加磁场可以减少气孔，抑制开裂倾向，优化涂层质量，改善涂层的应力分布，提高涂层的综合性能。基于纳米压痕分析的 Suresh 模型和 Lee 模型计算的基础[227]，采用 X 射线应力衍射仪进行应力测试，对比，分析两种模型的准确性。

等离子熔覆过程伴随着温度的急剧升高和降低，熔池内液态材料含量有限，使涂层凝固过程中液态金属补充匮乏，导致冷却时伴随着大幅度的冷缩现象，因此在熔覆层中会产生残余应力。对熔覆试样进行了固定压深为 1μm 的纳米压痕试验，不同磁场作用下无应力涂层和有应力涂层的载荷-深度曲线如图 4.91 所示。

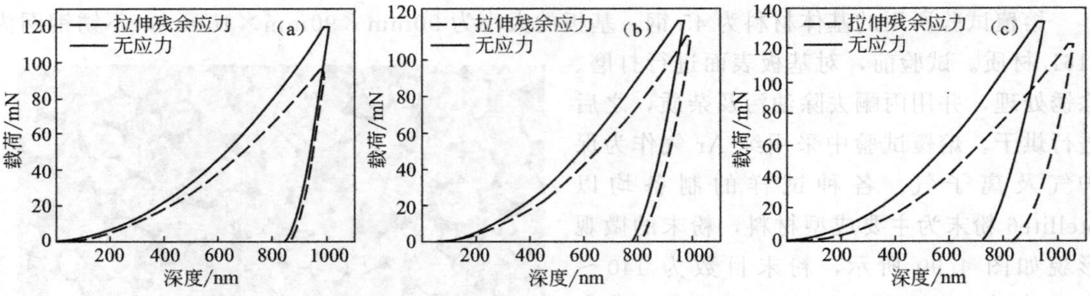

图 4.91 无应力涂层和有应力涂层的载荷-深度曲线

(a) 无磁场作用；(b) 横向磁场作用；(c) 纵向磁场作用

由于拉应力会对涂层表面的压入过程起到促进作用，因此分析、对比有应力和无应力涂层在固定压深状态下的最大压入深度的载荷，即可判断涂层中存在的是拉应力还是压应力。从载荷-深度曲线中可以看出有应力涂层的最大压入载荷均小于无应力涂层的最大压入载荷，这说明熔覆层中存在着未释放的拉应力。除此之外，对图中曲线弹性恢复程度的对比发现，有应力熔覆层恢复程度低于无应力涂层，这也可以说明熔覆层中确实存在着拉应力。

图 4.92 为 X 射线衍射仪的测量曲线，采用 θ-θ 扫描的方式。测得 Stellite6 涂层应力值 $\sigma=407.5$MPa，误差±3MPa；横向磁场应力值 $\sigma=203.9$MPa，误差±5MPa；纵向磁场应力值 $\sigma=300.5$MPa，误差±9MPa。

表 4.11 是不同磁场条件下的熔覆层应力计算值与测试值比较。通过对比可知，Suresh 模型计算结果与 X 射线测量应力值较为一致，而 Lee 模型的计算结果偏差较大。

表 4.11 不同磁场条件下的熔覆层应力计算结果

应力计算方法	无磁场	横向磁场	纵向磁场
Suresh 模型/GPa	0.47	0.23	0.30
Lee 模型/GPa	0.69	0.44	0.53
X 射线衍射仪/MPa	407.5	203.9	300.5

通过对涂层的应力进行测量可知，在磁场的作用下熔覆层表面的残余应力有所降低，其中横向磁场的作用较为明显。其原因在于，磁场的扰动作用对熔体实现了非接触式处理，可以使冷却阶段中的枝晶细化，或被打碎生成新的晶核，使得激光熔池冷却阶段中的结晶方式

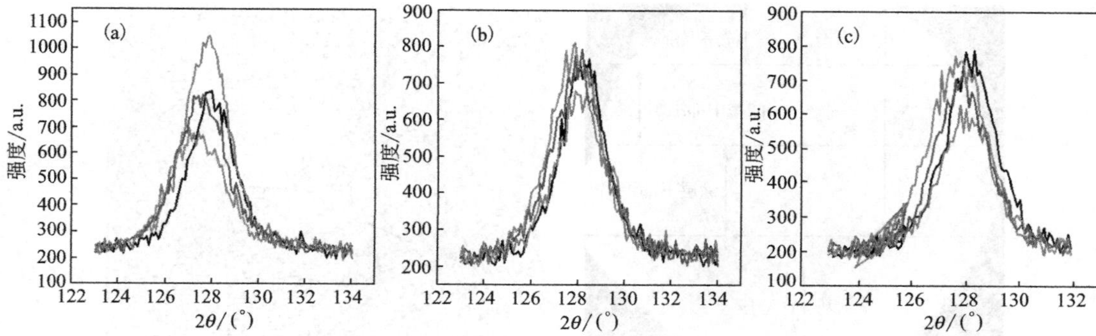

图 4.92　X射线应力衍射曲线

(a) 无磁场作用；(b) 横向磁场作用；(c) 纵向磁场作用

由柱状晶向等轴晶改变。其中横向磁场的作用更为明显，可获得更加细小的显微组织，同时其与基体的结合也更好。

熔覆过程中产生的裂纹一般萌生在气孔处、共晶组织间及缺陷处。细小的等轴晶具有良好的塑性，这是由于晶粒越多，变形均匀而分散，减少应力集中。细小的等轴晶同时表现出良好的韧性，晶粒越细，晶界越曲折，裂纹越不易扩展。因此，磁场作用下熔覆层的应力分布得到了改善，从而间接地反映出了熔覆层裂纹形成的敏感性，其中横向磁场的作用更明显，可有效降低熔覆层中的裂纹形成及扩展的敏感性。

4.4.2.2　等离子熔覆 Stellite6 涂层的微观组织

等离子熔覆技术其熔覆过程可分为基体与熔覆材料加热熔化和材料冷却两个独立的过程。因此，可以根据凝固理论 $G/\sqrt{R}$ 来判断、分析熔覆过程中熔覆层的微观组织生长状态。制备涂层的过程中，涂层各个部位的过冷度不同，涂层下端过冷度较大，凝固刚开始，$G/\sqrt{R}$ 数值较大；接近表面时温差减小，凝固速度提高，$G/\sqrt{R}$ 数值较小。因此，整个涂层其上、中、下部的微观组织均有不同的生长形态。

等离子熔覆 Stellite6 涂层横截面金相显微组织如图 4.93 所示。图 4.93(a) 是涂层上部组织。熔池内部液态材料因温差等诸多因素产生流动，带动热量转移导致一次枝晶由熔池底部向表面方向生长，二次枝晶依附于一次枝晶向两侧横向生长，组织比一次枝晶更加细小。

涂层中部组织如图 4.93(b) 所示。因熔池顶部与底部在短距离内温差较大，因此液态材料流动趋势十分混乱，所以一部分晶粒在熔覆的过程中发生重熔，一部分受热而进一步长大，致使不同层间的晶粒将会有比较明显的变化。在熔覆过程中，层与层之间会产生层间的回火，由于其间溶质的贫乏在涂层中会出现如图中虚线所示的晶粒间间距较小的等轴晶区域。而在等轴晶区域外涂层组织仍保持原有以柱状树枝晶为主的长大方式。因液态热流流动较为混乱，部分组织重熔后会与等轴晶区域上侧的组织共同凝固，其组织结构贯穿等轴晶区域。

图 4.93(c) 所示的晶体形态变化符合凝固理论，该处温度变化幅度相比于其他位置明显偏大，有利于晶体长大。因此底部柱形树枝晶尺寸普遍大于涂层中上部的柱状树枝晶，其中一次枝晶所占比例较其他区域明显升高，且仅在接近涂层中部存在较少的二次枝晶。

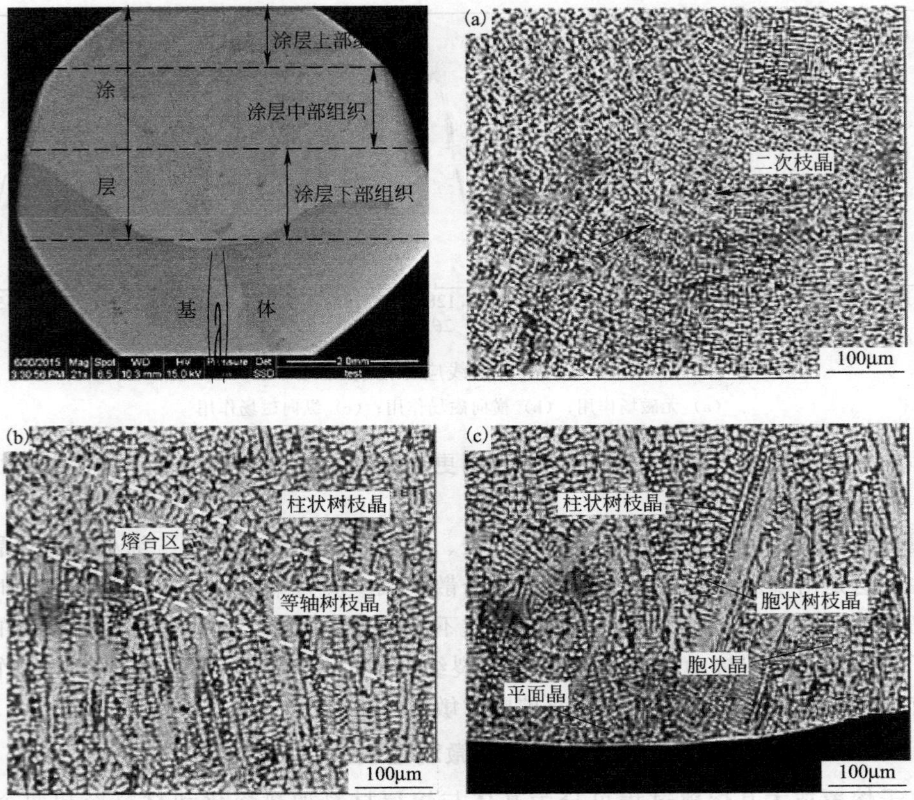

图 4.93　等离子熔覆 Stellite6 涂层金相组织

(a) 涂层上部；(b) 涂层中部；(c) 涂层下部

Stellite6 合金碳含量为 1.15%，图 4.94 为 Cr 含量为 30%（质量分数）的 Co-C 模拟相图，图中的竖线所示即为 Stellite6 合金的成分点，从图中可以看出等离子熔覆试验所用的 Stellite6 合金处于亚共晶成分点。Stellite6 合金成分虽然属于亚共晶，但由于其中富含大量的 Cr 和 C，因此，冷却时发生非平衡转变，冷却后的组织接近于共晶成分。在凝固过程中首先生成领先相 γ-Co，凝固的最后阶段形成钴基的共晶固溶体和共晶的 $(Cr,Co)_7C_3$ 碳化物。

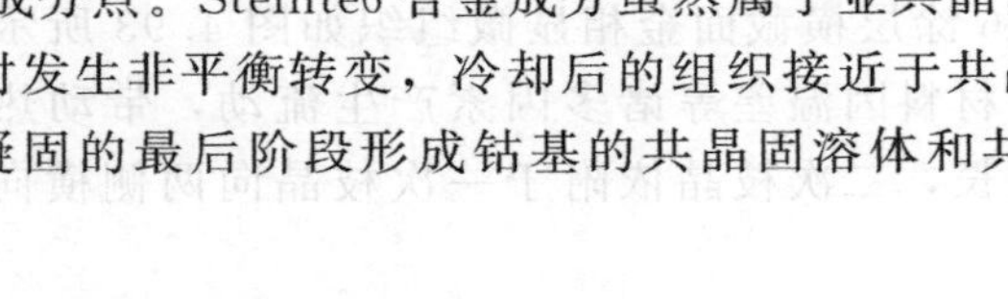

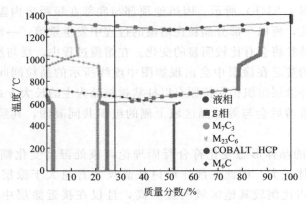

图 4.94　Cr 质量分数为 30%的 Co-C 模拟相图

图 4.95 为熔覆层横截面的 SEM 显微形貌图，由图可观察到熔覆层的组织主要由领先相和枝晶间呈片层交替分布的共晶组织构成。因熔覆层与基体材料为冶金结合，在熔池底部界面处可以观察到完整清晰的白亮带存在。而其出现的原因可以结合结晶热力学和动力学来说明，在高能离子束的作用下，基体的一部分和 Stellite6 粉末一起熔化，两者发生互熔，在两者结合的地方液体合金的熔点发生变化，在熔池底部出现依附于基体表面的半熔化状态的非均质形核核心，新的晶粒在此堆积，形成白亮带。

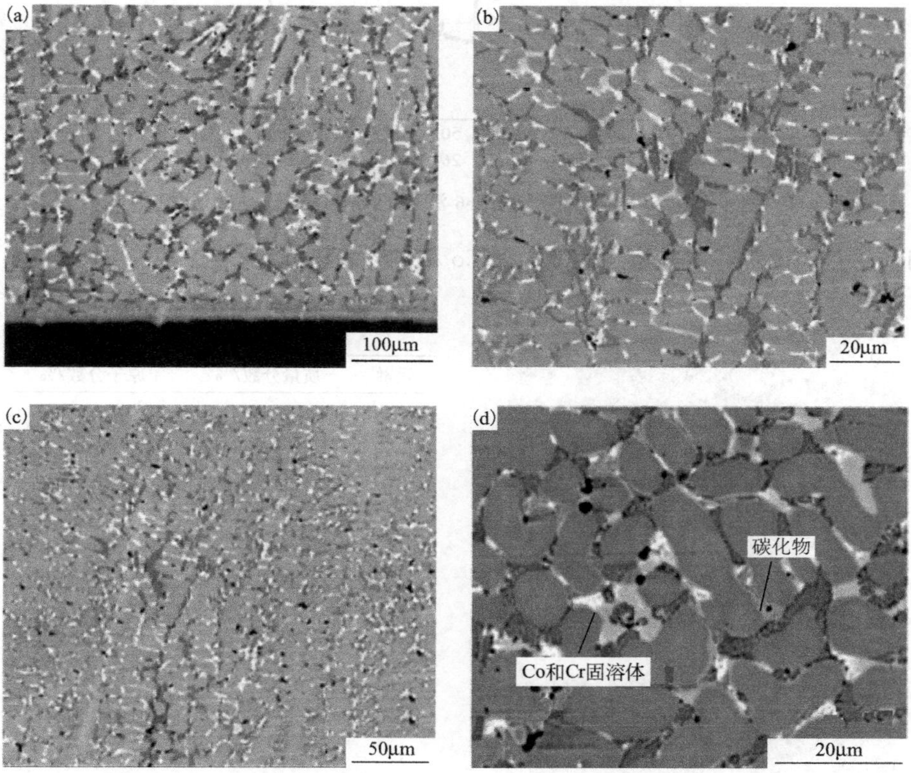

图 4.95　等离子熔覆 Stellite6 涂层显微组织

(a) 涂层底部；(b) 涂层中部；(c) 涂层下部涂层上部；(d) 局部放大涂层组织

等离子熔覆 Stellite6 涂层的 X 射线衍射物相分析结果如图 4.96 所示。等离子熔覆过程中的升温与降温均十分迅速，极易发生择优取向，促使领先相的固溶体衍射峰凸显，而后出现的相的衍射峰较低。涂层中的相主要由 γ-Co 和 Co、Cr、W 的碳化物组成。碳化物类型有 M_6C，$M_{23}C_6$，其中 M 表示 Cr、Mn 或 Fe。

实验所得的衍射图像曲线较标准卡片略微向左移动。这是因为根据 X 射线衍射方程式(4.13)：

$$2d\sin\theta = n\lambda \tag{4.13}$$

半径较大的 Cr 置换了 Co 原子，导致 γ-Co 的晶格常数增加，衍射角因此减小。

涂层横截面的能谱分析如图 4.97 所示。由图 4.97 可以得出，由于 Stellite6 合金成分属于亚共晶成分，冷却过程中形成的初生相以元素 Co 为主，枝晶间以 Cr 为主，其移动与冷却过程中固液界面同步。熔池内液体材料的溶质在枝晶生长界面的前端处及枝晶之间发生了相当程度的富集，从而达到共晶成分点，便以层片状的形态在已经凝固的枝晶间生成晶粒尺

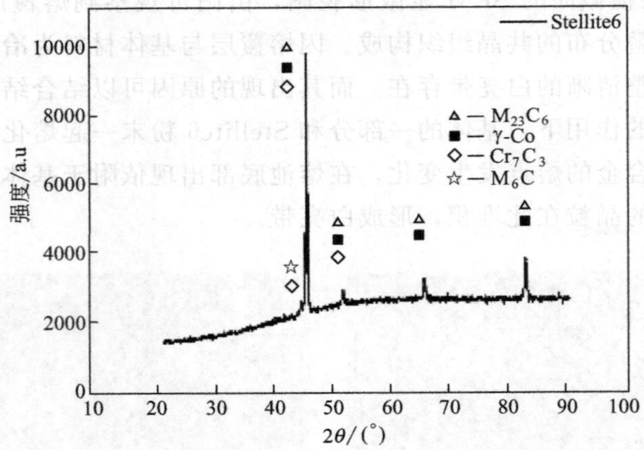

图 4.96 等离子熔覆 Stellite6 涂层的 X 射线衍射物相分析

寸较为细小的共晶组织，共晶组织主要由 γ-Co 和 Cr、W 的碳化物组成。

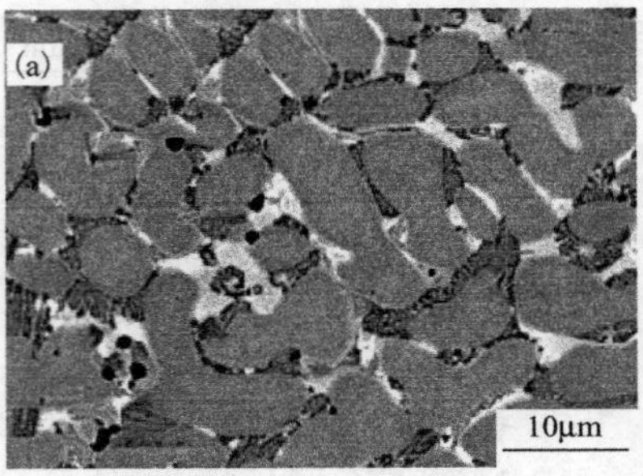

(a)

元素	质量分数/%	原子分数/%
C	04.75	20.00
Cr	32.93	32.03
Fe	11.38	10.30
Co	38.01	32.62
Ni	02.56	02.20
W	10.37	02.85

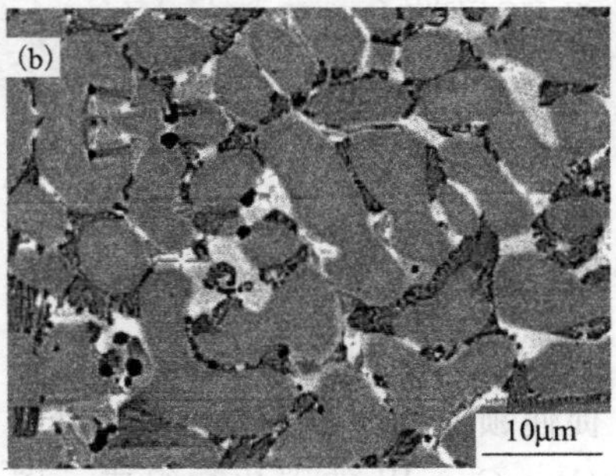

(b)

元素	质量分数/%	原子分数/%
C	03.82	18.21
Cr	20.01	22.02
Fe	09.14	09.37
Co	41.88	40.65
Ni	02.92	02.84
W	22.22	06.91

图 4.97 Stellite6 涂层横截面的能谱分析

4.4.3 磁场对 Stellite6 熔覆层组织性能的影响

4.4.3.1 磁场对 Stellite6 熔覆层微观组织的影响

图 4.98 是磁场作用下熔覆层中部的显微组织形貌。磁场自身的扰动作用会对熔覆层的微观组织产生影响，熔覆过程中外加磁场通过改变熔覆过程中的等离子弧来改变液态金属的凝固过程，对熔覆过程中母材的加热熔化及其成型产生影响。同时，熔覆过程中外加磁场可以通过磁场的扰动作用，使得熔池中的结晶状况发生改变，枝晶生长得到明显的抑制，晶粒

得到细化。外加磁场还可以有效地减小熔池中化学成分的不均匀性，提高涂层的综合性能，改善熔覆层的开裂倾向，提高成型质量[215,228]。

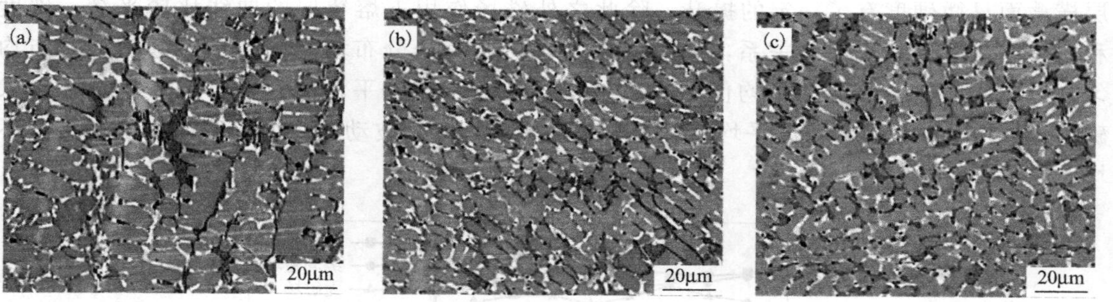

图 4.98 熔覆层在不同磁场作用下的微观组织形貌

(a) 无磁场；(b) 横向磁场；(c) 纵向磁场

图 4.98(a) 中的微观形貌显示，没有外加磁场的涂层的横截面上层组织以柱状晶为主，枝晶的方向性明显，并且在枝晶间紧密地垂直分布着二次枝晶。图 4.98(b) 和 (c) 分别为在外加横向、纵向磁场中的显微组织图片，从图 4.98(b) 中的形貌可以看出枝晶明显减少，取而代之的则是方向性不明显的等轴晶粒。

由图 4.98 可以观察到，未受到磁场作用的熔覆层中共晶相晶粒粗大且形状不规则，片状的碳化物分布无序、混乱。在熔覆过程中施加横向及纵向磁场的涂层横截面微观形貌，与无外加磁场的熔覆层显微组织相比其熔覆过程中形成的共晶组织相对细小，碳化物的分布也相对均匀。外加磁场之所以会产生这种作用，主要是由于熔体的流动直接影响熔覆层中枝晶的生长。Lehmann 等[229]提出了一次枝晶间距 λ 与流动速度 U 的关系：

$$\lambda=\lambda_0/\sqrt{1+U/R} \tag{4.14}$$

式中，λ_0 为无对流时的枝晶间距；U 为流动速率；R 为生长速度。

从式(4.14) 中可以看出，熔池的流动可以减小一次枝晶间距，熔池的流动速度越大时，其一次枝晶的间距变得更小，因此在外加磁场的作用下熔覆层的显微组织会得到改变，最主要的就是对形态、大小及枝晶分布的影响。

图 4.99 是磁场作用下熔覆层下部的显微组织照片。由图可以看出，在磁场作用下熔覆层下部显微组织的对比中，可以看出在磁场的扰动作用下，利用其对熔体的搅拌作用，可以对枝晶形核产生抑制作用，枝晶破碎形成新的形核中心，促使等离子熔覆溶池在冷却结晶过程中以形成等轴晶为主，并且在磁场作用下与基体结合得良好。

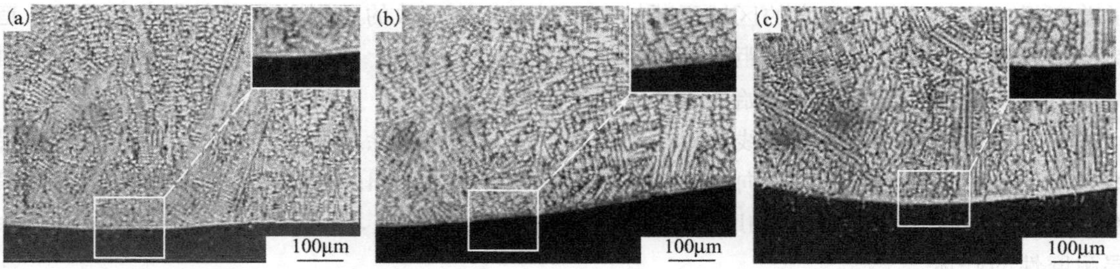

图 4.99 熔覆层下部的显微组织形貌

(a) 无磁场；(b) 横向磁场；(c) 纵向磁场

4.4.3.2 磁场对熔覆层显微硬度的影响

图 4.100 为不同磁场条件下涂层的显微硬度分布图，图中的曲线揭示了磁场作用下的涂层横截面显微硬度有了一定的提升，除此之外磁场作用下熔覆层的曲线比较平缓。硬度和显微组织结构有直接的关系，显微结构及熔覆层成分分布均匀则熔覆层的硬度分布均匀，横向磁场显微硬度的平均值为 617.4$HV_{0.2}$，纵向磁场平均值为 603.9$HV_{0.2}$，未加入磁场的 Stellite6 涂层的硬度平均值为 590.39$HV_{0.2}$，曲线波动较大，表明涂层表面硬度不均匀。

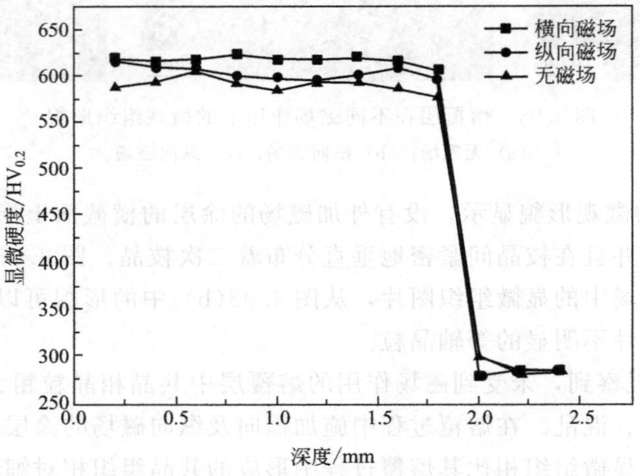

图 4.100　不同磁场条件下的显微硬度分布图

在磁场作用下熔覆层显微硬度明显升高，是由于在磁场作用下熔覆层中的共晶组织相对细小，碳化物的分布相对分散，整体上起到了硬质相增强的效果。其中横向磁场的增强效果更明显，相对于未加磁场条件下的熔覆层硬度来说，提高了 27.01$HV_{0.2}$，纵向磁场增加了 13.51 $HV_{0.2}$。由于基体中的铁元素对熔覆层的稀释作用，从不同的磁场条件下涂层的硬度分布曲线中可以看出在基材和涂层交接处的硬度值明显降低。

4.4.3.3 磁场对熔覆层室温磨损性能的影响

不同磁场条件下的熔覆层摩擦磨损曲线和磨损失重如图 4.101 所示。

从图 4.101(a) 涂层的摩擦磨损曲线中可以看出，曲线主要分为两个阶段，即非稳态的摩擦磨损阶段和稳态摩擦磨损阶段。非稳态摩擦磨损阶段的形成，主要是由于摩擦磨损测试过程中磨损初期试样与对磨材料表面均存在一定的粗糙度，试样与对磨材料之间发生黏着，随着磨损过程的进行，对磨的区域不断扩大，引发摩擦系数的急剧增大，在曲线上呈上升趋势。随接触时间的延长，对磨距离增大，磨屑的产生也增多，导致材料之间的黏连程度反而减弱，磨损曲线逐渐平稳，开始进入稳态摩擦磨损阶段[230]。

从不同磁场条件下磨损曲线的对比中发现，磁场作用下涂层的摩擦系数与不加磁场涂层的摩擦系数相比相对较低，横向、纵向磁场的摩擦系数为 0.45 左右，不加磁场的涂层摩擦系数为 0.55 左右。摩擦系数和摩擦的状况及材料等因素有关，因此，可以间接地显示出涂层耐磨性的好坏。

图 4.101(b) 是不同磁场环境下涂层的磨损失重对比图。图中显示出无磁场的熔覆层的磨损量为 9mg，横向磁场的磨损量为 4mg，纵向磁场的磨损量为 7mg。其磨损量由大到小

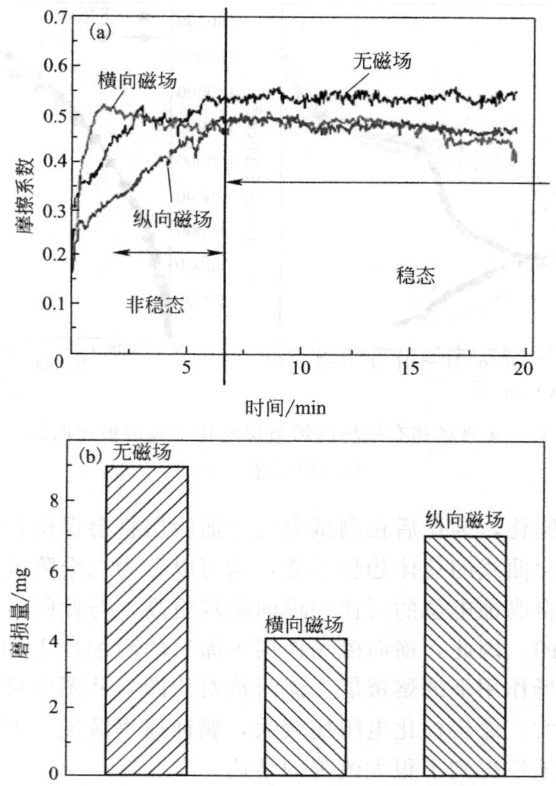

图 4.101　不同磁场条件下的熔覆层摩擦磨损曲线（a）和磨损失重（b）

的排序为无磁场＞纵向磁场＞横向磁场。因此，在外加磁场作用下熔覆层的磨损性能与无磁场下的涂层相比有很大的提升，其中横向磁场的提高程度要比纵向磁场更为明显。

4.4.3.4　磁场对熔覆层电化学性能的影响

按照金属材料在腐蚀介质中产生活性溶解和表面可形成保护膜的不同腐蚀行为，分为活性材料和钝性材料两种。Stellite6 为钝性材料，Stellite6 电化学腐蚀极化曲线和交流阻抗谱如图 4.102 所示（彩图参见目录中二维码），表 4.12 是其相应的电化学腐蚀拟合参数。

表 4.12　等离子熔覆层电化学腐蚀拟合参数

磁场状态	无磁场	横向磁场	纵向磁场
自腐蚀电位 E_{corr}/mV	−446	−424	−416
腐蚀电流密度 I_{corr}/(A/cm²)	3.42×10^{-6}	6.70×10^{-7}	3.60×10^{-7}

从图 4.102(a) 中可以看出，在相同浓度的 NaCl 溶液中熔覆层的极化曲线均可分为线性极化、一次钝化和二次钝化阶段。对极化曲线进行观察可知，腐蚀的开始阶段腐蚀电流急剧增加，试样进入线性极化阶段；当电位逐渐增加到某一值时，继续增加电位时电流保持平稳，表明试样正处于一次钝化阶段；腐蚀后期，涂层的钝化膜被穿透，产生点蚀的试样在后

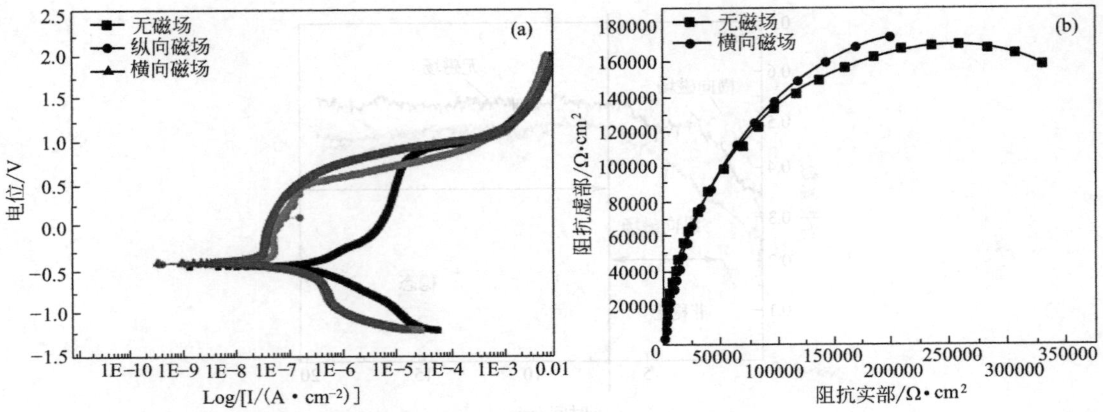

图 4.102 无磁场和有磁场的熔覆层电化学腐蚀极化曲线（a）和交流阻抗谱（b）

续的测试中依然会发生钝化，钝化后在测试完成之前涂层将会保持在二次钝化阶段。不同磁场条件下熔覆层阳极极化曲线的总体趋势不变，均可以分为三个阶段。综合熔覆层的电化学拟合参数可以看出，在自腐蚀电位的对比中横向磁场更高，与此同时横向磁场作用下涂层的腐蚀电流密度又是最低的。因此，横向磁场作用下涂层的耐蚀性更加优异。图 4.102(b) 为无磁场熔覆层和横向磁场作用下的熔覆层交流阻抗对比图，从图中可以看出横向磁场作用下的熔覆层容抗弧半径更大，涂层极化电阻比较大，腐蚀速率缓慢。因此，可以得出在横向磁场辅助下的涂层，其耐蚀性得到了很大改善的结论。

图 4.103 为三种磁场条件下涂层的腐蚀 SEM 形貌，可以看出，经过电化学试验后各个涂层均出现一定程度的腐蚀。

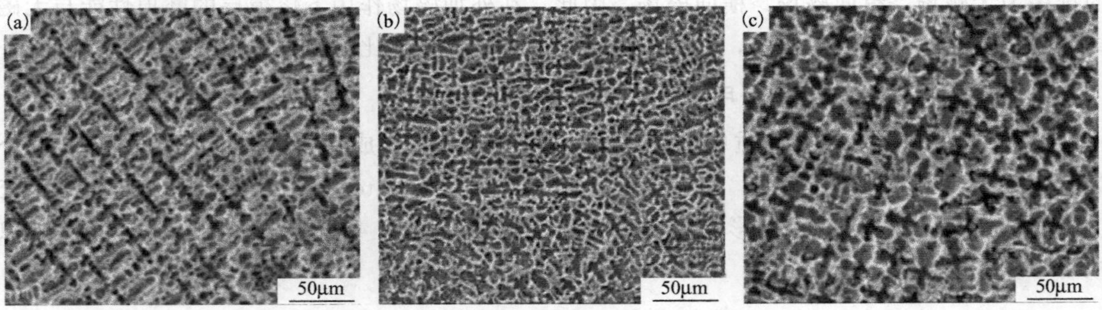

图 4.103 不同磁场条件下熔覆层的腐蚀 SEM 形貌

（a）无磁场；（b）横向磁场；（c）纵向磁场

从图 4.103 中可以看出，无磁场的 Stellite6 涂层腐蚀较为严重，腐蚀形貌中也可以看出无磁场作用下的熔覆层显微组织主要以枝晶为主。横向磁场的腐蚀最弱，除晶界保持了良好的形貌外，其晶内的形貌也保持良好，这主要是由于在磁场的搅拌下枝晶的生长被抑制，形成大量的等轴晶，同时磁场还会增加涂层中有益元素的分散性，提高了涂层的耐蚀性。纵向磁场的腐蚀行为介于两者之间，磁场作用使其耐蚀性有一定的增强，晶内腐蚀行为优于无磁场的涂层。

图 4.104 是无磁场与横向磁场作用下的熔覆层截面的 EDS 图，表 4.13 为无磁场和横向磁场作用下的熔覆层的 EDS 成分（质量分数）检测结果。从表中可以看出在横向磁场的作用下无论是 A 点还是 B 点 Cr 元素的含量均有一定的提高。Cr 元素的分布会影响熔覆层的耐蚀性，在磁场作用下 Cr 元素在涂层整体中的分布更加均匀，因此在横向磁场的作用下熔覆层的耐蚀性得到了较大改善。而且 A 点的 Cr 元素质量分数明显高于 B 点，所以在电化学测试中，晶内（B 点）的腐蚀行为更加严重。

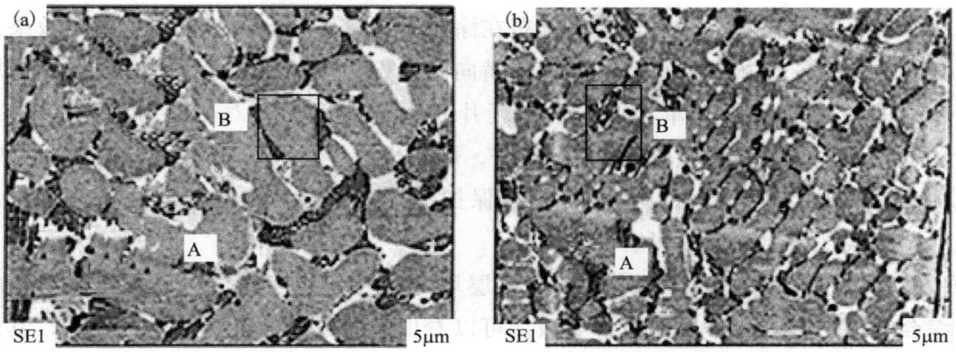

图 4.104 无磁场与横向磁场作用下熔覆层截面的 EDS 图

表 4.13 EDS 测试结果比较 单位：%

磁场条件	位置	Si	Cr	Fe
无磁场	A	3.11	20.67	7.64
	B	2.11	17.74	8.09
横向磁场	A	1.95	21.56	3.03
	B	2.07	19.87	2.61

综上所述，熔覆时施加磁场可产生三种效果。首先，磁场促进了 Cr 元素的分散，在涂层中形成了大量 Cr 的固溶体。第二，磁场也优化了涂层的显微结构及其性能。第三，磁场使晶界状态得到了改善，阻碍了柱状晶的生成。

在横向磁场、纵向磁场和无磁场作用下制备了 Stellite6 涂层，分析了磁场作用下熔覆层的表面应力分布，对纳米压痕应力计算的模型进行了对比验证，同时研究了磁场的搅拌作用对涂层微观组织结构的影响，并对其表面硬度、耐磨性、耐蚀性进行了测试，得到以下结论：

① 基于纳米压痕技术，本文采用 Suresh 模型和 Lee 模型计算了不同磁场作用下等离子熔覆层中的残余应力，与常见的 X 射线应力测试值进行对比分析。X 射线应力衍射仪测得的应力分别为 Stellite6 涂层 $\sigma=407.5$MPa，误差±3MPa；横向磁场应力值 $\sigma=203.9$MPa，误差±5MPa；纵向磁场应力值 $\sigma=300.5$MPa，误差±9MPa。与 Suresh 模型和 Lee 模型的计算数值对比发现，Suresh 模型的计算数值更接近真实值。同时，也可以看出在磁场的作用下熔覆层的表面应力得到了很好的控制，横向磁场的作用好于纵向磁场，这一点对熔覆过程中的裂纹控制非常重要。

② Stellite6 合金成分中富含大量的碳和铬，冷却后的组织接近于共晶成分。在凝固过

程中首先生成初生相 γ-Co 和枝晶间呈片层交替分布的共晶组织。对熔覆层进行 X 射线分析可知，涂层中的相包括 γ-Co 以及 Co、Cr、W 的碳化物，碳化物类型有 M_6C，$M_{23}C_6$，其中 M 表示铬、锰或铁。通过对比不同方向磁场作用下的涂层微观组织结构可知，外加磁场对熔池具有搅拌作用，可以阻碍冷却过程中的枝晶生长，或使枝晶破碎成为新的形核中心，使得等离子溶池冷却过程中的结晶方式由柱状晶向等轴晶发生改变。

③ 通过对不同方向磁场作用下的涂层硬度和耐磨性分析可知：磁场作用下的熔覆层表面硬度、耐磨性得到提升，其中横向磁场的提升效果更佳。因为在磁场的作用下熔覆层中的共晶相相对细小，碳化物也相对均匀地分布在涂层中，整体上起到了硬质相增强效果。磨损失重的分析中，横向磁场的失重量最低。在横向磁场熔覆层的摩擦磨损表面 SEM 图片中只是出现较小的塑性变形以及犁沟，并未出现片状剥离的磨屑。对横向磁场熔覆层磨屑的 EDS 分析看出，磨屑中的主要元素为 Co、Cr。熔覆过程中生成的 γ-Co 以及和 Cr、W、Mn 等生成的大量的固溶体，对涂层具有优越的保护效果，横向磁场的组织更加细小、强度更高，因此，其表现出更优异的耐磨性。

④ 熔覆层耐蚀性的测试结果表明，熔覆层均可以分为线性极化、一次钝化和二次钝化现象。综合熔覆层的电化学腐蚀拟合参数，可以看出横向磁场的自腐蚀电位更高，其腐蚀电流密度最低。因此，磁场作用下涂层的耐磨性和耐蚀性均得到了改善，其中横向磁场作用下的涂层性能更加优异。

4.4.4 稀土对 Stellite6 等离子熔覆层性能的影响

稀土元素添加至熔覆层中会对熔覆层产生弥散强化、固溶强化等作用，可以有效地减少熔覆层中的缺陷，获得良好的组织和性能。本节选取了常用的 Y_2O_3、La_2O_3 为熔覆层添加相，分析了其对熔覆层表面残余应力分布的影响，并探究了稀土的含量对涂层的组织和性能的影响。

4.4.4.1 等离子熔覆 Stellite/稀土复合涂层的弹性模量及应力

(1) 稀土添加量对复合涂层表面硬度和弹性模量的影响

纳米压痕仪能直接测量出熔覆层的硬度与弹性模量值，因此采用纳米压痕测量手段对不同的熔覆层进行了压痕试验。由于熔覆层的厚度较大，因此，压痕试验时采用最大固定压深为 1μm 的测试方法，从而得到涂层的硬度及其弹性模量，如图 4.105 所示。

图 4.105(a)、(b) 表明掺杂稀土元素后涂层的弹性模量均有升高。金属材料的弹性模量与其本身的晶体学特征密切相关，这是由于材料中原子直径、体积将直接对原子排列的致密度产生影响，原子的尺寸越小晶体致密度越高，弹性模量也越大，弹性模量同时也是晶体中原子结合力的直接反映[231]。

据研究报道，稀土元素的添加会增加涂层的硬度，这是由于稀土元素会对涂层发挥两种强化机制，即细晶强化和固溶强化。添加稀土元素后，涂层微观组织中二次枝晶的间距变窄，其显微组织得到了一定程度的细化。稀土元素对熔覆层的固溶强化方式有两种，首先半径较小的稀土元素将通过扩散的方式固溶到 Fe 的晶格内形成置换固溶体并引起晶格畸变；其二，其他的多间隙原子也可以占据 Fe 晶格中的间隙，形成间隙固溶体并产生固溶强化作用。如图 4.105(c)、(d) 所示，在稀土元素引起的细晶强化和固溶强化两者的交互作用下，

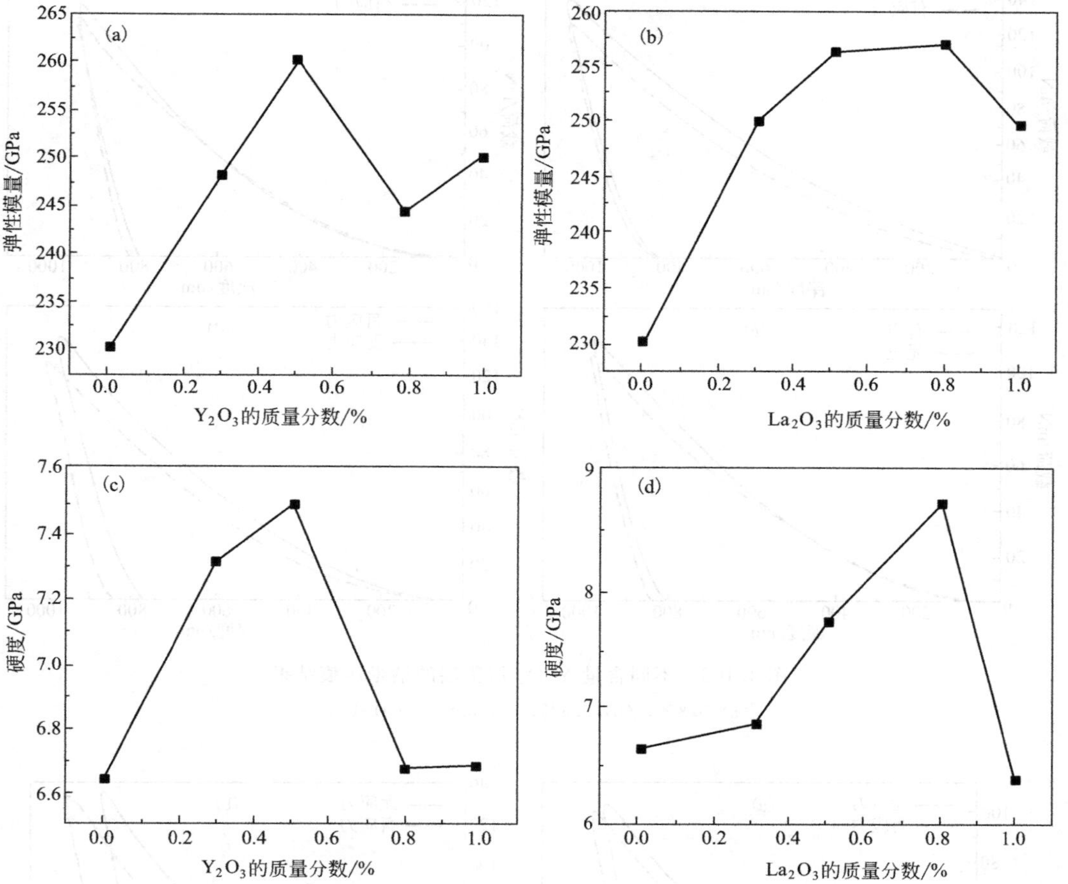

图 4.105　不同稀土添加量熔覆层的弹性模量［(a)、(b)］和硬度［(c)、(d)］变化曲线

熔覆层的硬度必然会得到较大提高。

(2) 稀土添加量对复合涂层表面残余应力的影响

图 4.106 是不同含量 Y_2O_3 熔覆层的纳米压痕下无应力及有应力涂层的载荷-深度曲线。图 4.107 为不同含量 La_2O_3 熔覆层的纳米压痕下无应力及有应力涂层的载荷-深度曲线。

对熔覆层的载荷-深度曲线分析可以看出，在最大压入量时有应力涂层的载荷均低于无应力涂层的载荷。不同涂层压入载荷的差别说明在熔覆层中存在拉应力，这是由于拉应力会对试样的被压入深度起到促进作用。

4.4 节中对纳米压痕计算残余应力的 Suresh 模型和 Lee 模型对比研究发现，采用 Suresh 模型的纳米压痕残余应力的结果与常见的 X 射线应力测试测得结果更为接近。因此，本节选用 Suresh 模型分析涂层的纳米压痕残余应力测试数据，数据整理如表 4.14 所示。对混合了不同含量稀土的涂层进行对比分析发现掺杂了稀土元素之后熔覆层的表面应力均有所降低，其中混合了 Y_2O_3 的熔覆层在掺杂质量分数达到 0.5%时，其应力值最低，仅为 0.16GPa；添加了 La_2O_3 的熔覆层在添加量达到 0.8%时，应力达到最低值 0.11GPa。

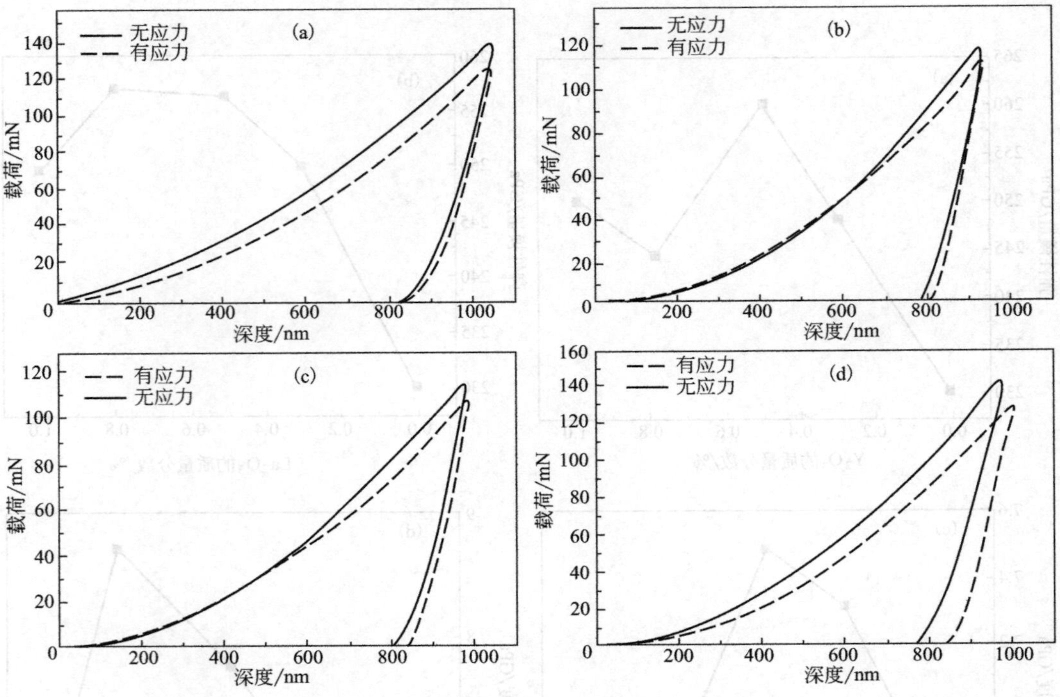

图 4.106 不同含量 Y_2O_3 熔覆层的纳米压痕结果

(a) 0.3%；(b) 0.5%；(c) 0.8%；(d) 1.0%

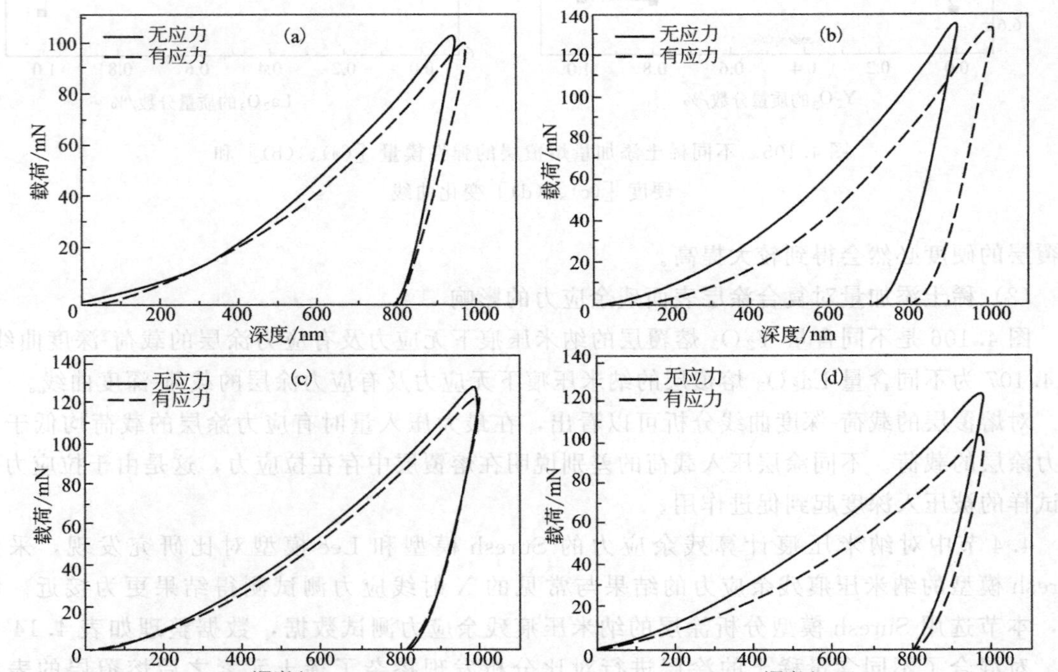

图 4.107 不同含量 La_2O_3 熔覆层纳米压痕结果

(a) 0.3%；(b) 0.5%；(c) 0.8%；(d) 1.0%

表 4.14 不同稀土含量的熔覆层纳米压痕应力测试结果 单位：GPa

稀土添加量(质量分数)	0%	0.3%	0.5%	0.8%	1.0%
Y_2O_3	0.47	0.39	0.16	0.23	0.40
La_2O_3	0.47	0.42	0.50	0.11	0.34

稀土元素对熔覆层中应力的影响，主要是通过对其微观组织的影响来实现的，首先添加的稀土元素会净化熔覆层的成分，提高熔覆层的质量。掺杂的稀土元素在冷却凝固时会增加形核中心，使熔覆层的微观组织得到细化，使熔覆层组织向等轴晶转变。晶粒细小则晶界较多，较多的晶界会使得熔覆层的强度增加。同时，添加的稀土元素还会抑制或消除熔覆层中的一些缺陷，如气孔等，并且减弱其中的应力集中。应力集中对熔覆层的使用性能具有较大的影响，熔覆层开裂的主要原因是残余应力较大。因此，在熔覆层中添加稀土元素对于探究熔覆层中的裂纹敏感问题有重要意义。

4.4.4.2 等离子熔覆 Stellite/稀土复合涂层的微观组织结构及性能

(1) 稀土元素对熔覆层显微组织的影响

图 4.108 为混合不同含量 Y_2O_3 的熔覆层横截面的微观组织形貌，可以看出，未混合稀土氧化物的熔覆层的微观组织主要为发达的树枝晶［如图 4.108(a) 所示］，掺杂了稀土氧化物的熔覆层组织则发生了明显的变化。掺杂稀土氧化物对熔覆层微观组织的影响可以归结为两个方面：首先，混合了 Y_2O_3 的熔覆层显微组织发生了细化，柱状晶的生长受到了阻碍；除此之外，熔覆层的结晶方式发生了由枝晶向等轴晶的变化。图 4.108(b) 为含 0.3% Y_2O_3 的熔覆层组织，与图 4.108(a) 相比，晶粒得到了一定程度的细化，枝晶得到了一定程度的抑制，加速了向等轴晶的转变，但是细化的作用不是特别明显。主要原因是由于添加的稀土元素的含量比较少，在熔覆过程中还会产生一定程度的损耗，因此，实际熔覆层中的稀土元素的含量更少。

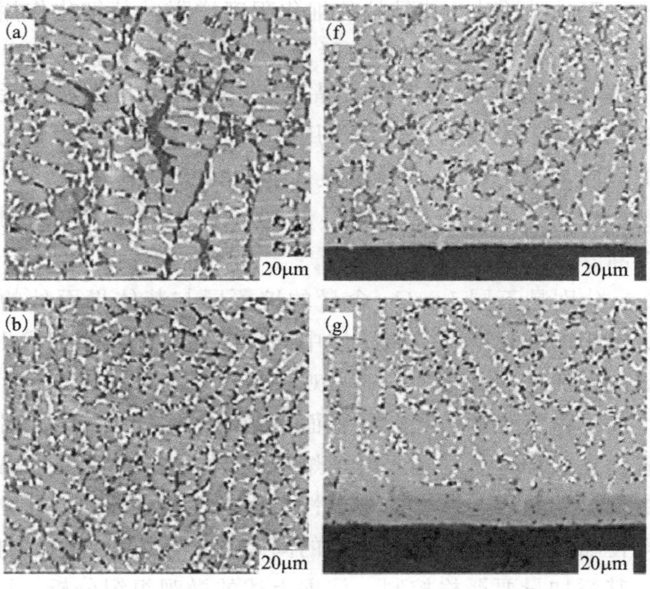

图 4.108

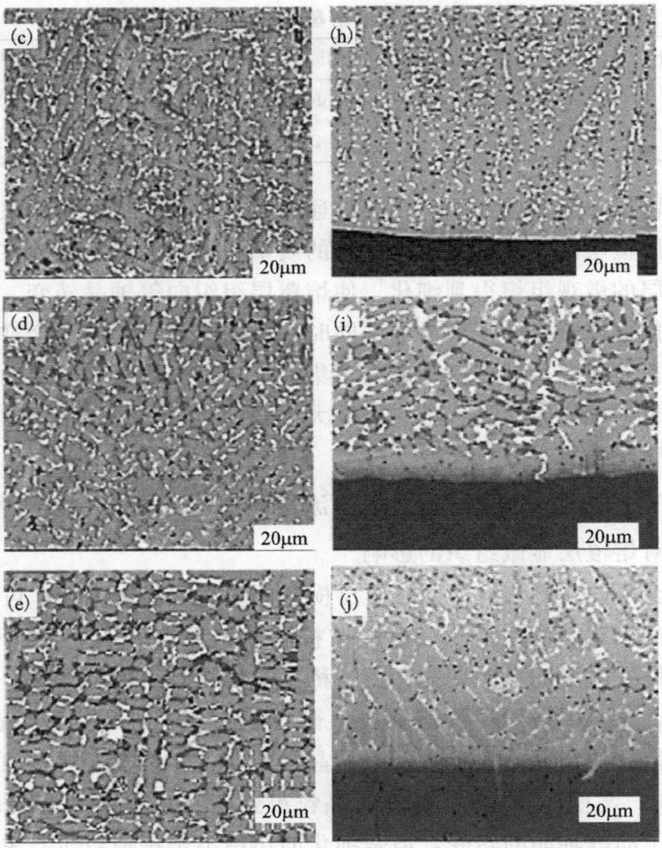

图 4.108 不同含量 Y_2O_3 的熔覆层及其熔覆层与基体界面处的显微组织形貌

(a)、(f) 0%；(b)、(g) 0.3%；(c)、(h) 0.5%；(d)、(i) 0.8%；(e)、(j) 1.0%

当稀土的含量增加至 0.5%时，其晶粒的细化程度增强，其细化作用更加明显，树枝晶向等轴晶转变的程度更大，晶粒更加细小。稀土的含量增加至 0.8%以上［如图 4.108(d) 和 (e)］，熔覆层的显微组织反而发生劣化，晶粒变得粗大。其原因可能是稀土元素与硼生成了稀土与硼的化合物，减小了硼的合金化作用，从而影响到冶金层的形成和组织。

图 4.109 为添加不同含量 La_2O_3 的涂层显微形貌。从图中可看出，添加 La_2O_3 后枝晶的形态和分散程度都产生了不同的变化。从图 4.109(b)、(c) 中可以明显看出添加稀土之后涂层中的晶界被打断，形成了细小的等轴晶。

图 4.109(f)～(j) 分别是不同 La_2O_3 含量的熔覆层与基体界面处的显微形貌，由图可以看出熔覆层中微观组织的变化明显，熔覆层中的枝晶被打断，添加稀土元素阻碍了枝晶的生长，促进了等轴晶的形成。除此之外，通过观察熔覆层下部的微观组织可以看到，在熔覆层和基体的界面处生成了由较窄的白亮色的平面晶组成的结合带。对比添加稀土与未添加稀土的熔覆层，可以看出在添加适量的稀土时，熔覆层与基体交界处的平面晶区域变得更加窄小，说明其稀释率更低，熔覆层与基体的结合性更优异。添加非适量稀土的熔覆层并未有良好的效果，有些甚至使树枝晶变大，二次枝晶的间距变大，所以通过添加稀土元素去改善熔覆层的微观组织时，其添加量要严格控制。依据上述的微观组织分析，可知掺杂稀土的含量为 0.5% Y_2O_3 和 0.8% La_2O_3 时熔覆层的质量最好。

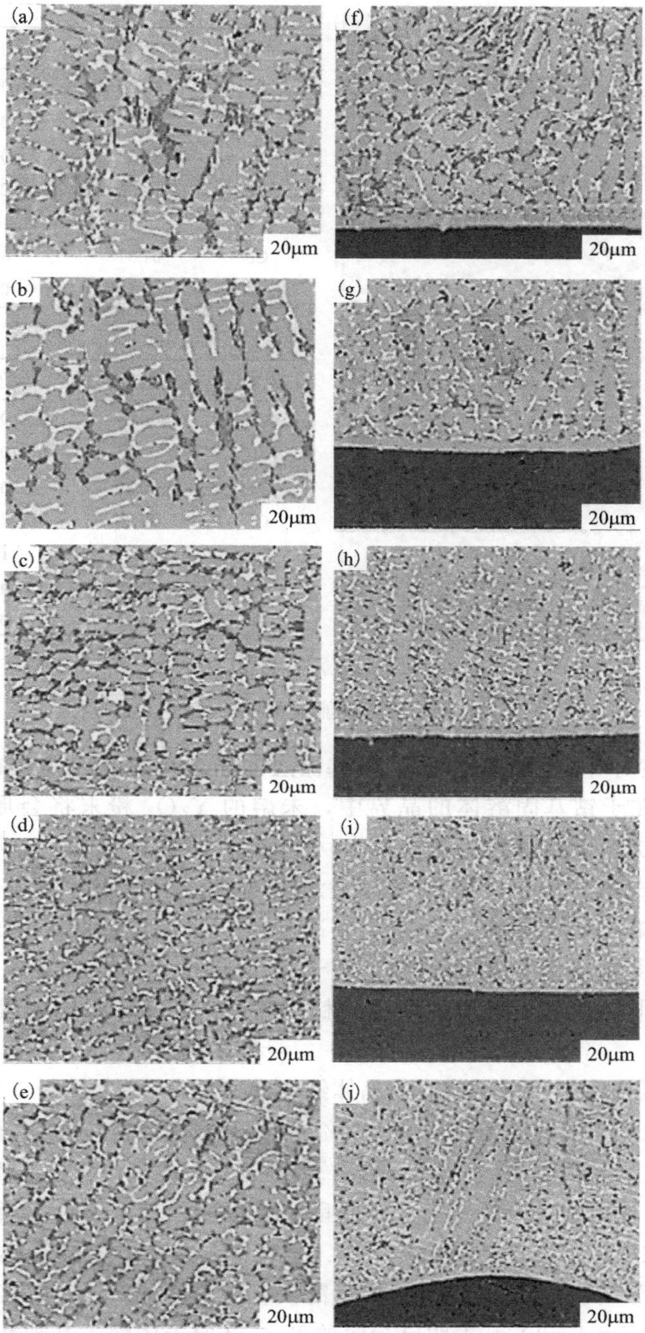

图 4.109 不同含量 La_2O_3 的熔覆层及其熔覆层与基体界面处的显微组织形貌

(a)、(f) 0%；(b)、(g) 0.3%；(c)、(h) 0.5%；(d)、(i) 0.8%；(e)、(j) 1.0%

(2) 等离子熔覆 Stellite/稀土涂层的化学成分

图 4.110 为添加稀土熔覆层的截面形貌以及熔覆层中钴基固溶体晶界的能谱分析。从图中可以看出，掺杂了 0.5%Y_2O_3 和 0.8%La_2O_3 的熔覆层晶界处均存在稀土元素和氧元素，表明掺杂的稀土氧化物确实存在于熔覆层内。

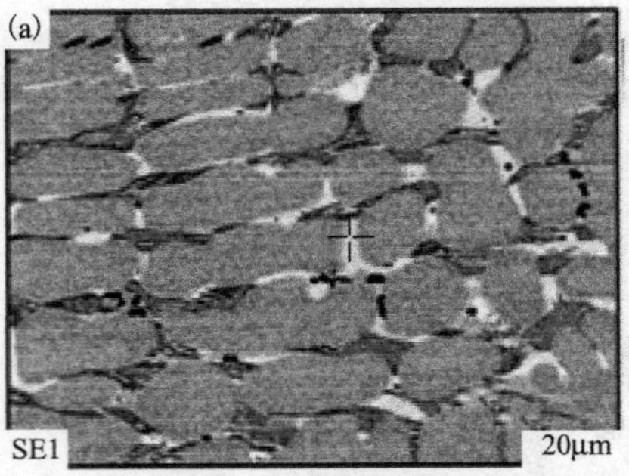

(a)

元素	质量分数/%	原子分数/%
O	00.05	00.17
Si	02.07	04.29
Y	00.16	00.10
Cr	19.65	22.00
Fe	10.40	10.84
Co	61.31	60.54
W	05.95	01.88

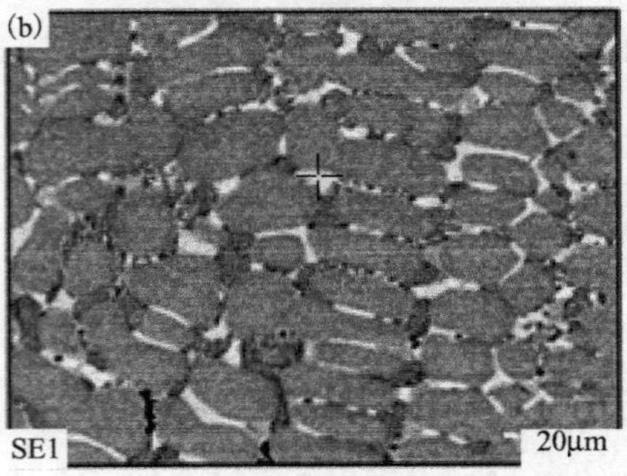

(b)

元素	质量分数/%	原子分数/%
O	00.09	00.34
Si	02.53	05.61
La	00.40	00.18
Cr	24.26	29.12
Fe	09.05	10.11
Co	45.90	48.60
W	17.76	06.03

图 4.110　0.5%Y_2O_3（a）和 0.8%La_2O_3（b）熔覆层能谱分析

侯清宇等[232]在对等离子熔覆 Y_2O_3/钴基涂层的显微组织及成分分布测试研究中发现，有未熔的 Y_2O_3 存在于钴基固溶体的晶界中，未熔的 Y_2O_3 粉末将会形成新的异质晶核，增加形核率使熔覆层显微组织得到细化。加入适量的稀土氧化物后，稀土氧化物在等离子束的作用下将会发生分解，分解成为稀土元素和氧，稀土元素的电负性很弱，拥有较强的活性，能够对熔覆层中的有害杂质产生净化作用。同时，等离子熔覆冷却速度非常快，较快的冷却速度可以细化晶粒，也有利于稀土原子在晶界的偏聚，偏聚在晶界的稀土元素会成为新的形核核心而进一步细化晶粒。稀土元素还会促进熔覆层组织的分散，让其更加均匀。

（3）等离子熔覆 Stellite/稀土涂层的晶体结构

对 Y_2O_3、La_2O_3 两种稀土在 1%和 0.3%两种添加量时的熔覆层进行 XRD 分析，其结果如图 4.111 所示。与未掺杂稀土的 Stellite6 熔覆层对比发现，混合了稀土元素之后并未产生新相，在 XRD 结果中也并未标定出对应的稀土氧化物。其原因一方面可能为添加的稀土含量较低，导致 XRD 无法发现其衍射峰[233]；也可能是由于在等离子熔覆过程中，混合的稀土氧化物被完全分解。赵高敏等[234]在熔覆铁基涂层时掺杂了 La_2O_3，对熔覆层进行 XRD 分析时也未标定出 La_2O_3，表明已分解的 La、O 原子固溶入其他相。另一方面可能由于添加的稀土粉末粒径较小，在表面效应的作用下，熔覆过程中一部分粉末很容易附着在容器内壁上，同时熔覆过程中，金属粉末的飞溅也会造成一部分损失，因此熔覆层中所保留下来的稀土含量相比实际添加的含量要更低，其衍射峰更难被发现。

（4）等离子熔覆 Stellite/稀土涂层的显微硬度及耐磨性

添加不同含量 La_2O_3 和 Y_2O_3 的涂层显微硬度分布如图 4.112 所示，由图可知，稀土元素的添加对熔覆层的硬度提升发挥了积极作用。

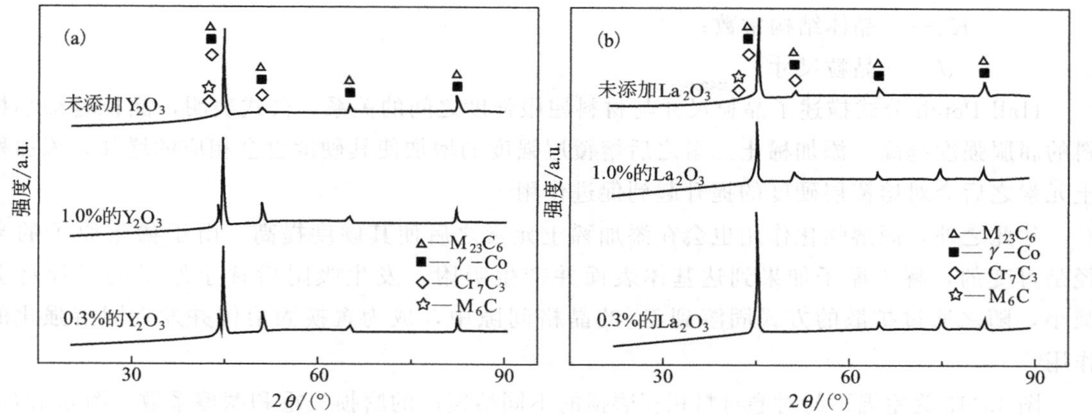

图 4.111　两种稀土含量分别为 1%、0.3%以及未添加稀土的熔覆层的 XRD 图谱

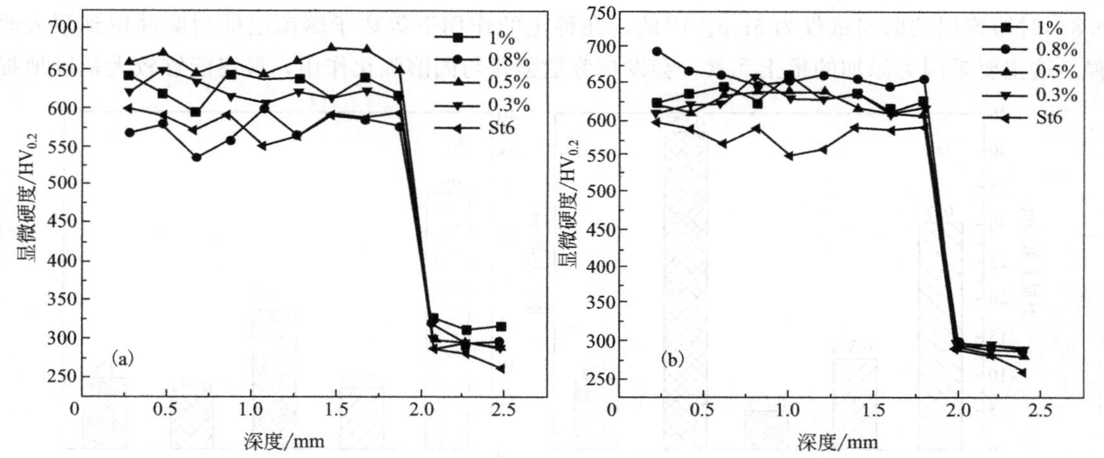

图 4.112　添加稀土的熔覆层显微硬度分布图

(a) 添加 Y_2O_3；(b) 添加 La_2O_3

当 La_2O_3 的添加量为 0.8%时涂层的显微硬度最高，试样上每个测试点的硬度均高于未添加稀土的试样，涂层中硬度值最大点出现在上部，硬度值为 667$HV_{0.2}$，最低硬度值为界面处的 647$HV_{0.2}$，平均硬度为 650$HV_{0.2}$。未掺杂稀土的涂层硬度最大值为 605$HV_{0.2}$，前者是后者的 1.10 倍。当 Y_2O_3 的添加量为 0.5%时涂层的显微硬度最高，试样上每个测试点的硬度值均高于未添加稀土的熔覆层，熔覆层中硬度值最高的点出现在中间位置，其硬度值为 678$HV_{0.2}$，硬度在熔覆层与基体的界面处最小为 650$HV_{0.2}$，平均硬度为 660$HV_{0.2}$，最高硬度是未添加稀土的熔覆层最大硬度的 1.12 倍，这一点与涂层组织的变化一致。

掺杂了稀土元素的熔覆层硬度之所以会升高，主要是由于细晶强化和固溶强化的交互作用。细晶强化作用是由于稀土元素的添加改变了涂层显微组织中的二次枝晶间距，熔覆层显微结构得到了一定程度的细化，按照 Hall-Petch 公式：

$$\delta_s = \delta_i + K_s d^{-\frac{1}{2}} \tag{4.15}$$

式中　δ_s——材料的屈服强度；

δ_i——阻碍位错在基体金属中开动的力；

K_s——晶体结构常数；

d——晶粒尺寸。

Hall-Petch 公式描述了晶粒尺寸与材料屈服强度之间的关系。公式表明，晶粒越细小材料的屈服强度越高。添加稀土元素之后熔覆层强度的增加使其硬度也会相应的增加，添加稀土元素之后会对熔覆层硬度的提升起到促进作用[235]。

除此之外，固溶强化作用也会在添加稀土元素之后使其硬度提高。由于稀土原子的半径是可变的，稀土原子如果到达基体表面并产生吸附，发生吸附后稀土原子的半径将会减小，随之通过扩散的方式固溶到 Fe 的晶格间隙中，成为置换固溶体并发挥固溶强化的作用[236]。

图 4.113 为室温下与对磨材料相互磨损的不同熔覆层的磨损失重和摩擦系数。图 4.13(a) 和（b）说明混合了稀土元素后熔覆层的磨损量变化明显不同。掺杂 Y_2O_3 的最适质量分数为 0.5%，其磨损量显著小于未混入稀土的熔覆层；掺杂 La_2O_3 的熔覆层在掺杂的质量分数为 0.8%时熔覆层的磨损量仅为 5mg。因此，在稀土的作用下等离子熔覆层的耐磨性得到很大改善。这主要是因为添加的稀土元素，会发挥弥散强化与固溶强化作用，最终能够较大幅度地提

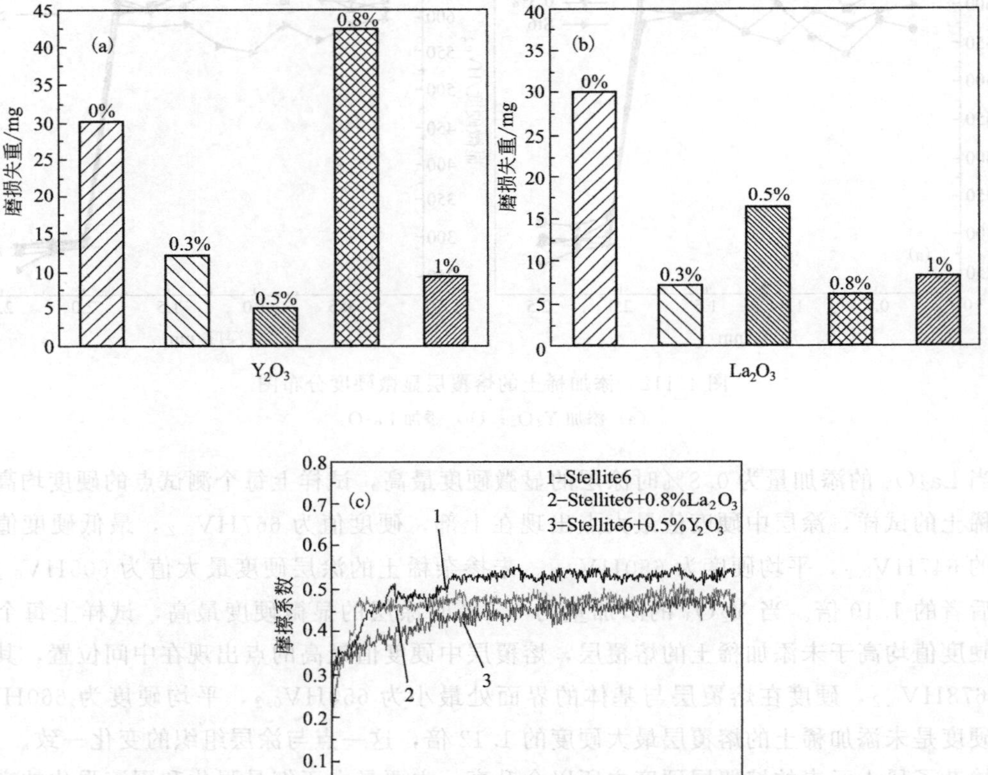

图 4.113 不同稀土含量的熔覆试样磨损失重及摩擦系数对比图

(a) 添加 Y_2O_3；(b) 添加 La_2O_3；(c) 摩擦系数

高熔覆层的强度和硬度。稀土元素的添加能够通过减小二次枝晶间距的方式来细化熔覆层显微组织。

由图 4.113(c) 中熔覆层的摩擦系数曲线中可以看出，熔覆层摩擦磨损的过程基本相同，主要分为非稳态摩擦阶段和稳态摩擦阶段。摩擦磨损试验过程的开始阶段，涂层与对磨材料表层均具有粗糙度，磨损过程中发生黏着，实际接触面积增加，导致摩擦系数随磨损时间的延长而增大。一定时间后，摩擦系数波动平缓，开始进入稳态摩擦阶段。掺杂适量的稀土元素对熔覆层表面的耐磨性有一定程度上的改善，改善分为两个方面。首先添加稀土元素后的熔覆层非稳态摩擦阶段的时间减少；另一方面添加稀土元素后熔覆层的摩擦系数明显降低，摩擦系数的数值可以间接地显示出涂层减摩耐磨性的好坏。添加了 0.5%Y_2O_3 的熔覆层摩擦系数最低可达到 0.4 左右，同时其磨损量也最少。

图 4.114 为熔覆层的摩擦磨损 SEM 显微照片。图 4.114(a) 清楚地显示了在测试过程中熔覆层的磨损表面相对光滑平整，磨痕较浅，截面处均分布着细小的颗粒状磨屑，磨损机制为磨粒磨损。测试中产生的颗粒状磨屑，通过对磨材料压入熔覆层表面导致划痕的出现。在显微硬度的对比分析中知道，无稀土的熔覆层表面硬度较低，因此其抗磨损的能力较差，表面产生大量的塑性变形以及大量薄片状的磨屑剥落增加了磨损失重，这一点与磨损失重的对比结果一致。

在图 4.114(b)、(c) 中，添加稀土的熔覆层表面磨损产生了较小的塑性变形以及犁沟，并未出现明显的剥落坑和片状剥离的磨屑，犁沟的深度也相对较浅。添加稀土氧化物后熔覆层中的共晶组织和碳化物的分布十分均匀，组织同样细小，添加稀土的熔覆层显微组织显示出树枝晶的生长被抑制，而等轴晶的生长得到了促进，因此添加了稀土的熔覆层在磨损过程中表现出了较为优异的耐磨性。

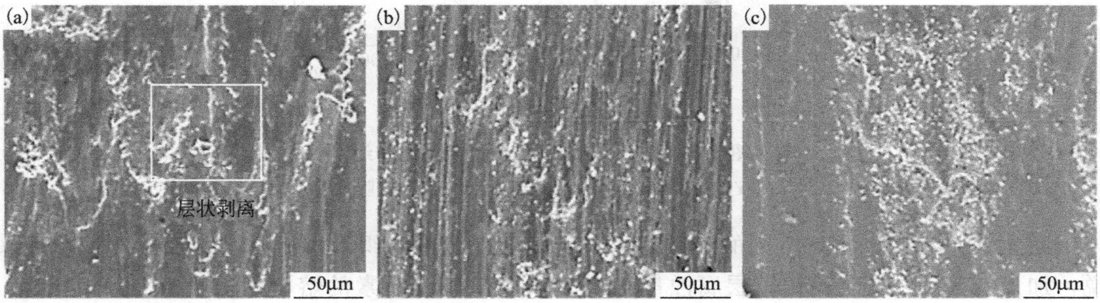

图 4.114　熔覆层摩擦磨损 SEM 形貌

(a) Stellite6；(b) Stellite6+0.5%Y_2O_3；(c) Stellite6+0.8%La_2O_3

(5) 等离子熔覆 Stellite/稀土涂层的耐蚀性

图 4.115 为添加不同稀土元素之后的熔覆层在 3.5%NaCl 溶液中的阳极极化曲线和交流阻抗谱（彩图参见目录中二维码）。从不同试样的极化曲线中可以看出，熔覆层均为钝性材料，极化曲线均可分为线性极化、一次钝化和二次钝化三个阶段，添加稀土元素并未改变极化曲线的三个不同阶段，但是添加不同含量的稀土元素对熔覆层的耐蚀性影响较大。添加稀土元素后的涂层耐蚀性得到明显改善，熔覆层中的元素及其分布对耐蚀性有很大程度的影响。在图 4.15(c) 交流阻抗谱中，不同试样的阻抗弧均显示为单一的容抗弧，其半径的大小表示在腐蚀过程中腐蚀作用的强弱，阻碍作用越强则半径越大其腐蚀的速率越慢。可以明

显地看出添加了稀土元素后熔覆层在腐蚀过程中的速率明显降低，与 0.5% Y_2O_3 的熔覆层对比，添加 0.8%的 La_2O_3 其耐蚀性更加的优越。

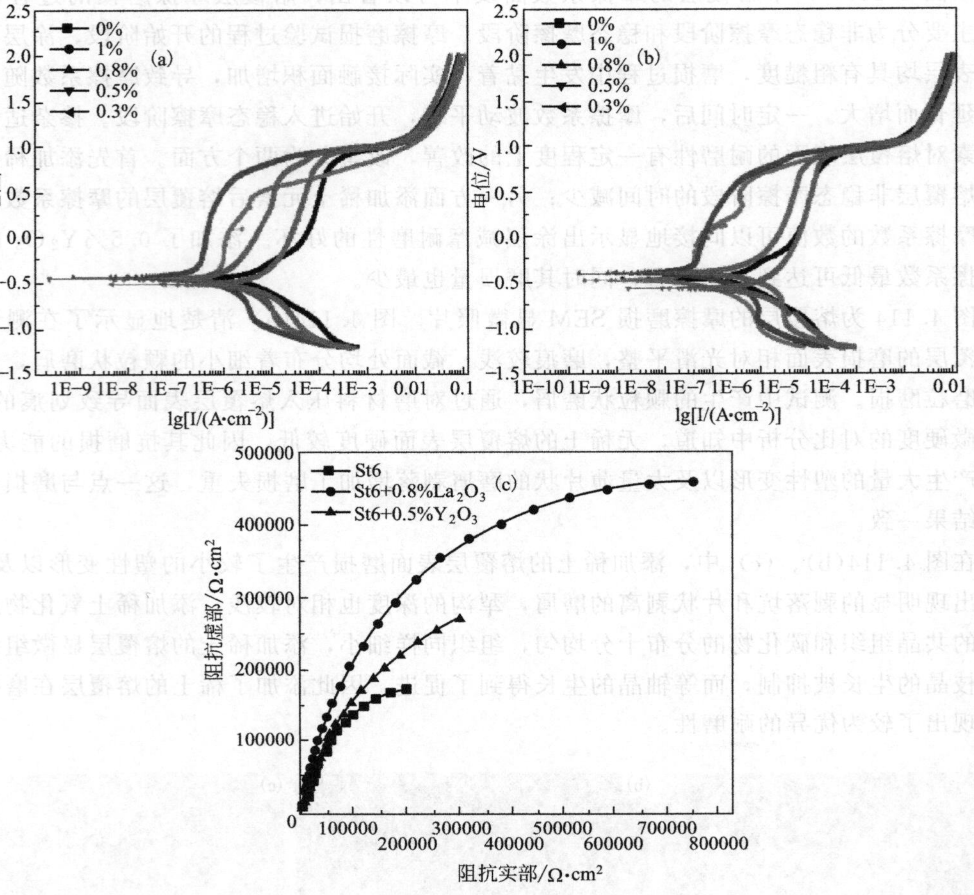

图 4.115 不同试样的电化学极化曲线

(a) Y_2O_3 试样；(b) La_2O_3 试样；(c) 交流阻抗谱

图 4.116 为稀土含量不同的熔覆层的电化学腐蚀显微组织形貌。从其截面的腐蚀情况来说，加入 0.8%La_2O_3 的熔覆层腐蚀最轻，而未掺杂稀土元素的熔覆层表面腐蚀最为严重。由图 4.116 可以看出未掺杂稀土元素的 Stellite6 涂层的显微组织以枝晶为主，其腐蚀行为最为严重，表面也相对来说最为粗糙，腐蚀坑也最深。添加了稀土元素之后熔覆层的微观组织得到了优化，在磁场的作用下树枝晶被抑制，形成大量的等轴晶。除此之外，稀土元素的净化作用也会增强其耐蚀性，从腐蚀形貌中可以看出掺杂了稀土元素后的熔覆层晶内保持了良好的组织形貌。综上所述，稀土元素的添加使其耐蚀性有一定的增强，晶内腐蚀行为好于未掺杂稀土的熔覆层。

添加适量的稀土细化了熔覆层的显微组织，使晶粒更加细小和致密，组织更加均匀，腐蚀电流很难穿过并对其进行腐蚀。同时添加的稀土元素会降低氢的自由度，降低其活性，主要原因是稀土元素对氢离子有很强的吸附力，具有陷阱效应，使得熔覆层的耐蚀性得到提升。除此之外，稀土元素还可以净化晶界，进入熔覆层后优先偏聚在晶界，减缓了晶界处的腐蚀速度，使得耐蚀性得到了提升。从图 4.110 的能谱分析中可以看出，添加

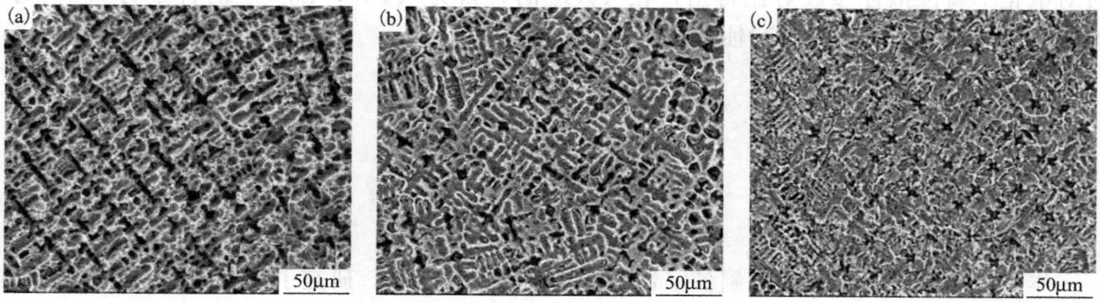

图 4.116　熔覆层的电化学腐蚀显微组织形貌

(a) Stellite6；(b) Stellite6＋0.5%Y_2O_3；(c) Stellite6＋0.8%La_2O_3

了稀土元素的熔覆层无论晶界还是晶内铬元素的含量均升高，主要原因有三个方面。其一，在混合了稀土元素后阻碍了铬元素在熔覆层中的扩散，促进了铬的固溶体的生成。其二，稀土元素的掺杂使得熔覆层显微结构得到优化的同时又抑制了柱状晶的生长。其三，熔覆层中的硅元素对提高材料的耐点蚀性能也有一定作用。在这些合金元素共同作用下，熔覆层的点蚀电位明显升高，钝化膜的溶解破坏倾向减小，同时使得腐蚀速度下降，其耐蚀性得到了提升。

以上对 Stellite6/稀土的涂层组织与性能进行了研究，添加的稀土元素分为 Y_2O_3 和 La_2O_3 两种，其含量分别为 0.3%、0.5%、0.8%、1.0%四种。探究了混合稀土后熔覆层的表面应力分布，总结了添加稀土元素对熔覆层显微组织的影响，并研究了对其表面硬度、耐磨性和耐蚀性能的影响。

① 纳米压痕探究结果表明，在熔覆层组织最细小处熔覆层的弹性模量最大。对熔覆层表面应力分析时可知，添加 Y_2O_3 的熔覆层在添加量达到 0.5%时其应力值最低为 0.16GPa，添加 La_2O_3 的熔覆层在添加量为 0.8%时应力值最低为 0.11GPa。掺杂的稀土元素会在冷却凝固时增加形核中心，使熔覆层的显微组织得到了优化，使其结晶方式由树枝晶向等轴晶的方式发生转变。同时，添加的稀土元素还会抑制或消除熔覆层中的缺陷，如气孔等，减少其中的应力集中，对提高熔覆层的使用性能及降低熔覆层的开裂倾向具有重大意义。

② 稀土添加量对熔覆层显微组织有不同的影响，随着稀土元素含量增加，组织首先发生细化，当超过最适含量后其显微组织反而变得更加粗大。添加 Y_2O_3 的最适含量为 0.5%，添加 La_2O_3 的最适含量为 0.8%。对熔覆层进行 XRD 分析发现，掺杂了稀土元素后熔覆层并未形成新相，在 XRD 图谱中也并未标定出对应的稀土氧化物。

③ 稀土元素对熔覆层硬度的提升作用主要是通过细晶强化和固溶强化机制来产生的，其硬度最大时的掺杂含量与微观组织最细小处的含量相同。添加最适含量稀土氧化物的试样，显微硬度相对较高，其表面磨损也只产生了较小的塑性变形，磨损量也相对较小。Y_2O_3 的含量为 0.5%，La_2O_3 的含量为 0.8%时磨损量最低，耐磨性更好，磨损机制为磨粒磨损。

④ 添加适量的稀土使得熔覆层的显微组织得到了明显的细化，晶粒变得更加致密，显微组织分布均匀时，腐蚀电流很难穿过并对其进行腐蚀。稀土元素的净化作用也降低了晶界处的腐蚀速度。不同熔覆层的阳极极化曲线均可以分为线性极化、一次钝化和二次钝化。通

过对电化学腐蚀拟合参数对比得出，在 Y_2O_3 的含量为 0.5%，La_2O_3 的含量为 0.8%时，熔覆层表面处有足够优异的耐蚀性能。

4.5 本章小结

本章采用等离子熔覆技术制备了钴基复合等离子熔覆层，研究了熔覆层表面和界面结构在热、力、热-力耦合和摩擦作用下的服役行为及其失效机理。通过热疲劳测试，借助自制夹具对微小尺寸的界面结构进行了常温/高温拉伸试验以及高温压缩测试，结合微观组织结构与分析、界面热匹配、界面弹性匹配及模拟等技术手段，分析界面结构在不同条件下的失效行为及机理，同时探究了合金元素和稀土氧化物对钴基涂层组织与性能的作用机制。针对大型压缩机转子轴服役时苛刻的摩擦环境，研究了磁场对熔覆层表面摩擦学性能的影响。基于实验研究分析结果得到以下结论。

① 由于温度梯度与凝固速度的共同影响，等离子熔覆层从底部到顶部分别为平面晶、胞状晶、柱状晶及等轴晶。热疲劳试验结果表明，600℃时 Co50 表界面结构具有最好的抗热疲劳性能；温度达到 700℃以上时，基体材料发生相变导致体积的变化，进而导致膨胀系数突变，此时涂层与基体的膨胀系数差异增大，导致抗热疲劳性能降低。在热循环过程中界面位置由于膨胀原因产生较大应力集中，迫使裂纹在应力集中位置萌生，随后裂纹沿着涂层内脆性较大的晶界进行扩展。

② 涂层/基体界面为良好的冶金结合，呈平面晶组织，主要由 Fe 和 Co 元素组成，冶金界面为面心立方结构。拉伸试验表明搭接界面的强度低于涂层/基体界面的强度，良好的弹性匹配决定了涂层/基体界面的强度高于粗大晶粒的搭接界面。Nb 和 CeO_2 的强化机制是“细晶强化”“沉淀强化”“净化机制”及“位错强化”的耦合强化机制。对 NbC/γ-Co 相界面系统的第一性原理拉伸模拟中，Co/NbC 共价键键合界面的结合强度要高于 Co/Co 金属键键合界面的结合强度，与母相结合极好的 NbC 相更有助于性能的提升。

③ 高温压缩试验中变形抗力受温度的影响较大。涂层材料硬度值的变化受加工硬化和动态软化的共同支配，界面的硬度值在整个过程中变化不大。变形量的增加可以使涂层中的枝晶发生偏转和变形，而温度达到 1100℃会使涂层中的枝晶完全消失。涂层/基体界面在整个过程中发生了明显的塑性变形，说明界面具有良好的塑性。在高温拉伸试验中，加入 Nb 和 CeO_2 后较高温度下表界面结构的断裂由涂层位置转移到基体位置，表明 Nb 和 CeO_2 改善了涂层材料的高温拉伸性能。热-力作用下在 γ-Co 相中产生了高密度的位错，位错在γ-Co 与 Fe-Cr 晶界处大量塞积，位错塞积产生较大的应力集中，导致裂纹在晶界处萌生，外力作用下晶界处的裂纹在脆性相 Fe-Cr 内扩展，随后穿越晶界扩展到相邻晶粒直至材料失效。

④ 磁场明显细化 Co50 涂层组织以及 TiC 硬质相，横向磁场作用下的涂层中产生了大量的等轴晶。在横纵磁场涂层中生成耐磨性较好的（Ti，W)C_{1-x} 新相且分布于 TiC 周围。600℃高温拉伸试验表明，磁场作用可以提升熔覆层的力学性能。摩擦磨损试验中主要磨损机制有氧化、磨粒和黏着磨损，磁场作用下的涂层耐磨性得到提升，均匀的组织以及 TiC-(Ti，W)C_{1-x} 复合组织赋予涂层优异的表面抗磨损性能。涂层的冲蚀失重随着冲蚀角度增大而增加，由磁场搅拌获得的均匀、细小的组织以及 TiC-(Ti，W)C_{1-x} 复合组织提升了表面

抗冲蚀磨损性能。

⑤ 磁场方向对 Stellite6 等离子熔覆过程有明显影响。横向磁场的作用好于纵向磁场，横向磁场作用下的熔覆层残余应力更小，有利于控制熔覆层中的裂纹；横向磁场作用下的熔覆层组织更加细小，性能也更加优异。基于纳米压痕分析的 Suresh 模型和 Lee 模型的计算结果，与 XRD 结果进行对比分析，发现 Suresh 模型的结果更接近真实值。

⑥ Stellite6 等离子熔覆层中添加不同含量的 Y_2O_3 和 La_2O_3，会改变涂层的应力状态，Y_2O_3 的最佳添加量为 0.5%、La_2O_3 的最佳添加量为 0.8%时，熔覆层的残余应力最小；稀土添加量低于最佳添加量时，细化涂层组织的效果较差，超过最佳添加量后熔覆层的组织反而变得粗大，同时，最佳添加量下的涂层显示出了更优越的耐磨和耐蚀性能。

第5章 等离子熔覆铁基涂层

铁基合金粉末适用于要求局部耐磨且容易变形的零件。铁基自熔剂合金有两种类型：不锈钢型和高铬铸铁型。不锈钢型自熔剂合金含有较多的镍、铬、钨、钼等元素，其中镍高达 37%，铬为 15%。这种合金除得到奥氏体基体外，还生成多种复杂的金属间化合物，如各种碳化物和硼化物等硬质化合物，因此比一般不锈钢具有更高的硬度和耐磨性。这类合金熔点较高，塑性范围较窄，液态流动性较差，熔覆层熔渣也多。采用等离子熔覆或氧乙炔火焰一步法熔覆，可获得良好的熔覆层。高铬铸铁型自熔剂合金含有较多的 C 和 Cr，在合金中生成较多的 $Cr_{23}C_6$ 和部分 Cr_7C_3、CrB 等金属间化合物。它有较高的硬度（>HRC50）和耐磨性，但合金脆性较大，可用在受磨粒磨损而不受强烈冲击的工件上[43,46,237-241]。

本章将对比研究不同类别过渡元素的添加对铁基熔覆层的成分、微观组织、相结构、硬度、耐磨性及冲蚀性能的影响，并分析产生影响的原因。明确添加元素的作用机制，分析不同温度下热处理后的涂层界面及热影响区相结构的演变规律及其对力学性能的影响，研究合金元素在热处理过程中的影响及作用机制。

在铁基等离子熔覆涂层中添加 Ta、Zr、Hf 三种元素，Ta、Zr、Hf 在粉末冶金工艺中可以改善 γ' 相的大小和分布，有助于铁素体形成，改变合金中碳化物的组成和形态，从而提高合金的性能。其次，Ta 具有极高的抗腐蚀性，在低于 150℃ 的环境下是化学性质最稳定的金属之一。所以，钽钨合金、钽钨铪合金可以用作火箭、导弹与喷气发动机的耐热高强材料以及控制与调节装备的零件等。含 Zr 的装甲钢和大炮锻件钢、不锈钢还有耐热钢等，是制造装甲车、坦克、大炮和防弹板等武器的重要材料。Hf 的添加可以使合金具有良好的流动性，同时，也有研究显示加入 0.2%～0.5%的 Hf 可抑制晶粒在高温下长大，细化变形合金的晶粒[242]。其次，适当的热处理工艺能使钢的性能有所提高，如时效和固溶加时效能使钢得到强化，因此，应进一步研究热处理对铁基熔覆层性能的改善及其作用机制。

5.1 Fe-Cr-B-Si/Ta/Zr/Hf 复合等离子熔覆层

5.1.1 熔覆材料的选择

熔覆层基材选用 FV520B 板材，其成分如表 3.1 所示，熔覆层粉末以 Fe901 合金粉末为基础，如表 5.1 所示。添加 Ta、Zr、Hf 三种元素，通过雾化法制备三种不同成分的复合熔覆粉末，具体配方如表 5.2 所示。

表 5.1 Fe901 合金粉末元素含量

元素	Cr	B	Si	Mo	Fe
质量分数/%	13.0	1.6	1.6	0.8	余量

表 5.2 熔覆粉末元素含量　　单位：g

熔覆粉末	Fe901	Ta	Zr	Hf	RE
铁基	2000	—	—	—	—
铁基-1	2000	40	—	—	6
铁基-2	2000	—	40	40	6
铁基-3	2000	40	40	40	6

将三种粉末用电子天平称量配好后，进行等离子熔覆。为了便于分析和比较，各熔覆层简称为铁基、铁基-1、铁基-2 和铁基-3，其中稀土元素以 Ce_2O_3 与 La_2O_3 质量比为 1∶1 的方式添加。

为了分析对比不同温度下热处理后的熔覆层界面及热影响区组织结构的演变规律及其对力学、耐蚀、耐磨性能的影响。对铁基及加入过渡金属后的试样进行热处理，包含 (a) 时效处理：将 4 种试样每种各取 4 个，真空封装到 4 个真空管中，放入 600℃的保温炉中保温，分别每隔 2h、5h、12h 和 24h 各取出一管，空冷备用；(b) 固溶加时效处理：将 4 种试样每种各取 3 个，放在 1050℃的高温炉中保温 2h，取出后淬火，留一组，将其余的 2 组放入 600℃的保温炉中保温，分别在 5h、24h 后各取出一组，空冷。

5.1.2 多元铁基熔覆层的微观形貌

图 5.1 为铁基-1、铁基-2、铁基-3 截面的金相图。熔覆层底部主要是平面晶和少量的树枝晶，这是由于在基体与熔覆层交接处的温度梯度较大，凝固速度小，从而易于形成平面晶，如图 5.1(a) 所示。熔覆层中部的晶粒排布较为规则，晶粒大小较一致，晶粒较细小，是树枝晶和等轴晶的混合，如图 5.1(b) 所示，中部距离熔池较远，温度梯度较大，成分过冷引起的过冷度较大，于是生成的枝晶较多。熔覆层顶部晶粒排布更为规则，晶粒更细小，是细小的树枝晶和等轴晶，在熔覆层顶部，与温度低的空气相接触，激冷的环境下易于形成等轴晶，如图 5.1(c) 所示。

纵向比较三种熔覆层的组织，铁基-2 的晶界处有黑色相生成，弥散分布于组织之中，组织中柱状晶减少，而铁基-3中存在大量的细长枝晶，柱状晶有明显的取向性，顶部仍然有大量柱状晶。由此可推断，锆和铪在熔覆层中使晶界处有弥散相析出，而加入钽、锆、铪三种元素的粉末使熔覆层在冷却过程中温度梯度增大，满足柱状晶的生长条件。

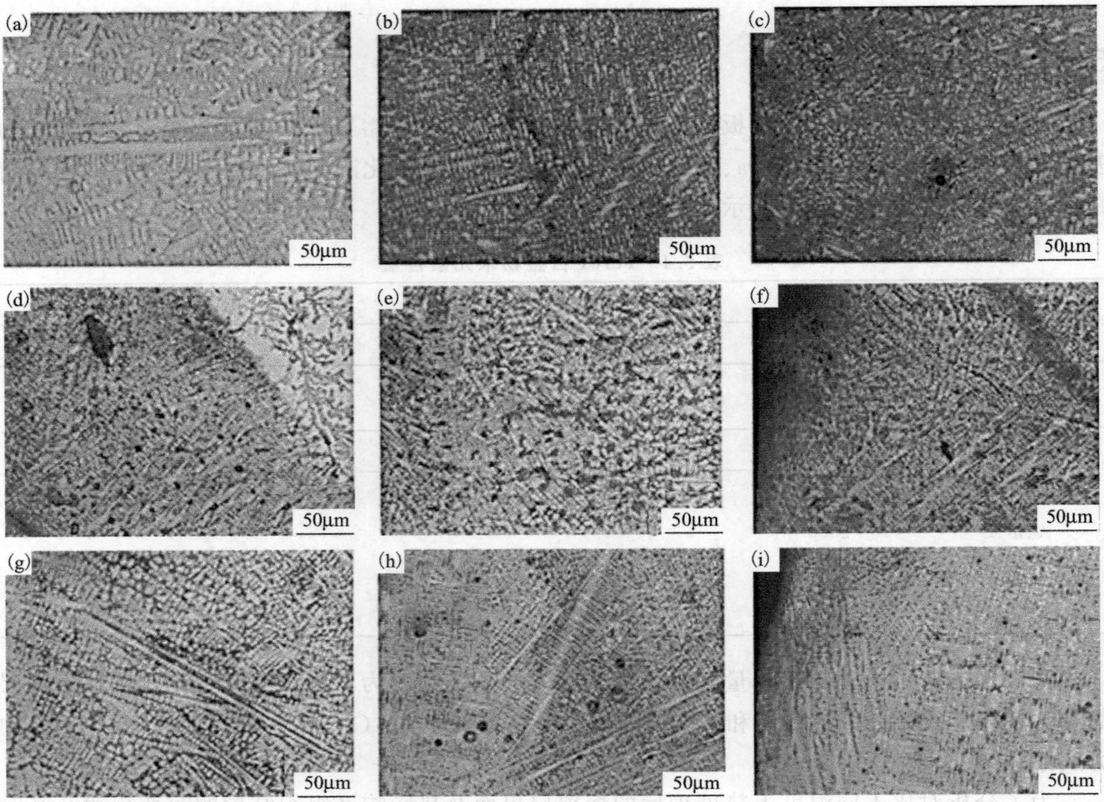

图 5.1　熔覆层底部、中部、顶部金相图

(a) ～ (c) 铁基-1；(d) ～ (f) 铁基-2；(g) ～ (i) 铁基-3

熔覆层的界面形貌如图 5.2 所示。由图可见，试样的横断面组织均明显地可分为熔覆层（CL）、结合带（BZ）和基体热影响区（HFZ）三部分，等离子熔覆层并不只熔覆在基体表面，而是融入基体，因此形成了结合比较紧密的熔覆层。熔覆层"凹"进基体的原因是高能量等离子束熔覆时熔池在气体动力、表面张力、等离子束吹力的作用下，使基体有一部分熔化，与熔融的合金粉末混合后凝固，从而有一定的稀释率。

热影响区与基体结合部位有一条"白亮色"的带。白亮层的形成机制可根据结晶热力学和动力学来解释。等离子束使基材发生熔化，与铁基合金粉末发生互熔，引起界面处液体合金的实际熔点发生了微观的变化，导致固液界面在微观尺寸上发生起伏变化，形成了半熔化状态的熔体，该熔体成为不均匀的形核中心，新晶粒在此堆积，形成白亮带。

热影响区的形成与焊接相似，基体由于受热而发生了组织和力学性能变化，从而形成了热影响区，热影响区的基体相当于热处理过的基体，其组织和相结构都发生变化，在 SEM 形貌中与基体和熔覆层有较大的差别。

为了进一步明确不同成分涂层的形貌特征，分别对四种熔覆层的界面、中部和顶部三个

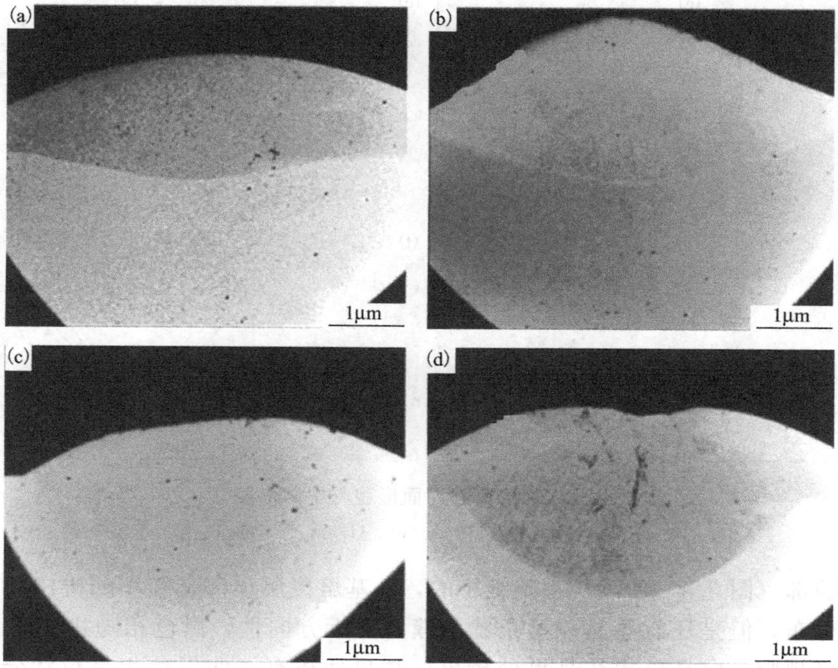

图 5.2　熔覆层的界面形貌

(a) 铁基；(b) 铁基-1；(c) 铁基-2；(d) 铁基-3

位置进行 SEM 观察。

各个试样的界面处形貌，如图 5.3 所示。铁基的界面处晶粒呈现树枝状，晶界处没有析出相，晶粒内部呈现灰白色，铁基-1、铁基-2、铁基-3 的晶粒相对细小，500 倍下几乎看不见清晰的晶粒，晶粒内部呈灰黑色，晶界处有析出相，大多呈现白亮色。白亮色相呈网状分布在灰色相上。

观察四种试样的中部，中部的晶粒比晶界处的晶粒更细，铁基的晶粒呈树枝状，铁基-1、铁基-2、铁基-3 的晶粒呈等轴状，晶界处有白亮色的析出相。同种试样作比较，规律是底部的晶粒粗大，往上越来越细小。对于界面处，纵向对比发现，铁基熔覆层与基体的界线较清晰，界面处的晶粒呈条状分布，柱状晶有明显的方向性，都是由底部向上生长的，大约垂直于结合带（BZ）。铁基-1 的晶粒轮廓清晰，如图 5.3(c)、(d) 所示，白亮色网状物质分布其中，晶粒较为规则，呈现等轴状；而铁基-2 的晶粒界线稍显模糊，白亮色相不再呈网状分布，而是以不规则的线状分布在灰色相之上；铁基-3 的界面处晶粒与以上的晶粒相比，浅灰色相集中，白亮色相呈现粒状分布于深灰色晶界处。

观察各个熔覆层中部的晶粒发现，铁基熔覆层的晶粒呈条状，整个界面由灰色相和深灰色相组成，各个条状晶粒的取向不同，没有方向性。除了条状晶粒外，还分布一些等轴状晶粒。铁基-1 中部的晶粒分布大致也成条状，晶粒也是等轴状，白亮色相呈网状分布，但是对比铁基-1 的界面处，晶粒并没有那么规则；铁基-2 中部的晶粒分布很规则，晶粒呈现等轴状，白亮色相呈现规则的网状分布，晶界处还有黑色粒状相分布，晶粒大小大致相同；铁基-3 的晶粒比较细小，白亮色相中的黑色相在晶界处分布，呈粒状。

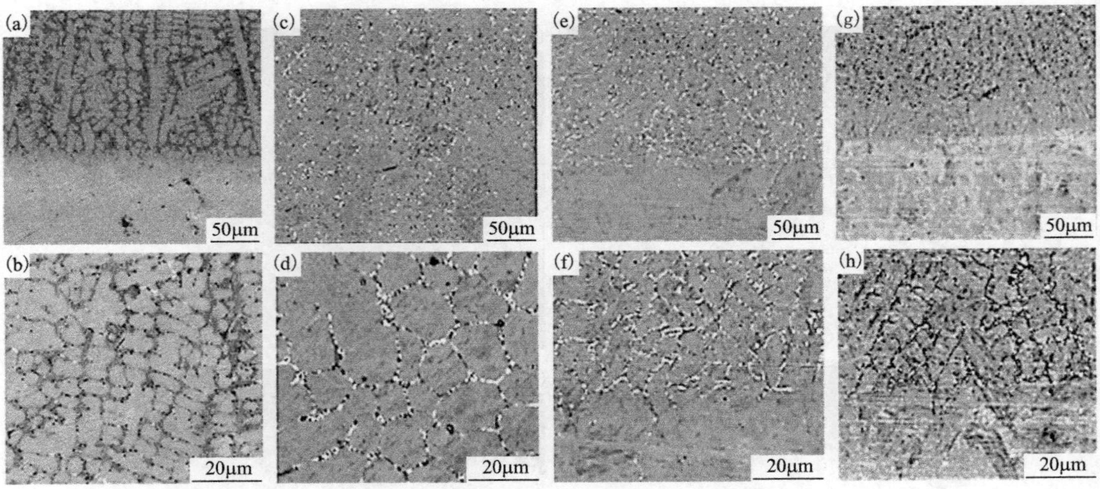

图 5.3　熔覆层界面形貌与中部形貌

(a)、(b) 铁基；(c)、(d) 铁基-1；(e)、(f) 铁基-2；(g)、(h) 铁基-3

熔覆层顶部（图 5.4）的晶粒都是细小的，铁基熔覆层顶部是细小的树枝晶，虽然晶粒杂乱无章地分布，但是还有些晶粒呈条状团簇，并无方向性，黑色相随机分布。铁基-1 的顶部晶粒稍显规则，白亮色相在晶界处析出，晶界处还有一些黑色相呈粒状分布；铁基-2 的熔覆层顶部晶粒呈不规则等轴状，白亮色相呈网状分布，晶界处有黑色相析出；铁基-3 的形貌和铁基-2 相似，只是白亮色同黑色相一样在晶界呈粒状分布。

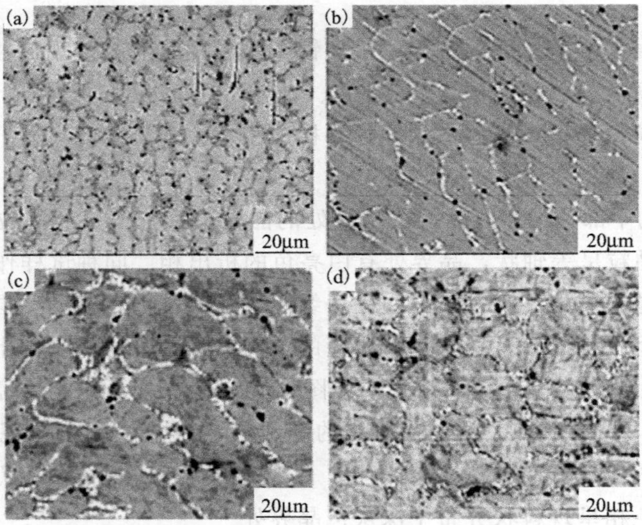

图 5.4　熔覆层上部的形貌

(a) 铁基；(b) 铁基-1；(c) 铁基-2；(d) 铁基-3

纵向观察 4 种熔覆层的微观形貌，铁基熔覆层与加入过渡金属 Ta、Zr 的微观形貌最大的差别是铁基熔覆层晶粒与晶界分明，而在铁基-1、铁基-2 的晶界处有白亮色的析出相，白亮色相呈网状分布，铁基-3 的晶界处有粒状的白亮色析出，同时有黑色相在晶界处析出。

以上的分析可知，同种试样底部的晶粒比较粗大，渐渐往上部过渡越来越细小。形成这样组织的原因是：等离子熔覆过程中，基体可以快速地传热急冷，当等离子束离开熔池后，与基体接触的底层熔化的合金就会首先快速凝固生成树枝晶，树枝晶向温度较高的熔覆层上部生长，于是就有了方向性。在熔覆层的上部，固液界面前沿的温度梯度减小，但是由于保护气体的流动引起的对流散热作用显著，所以熔覆层在对流散热以及已经凝固合金和基材热传导的双重作用下结晶，形成了没有明显方向性的细小树枝晶或等轴晶。

5.1.3 多元铁基熔覆层的化学成分

铁基粉末的成分是 Fe、Cr、B、Si，但是，粉末中会存在其他杂质元素。对铁基熔覆层进行能谱分析，结果如图 5.5 所示。铁基的晶内成分如图 5.5(a) 所示，检测结果表明，晶内并没有 B 元素，但含有大量的 Fe 和 Cr。选取铁基晶界中的白色相做能谱分析，结果如图 5.5(b)所示，可以看出，白色相的成分中 Fe 占 78.82%，Cr 占 8.84%，其他的元素有少量 Si、Nb、Mo、Ni。在铁基的晶界处有深灰色相存在，对其进行能谱分析的结果，见图 5.5(c)，仍然是 Fe 和 Cr 占多数，说明在铁基涂层中，无论是晶界还是晶内，主要分布元素都是 Fe 和 Cr。

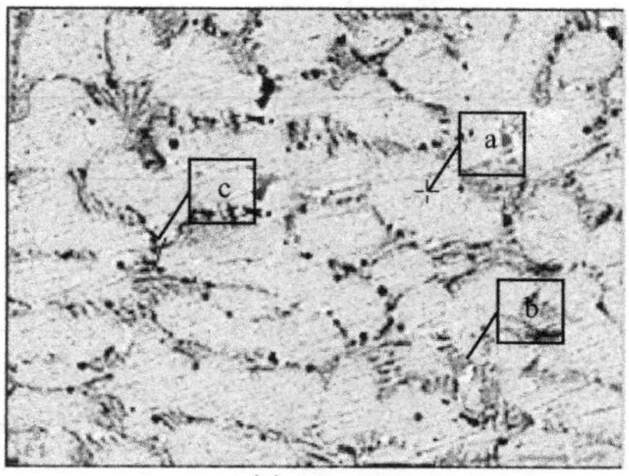

(a)

元素	质量分数/%	原子分数/%
B	00.00	00.00
Ta	00.00	00.00
Si	01.01	01.99
La	00.77	00.31
Ce	00.61	00.24
Cr	11.32	12.05
Fe	82.89	82.20
Ni	03.40	03.21

(b)

元素	质量分数/%	原子分数/%
Si	00.72	01.47
Nb	03.23	01.99
Mo	04.83	02.87
Cr	08.84	09.69
Fe	78.82	80.52
Ni	03.56	03.46

(c)

元素	质量分数/%	原子分数/%
Si	00.79	01.56
Nb	00.33	00.20
Mo	01.75	01.01
Cr	19.50	20.69
Fe	74.35	73.47
Ni	03.27	03.07

图 5.5 铁基熔覆层的能谱图

(a) 浅灰色相；(b) 白亮色相；(c) 深灰色相

铁基-1 的粉末除了有 Fe、Cr、Si、Ta，还有少量的稀土元素 La 和 Ce。对其涂层做了能谱分析，如图 5.6 所示。铁基-1熔覆层晶内的成分如图 5.6(a) 所示，其中 80.84%为 Fe，11.81%为 Cr，存在 5.38%的 Ta，晶粒内部呈现灰黑色。铁基-1 的熔覆层晶界处有白亮色的析出相，如图 5.6(b)，对这个白亮色析出相做能谱分析可知 Fe 的含量为 59.55%，Cr 的含量为 12.31%，Ta 的含量为 16.53%，对比晶内的 Ta 含量可知，粉末中加入的 Ta 集中在晶界处析出。

铁基-2 的熔覆粉末中加入了 Zr 和 Hf 两种过渡金属，其熔覆层的能谱分析结果如图 5.7 所示。由图 5.7 可以看出，晶内 Fe 的质量分数为 83.89%，Cr 的质量分数为 11.85%，

Zr 的质量分数为 0.73%，Hf 的质量分数为 3.53%。晶界中有白亮色析出相和黑色的析出相，分别对两种不同颜色的析出相做成分分析。如图 5.7(b) 所示，白亮色析出相中 Zr 的质量分数为 0.9%，Hf 的质量分数为 1.96%。在 5.7(c) 所示的黑色相中，Zr 的质量分数为 1.03%，Hf 的质量分数为 4.88%。黑色相中 Zr 和 Hf 的含量均大于白色相，而且大于基体中的含量。

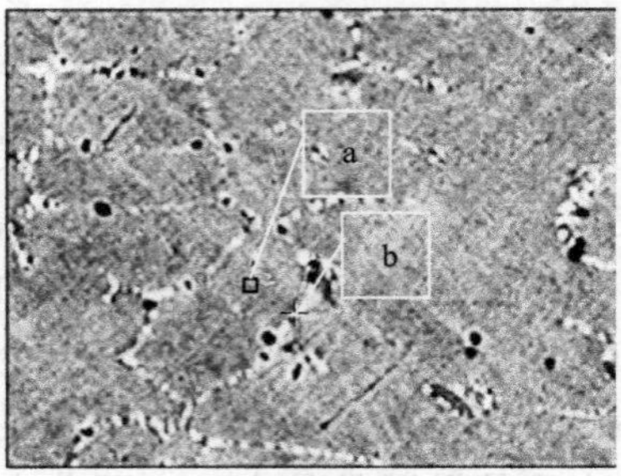

(a)

元素	质量分数/%	原子分数/%
Si	00.69	01.41
Tl	01.28	00.36
Cr	11.81	13.09
Fe	80.84	83.43
Ta	05.38	01.71

(b)

元素	质量分数/%	原子分数/%
Si	04.31	09.68
Tl	07.30	02.26
Cr	12.31	14.95
Fe	59.55	67.34
Ta	16.53	05.77

图 5.6　铁基-1 熔覆层的能谱图

(a) 灰黑色相；(b) 白亮色相

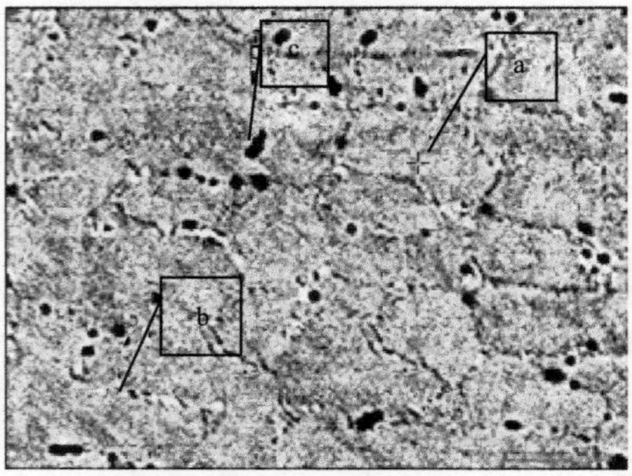

(a)

元素	质量分数/%	原子分数/%
Hf	03.53	01.12
Zr	00.73	00.45
Cr	11.85	12.96
Fe	83.89	85.46

(b)

元素	质量分数/%	原子分数/%
Hf	01.96	00.61
Zr	00.90	00.55
Cr	19.74	21.25
Fe	77.40	77.58

(c)

元素	质量分数/%	原子分数/%
Hf	04.88	01.57
Zr	01.03	00.65
Cr	17.23	18.98
Fe	76.85	78.81

图 5.7　铁基-2 熔覆层的能谱图

(a) 浅灰色相；(b) 白亮色相；(c) 深灰色相

铁基-3 的粉末成分为 Fe 基粉末加上 Ta、Zr、Hf 还有少量的稀土金属粉末。图 5.8 是铁基-3 熔覆层的能谱分析结果。对铁基-3 晶粒内部的分析结果如图 5.8(a) 所示，可以看出晶粒内部 Fe 的含量为 71.69%，Cr 的含量为 10.58%，元素 Ta 的含量为 6.32%，Zr 的含量为 0.44%，Hf 的含量为 4.32%。铁基-3 的晶界处也有白亮色析出相，图 5.8(b) 是对其进行能谱分析的结果，发现白亮色的析出相中 Fe 的含量为 54.93%，Cr 的含量为 15.26%，Ta 的质量分数为 18.34%，Zr 的质量分数为 1.01%，Hf 的质量分数为 3.94%。对比晶内的质量分数可知，白亮色析出相中 Ta 的质量分数由最初的 6.32%增长到 18.34%，Zr 的质量分数由 0.44%增长到 1.01%，Hf 的质量分数由 4.32%降低到 3.94%，说明加入的过渡金属主要集中到晶界处。

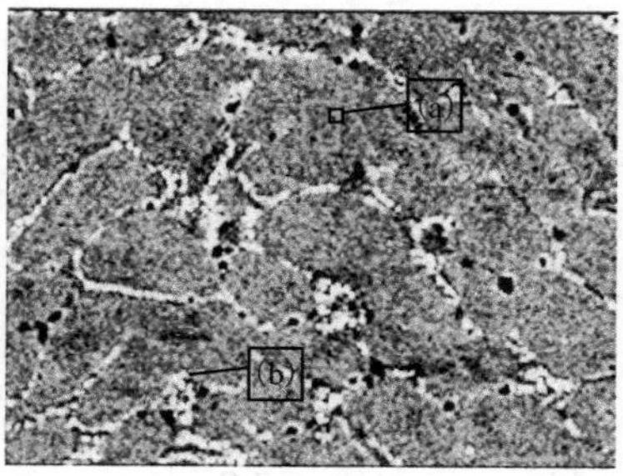

(a)

元素	质量分数/%	原子分数/%
O	04.02	13.78
Zr	00.44	00.26
La	01.44	00.57
Ce	01.19	00.47
Cr	10.58	11.18
Fe	71.69	70.49
Hf	04.32	01.33
Ta	06.32	01.92

(b)

元素	质量分数/%	原子分数/%
O	03.92	14.63
Zr	01.01	00.66
La	01.37	00.59
Ce	01.22	00.52
Cr	15.26	17.52
Fe	54.93	58.71
Hf	03.94	01.32
Ta	18.34	06.05

图 5.8 铁基-3 熔覆层的能谱图

(a) 灰黑色相；(b) 白亮色相

过渡金属元素 Ta、Zr、Hf 在组织中的分布位置是研究的重点，对比 3 种目标元素的分布位置，分布情况如图 5.9 所示。可见 Ta 在铁基-1 和铁基-3 中的晶内与晶界原子分数、Zr 在铁基-2 和铁基-3 的晶内和晶界处原子分数差别很大，晶界处的含量大约是晶内的 2 倍。Hf 在晶内和晶界处的原子分数的差别不大。这说明 Ta 和 Zr 在熔覆层中沿晶界析出，强化了晶界，而 Hf 在熔覆层中弥散分布。

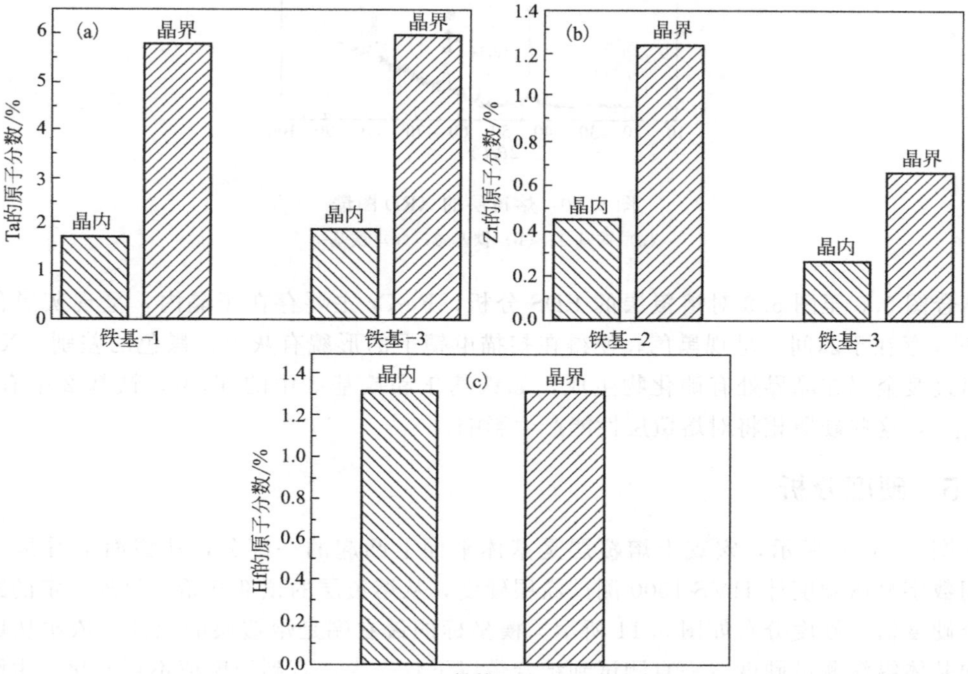

图 5.9 过渡金属在熔覆层晶内和晶界中的含量

(a) Ta 元素；(b) Zr 元素；(c) Hf 元素

5.1.4 多元铁基熔覆层的相结构

熔覆层中有 Fe、Cr、Si，铁基-1、铁基-2 和铁基-3 中还含有少量的 Ta、Zr、Hf 等过渡金属，在等离子熔覆之后，材料经过高温会发生组织结构的变化。为了检测熔覆层中这些元素是以何种化合物的方式或者单质存在的，对熔覆层进行 XRD 分析，结果如图 5.10 所示，3 种试样中铁和铬均以 Fe-Cr 形式存在。在铁基-2 及铁基-3 熔覆层中，铬和硅的化合物为 $Cr_{9.1}Si_{0.9}$。

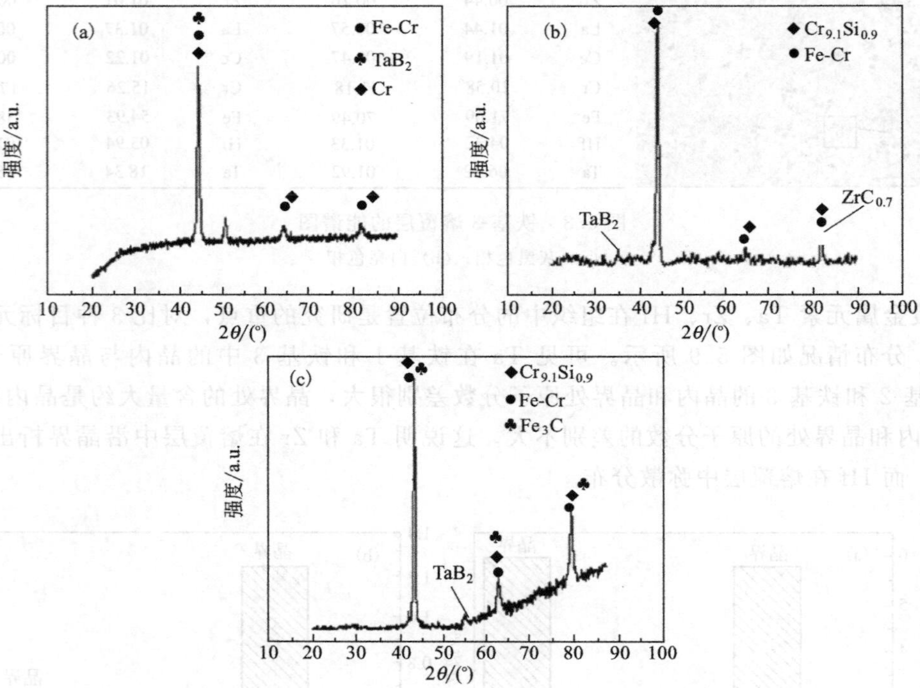

图 5.10 熔覆层的 XRD 图谱

(a) 铁基-1；(b) 铁基-2；(c) 铁基-3

结合图 5.5 至图 5.8 对熔覆层的 EDS 分析，Fe-Cr 主要存在于晶内，呈现灰黑色；而 $Cr_{9.1}Si_{0.9}$ 存在于晶间，呈现黑色，使得在扫描电镜下的形貌有灰色、黑色的差别。XRD 还检测出过渡金属在晶界处有硼化物生成，如铁基-1 和铁基-3 中的 TaB_2，铁基-2 中有 B_2Ta 和 $ZrC_{0.7}$，这些硬质相将对熔覆层性能产生影响。

5.1.5 硬度分析

如图 5.2(a) 所示，宏观上熔覆层是基体平面上凸起的一部分，从截面上看是一个扇形。用数字显微硬度计 HVS-1000 测试涂层硬度，从熔覆层的顶部开始，每隔一定的距离测试一个硬度值，硬度分布如图 5.11 所示。横坐标的最右端是熔覆层的顶部，依次从熔覆层顶部向基体纵深测试硬度，一直测试到结合带以下数毫米，直到硬度值不再变化。由图可以看出，基体硬度大约在 200～300，在界面处硬度急剧升高，熔覆层的硬度远高于基体的硬度，但是熔覆层不同位置的硬度也不尽相同。

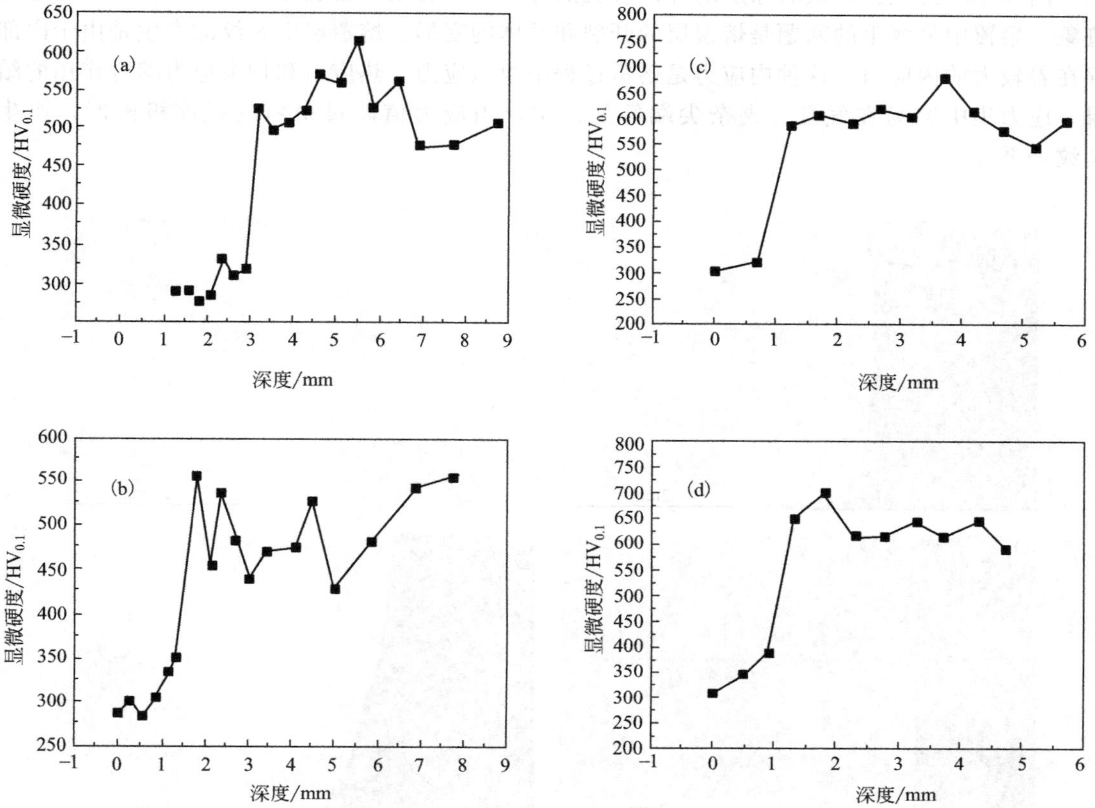

图 5.11　熔覆层的显微硬度分布图

(a) 铁基；(b) 铁基-1；(c) 铁基-2；(d) 铁基-3

对比 4 种熔覆层的硬度，铁基熔覆层的平均硬度为 496.2HV$_{0.1}$，铁基-1 的平均硬度为 528.3HV$_{0.1}$，铁基-2 的平均硬度为 628.1HV$_{0.1}$，铁基-3 的平均硬度为 599.8HV$_{0.1}$。可以看出熔覆层的硬度明显比基体高，而且加入的过渡金属不同硬度也不一样，铁基-1 的平均显微硬度低于铁基-2 和铁基-3 的。

由实验结果可知，在 FV520B 板材基体上熔覆铁基熔覆层显著提高了硬度。在合金粉末中添加钽、锆、铪过渡金属后，进一步提高铁基熔覆层的硬度，是因为引入了 TaB_2 等硬质相（如 XRD 检测）。综合 SEM 和 EDS 数据可知，加入的 Ta、Zr、Hf 元素大都在晶界处析出，这些硬质相增加了熔覆层的显微硬度。

从组织结构的角度分析，熔覆层的金相组织显示熔覆层底部为平面晶和柱状晶，中部为柱状晶和树枝晶，顶部为树枝晶和等轴晶。由此可以看出，熔覆层从底部到顶部的晶粒尺寸逐渐减小，由 Hall-Petch 公式 $\sigma_s=\sigma_0+K_s d^{-\frac{1}{2}}$ 可知，晶粒越小则强度及硬度越高，所以熔覆层的硬度呈现上升趋势。

5.1.6　抗热疲劳性能

熔覆层的抗热疲劳性能由热震试验进行检测，热震试验的温度设定为 750℃，经若干次热-冷重复处理后，对熔覆层进行电镜观察。

图 5.12 为热震 30 次后涂层的界面形貌照片，可以看出熔覆层界面没有裂纹以及脱落的迹象。熔覆中最棘手的问题是熔覆层的开裂和基体的变形。熔覆层中裂纹的产生是由于内部存在着较大的内应力。这种内应力是熔覆过程中组织应力、热应力和拘束应力综合作用的结果。应力集中容易在气孔、夹杂尖端等处产生，当应力值超过材料的强度极限时，产生裂纹[24-26]。

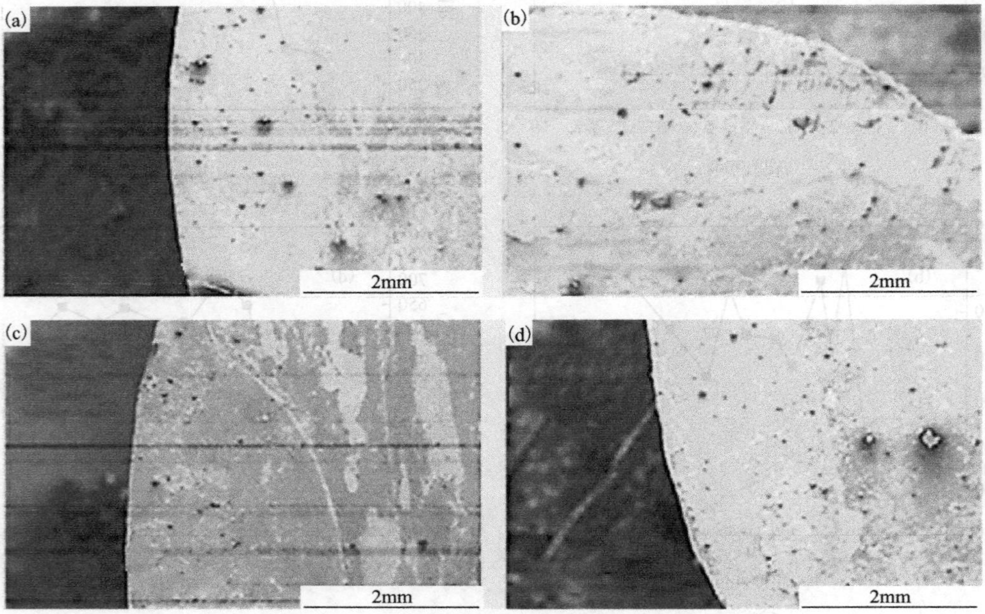

图 5.12　热震 30 次后界面微观形貌

(a) 铁基；(b) 铁基-1；(c) 铁基-2；(d) 铁基-3

图 5.13 是热震 110 次后熔覆层的界面形貌。110 次热震后，发现铁基-2 的熔覆层有脱落的迹象，熔覆层表面边缘有裂纹，图 5.13(c) 所示。110 次试验后，铁基-1 界面处并没有明显的脱落迹象，而熔覆层顶部有些裂纹，如图 5.13(b)，裂纹比较细小，在 SEM 下放大 100 倍才能看到。铁基和铁基-3 都没有裂纹和脱落迹象，如图 5.13(a)、(d)，由界面可以看出熔覆层和基体结合很紧密。

由于等离子熔覆后的熔覆层与基体之间呈冶金结合，熔化的基体材料对熔覆层有稀释作用，稀释率即表现为基体材料在熔覆过程中融入熔覆层的多少，稀释率越大则结合得越好，抗疲劳性能也越好。等离子熔覆相对于其他表面处理技术而言其稀释率较高，因而表现出良好的抗热疲劳性能。

热震试验表明熔覆层具有良好的抗热疲劳性能。相比之下，铁基-1 和铁基-2 的抗热疲劳性能相对较差。综合 SEM、XRD 和 EDS 进行分析，铁基-1 和铁基-2 中的过渡金属在晶界处形成硬质相呈网状分布，而网状结构在金属材料中是一种缺陷。例如，若过共析钢中出现网状的渗碳体，则会降低钢的强韧性。同理，铁基-1 和铁基-2 中的网状过渡金属相也会降低其强韧度，进而降低了熔覆层的抗热疲劳性能。而铁基熔覆层的晶界处并没有硬质相，铁基-3 晶界处的过渡金属硬质相是呈粒状分布，其组织结构对抗热疲劳性能有利，因而在此试验中并没有发生开裂。

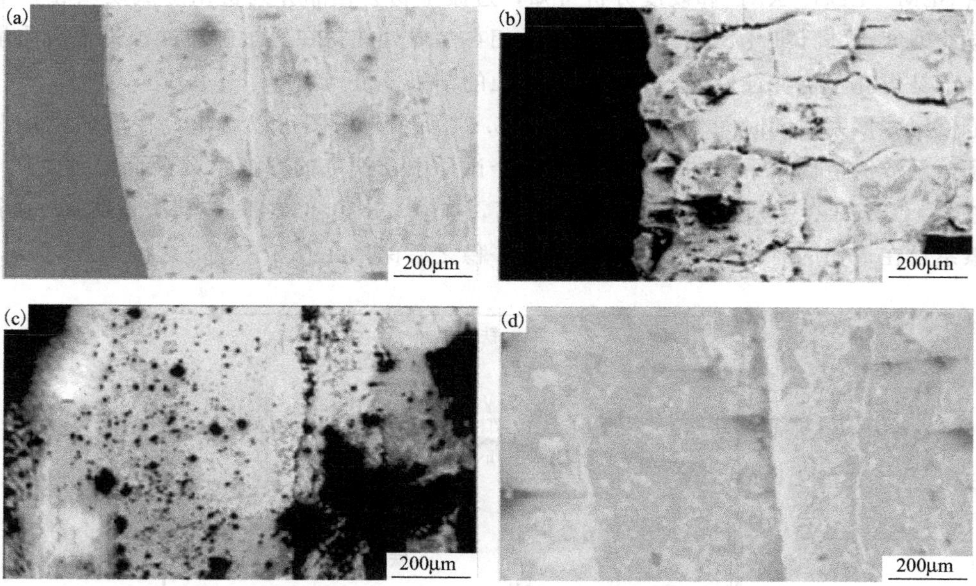

图 5.13 涂层热震 110 次后界面微观形貌

(a) 铁基；(b) 铁基-1；(c) 铁基-2；(d) 铁基-3

5.1.7 抗冲蚀、磨损性能

冲蚀是流体机械中最主要的损伤失效形式之一，在具有流动空气或液体的服役条件下长期承受高速流体的冲击，而且偶尔伴有砂粒混合冲击，极易造成机械零部件的损坏，使得工作寿命和可靠性降低。为此对熔覆层实施冲蚀试验，就可以了解材料机械特性与冲蚀行为的关系，有助于对不同的服役环境选用不同的熔覆层材料体系。

冲蚀实验参数见表 5.3，冲蚀位置是将熔覆层的表面磨出 15mm 宽的平台，平台处的冲蚀损耗量如表 5.4 所示。

表 5.3 冲蚀实验参数

冲蚀粒子	冲蚀角/(°)	冲蚀压强/MPa	冲蚀温度/℃	冲蚀时间/min
60 目的石英砂	90	0.45	室温/200/600	2

表 5.4 冲蚀损耗量 单位：g

冲蚀温度	铁基	铁基-1	铁基-2	铁基-3
室温	0.0123	0.0153	0.0154	0.0152
200℃	0.0348	0.0185	0.0040	0.0224
600℃	0.0324	0.0094	0.0136	0.0177

由表 5.4 可以看出，室温时，冲蚀损耗量从小到大的排序为铁基＜铁基-3＜铁基-1＜铁基-2；200℃时，冲蚀损耗量从小到大的顺序为铁基-2＜铁基-1＜铁基-3＜铁基；600℃时，冲蚀损耗量从小到大是铁基-1＜铁基-2＜铁基-3＜铁基。由此看来，在室温时，铁基的抗冲蚀性能较好，但是，在 200℃和 600℃的高温时，加入了 Ta、Zr、Hf 试样的抗冲蚀性能较好。

由 SEM、EDS、XRD 和硬度分析可知，过渡金属会在晶界处析出形成硬质相，增强了熔覆层的硬度，并且细化了晶粒组织，硬质相在晶界处使得在经过砂粒冲蚀过程后质量损耗较小，于是提高了抗冲蚀性能，符合高温冲蚀的结果。

熔覆层摩擦系数随时间变化的趋势如图 5.14 所示。由图可以看出，在该试验条件下铁基的摩擦系数保持比较平稳的态势，且在四个试样中，铁基的摩擦系数最低，数值在 0.4～0.5 之间；铁基-2 在平稳之后，摩擦系数最高，在 0.55～0.65 之间，其次是铁基-1；铁基-3 的摩擦系数在最初的时候变化幅度比较大，平稳之后保持在 0.5～0.55 之间。

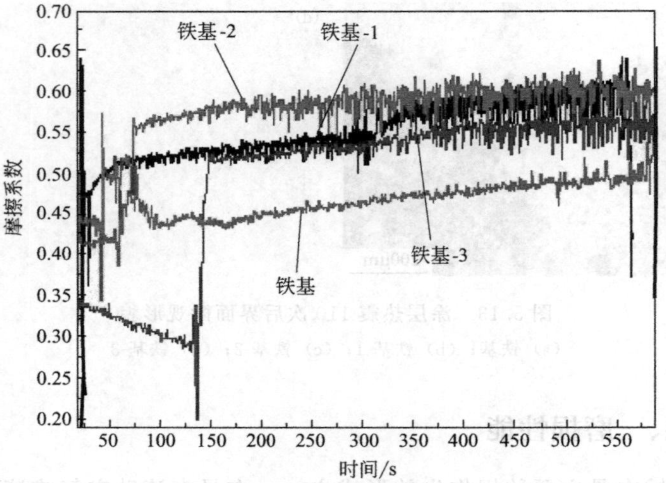

图 5.14　摩擦系数随时间的变化曲线

加入过渡金属 Ta、Zr、Hf 的铁基-1、铁基-2、铁基-3 的摩擦系数大于铁基的摩擦系数。说明铁基具有更优异的抗摩擦磨损性能，在摩擦磨损方面，过渡金属不再有提高其性能的作用。材料的摩擦磨损性能与其韧性有很大的关联，材料的韧度与硬度往往不能同时兼得。综合前文的硬度分析可知，铁基-1、铁基-2、铁基-3 的平均硬度明显高于铁基熔覆层的平均硬度，并且铁基-2 由于锆的加入量最大，摩擦磨损性能最差，这是硬度高而韧度差的原因引起的。

通过对熔覆层的组织结构分析及性能测试，得出以下结论：

① 熔覆层的形貌是底部为胞状晶和柱状晶，而且晶粒都垂直于熔覆层和结合带生长；熔覆层中部为树枝晶和柱状晶；熔覆层顶部都是等轴晶或细小的树枝晶。加入的钽、锆、铪元素都集中分布于晶界处，晶内所含元素是铁和铬，物相分析表明铁和铬以 Fe-Cr 固溶体形式存在。

② 硬度分布试验表明，熔覆层的硬度比基体高很多，在基体与熔覆层的界面处硬度急剧升高。等离子熔覆层的冶金结合结合力很强，有很强的抗热疲劳性能，但是铁基-1 和铁基-2 的结合性能相对较差。

③ 200℃、600℃冲蚀试验表明，铁基熔覆层的冲蚀损耗量最高，说明加入过渡金属的可以增加熔覆层的抗冲蚀性能。摩擦磨损试验中铁基熔覆层的摩擦系数最小，加入过渡金属的熔覆层的摩擦磨损性能反而次于铁基熔覆层。

5.1.8 时效处理

随着各种动力机械装置性能的大幅度提升，对涂层的性能要求也越来越苛刻，除了在常温下工作外，还有高温的服役环境，所以也要研究在高温条件下熔覆层的性能。另外，适当的热处理有助于改善熔覆层性能。本节设计了固溶和时效的热处理方式，旨在研究过渡元素在热处理时组织结构的变化以及对性能产生的影响。

5.1.8.1 时效处理后多元铁基熔覆层的微观形貌

为了改善熔覆层的组织，研究熔覆层界面及热影响区组织结构的演变规律及其对力学性能的影响很有必要。为此，对熔覆层进行 600℃ 的时效处理，重点分析时效过后的组织结构，主要对比铁基熔覆层和含有 Ta、Zr、Hf 的铁基-3 熔覆层的微观形貌和成分，研究过渡金属在热处理过程中的变化以及对性能产生的影响。

过饱和固溶体在适当的温度下进行加热保温时，将析出第二相，会使强度、硬度升高。为了对比出不同时效时间对熔覆层相结构、晶粒形态及大小等造成的影响，将同一个熔覆层同一个部位的金相照片放在一起对比。

如图 5.15(a)～(d) 所示为铁基熔覆层时效 2h、5h、12h、24h 后熔覆层下部的金相照片，铁基熔覆层下部为柱状晶。时效 2h 的晶界处有大量的黑色相析出；时效 5h 的晶粒变得更长，柱状晶中间夹杂着等轴晶，晶界上的黑色相消失；时效 12h 柱状晶渐渐变成等轴状，柱状晶的长度变短；时效 24h 变为等轴晶。

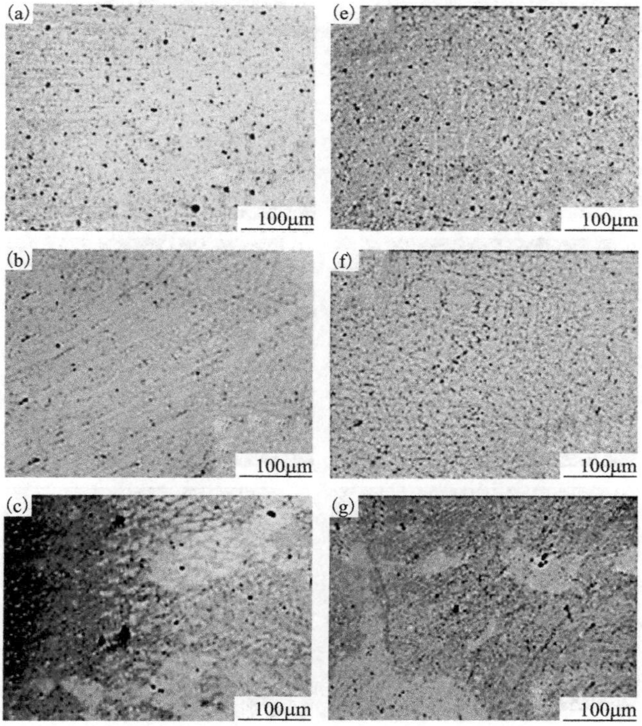

图 5.15

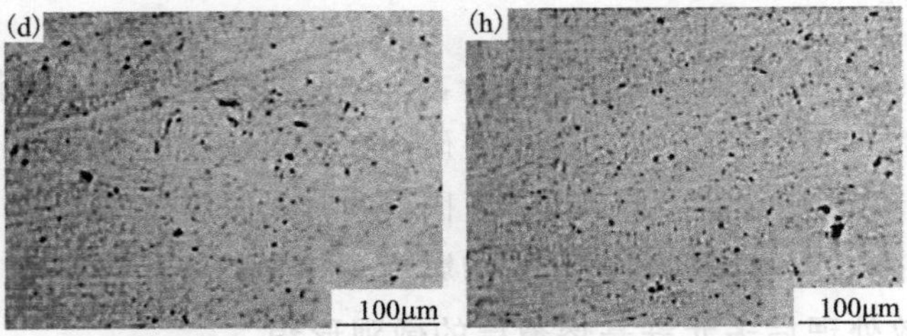

图 5.15 铁基熔覆层下部和上部金相照片

(a)、(e) 时效 2h；(b)、(f) 时效 5h；(c)、(g) 时效 12h；(d)、(h) 时效 24h

上部的晶粒明显比下部的晶粒细，如图 5.15(e)～(h) 所示。时效 2h 晶界上有黑色相析出，晶粒呈细小的等轴状；时效 5h 晶界上的黑色相消失，晶粒度变大，但仍然呈等轴状；时效 12h 的和时效 24h 的形貌无变化。

如图 5.16(a)～(d) 为加入 Ta 的铁基-1 熔覆层下部金相照片，时效 2h 晶粒中有等轴晶也有柱状晶；时效 5h 后，晶粒有规则的排列，柱状晶变多，但是柱状晶的长度很小；时效 12h 后柱状晶和等轴晶共同存在；时效 24h 后晶粒都呈等轴状。

图 5.16(e)～(h) 为铁基-1 熔覆层上部的晶粒金相照片。时效 2h 的晶粒是细小柱状晶和等轴晶的混合；时效 5h 的熔覆层顶部共晶体明显；时效 12h 是等轴晶和柱状晶的混合，柱状晶的晶粒度比时效 2h 的大，时效 24h 的晶界有黑色相析出。

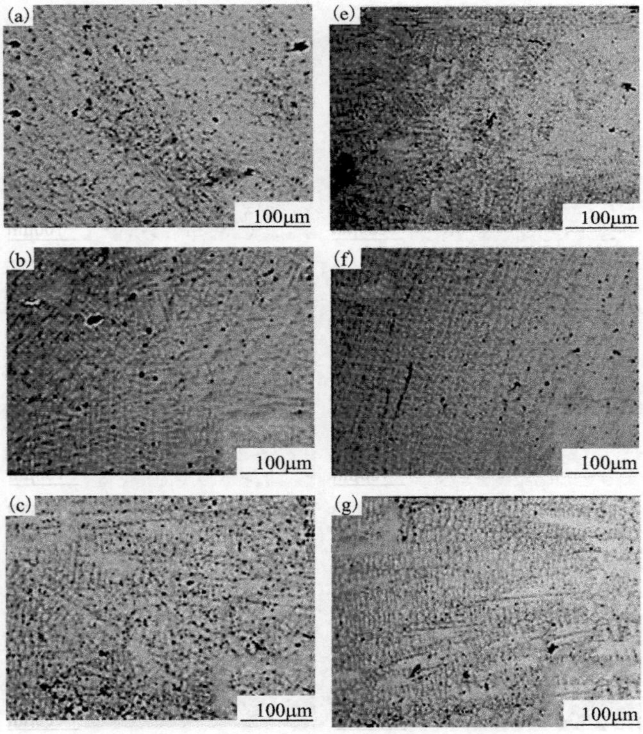

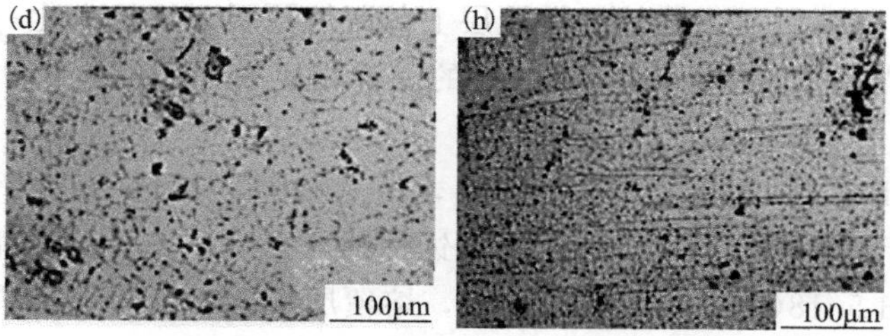

图 5.16　铁基-1 熔覆层下部和上部金相照片

(a)、(e) 时效 2h；(b)、(f) 时效 5h；(c)、(g) 时效 12h；(d)、(h) 时效 24h

如图 5.17(a)～(d) 所示，加入 Ta 和 Zr 的铁基-2 熔覆层下部晶粒度也很小，而且没有铁基的柱状晶那么明显。时效 2h 下部晶相组织有层次，有较大的柱状晶，周围分布着等轴晶；时效 5h 的熔覆层晶界有细小的粒状黑色相析出，晶粒呈等轴状；时效 12h 后晶粒比较细小，细小的等轴晶里面掺杂着晶粒度很小的柱状晶；时效 24h 后晶粒长大，柱状晶减少，等轴晶增多。

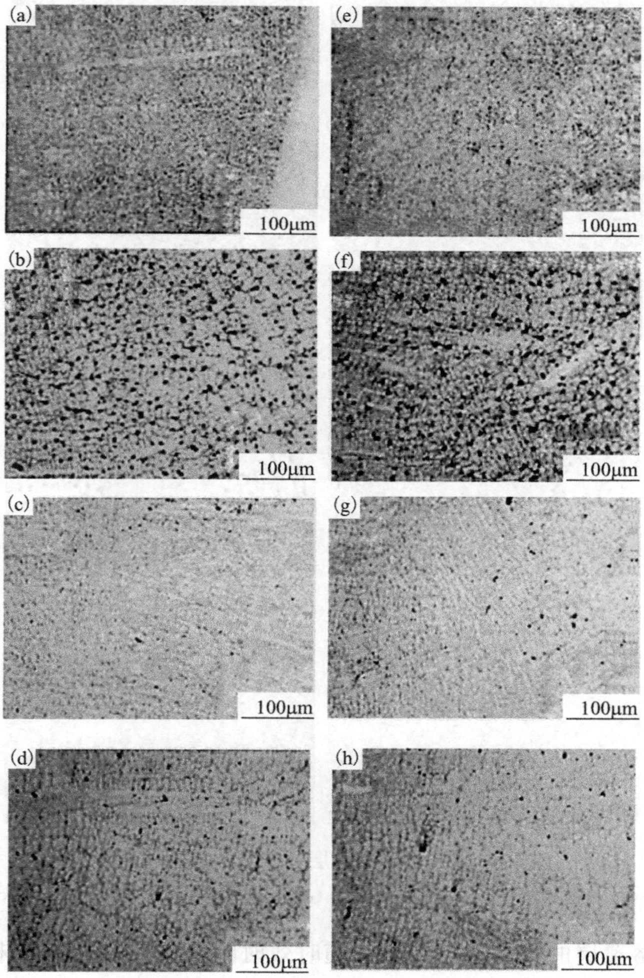

图 5.17　铁基-2 熔覆层下部和上部金相照片

(a)、(e) 时效 2h；(b)、(f) 时效 5h；(c)、(g) 时效 12h；(d)、(h) 时效 24h

如图 5.17(e)～(h) 所示，铁基-2 熔覆层上部跟熔覆层下部的变化一样，但是熔覆层上部的晶粒都是等轴晶，没有柱状晶，时效 5h 的晶界处也有黑色相析出，时效时间延长，黑色相减少。

铁基-3 中含有 Ta、Zr、Hf 三种过渡金属，由上文中的 EDS 分析可知，Ta、Zr、Hf 都集中在晶界处，由于 Ta、Zr、Hf 都是增强耐蚀性的元素，铁基-3 的金相组织不太明显，晶界比较难腐蚀。由图 5.18(a)～(d) 可以看出，熔覆层下部还是柱状晶和等轴晶的混合。

铁基-3 的上部跟其他的铁基熔覆层不一样，如图 5.18(e)～(h) 所示。铁基-3 的熔覆层上部不全是等轴晶，而是含有大量的柱状晶。时效 2h 的组织中是细小的柱状晶和等轴晶；时效 5h 后的晶粒度变小；时效 12h 后的晶粒长大，柱状晶的长度变长；时效 24h 后，柱状晶的比例增大。

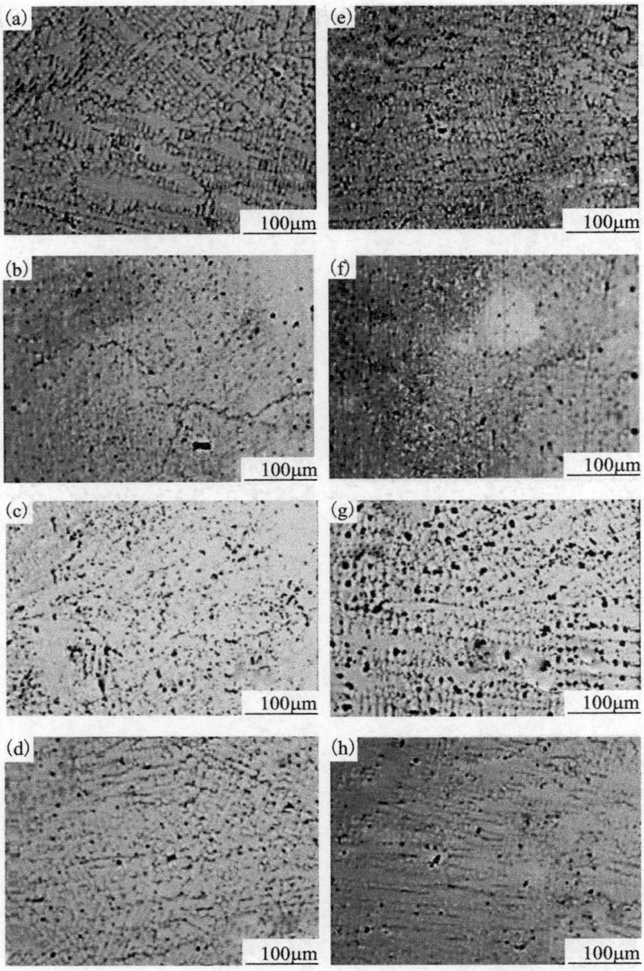

图 5.18　铁基-3 熔覆层下部和上部金相照片

(a)、(e) 时效 2h；(b)、(f) 时效 5h；(c)、(g) 时效 12h；(d)、(h) 时效 24h

以上是对同种熔覆层的相同部位的组织随时效时间变化的阐述。由未时效的熔覆层金相图 5.1 可知，时效后的组织形貌与时效前的相比有很大的差别：未时效熔覆层具有快速凝固时的树枝晶生长特征。铁基合金粉末为亚共晶成分，在冷却过程中先析出奥氏体树枝晶，随着冷却过程的继续推进，在已形成的树枝晶主干之间存在温度梯度与浓度梯度，又会沿树枝晶主干生成二次晶。随着凝固过程的推进，当液体在结晶过程中获得共晶成分时，会在已长满了共晶体奥氏体的树枝晶间隙处形成由碳化物与奥氏体组成的共晶体。时效后晶界变得模糊，共晶体棱角比较圆滑，未热处理时的网状碳化物及条状碳化物的树枝状共晶体都消失了，容易被王水腐蚀的晶界处析出的过渡金属，在时效时已发生扩散，所以时效后金相形貌并没有未时效的清晰。

5.1.8.2 时效处理后熔覆层的成分

为了清楚地看出不同的相在时效时是如何发生变化的，首先对组织中出现的不同相进行成分分析。从 SEM 照片可以看出，熔覆层中有许多不同颜色的相，为了确定这些相的成分，对不同颜色的相做了能谱分析。如图 5.19 所示，选取含有 Ta、Zr、Hf 三种过渡金属的铁基-3 熔覆层作为分析对象。晶内的能谱图如图 5.19(a) 所示，晶内 Fe 的原子分数为 82.85%，Cr 的原子分数为 14.43%，研究对象 Ta 元素的原子分数为 2.06%，Zr 的原子分数为 0.14%。晶内 Hf 含量为零，表明晶内并没有 Hf 存在。未时效的铁基-3 晶内和晶界处的 Hf 原子分数相差不大（图 5.8），而图 5.19(b) 所示的失效后晶界处 Hf 的原子分数为 1.68%（晶内 Hf 含量为零），说明时效后，熔覆层中的铪扩散到晶界处。

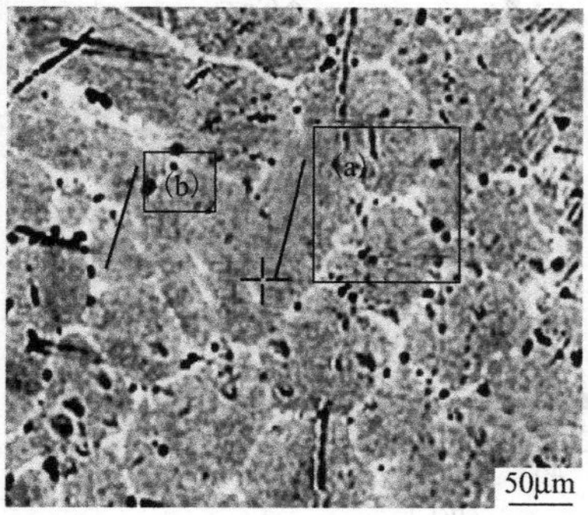

(a)

元素	质量分数/%	原子分数/%
Hf	00.00	00.00
Zr	00.21	00.14
La	01.23	00.52
Cr	12.86	14.43
Fe	79.30	82.85
Ta	06.40	02.06

(b)

元素	质量分数/%	原子分数/%
Hf	03.55	01.68
Zr	06.31	05.84
La	00.57	00.35
Cr	11.10	18.04
Fe	75.81	54.17
Ta	42.00	19.92

图 5.19 铁基-3 在 600℃时效后的能谱图

由于 SEM 照片中观察到有大量的黑色相生成，如上文所提在晶界处析出的粒状黑色相，推测可能是熔覆过程中产生的气孔或者缺陷，因此对含有黑色相较多的部分拍摄二次 SEM 照片，如图 5.20(a)。结果表明，熔覆过程中晶界产生的气孔占少数，大多数为生成的第二相。对黑色相做能谱分析，如图 5.20(b) 所示，能谱的峰很单一，黑色相的成分为铁、碳和硅，硅的衍射峰明显高于其他峰。

(a)

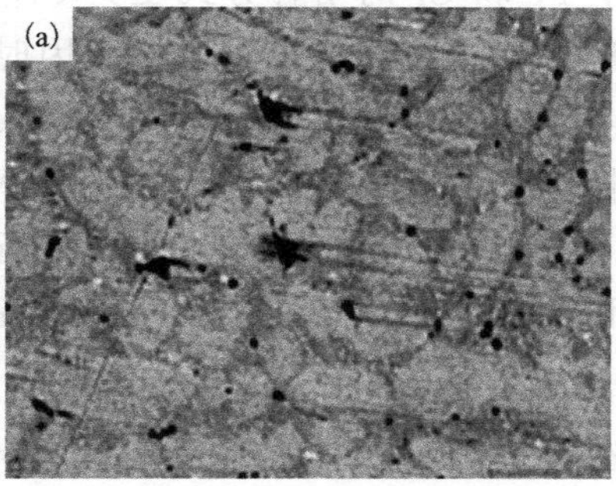

(b)

元素	质量分数/%	原子分数/%
C	36.50	58.95
Si	55.33	38.21
Fe	08.18	02.84

图 5.20 熔覆层中黑色相的形貌（a）和能谱分析（b）

5.1.8.3 时效处理后熔覆层的相结构

前文中对常温下的熔覆层做了 XRD 分析，得出铁基-1、铁基-2、铁基-3 3 种试样中 Fe 和 Cr 均以 Fe-Cr 固溶体形式存在，Cr 和 Si 的化合物为 $Cr_{9.1}Si_{0.9}$。为了研究失效引起的组织结构变化，对热处理之后的熔覆层做了 XRD 分析，如图 5.21 所示。

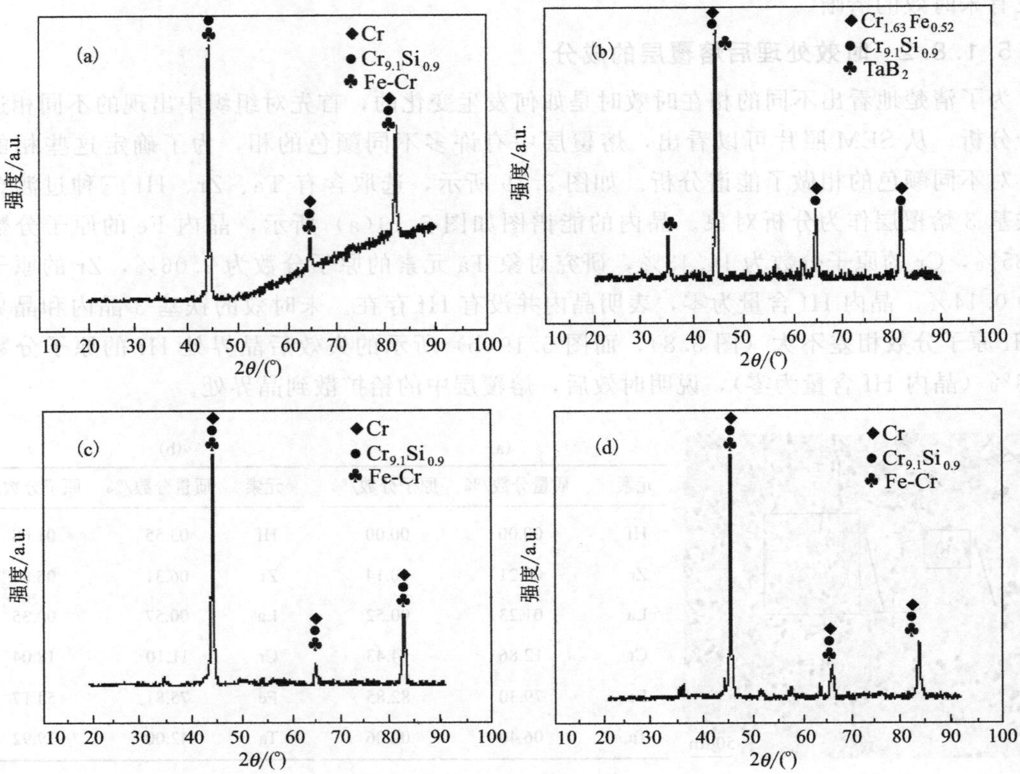

图 5.21　熔覆层 600℃时效 5h 的 XRD 图谱

(a) 铁基；(b) 铁基-1；(c) 铁基-2；(d) 铁基-3

由图 5.21 可知，600℃时效 5h 后铬和硅的化合物为 $Cr_{9.1}Si_{0.9}$。铁基、铁基-2、铁基-3 中 Fe 和 Cr 形成 Fe-Cr 固溶体，其中还存在 Cr 单质。铁基-1 中 Fe 和 Cr 形成 $Cr_{1.63}Fe_{0.52}$ 形式存在，涂层中还有 TaB_2 相。

时效 12h 后铁基-1 中有 Cr 单质，铁基-2 中 Fe 和 Cr 的结合方式变为 $Cr_{1.36}Fe_{0.52}$，如图 5.22所示。对比未时效的熔覆层的相结构可知，Si 和 Cr 的结合方式不因时效处理而变化，而 Fe 和 Cr 的结合方式有的从 Fe-Cr 固溶体变为 $Cr_{1.36}Fe_{0.52}$。Cr 原子与 Fe 原子的原子半径相差不大，很容易溶于 Fe 原子中，说明时效之后 Cr 原子溶入 Fe 的量增大，而这种相只在铁基-2 中存在，由此推断锆在时效过程中对 Fe 原子和 Cr 原子的互溶有促进作用。由于扩散作用，时效后检测出的过渡金属硼化物和碳化物减少，这可能会对性能造成影响。

5.1.8.4 硬度分析

前文中提到时效处理之后熔覆层形貌和相结构都有变化。一是探讨形貌及相结构与材料性能之间的关系，研究时效 5h 和时效 12h 后的硬度变化规律，另一目的是与下文中固溶后

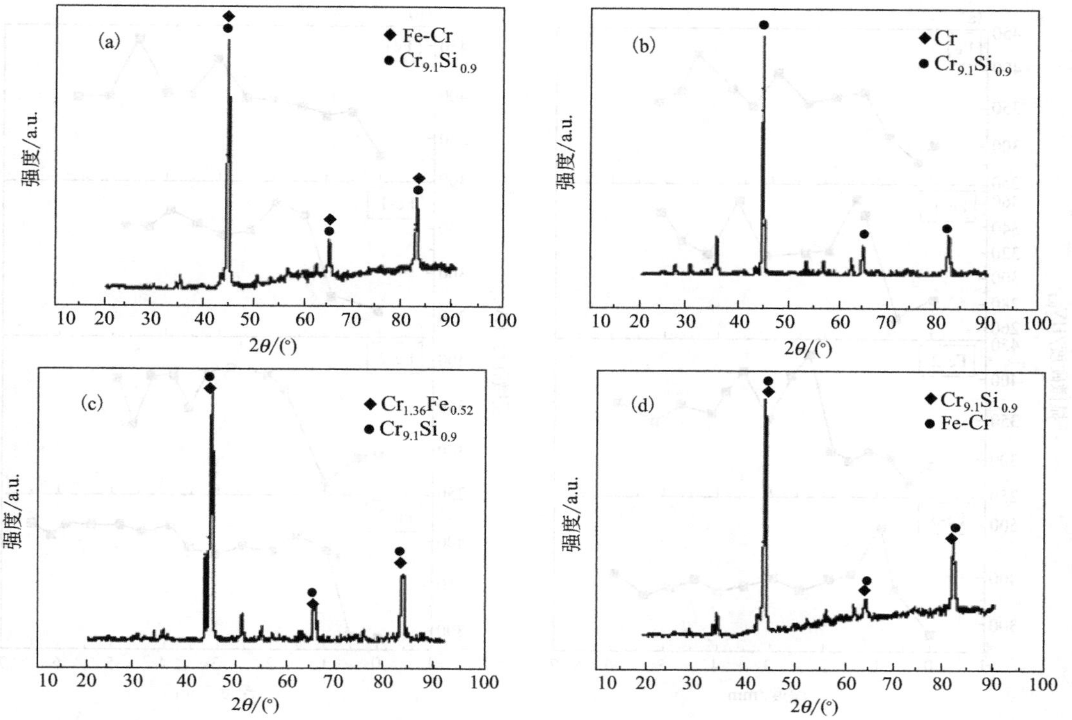

图 5.22　熔覆层 600℃时效 12h 的 XRD 图谱

(a) 铁基；(b) 铁基-1；(c) 铁基-2；(d) 铁基-3

时效的硬度做对比。

如图 5.23 所示，时效后的硬度明显低于未时效处理的硬度（图 5.11）。因为热处理后碳化物的数量有所减少，碳化物的数量和硬度是 Fe、Cr、B、Si 熔覆层硬度的保证。正如 XRD 分析，热处理之前熔覆层中含有 Ta 和 B 的化合物、Fe 和 C 的化合物，时效处理后这些相很难被检测出来。碳化物的减少以及碳化物类型的改变使得时效处理后的试样硬度有所降低。

时效处理后的硬度在界面处有些增长，但是与常温下硬度分布相比增长得不明显，综合 SEM 和金相结构分析，由于在时效过程中，晶界处析出的含有过渡金属的硬质元素向相晶内扩散，同时在长时间的时效作用下，硬质相的组成元素也通过结合带向基体中扩散，因此在熔覆层界面处没有急剧的升高，只是平缓的过渡。

5.1.9　固溶时效处理分析

前文提到的时效处理能使熔覆层的形貌、组织发生变化，从而影响熔覆层的性能。固溶使添加的过渡金属钉扎，而时效使其扩散。在设计时效试验时，同时兼顾了固溶后的时效试验，其重点是分析过渡金属在固溶和时效时对熔覆层形貌、性能的影响以及作用机制。

5.1.9.1　固溶时效后熔覆层的成分、微观形貌

由上文可知，加入过渡金属最多的铁基-3 试样的形貌变化最为明显，因此以铁基-3 作为研究对象，重点研究过渡金属的分布情况。为了在观察显微形貌时对各个相的成分有所把握，试验时对不同的相做了 EDS 分析，如图 5.24 所示，晶界处白亮色相中 Ta 和 Zr 含量较大，而 Hf 则分布在晶内灰黑色相中。

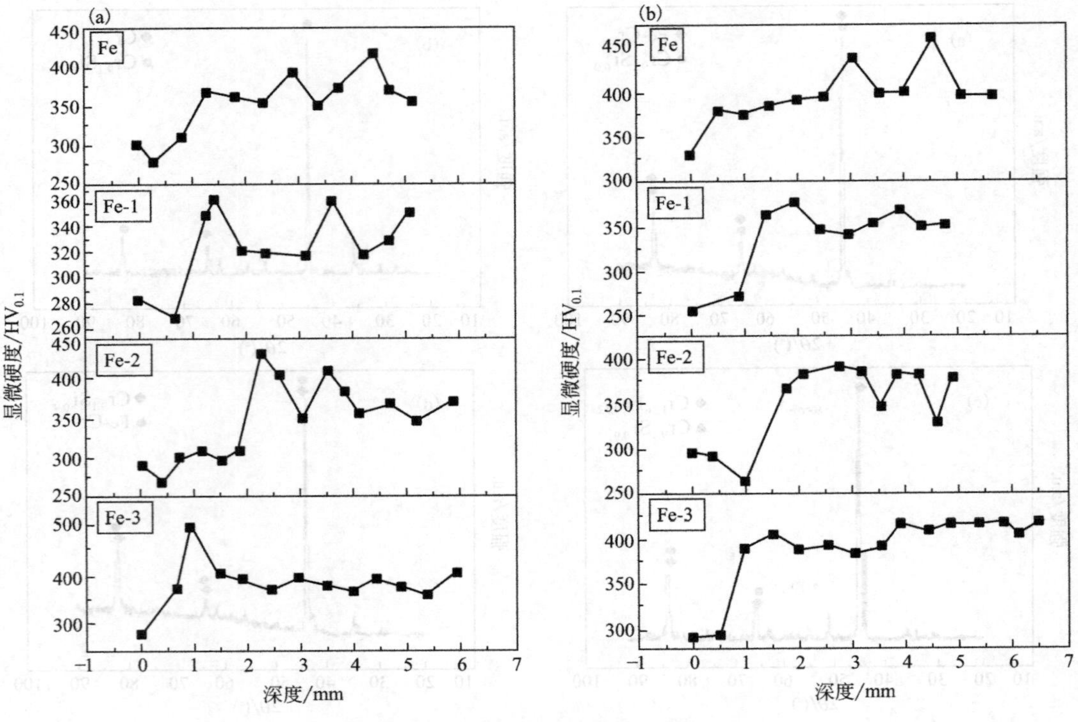

图 5.23　熔覆层显微硬度曲线

(a) 时效 5h；(b) 时效 12h

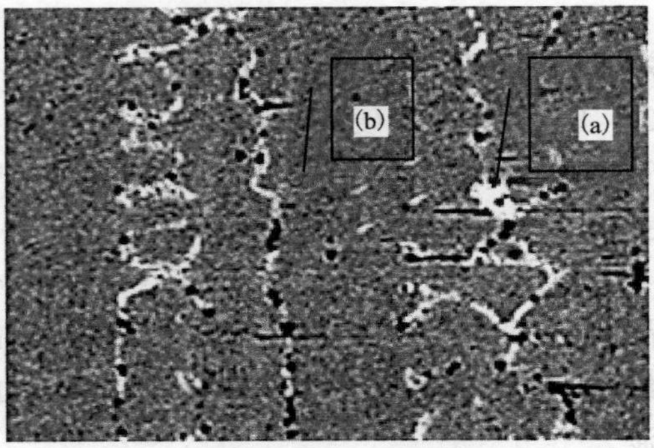

(b)

元素	质量分数/%	原子分数/%
C	02.86	11.44
O	03.65	10.95
Ta	01.60	00.42
Zr	00.12	00.06
Nb	00.48	00.25
Mo	01.13	00.56
La	00.89	00.31
Cr	11.30	10.43
Fe	71.03	61.06
Ni	04.83	03.95
Hf	02.11	00.57

(a)

元素	质量分数/%	原子分数/%
C	04.96	20.24
O	02.99	09.15
Ta	12.12	03.28
Zr	00.63	00.34
Nb	06.75	03.56
Mo	02.24	01.15
La	00.31	00.11
Cr	12.57	11.86
Fe	54.20	47.60
Ni	03.24	02.71
Hf	00.00	00.00

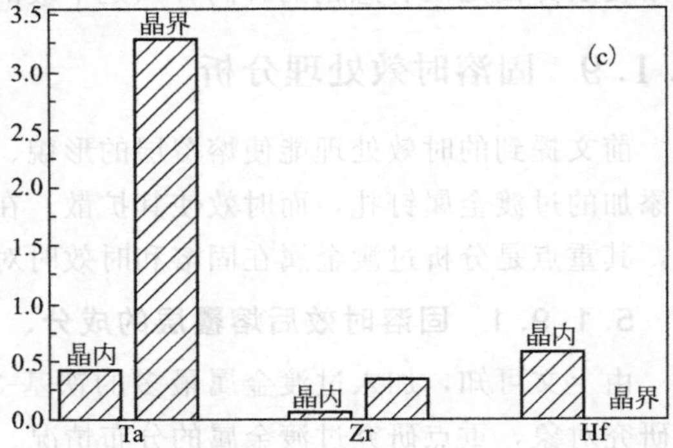

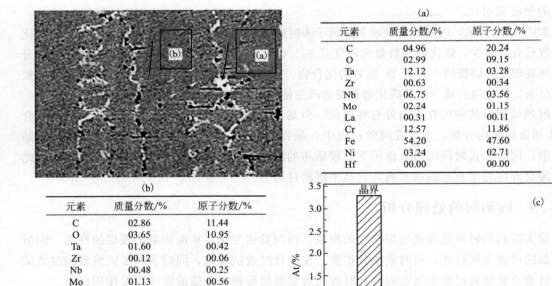

图 5.24　铁基-3 在 1050℃固溶后涂层元素成分

(a) 晶界；(b) 晶内；(c) 元素对比图

在明确了各个不同颜色相对应成分的基础上，以下分析讨论微观形貌中过渡元素扩散运动的过程，如图 5.25 所示。图 5.25(a)、(b) 和 (c) 为熔覆层底部的形貌变化，可以看出固溶不时效的晶粒形状不规则，有网状白亮色相和大量的粒状黑色相聚集；时效 5h 后没有太大的变化，如图 5.25(b) 所示，只是晶粒变得比较细小，白亮色相的网状结构更为明显；时效 12h 后的变化较为明显，如图 5.25(c) 所示，白亮色相扩散开，只剩下少许丝状的白亮色相，黑色相也分散开了，并不只是在晶界处聚集，而是分布在晶内和晶界处。

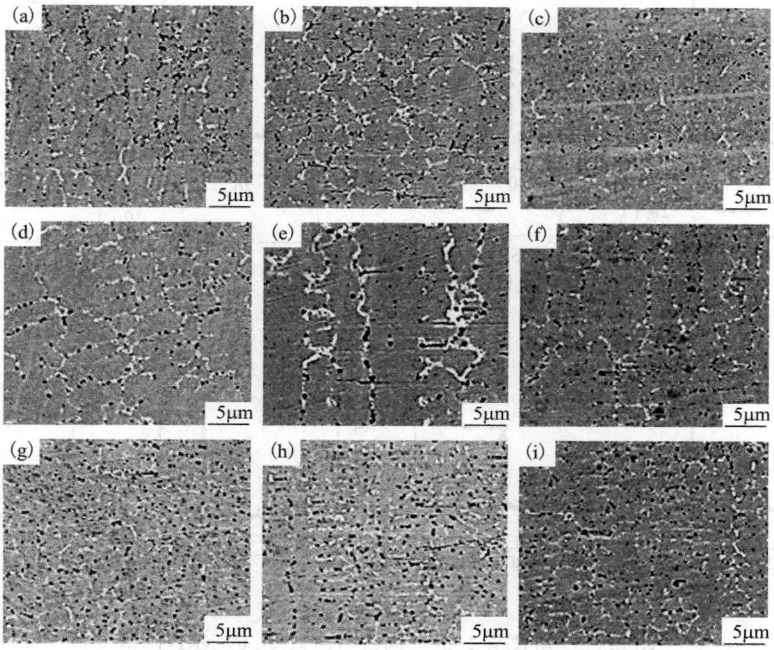

图 5.25 铁基-3 熔覆层底部、中部、顶部微观形貌

(a)、(d)、(g) 1050℃固溶；(b)、(e)、(h) 5h 时效；(c)、(f)、(i) 固溶后 12h 时效

熔覆层中部的晶粒较为规则，固溶不时效的晶粒大部分呈等轴状，有少量的胞状晶，如图 5.25(d) 所示，白亮色相呈网状分布，黑色相呈粒状在晶界处集中；时效 5h 后的晶粒大部分呈长条的胞状晶，如图 5.25(e) 所示，白亮色相依旧呈网状在晶界处析出，黑色相呈粒状分布；而时效 12h 后的变化很明显，如图 5.25(f) 所示，白亮色相扩散，黑色相分布在晶内和晶界处。

熔覆层顶部的固溶和固溶后时效的变化并不太明显，如图 5.25(g)、(h) 和 (i) 所示。顶部的晶粒大致呈长条状的胞状晶，黑色相除了在晶界处集中较多外，在晶内也有分布。

综合 EDS 分析，在晶界处偏聚的白亮色相的成分是 Ta 和 Zr，黑色相的成分为 Si，固溶后的晶界处存在大量的硅化物，时效后晶界处的两种相都扩散到晶内，由此推断，过渡金属在固溶后钉扎在晶界处，时效过程中过渡金属向基体和晶内扩散。

5.1.9.2 固溶时效后熔覆层的相结构

文中已分析了熔覆后直接时效时，元素在熔覆层中的存在形式，但经过固溶-时效处理后的相结构是否发生变化，需要进一步研究。

图 5.26 是熔覆层 1050℃固溶后时效 5h 的 XRD 图谱，可以看出固溶后时效 5h Fe 和 Si 的化合物为 $Cr_{9.1}Si_{0.9}$，铁基中的 Fe 和 Cr 以 Fe-Cr 固溶体的形式存在，而铁基-1、铁基-2、铁基-3 中则是 $Cr_{1.36}Fe_{0.52}$，铁基熔覆层和铁基-3 熔覆层中含有 Cr 单质。

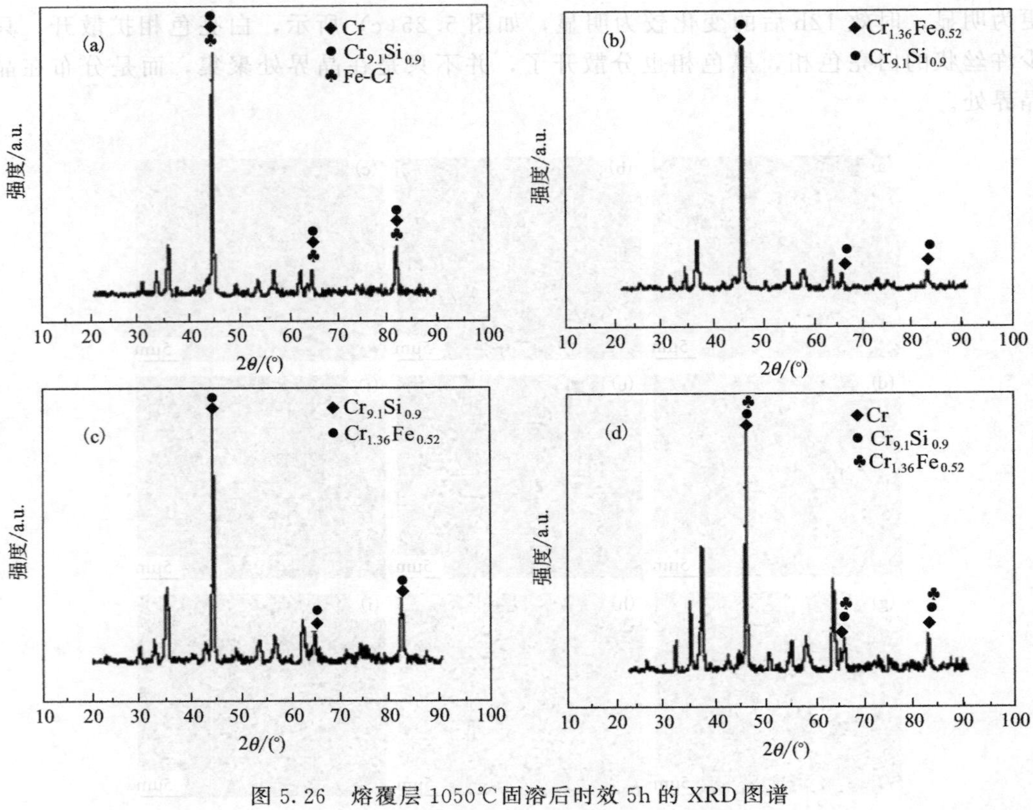

图 5.26　熔覆层 1050℃固溶后时效 5h 的 XRD 图谱

(a) 铁基；(b) 铁基-1；(c) 铁基-2；(d) 铁基-3

固溶后时效 12h 后的 XRD 分析结果如图 5.27 所示，Cr 和 Si 的化合物为 $Cr_{9.1}Si_{0.9}$，Fe 和 Cr 以 Fe-Cr 的方式存在。

5.1.9.3　固溶时效后熔覆层的显微硬度

熔覆层固溶后时效 5h 及 12h 的硬度测试结果如图 5.28 所示。由图 5.28 可知，固溶后时效的硬度分布在交界面处没有急剧升高，而是平缓地过渡，可见在 1050℃保温时，熔覆层中的弥散强化相扩散到基体，使得基体的硬度升高。对比未热处理的熔覆层，硬度明显降低，其原因如时效中的一样是由于碳化物的减少。综合 XRD 分析可知，与热处理前的相比，检测出的碳化物和硬质相减少。

本节对 600℃时效 2h、5h、12h、24h 后的熔覆层，以及对 1050℃固溶 2h，固溶后 600℃时效 5h、12h 的熔覆层进行组织结构分析和性能测试。

由 SEM 照片与分析结果可知，固溶后时效的熔覆层组织排列整齐、晶界清晰。熔覆层的底部为胞状晶，中部为柱状晶和等轴晶，顶部为共晶体，只是随时效时间的不同，组织的变化也不一样，加入过渡金属后柱状晶向等轴晶变化。时效过程中集中在晶界处的 Ta、Zr、Hf 有所变化，在晶界处聚集的这些过渡金属向晶内和基体扩散。热处理之后的显微硬度比

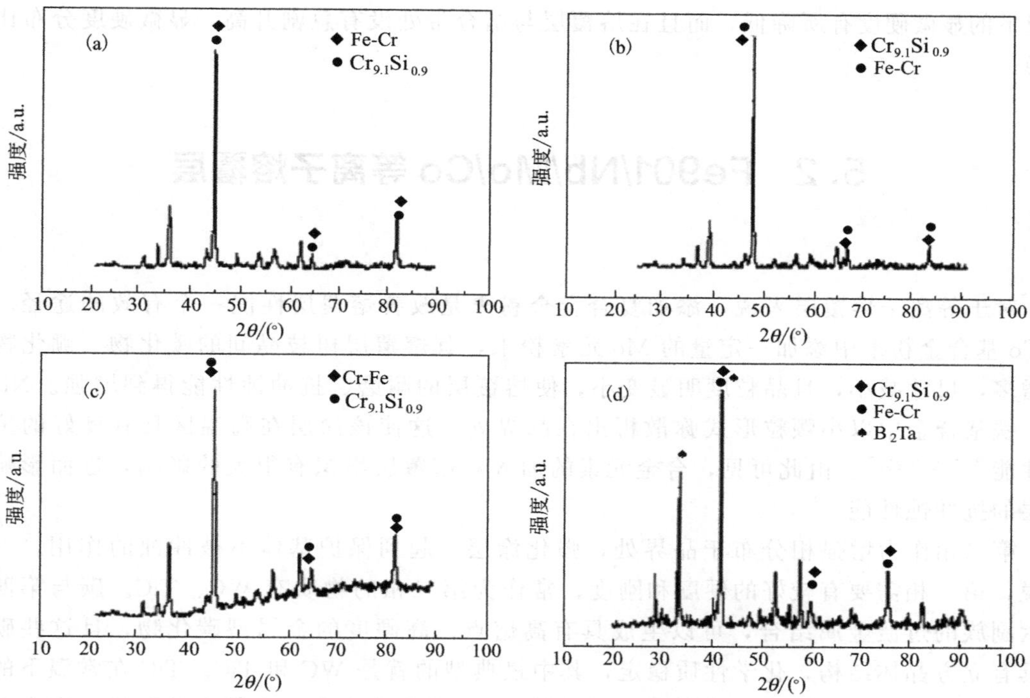

图 5.27　熔覆层 1050℃固溶后时效 12h 的 XRD 图谱

(a) 铁基；(b) 铁基-1；(c) 铁基-2；(d) 铁基-3

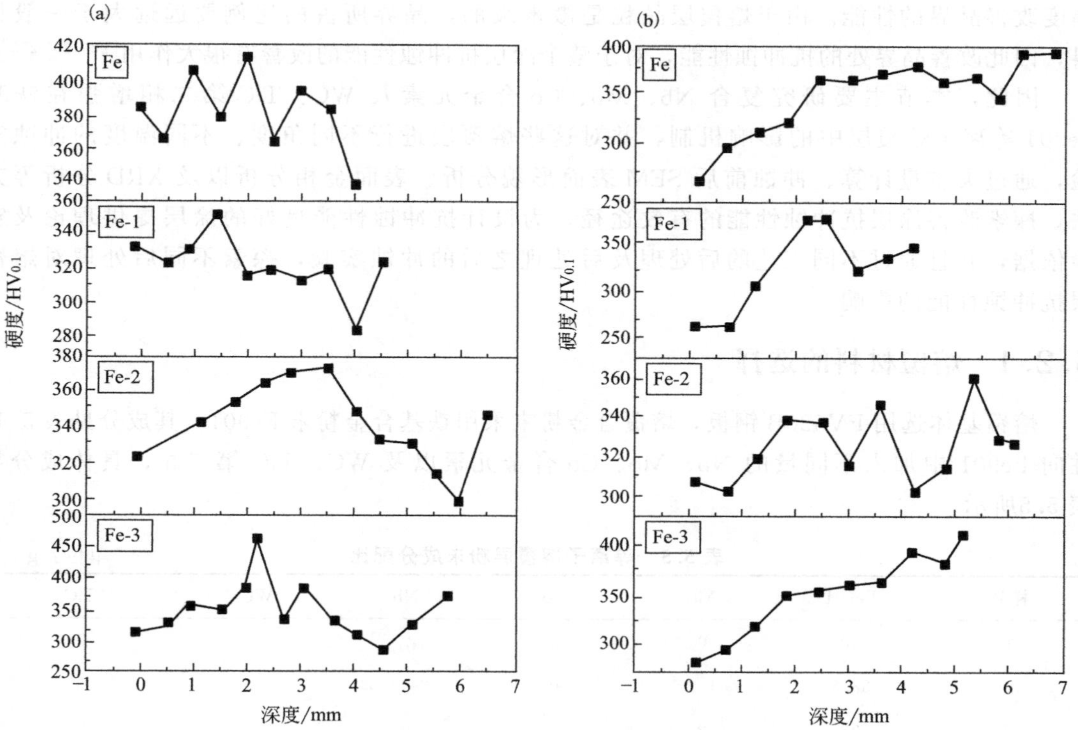

图 5.28　熔覆层的显微硬度

(a) 固溶后时效 5h；(b) 固溶后时效 12h

常温下的显微硬度有所降低，而且在熔覆层与结合带处没有急剧升高，显微硬度分布比较平稳。

5.2 Fe901/Nb/Mo/Co等离子熔覆层

对于等离子熔覆层来说，添加复合合金粉末是改善熔覆层性能一个有效的途径。如在Co基合金粉末中添加一定量的Mo元素粉末，其熔覆层树枝晶间的碳化物、硼化物数量增多，尺寸减小，且晶粒度明显变小，使熔覆层的耐磨、抗冲蚀性能得到增强。Nb元素在铁基合金中以小颗粒形式弥散析出在晶界处，这使该涂层在高温区具有良好的抗冲蚀性能[237,243-250]。由此可见，合金元素的加入对熔覆层组织有很大的影响，进而影响熔覆层的抗冲蚀性能。

第二相作为增强相分布于晶界处，强化涂层，起到保护基体不被冲蚀的作用。一般来说，第二相需要有较好的硬度和刚度，常作为第二相的物质有WC、TiC。碳与第四至第六副族的过渡金属结合，可以生成具有高熔点、高硬度的金属型碳化物，且这些碳化物具有立方晶体结构，化学性质稳定，其中最典型的就是WC和TiC。TiC在常温下的硬度最高，但硬度会随着温度升高而急剧下降。WC不仅在常温下有较高的硬度，在高温下也是硬度最高的碳化物，而且WC与Fe、Ni、Co等金属自熔合金湿润性良好，这也是WC得到广泛应用的原因之一。通过添加碳化物第二相，使其弥散分布于晶界处，可以大幅度改善晶界的性能。由于熔覆层晶粒是微米级的，晶界所占的比例要远远大于一般材料，因此改善晶界处的抗冲蚀性能，对于整个涂层抗冲蚀性能的改善有很大作用[225,251-255]。

因此，本节主要研究复合Nb、Mo、Co合金元素及WC、TiC第二相增强在铁基Fe901等离子熔覆层中的影响机制，并对这些熔覆层进行不同角度、不同温度的冲蚀实验，通过失重量计算、冲蚀前后SEM表面形貌分析、表面金相分析以及XRD分析等方法，探索改善涂层抗冲蚀性能的有效途径，为设计抗冲蚀性能良好的涂层提供理论及实验依据，并且通过不同工艺的后处理及后处理之后的冲蚀实验，探索不同后处理对熔覆层抗冲蚀性能的影响。

5.2.1 熔覆材料的选择

熔覆基体选用FV520B钢板，熔覆合金粉末采用铁基合金粉末Fe901，其成分见表5.1，并向Fe901中加入不同量的Nb、Mo、Co合金元素以及WC、TiC第二相，具体成分如表5.5所示。

表5.5 等离子熔覆层粉末成分配比　　单位：g

样品	Fe901	Mo	Co	Nb	WC	TiC
1	40	0	0	0	0	0
2	38.8	1.2	0	0	0	0
3	38	2	0	0	0	0
4	36	4	0	0	0	0

续表

样品	Fe901	Mo	Co	Nb	WC	TiC
5	38.8	0	1.2	0	0	0
6	38	0	2	0	0	0
7	37.2	0	2.8	0	0	0
8	39.76	0	0	0.24	0	0
9	39.52	0	0	0.48	0	0
10	39.28	0	0	0.72	0	0
11	38	0	0	0	2	0
12	36	0	0	0	4	0
13	34	0	0	0	6	0
14	38	0	0	0	0	2
15	36	0	0	0	0	4
16	34	0	0	0	0	6

为了解后处理工艺对涂层性能的影响，对 98.2%Fe901+1.8%Nb 的等离子熔覆试样进行多种工艺的后处理，用于冲蚀实验及其性能表征，具体的后处理如下：

① 固溶-时效处理。先对试样进行时效前的固溶处理，使之加热到高温奥氏体单相区，保温 2h，再空冷至室温，之后进行三个不同温度的人工时效，获得不同的晶粒度和不同的组织结构，探索时效处理对涂层抗冲蚀性能的影响。具体工艺流程如图 5.29(a)。

② 去应力退火。由于熔覆过程是一个快速升温和快速冷却的过程，所以无论是涂层还是基体钢板本身，都会存在较大的应力。因此可以通过去应力退火减小内应力，达到改善性能的目的。具体的去应力退火工艺如图 5.29(b) 所示。

③ 钝化处理。将涂层表面浸入浓硝酸溶液中 3h，使涂层表面形成一层致密氧化膜，以起到钝化表面的作用。

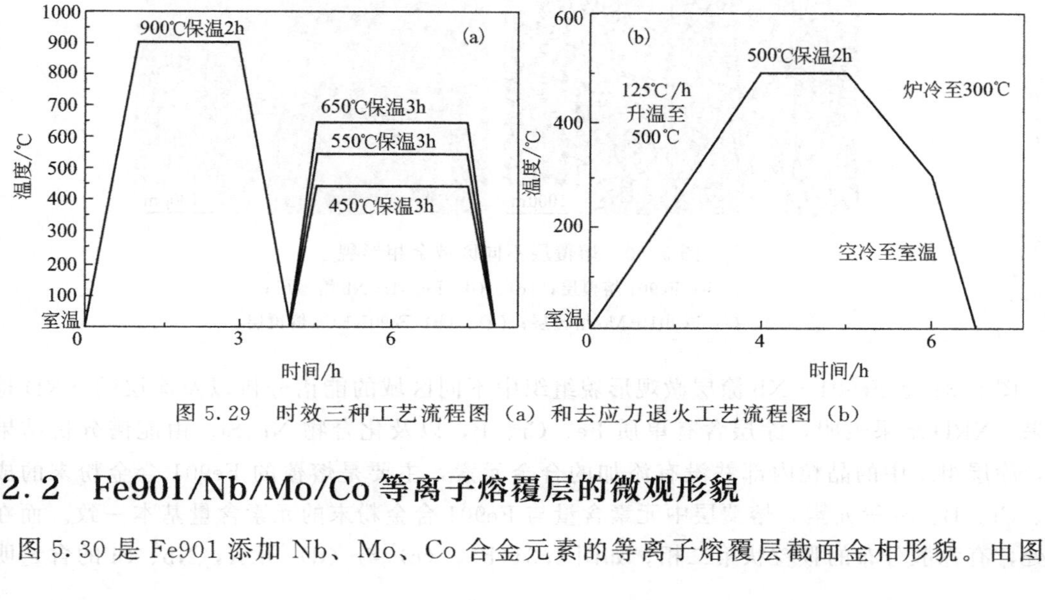

图 5.29 时效三种工艺流程图 (a) 和去应力退火工艺流程图 (b)

5.2.2 Fe901/Nb/Mo/Co 等离子熔覆层的微观形貌

图 5.30 是 Fe901 添加 Nb、Mo、Co 合金元素的等离子熔覆层截面金相形貌。由图看

出，无论是Fe901熔覆层还是Fe901添加合金元素后的熔覆层，组织形貌相似。Fe901熔覆层如图5.30(a)、(c)、(e)和(g)所示，熔覆层与基体界面有一层晶粒度不太明显的过渡区，在熔覆层靠近界面处是垂直于界面的柱状晶。如图5.30(b)、(d)、(f)和(h)所示，熔覆层中的组织主要由柱状晶生长成为树枝晶。

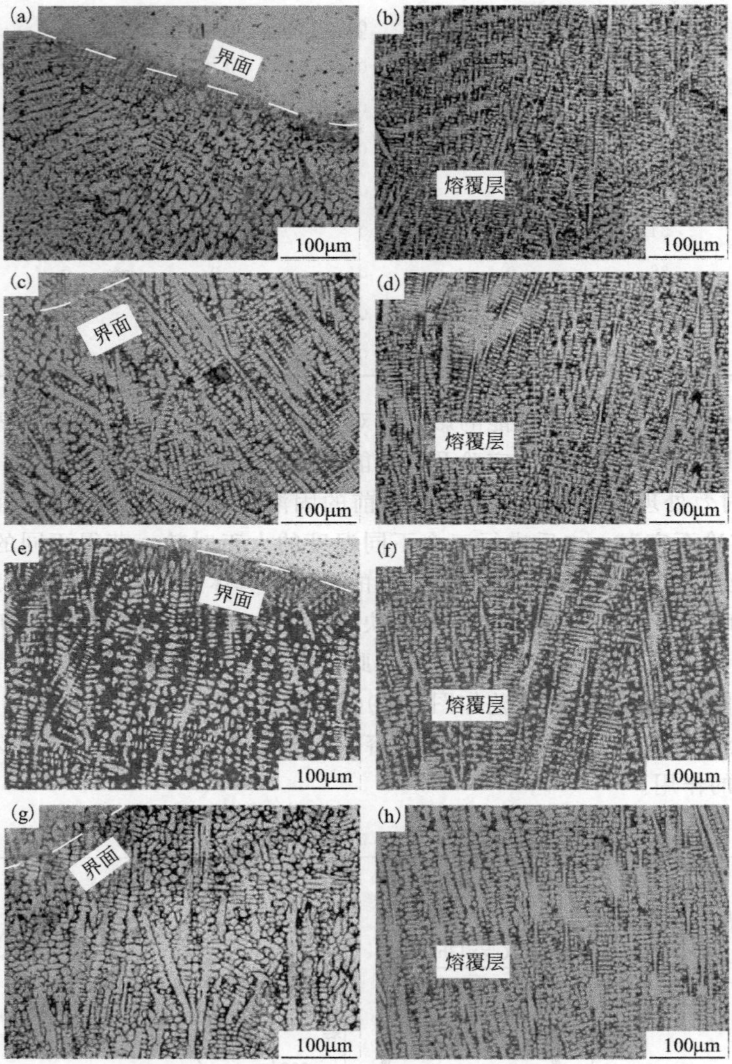

图5.30　熔覆层不同区域金相形貌

(a)、(b) Fe901熔覆层；(c)、(d) Fe901＋Nb熔覆层；

(e)、(f) Fe901＋Mo熔覆层；(g)、(h) Fe901＋Co熔覆层

图5.31是Fe901＋Nb涂层微观形貌组织中不同区域的能谱分析以及涂层的XRD检测结果。XRD结果表明，涂层含有单质Fe、Cr、B，以及化合物Nb_3Si。由能谱分析结果可知，涂层组织中的晶粒内部并没有添加的合金元素，主要是熔覆的Fe901合金粉末的成分Fe、Cr、B、Si等元素，熔覆层中元素含量与Fe901合金粉末的元素含量基本一致。而在晶界处，有弥散分布的颗粒状第二相。如图5.31(b)、(c)与(d)所示，Nb、Si的含量明显

增多，结合XRD分析结果可知，Nb、Si在晶界处以Nb的硅化物Nb_3Si的形式存在。金属硅化物具有熔点高、电阻率低、硬度高的特点，弥散分布在晶界处，起到弥散强化的作用，既提高了涂层的结合强度和硬度，又保留了铁基韧性好的性能。弥散颗粒的尺寸越小，分布越均匀，强化效果越好，由图可以看出，弥散颗粒均匀分布于晶粒边界处，且大多数的弥散颗粒尺寸较小。

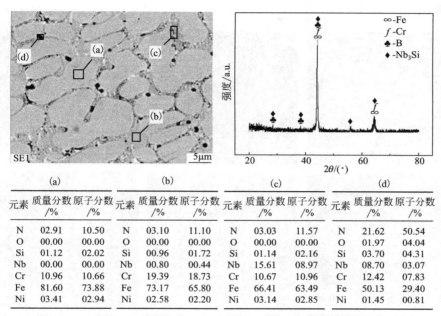

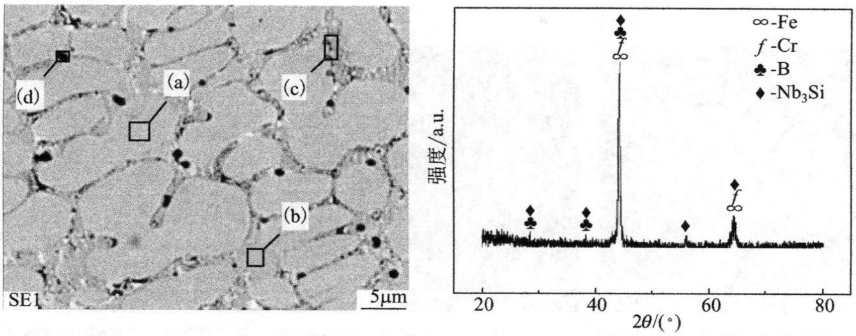

(a)

元素	质量分数/%	原子分数/%
N	02.91	10.50
O	00.00	00.00
Si	01.12	02.02
Nb	00.00	00.00
Cr	10.96	10.66
Fe	81.60	73.88
Ni	03.41	02.94

(b)

元素	质量分数/%	原子分数/%
N	03.10	11.10
O	00.00	00.00
Si	00.96	01.72
Nb	00.80	00.44
Cr	19.39	18.73
Fe	73.17	65.80
Ni	02.58	02.20

(c)

元素	质量分数/%	原子分数/%
N	03.03	11.57
O	00.00	00.00
Si	01.14	02.16
Nb	15.61	08.97
Cr	10.67	10.96
Fe	66.41	63.49
Ni	03.14	02.85

(d)

元素	质量分数/%	原子分数/%
N	21.62	50.54
O	01.97	04.04
Si	03.70	04.31
Nb	08.70	03.07
Cr	12.42	07.83
Fe	50.13	29.40
Ni	01.45	00.81

图 5.31 Fe901＋Nb熔覆层不同区域能谱数据

图5.32为Fe901粉末中添加Mo的熔覆层XRD测试结果。与添加Nb元素类似，Mo与Si形成金属硅化物$MoSi_2$和Mo_5Si_3，分布于晶界，起到弥散强化晶界的作用。

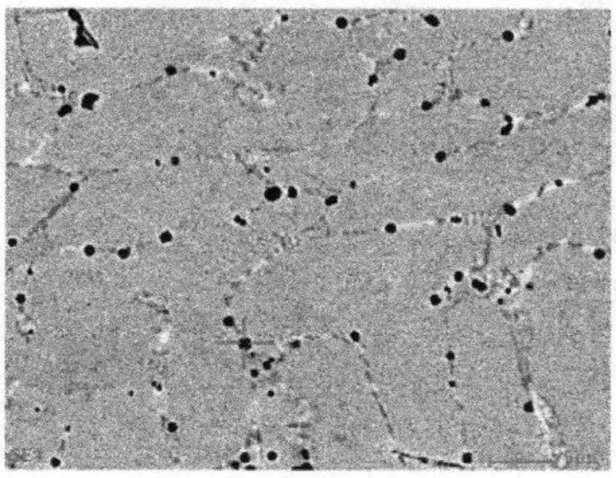

(a)

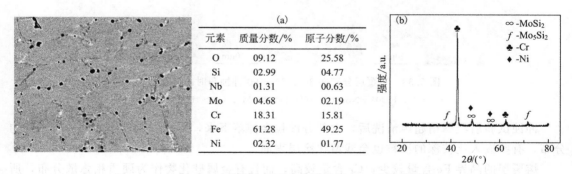

元素	质量分数/%	原子分数/%
O	09.12	25.58
Si	02.99	04.77
Nb	01.31	00.63
Mo	04.68	02.19
Cr	18.31	15.81
Fe	61.28	49.25
Ni	02.32	01.77

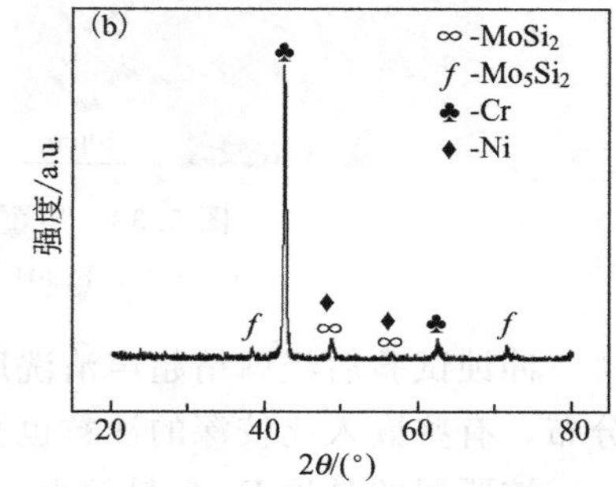

图 5.32 Fe901＋Mo熔覆涂层形貌能谱数据（a）和晶体结构（b）

5.2.3 Fe901/Nb/Mo/Co等离子熔覆层的冲蚀形貌

对Fe901及添加合金元素的Fe901等离子熔覆层进行30°、60°、90°冲蚀角的冲蚀试验，涂层冲蚀后的SEM微观形貌如图5.33所示。如前所述熔覆层晶粒内部以Fe元素为主，Fe以单质形式存在且其为韧性材料，所以晶粒内部呈现韧性，而加入的合金粉末又与Si形成硬质颗粒弥散分布在晶界处，使晶界硬度大、脆性大，因此添加合金元素后，熔覆层的冲蚀过程不能简单地看成单一韧性材料或者单一脆性材料的冲蚀，应视为综合作用的结果。如图 5.33(c)、(f) 和 (i) 所示，冲蚀角为 90°的冲蚀形貌基本都可以看出两种具有比较明显特征的冲蚀坑，一种是比较大的带有棱角的冲蚀坑，另一种则是均匀分布且细小的冲蚀坑，在涂层表面可以找到少量嵌入的沙粒。这是由于晶粒内部呈现韧性，在受到垂直于表面的沙粒冲击时，沙粒会挤压涂层，使涂层变形后成为不规则的形状，在随后的冲击中更易剥落。

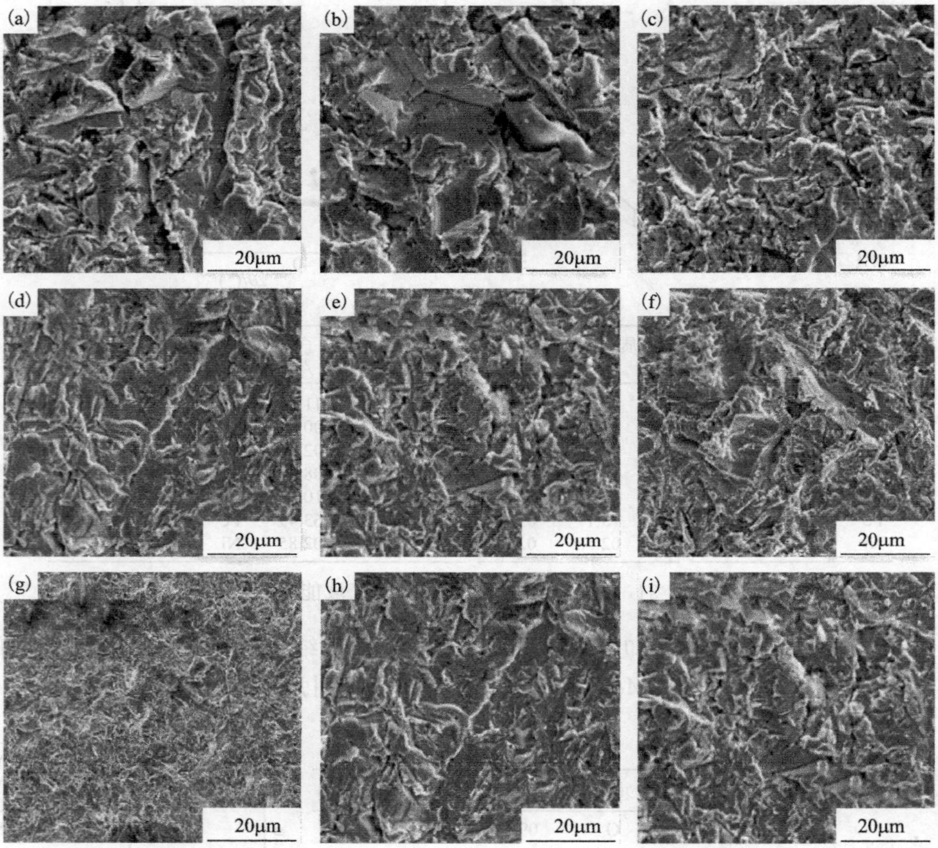

图 5.33　熔覆层分别在 30°、60°、90°冲蚀角时的微观形貌

(a)～(c) Fe901＋Nb；(d)～(f) Fe901＋Mo；(g)～(i) Fe901＋Co

冲蚀试验后经酒精超声清洗后，大部分沙粒会掉落下来，形成大量较小的冲蚀坑，均匀分布，有些嵌入比较深的沙粒也会残留在涂层表面。

熔覆层的晶界 Fe 含量较少，Cr 含量较高，而且有金属硅化物作为硬质相弥散分布，所以晶界硬度较大但脆性较高，在受到沙粒冲击时，不易产生形变，而是产生裂纹，反复受到冲击后裂纹会扩展直至断裂，因此产生较大的有明显棱角的冲蚀坑。

比较熔覆层在冲蚀角为 30°、60°时的冲蚀形貌，其冲蚀坑棱角的方向基本一致，这是由于沙粒从一个方向入射，对金属冲击力方向一致，因此裂纹产生、扩展、断裂均会沿着一定方向进行。与冲蚀角为 60°的相比，冲蚀角为 30°的冲蚀坑棱角较深，冲蚀坑较大，但数量较少。这是由于冲蚀角为 30°的冲蚀，其冲击力主要表现形式为研磨，垂直方向的冲击力较小，不易挤压涂层产生形变，而随着冲蚀角度的增大，垂直于涂层的冲击力会增大，涂层更易受到挤压产生损伤。

5.3 Fe901中添加WC/TiC第二相的等离子熔覆层

5.3.1 添加第二相铁基熔覆层的组织形貌

碳化物陶瓷相具有熔点高、硬度高、化学性质稳定的优点，其中以TiC和WC最为典型。向Fe901中分别添加含量为5%、10%和15%的TiC和WC粉末，进行等离子熔覆，图5.34为熔覆层截面的金相照片。如图5.34(a)、(b)所示，加入WC的熔覆层，其底层以WC相为主，这是由于WC密度较大，冷却过程中，在重力的作用下发生沉底现象。而且底部的WC有一些未溶解，依然以颗粒状存在，枝晶附着在固体颗粒上生长，在熔覆层底部也存在着WC的团聚现象，形成发散状的“星形”组织。结合图5.35中的XRD结果可知，WC在涂层中的主要以WC_x和WC_{1-x}形式存在。

图5.34(c)～(e)所示是加入TiC的熔覆层，其底层晶粒较大，无明显方向性。TiC的熔点达到3000℃以上，在熔覆过程中并不能完全溶解，而未溶解的TiC颗粒易发生团聚，但是由于试验中所加入的TiC含量最大为15%，团聚体比较少。

图5.34 熔覆层截面不同位置金相图

(a)、(b)添加WC第二相；(c)、(d)、(e)添加TiC第二相

图5.36是添加TiC熔覆层的高倍组织形貌及指定微区的能谱分析结果。在熔覆层与基体的交界处，基体与涂层共同形成的熔池向基体散热形成平面晶，其中夹杂着少量未被熔化的TiC颗粒。由图5.36能谱分析可以知道，TiC以硬质颗粒形式在晶界析出，强化涂层，

而晶界比例的增大则可以大大提高涂层整体的抗冲蚀性能。

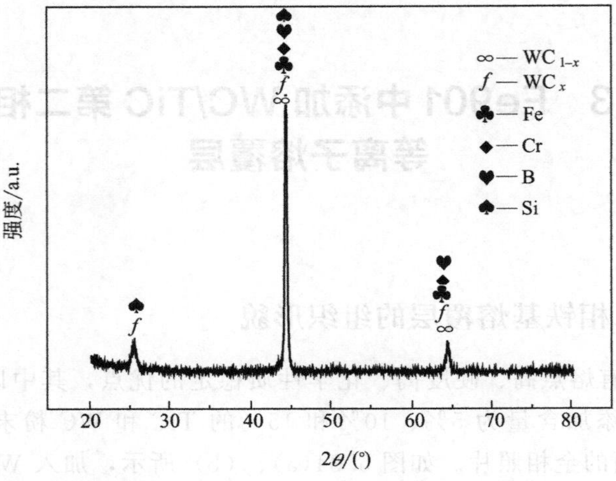

图 5.35　添加 WC 熔覆层的 XRD 图谱

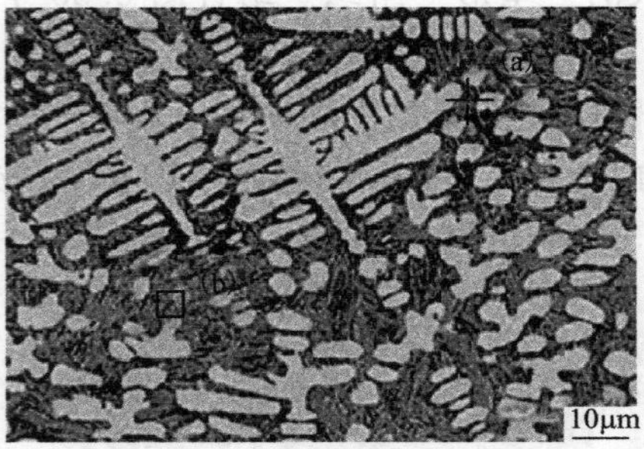

(a)

元素	质量分数/%	原子分数/%
C	13.58	38.71
Ti	81.26	58.07
Cr	01.34	00.88
Fe	03.81	02.33

(b)

元素	质量分数/%	原子分数/%
C	04.20	16.74
Ti	00.97	00.97
Cr	17.93	16.50
Fe	74.44	63.79
Ni	02.46	02.01

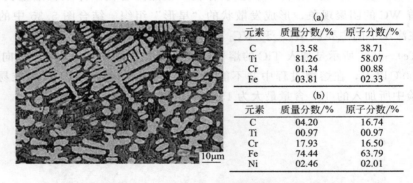

图 5.36　添加 TiC 的熔覆层能谱数据

5.3.2　添加 TiC、WC 第二相铁基熔覆层的抗冲蚀性能

对 Fe901 中添加不同含量 TiC 和 WC 的等离子熔覆层进行常温冲蚀角为 90°的冲蚀试验，冲蚀失重量如图 5.37 所示。由图 5.37(a) 可以看出，添加 5%的 WC 就可使冲蚀失重量减少一半以上。在 WC 含量小于 10%时，随着 WC 含量的增加，冲蚀失重量越来越小，涂层的抗冲蚀性能越来越好。但当 WC 含量大于 10%时，WC 含量增加，抗冲蚀性能反而降低。如图 5.37(b) 所示，添加 TiC 对涂层抗冲蚀性能的影响则更为明显，仅仅加入 5%的 TiC，其冲蚀失重量比纯 Fe901 熔覆层减少了三分之二。在 TiC 含量小于 10%时，涂层的冲蚀失重量随 TiC 含量的升高而降低。当 TiC 含量大于 10%时，涂层的冲蚀失重量有所上升，抗热冲蚀性能反而下降。比较添加 WC 和 TiC 涂层的冲蚀失重量，可以看出两种涂层均表现出优异的抗冲蚀性能。在含量较低时，含有 TiC 的涂层抗冲蚀性能略优于含有 WC 的涂层，而当含量达到一定值时，两种涂层的抗冲蚀性能均十分优异，同时 WC、TiC 含量达到一定程度后，再向涂层内继续添加 WC、TiC 第二相，反而降低了涂层的抗冲蚀性能。

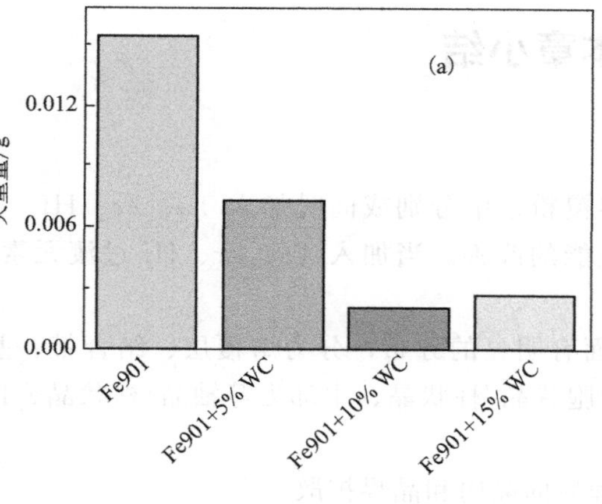

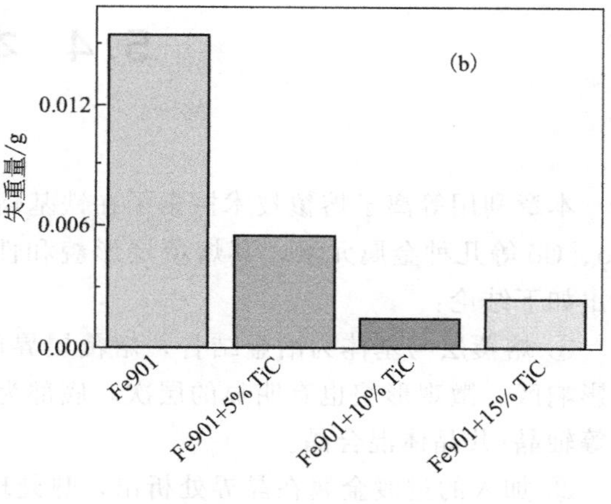

图 5.37　熔覆层冲蚀失重量

（a）添加 WC 第二相；（b）添加 TiC 第二相

图 5.38 为添加 TiC 和 WC 的熔覆层冲蚀后的 SEM 形貌图。由图 5.38(a)、(b) 可以看出，涂层中含有 TiC 和 WC 的黑色相。WC 和 TiC 第二相具有耐高温、硬度高的优点，同时也存在脆性大的问题。由图 5.38 可以看出其冲蚀后的表面形貌中出现了明显的棱角，且冲蚀坑较深，是脆性断裂。熔覆层硬质相被冲蚀剥落后的深度要比周围涂层深。可见 TiC 相和 WC 相的抗冲蚀性能比较差，在受到垂直于涂层的冲击时，会先产生一定的弹性形变，当继续受冲击且超过弹性极限时产生裂纹，裂纹进而扩展导致剥落。

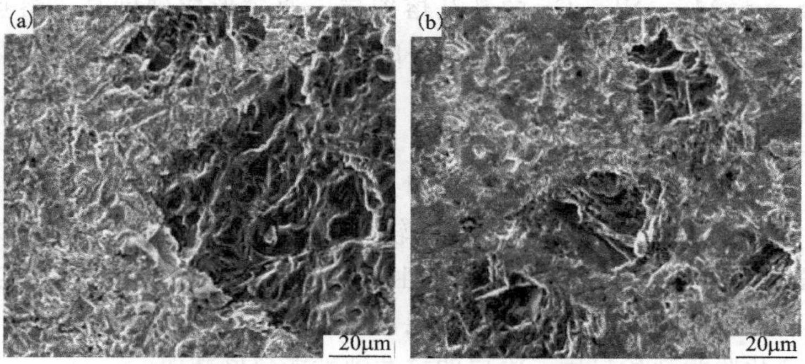

图 5.38　熔覆层 90℃ 冲蚀形貌

（a）添加 TiC 第二相；（b）添加 WC 第二相

灰色部分主要是 Fe 合金形成的树枝晶，WC、TiC 弥散分布在晶界处。灰色部分冲蚀后表现出“山脉”状，有大量的长条状突起，在受到冲蚀粒子冲击时形成挤压唇，当沙粒冲击到挤压唇上时，会将其挤成薄片，经过反复冲击最后形成磨屑剥落。晶粒内部被冲蚀剥落后，有弥散相分布的晶界处抗冲蚀性能较好，形成长条山脉状的突起，这样的突起会有效地阻止薄片的形成，妨碍晶粒内部继续被冲蚀。当 WC 和 TiC 含量达到一定值时，晶界处 WC 和 TiC 硬质颗粒含量达到饱和，如果含量再增多，则会聚集产生团聚，形成大的硬质相，这种硬质相脆性大，受冲击损失量较大，此时随着 WC 和 TiC 这些硬质相含量的升高，涂层的抗冲蚀性能反而下降。

5.4 本章小结

本章利用等离子熔覆技术探索了在铁基熔覆粉末中分别或同时加入 Ta、Zr、Hf、Nb、Mo、Co 等几种金属元素，其熔覆层形貌和性能的改善。当加入 Ta、Zr、Hf 过渡元素时，得出如下结论：

① 熔覆层与基体为冶金结合，熔覆层界面有明显的分布，分为熔覆层、结合带、基体热影响区。微观形貌也有明显的层次，底部为胞状晶/柱状晶、中部为等轴晶/柱状晶、顶部为等轴晶/共晶体混合晶。

② 加入的过渡金属在晶界处析出，热处理后向晶内和晶界扩散。

③ 常温下熔覆层的显微硬度明显高于基体，熔覆层硬度在界面处有显著提高，加入过渡金属的熔覆层硬度高于常规的铁基熔覆层。热处理之后的硬度明显小于常温下的硬度，并且硬度在界面处没有急剧升高。

④ 等离子熔覆层的冶金结合力很强，并且有很强的抗疲劳性能，但是 Zr 含量较高的铁基-2 的结合性能相对较差。

⑤ 冲蚀试验表明铁基熔覆层单位面积内的损失率最高，说明加入过渡金属可以增强熔覆层的抗冲蚀性能。

在 Fe901 基体中加入 Nb、Mo、Co 合金元素，以及添加第二相进行等离子熔覆，得出的结论如下：

① 添加合金元素 Mo、Nb、Co 的铁基熔覆层，通过形成硬度高、熔点高的金属硅化物，弥散分布在晶界处，强化晶界，改善涂层的抗冲蚀性能，其中 Nb 元素对涂层抗冲蚀性能改善最为明显。

② 添加第二相 WC、TiC 的铁基熔覆层，当 WC、TiC 含量较少时，第二相主要以硬质颗粒弥散分布于晶界处，起到强化晶界的作用。随着 WC、TiC 含量的增加，硬质颗粒开始发生团聚，形成的 WC、TiC 体积较大，脆性较大，因而降低了涂层的抗冲蚀性能。

③ 时效处理可以略微改善涂层的抗冲蚀性能，去应力退火去除了基体与涂层的内应力，却降低了硬度，降低了涂层短时间的冲蚀性能，钝化处理形成的氧化膜可以短时间保护涂层不被冲蚀，但当氧化膜消耗殆尽后，涂层的抗冲蚀性能急剧减弱。

参 考 文 献

[1] Klement W K, Willens R H, Duwez P. Non-crystalline structure in solidified gold-silicon alloys [J]. Nature, 1960, 187 (4740): 169-870.

[2] 梁秀兵，徐滨士，魏世丞，等．热喷涂亚稳态复合涂层研究进展 [J]. 材料导报，2009 (5): 4-7.

[3] Shechtman D, Blech I, Gratias D, et al. Metallic phase with long-range orientational order and no translational symmetry [J]. Physical Review Letters, 1984, 53 (20): 1951-1953.

[4] Matsumoto K, Sagara M, Miyajima M, et al. Study of oil country tubular goods casing and liner wear mechanism on corrosion-resistant alloys [J]. SPE Drilling & Completion, 2018, 33 (01): 41-49.

[5] 毛俊元，郑卫刚．船用柴油机气缸套内壁热喷涂方式的研究 [J]. 热加工工艺，2014 (18): 137-139.

[6] 王长柏．等离子熔化-注射 WC-Co 耐磨复合表层研究 [D]. 哈尔滨工程大学，2006.

[7] Li Y, Cui X F, Jin G, et al. Influence of magnetic field on microstructure and properties of TiC/cobalt-based composite plasma cladding coating [J]. Surface and Coatings Technology, 2017, 325: 555-564.

[8] Lu J, Wang B F, Qiu X K, et al. Microstructure evolution and properties of CrCuFexNiTi high-entropy alloy coating by plasma cladding on Q235 [J]. Surface and Coatings Technology, 2017, 328: 313-318.

[9] Cheng J. B, Xu B. S, Liang X. B, et al. Microstructure and mechanical characteristics of iron-based coating prepared by plasma transferred arc cladding proces [J]. Materials Science and Engineering: A, 2008, 492 (1-2): 407-412.

[10] 刘均波，黄继华，刘均海，等．前驱体碳化复合等离子熔覆涂层 [J]. 北京科技大学学报，2011 (05): 63-68.

[11] Liu J B. TiC/Fe cermet coating by plasma cladding using asphalt as a carbonaceous precursor [J]. Progress in Natural Science. 2008, 18 (4): 447-454.

[12] 胡俊华，吴玉萍，曹明，等．等离子熔覆技术的研究现状及发展趋势 [C]//全国水利工程海洋工程新材料新技术学术交流会，2006.

[13] 李钊．铝合金变极性等离子弧横向焊接热源模式与熔池行为研究 [D]. 哈尔滨工业大学，2016.

[14] 韩永全，许萍，杜茂华，等．变极性等离子双弧及其控制 [J]. 机械工程学报，2011, 47 (4): 46-50.

[15] 徐晶．微束等离子氩弧焊及激光焊用于牙科纯钛焊接的实验研究 [D]. 南京医科大学，2007.

[16] 朱凯．阀门密封面等离子堆焊工艺及其性能研究 [D]. 江苏科技大学，2014.

[17] 于妍妍．斩波控制式微束等离子弧焊电源研究 [D]. 沈阳工业大学，2014.

[18] 李彦林．等离子喷涂修复透平压缩机转子 [J]. 设备管理与维修，1993 (12) 11-12.

[19] 严大考，张洁溪，唐明奇，等．等离子熔覆技术的研究进展 [J]. 热加工工艺，2015 (04) 20-24.

[20] 丁莹，周泽华，王泽华，等．等离子熔覆技术的研究现状及展望 [J]. 陶瓷学报，2012, 33 (3): 405-410.

[21] 周琦，刘方军，齐铂金．电子束深穿透焊接熔质成分分布与熔池流动特征 [J]. 中国机械工程，2003, 14 (5): 406-409.

[22] Deng X K, Zhang G J, Wang T, et al. Microstructure and wear resistance of Mo coating deposited by plasma transferred arc process [J]. Materials Characterization, 2017, 131: 517-525.

[23] Fronczek D M, Chulist R, Litynska-Dobrzynska L, et al. Microstructural and Phase Composition Differences Across the Interfaces in Al/Ti/Al Explosively Welded Clads [J]. Metallurgical & Materials Transactions A, 2017, 48 (9): 4154-4165.

[24] Huang H H, Han G, Qian Z C, et al. Characterizing the magnetic memory signals on the surface of plasma transferred arc cladding coating under fatigue loads [J]. Journal of Magnetism and Magnetic Materials, 2017, 443: 281-286.

[25] Feng Z Q, Tang M Q, Liu Y Q, et al. In situ synthesis of TiC-TiN-reinforced Fe-base plasma cladding coatings [J]. Surface Engineering, 2018, 34 (4): 309-315.

[26] Cai Z B, Wang Y D, Cui X F, et al. Design and microstructure characterization of FeCoNiAlCu high-entropy alloy coating by plasma cladding: In comparison with thermodynamic calculation [J]. Surface and Coatings Technology, 2017, 330: 163-169.

[27] 吴玉萍，林萍华，王泽华．等离子熔覆原位合成 TiC 陶瓷颗粒增强复合涂层的组织与性能 [J]. 中国有色金属学

报，2004，14（8）：1335-1339.

[28] 张虹，刘均波．等离子熔覆铁基金属陶瓷复合涂层的耐磨性能［J］．焊接学报，2008，29（10）：61-64.

[29] 毕晓勤，胡小丽，王洁．工艺参数对等离子熔覆 Ni-Cr 合金涂层组织及成型质量的影响［J］．航空材料学报，2009，29（3）：45-49.

[30] 张丽民，孙冬柏，李惠琪，等．等离子束表面冶金技术研究及其进展［J］．金属热处理，2006，31（2）：12-16.

[31] Zhang L M，Liu B W，Yu H Y，et al. Rapidly solidified non-equilibrium microstructure and phase transformation of plasma cladding Fe-based alloy coating［J］. Surface and Coatings Technology，2007，201（12）：5931-5936.

[32] Liu Y F，Zhou Y L，Zhang Q，et al. Microstructure and dry sliding wear behavior of plasma transferred arc clad Ti5Si3 reinforced intermetallic composite coatings［J］. Journal of Alloys and Compounds，2014，591：251-258.

[33] Zhang L M，Sun D B，Yu H Y，et al. Characteristics of Fe-based alloy coating produced by plasma cladding process［J］. Materials Science and Engineering：A，2007，457（1-2）：319-324.

[34] 刘胜林，孙冬柏，樊自拴，等．等离子熔覆镍基复合涂层的组织及性能［J］．稀有金属材料与工程，2006，35（s2）：232-235.

[35] 陈颢，李惠东，李惠琪，等．等离子束表面冶金与激光熔覆技术［J］．表面技术，2005，34（2）：1-3.

[36] 刘胜林，孙冬柏，樊自拴，等．等离子熔覆铁基涂层的组织及冲蚀磨损研究［J］．材料工程，2006（12）：35-39.

[37] 王志新，杨卫铁，方伟，等．Q235 钢等离子熔覆 Fe 基合金＋TiC 复合涂层组织和性能的研究［J］．热加工工艺，2010，39（2）：50-51.

[38] Xia P C，Han G P，Xie K. Effect of compositions on the microstructure and properties of plasma clad NiAl coating［J］. Metals and Materials International，2016，22（3）：424-429.

[39] Lyu Y Z，Sun Y F，Jing F Y. On the microstructure and wear resistance of Fe-based composite coatings processed by plasma cladding with B_4C injection［J］. Ceramics International，2015，41（9）：10934-10939.

[40] 郝金龙，张梦月，李洋，等．等离子熔覆多元镍基涂层-基体的力学性能研究［J］．表面技术，2017，46（8）：55-60.

[41] 杨智华．等离子弧堆焊条件下 ZrB_2 陶瓷涂层的原位合成技术的探索［D］．天津大学，2009.

[42] 彭小敏．PTA 原位合成含 TiB_2 金属陶瓷涂层的冶金过程及组织控制［D］．天津大学，2007.

[43] 刘邦武，李慧琪，张丽民．等离子表面冶金层中气孔形成机理［J］．金属热处理，2005，30（2）：17-20.

[44] 刘邦武，张丽民，李惠琪，等．等离子熔覆铁基涂层开裂行为研究［J］．材料科学与工艺，2007，15（4）：545-547.

[45] 向永华．机械零件等离子熔覆再制造成型铁基粉末设计及工艺研究［D］．装甲兵工程学院，2010.

[46] 高华，吴玉萍，陶翀，等．等离子熔覆 Fe 基复合熔覆层的组织与性能［J］．金属热处理，2008，33（8）：41-43.

[47] 吴希文，董选普，潘璋，等．等离子束送丝熔覆对 50Mn2 钢表面熔覆层质量的影响［J］．铸造，2016，65（1）：22-27.

[48] 罗燕，徐志鹏，李飞，等．Cr_3C_2 对等离子钴基堆焊层组织及性能的影响［J］．安徽工业大学学报（自然科学版），2014，31（1）：34-38.

[49] Yuan Y L，Li Z G. Microstructure and tribology behaviors of in-situ WC/Fe carbide coating fabricated by plasma transferred arc metallurgic reaction［J］. Applied Surface Science，2017，423：13-24.

[50] 宋强，仇性启．AZ91D 镁合金表面等离子熔覆 NiAl/TiC 复合涂层［J］．热加工工艺，2011，40（24）：160-162.

[51] 乔金士，宣天鹏．等离子熔覆镍基涂层抗氧化性能的研究［J］．电镀与精饰，2014，36（5）：5-8.

[52] 许可可，陈克选，仇文杰，等．等离子弧增材制造设备与其工艺研究［J］．热加工工艺，2017，46（23）：221-224.

[53] 王凯博，吕耀辉，刘玉欣，等．热输入对脉冲等离子弧增材制造 Inconel 718 合金组织与性能的影响［J］．材料导报，2017，31（14）：100-104.

[54] Chen H，Li H G. Microstructure and wear resistance of Fe-based coatings formed by plasma jet surface metallurgy［J］. Materials Letters，2006，60（11）：1311-1314.

[55] Deng H X，Shi H J，Tsuruoka S. Influence of coating thickness and temperature on mechanical properties of steel deposited with Co-based alloy hardfacing coating［J］. Surface and Coatings Technology，2010，204（23）：3927-3934.

[56] Rokanopoulou A, Skarvelis P, Papadimitriou G D. Microstructure and wear properties of the surface of 2205 duplex stainless steel reinforced with Al_2O_3 particles by the plasma transferred arc technique [J]. Surface and Coatings Technology, 2014: 376-381.
[57] 刘均波，王立梅，黄继华．等离子熔覆 Cr_7C_3/γ-Fe 金属陶瓷复合材料涂层的耐磨性 [J]. 机械工程材料，2006，30 (2)：42-45.
[58] 林波，王瑞权，高宗为，等．45 钢表面 Ni 基激光熔覆层的耐蚀性能 [J]. 材料保护，2012，45 (1)：59-60.
[59] PhamThi Hong Nga (范氏红娥)．H13 钢表面激光熔覆 TiC/Co 基涂层及其高温磨损性能研究 [D]. 昆明理工大学，2013.
[60] 许蔚．精密模具送丝法激光熔覆修复技术的研究 [D]. 华南师范大学，2010.
[61] 杨国家．激光光内同轴送丝熔覆工艺研究 [D]. 苏州大学，2008.
[62] 吴玉萍，刘桦，王素玉．等离子体表面熔覆 Fe-Cr-Si-B 涂层的显微组织与溶质分布 [J]．中国有色金属学报．2001，11 (s1)：183-187.
[63] 魏宏璞．核阀密封面无钴铁基合金及激光涂层性能研究 [D]. 苏州大学，2010.
[64] 李宝增．报废飞机叶片高温锻压模具激光熔覆修复粉末的研发 [D]. 贵州大学，2008.
[65] Sun R L, Yang D Z, Guo L X, et al. Microstructure and wear resistance of NiCrBSi laser clad laver on titanium alloy substrate [J]. Surface and Coatings Technology, 2000, 132 (2-3): 251-255.
[66] Wu X L, Hong Y S. Microstructure and mechanical properties at TiC_p/Ni-alloy interfaces in laser-synthesized coatings [J]. Material Science and Engineering: A, 2001, 318 (1-2): 15-21.
[67] Ouyang J H, Nowotny S, Richter A, et al. Characterization of laser clad yttria partiallye-stabilized ZrO_2 ceramic layers on steel 16MnCr5[J]. Surface and Coatings Technology, 2001, 137 (1): 12-20.
[68] 高桥涉．Particulate reinforced titanium matrix comosites [J]. Metal. 1997, 67 (1): 64-70.
[69] 梅志，顾明元，吴人洁．金属基复合材料界面表征及其进展 [J]. 材料科学与工程．1996，14 (3)：1-5.
[70] 徐勤官．陶瓷颗粒增强铁基合金激光熔覆层的研究 [D]. 山东大学，2012.
[71] 赫庆坤．抽油泵柱塞表面激光合成 TiC/NiCrBSi 熔覆层研究 [D]. 中国石油大学，2009.
[72] Lee K W, Chen Y H, Chung Y W, et al. Hardness internal stress and thermal stability of TiB_2/TiC multilayer coatings synthesized by magnetron sputtering with and without substrate rotation [J]. Surface and Coatings Technology, 2004, 177-178: 591-596.
[73] 王红美，蒋斌，徐滨士，等．纳米 SiO_2 颗粒增强镍基复合镀层的组织与微动磨损性能研究 [J]. 摩擦学学报．2005，25 (4)：289-293.
[74] 赵宇光，姜启川，任露泉，等．Fe-C-Ti-Mn 合金系中 TiC 原位生成反应的热力学分析 [J]. 吉林大学学报（工学版）．2004，34 (1)：1-6.
[75] 辛艳辉，林建国，任志昂．Ti-Al-Cr-Nb-V 合金激光表面原位 TiC 颗粒增强涂层及耐磨性研究 [J]. 材料热处理学报．2004，25 (4)：63-66.
[76] 王振廷，陈华辉，王永东．感应熔覆原位合成 TiC 增强金属基复合涂层组织与抗磨性能的研究 [J]. 摩擦学学报．2006，26 (4)：310-313.
[77] Zee R, Yang C, Lin Y X, et al. Effects of boron and heat treatment on structure of dual-phase Ti-TiC [J]. Journal of Materials Science. 1991, 26 (14): 3853-3861.
[78] 屈平，马跃进，赵建国，等．原位合成 Ti (C, N) -WC/Ni60A 基复合涂层显微结构及性能 [J]. 农业工程学报．2014，30 (10)：73-80.
[79] 邹小斌，尹登科，谷建军．关于激光熔覆裂纹问题的研究 [J]. 激光杂志，2010，31 (5)：44-45.
[80] Niu W, Sun R L, Lei Y W. Microstructure and wear properties of self-lubricating H-BN/Ni coating by laser cladding [J]. Advanced Materials Research, 2010, 154-155: 617-620.
[81] 黄凤晓，江中浩，刘喜明．激光熔覆工艺参数对横向搭接熔覆层结合界面组织的影响 [J]. 光学精密工程，2011，19 (2)：316-322.
[82] 黄卫东，林鑫，陈静，等．激光立体成型 [M]. 西安：西北工业大学出版社，2007：50-70.
[83] 刘均波，王立梅，黄继华．反应等离子熔覆 $(Cr, Fe)_7C_3$/γ-Fe 金属陶瓷复合材料涂层的耐磨性 [J]. 北京科技大

学学报，2007，29（1）：50-54.
[84] Savalani M M，Ng C C，Li Q H，et al. In situ formation of titanium carbide using titanium and carbon-nanotube powders by laser cladding [J]. Applied Surface Science，2012，258（7）：3173-3177.
[85] Wu C F，Ma M X，Liu W J，et al. Laser cladding in-situ carbide particle reinforced Fe-based composite coatings with rare earth oxide addition [J]. Journal of Rare Earths，2009 ，27（6）：997-1002.
[86] 王祺瑞，王献辉，邹军涛，等．原位反应制备 Ag/TiB_2 复合材料 [J]. 稀有金属，2012，36（1）：98-103.
[87] Borgioli F，Galvanetto E，Galliano F P，et al. Sliding wear resistance of reactive plasma sprayed Ti-TiN coatings [J]. Wear，2006，260（7-8）：832-837.
[88] Holmberg K，Ronkainen H，Laukkanen A，et al. Tribological analysis of TiN and DLC coated contacts by 3D FEM modeling and stress simulation [J]. Wear，2008，264（9-10）：877-884.
[89] Wang Q S，Chen K H，Chen L，et al. Effect of Al and Si addition on microstructure and mechanical properties of TiN coatings [J]. Journal of Central South University of Technology，2011，18（2）：310-313.
[90] Vera E E，Vite M，Lewis R，et al. A study of the wear performance of TiN，CrN and WC/C coatings on different steel substrates [J]. Wear，2011，271（9-10）：2116-2124.
[91] 郑立允，赵立新，张京军，等．TiN/TiAlN 涂层金属陶瓷的摩擦学性能研究 [J]. 稀有金属材料与工程，2007，36（z3）：492-495.
[92] 王振廷，郑维，周晓辉．原位合成 TiN 增强 Ni 基复合涂层的组织与性能 [J]. 焊接学报，2011，32（3）：93-96.
[93] 徐安阳，刘志东，李文沛，等．功能电极钛合金表面 TiN 涂层的原位合成 [J]. 华南理工大学学报（自然科学版），2014，42（1）：11-16.
[94] 董艳春．反应等离子喷涂纳米 TiN 涂层材料的研究 [D]. 河北工业大学，2006.
[95] 应峰，缪强，黄俊，等．钛合金表面原位合成 TiN 渗镀层摩擦性能研究 [J]. 金属热处理，2009，34（9）：29-32.
[96] 孙维民，金寿日，董星龙．“活性等离子体-金属”反应法制备 Ni-TiN 复合超微粒子的生成机制和热力学计算[J]. 复合材料学报，1999，16（2）：116-120.
[97] 刘正道．钛合金激光合金化表面改性技术研究 [D]. 华东理工大学，2014.
[98] 温诗铸，黄平．摩擦学原理 [M]. 北京：清华大学出版社，2002.
[99] 刘家浚．材料磨损原理及其耐磨性 [M]. 北京：清华大学出版社，1993.
[100] Zhang X. C.，Xu B. S.，Xuan F. Z，et al. Rolling contact fatigue behavior of plasma-sprayed CrC-NiCr cermet coatings [J]. Wear，2008，265（11-12）：1875-1883.
[101] 康嘉杰．等离子喷涂层的竞争性失效行为和寿命预测研究 [D]. 中国地质大学，2013.
[102] 陈书赢，王海斗，徐滨士，等．热喷涂层滚动接触疲劳寿命演变规律研究进展 [J]. 机械工程学报，2014，50（8）：23-33.
[103] 张志强，李国禄，王海斗，等．Fe 基合金涂层组织结构与接触疲劳寿命 [J]. 材料热处理学报，2013，34（9）：167-172.
[104] 李根富，程永兴，崔玉顺，等．45 钢表面激光熔凝合金化层“白亮带”的组织结构及形成机理 [J]. 金属热处理学报，1988（1）：1-8.
[105] 张敏，王新洪，邹增大，等．TiC-VC 颗粒增强 Fe 基熔覆层组织与耐磨性能 [J]. 中国机械工程，2006，17（4）：417-421.
[106] 袁有录，李铸国．Ni60A＋WC 增强梯度涂层中 WC 的溶解与碳化物的析出特征 [J]. 材料工程，2013，（11）：12-19.
[107] Katsich C，Badisch E. Effect of carbide degradation in a Ni-based hardfacing under abrasive and combined impact/abrasive conditions [J]. Surface and Coatings Technology. 2011，206（6）：1062-1068.
[108] Przybyłowicz J，Kusiński J. Structure of laser cladded tungsten carbide composite coatings [J]. Journal of Materials Processing Technology，2001，109（1-2）：154-160.
[109] Lü W J，Zhang D，Zhang X N，et al. Growth mechanism of reinforcements in in-situ synthesized（TiB＋TiC）/Ti composites [J]. Transactions of Nonferrous Metals Society of China，2001（1）：67-71.
[110] 王振廷，郑维．氩弧熔覆原位合成 Ti（C，N）-TiB_2/Ni60A 基复合涂层的组织与耐磨性 [J]. 材料热处理学报．

2011，32（12）：115-119.

[111] Sakai Y，Koretsune T，Saito S. Electronic structure and stability of layered superlattice composed of graphene and boron nitride monolayer[J]. Physical Review B Condensed Matter，2011，83（20）：5314-5317.

[112] 丁光玉，冯辉霞，任卫，等．添加镍包覆石墨对铁基固体自润滑复合材料性能的影响［J］. 粉末冶金技术，2009，27（1）：11-14.

[113] Sahoo C K，Masanta M. Microstructure and tribological behaviour of TiC-Ni-CaF_2 composite coating produced by TIG cladding process［J］. Journal of Materials Processing Technology，2017，243：229-245.

[114] Xu G J，Kutsuna M，Liu Z J，et al. Characteristics of Ni-based coating layer formed by laser and plasma cladding processes［J］. Materials Science and Engineering：A，2006，417（1-2）：63-72.

[115] Cai Y C，Luo Z，Feng M N，et al. The effect of TiC/Al_2O_3 composite ceramic reinforcement on tribological behavior of laser cladding Ni60 alloys coatings［J］. Surface and Coatings Technology，2016，291：222-229.

[116] 罗健．高温处理对激光熔覆自润滑耐磨复合涂层影响的研究［D］. 苏州大学，2015.

[117] 相占凤，刘秀波，罗健，等．添加固体润滑剂 h-BN 的钛合金激光熔覆 γ-Ni 基高温耐磨复合涂层研究［J］. 应用激光，2014，34（5）：383-388.

[118] Liu X B，Meng X J，Liu H Q，et al. Development and characterization of laser clad high temperature self-lubricating wear resistant composite coatings on Ti-6Al-4V alloy［J］. Materials & Design，2014，55：404-409.

[119] 李利叶．半导体激光熔覆 Ni 基耐磨减磨复合涂层的研究［D］. 天津工业大学，2016.

[120] 马飞．金属材料干摩擦表面形貌特性的合理表征参量研究［D］. 河南科技大学，2011.

[121] Li J L，Xiong D S，Huang Z J，et al. Effect of Ag and CeO_2 on friction and wear properties of Ni-base composite at high temperature［J］. Wear，2009，267（1-4）：576-584.

[122] 王玮，王引真，王海芳，等．二硫化钼含量对自润滑涂层组织及性能的影响[J]. 中国表面工程，2006，19（2）：43-46.

[123] 陈哲源，徐江，刘文今，等．激光熔覆 MoS_2/TiC/Ni 减摩耐磨复合涂层组织及磨损性能的研究［J］. 材料热处理学报，2007（s1）：253-258.

[124] Zhang K M，Zou J X，Li J，et al. Synthesis of Y2O3 particle enhanced Ni/TiC composite on TC_4 Ti alloy by laser cladding［J］. Transactions of Nonferrous Metals Society of China，2012，22（8）：1817-1823.

[125] 彭竹琴，商全义，卢金斌，等．铸铁等离子熔覆铁基合金耐磨涂层［J］. 焊接学报，2008（4）：61-64.

[126] 王斌．镍含量对等离子熔覆层组织及性能的影响研究［D］. 山东科技大学，2015.

[127] Wang Q B. Effect of Mo-doping on the Microstructure and Wear Properties of Laser-clad Nickel-based Coatings［J］. Applied Laser，2005，25（2）.

[128] 张亮．石墨、二硫化钼润滑涂层制备及其摩擦性能研究［D］. 江南大学，2013.

[129] 俞友军．激光熔覆宽温域自润滑耐磨覆层的制备及其摩擦学性能研究［D］. 中国科学院研究生院，2011.

[130] Yang M S，Liu X B，Fan J W，et al. Microstructure and wear behaviors of laser clad NiCr/Cr_3C_2-WS_2 high temperature self-lubricating wear-resistant composite coating［J］. Applied Surface Science，2012，258（8）：3757-3762.

[131] 刘春晖，崔树茂，王丽华，等．Ni 基高温自润滑涂层的显微结构及磨损性能［J］. 稀有金属材料与工程，2010，39（1）：72-75.

[132] Meng F M，Yang C Z，Han H L. Study on tribological performances of MoS_2 coating at high temperature［J］. Proceedings of the Institution of Mechanical Engineers，Part J：Journal of Engineering Tribology，2017，196：208-210.

[133] 董晓慧．金属陶瓷涂层的固体粒子冲蚀磨损行为研究［D］. 北京石油化工学院，2015.

[134] Lu Z L，Jin H，Zhou Y X，et al. Effect of impact angle on erosion wear behaviours of SiC_p/Cast iron surface composite［J］. Materials Science Forum，2012，724：339-342.

[135] 金昊．热锻模模膛等离子熔覆 SiC 耐热层的应用基础研究［D］. 武汉理工大学，2008.

[136] 姜琛．等离子熔覆 ZrB_2-ZrC 复合涂层的研究［D］. 山东科技大学，2015.

[137] 张丽民，刘均波，孙冬柏，等．等离子熔覆 Fe-Ni 基合金导辊组织结构及失效分析［J］. 北京科技大学学报，

2010，(6)：89-93.
[138] 王艳亮．链传动热疲劳试验装置研究及试验 [D]. 大连交通大学，2014.
[139] 吴益文，汪宏斌，张聪，等．热疲劳对40Cr钢磁性能的影响 [J]. 物理测试，2013，31 (2)：34-38.
[140] 邢飞．激光再制造关键技术及其工艺试验研究 [J]. 装备制造技术研究室，2009.
[141] 侯晓汝．含 Y_2O_3 中高碳堆焊合金的微观组织和力学性能及其数值模拟 [D]. 燕山大学，2014.
[142] 杨健．热轧支承辊堆焊合金制备与稀土作用机理研究 [D]. 燕山大学，2015.
[143] Kou S. Welding Metallurgy，Second Edition [M]. 2003.
[144] Balla V K，Bose S，Bandyopadhyay A. Processing of bulk alumina ceramics using laser engineered net shaping [J]. International Journal of Applied Ceramic Technology，2008，5 (3)：234-242.
[145] Chen Y X，Wu D J，Ma G Y，et al. Coaxial laser cladding of Al_2O_3-13%TiO_2 powders on Ti-6Al-4V alloy [J]. Surface and Coatings Technology，2013，228：S452-S455.
[146] 焊接名词解释 [J]. 焊接通讯，1980 (3)：54.
[147] 陈章，常云龙，吴迪，等．磁场参数对堆焊层稀释率的影响 [J]. 现代焊接，2011 (1)：22-24.
[148] 林继兴，牛丽媛，李光玉，等．激光功率对球阀表面激光熔覆Co基合金涂层稀释率及耐腐蚀性能的影响 [J]. 热加工工艺，2014，20：112-114.
[149] 张洋，宋博瀚，薛峰．稀释率对镍基合金激光熔覆层组织和性能的影响 [J]. 应用激光，2016 (3)：259-264.
[150] 冯国昌．堆焊稀释率的影响因素和控制措施 [J]. 焊接技术，1996 (1)：22-23.
[151] 潘浒，赵剑峰，刘云雷，等．激光熔覆修复镍基高温合金稀释率的可控性研究 [J]. 中国激光，2013 (4)：110-116.
[152] 王红英，董祖珏．高效低稀释率等离子堆焊可行性机理研究 [C]//第八次全国焊接会议，1997.
[153] 董祖钰，黄庆云．国内外堆焊发展现状——实现优质、高效、低稀释率的堆焊目标 [C]//第八次全国焊接会议，1997.
[154] 王红英，徐炜波，赵昆，等．获得高熔敷速度与低稀释率的等离子粉末堆焊方法 [J]. 焊接，2002 (6)：27-29.
[155] 董兵天，吴学宏．基于等离子堆焊稀释率的工艺改进 [J]. 山东工业技术，2016 (2)：193.
[156] 张伟，石淑琴，陈云祥，等．激光熔覆WC颗粒增强Ni基合金组织性能的研究 [J]. 应用激光，2012，32 (1)：18-21.
[157] Li R F，Li Z G，Huang J，et al. Dilution effect on the formation of amorphous phase in the laser cladded Ni-Fe-B-Si-Nb coatings after laser remelting process [J]. Applied Surface Science，2012，258 (20)：7956-7961.
[158] Zhao G P，Cho C，Kim J D. Application of 3-D finite element method using Lagrangian formulation to dilution control in laser cladding process [J]. International Journal of Mechanical Sciences，2003，45 (5)：777-796.
[159] Zhang Y P，Ge Y L，Ma Y H. Laser remelting of the NiCoCrAlY protective coating [J]. Materials for Mechanical Engineering，1992，16 (4)：46-49.
[160] Liu H，Hao J B，Han Z T，et al. Microstructural evolution and bonding characteristic in multi-layer laser cladding of NiCoCr alloy on compacted graphite cast iron [J]. Journal of Materials Processing Technology，2016，232：153-164.
[161] Cheikh H E，Courant B，Hascoet J Y，et al. Prediction and analytical description of the single laser track geometry in direct laser fabrication from process parameters and energy balance reasoning [J]. Journal of Materials Processing Technology，2012，212 (9)：1832-1839.
[162] 杨班权，陈光南，张坤，等．涂层/基体材料界面结合强度测量方法的现状与展望 [J]. 力学进展，2007，37 (1)：67-79.
[163] 陈裕芹．反求工程的发动机叶片检测中的应用研究 [D]. 广东工业大学，2011.
[164] 张钰．水介质中的转子动力学建模及模态分析研究 [D]. 华中科技大学，2013.
[165] 胡佳楠．大容量核电半转速汽轮机长叶片疲劳特性研究 [D]. 清华大学，2011.
[166] 赵研．风力发电机组桨叶应力检测系统的设计 [D]. 沈阳工业大学，2011.
[167] Hansen N，Jones A. R，Leffers T. Recrystallization and grain growth of multi-phase and particle containing materials：proceedings of the 1st Risø International Symposium on Metallurgy and Materials Science，September 8-12，1980 [M]. Risø

National Laboratory, 1980.

[168] Wu S, Li X C, Zhang J, et al. Effect of Nb on transformation and microstructure refinement in medium carbon steel [J]. Acta Metallurgica Sinica, 2014, 50 (4): 400-408.

[169] Kop T. A, Sietsma J, Vand Z S. Anisotropic dilatation behaviour during transformation of hot rolled steels showing banded structure [J]. Materials Science and Technology, 2001, 17 (12): 1569-1574.

[170] 程先华．稀土元素对化学热处理的影响及其作用 [D]. 清华大学，1990.

[171] 杨宗伦．钢中稀土铈与低熔点金属元素锡相互作用规律研究 [D]. 贵州大学，2006.

[172] 于雅樵．稀土对钢组织和性能的影响 [J]. 稀土信息，2017 (10)：30-33.

[173] 孙会魁．稀土铈对含铅钢力学性能影响的研究 [D]. 贵州大学，2009.

[174] Li H C, Wang D G, Chen C Z, et al. Effect of CeO_2 and Y_2O_3 on microstructure, bioactivity and degradability of laser cladding CaO-SiO_2 coating on titanium alloy [J]. Colloids and Surfaces B: Biointerfaces, 2015, 127: 15-21.

[175] Wang K L, Zhang Q B, Sun M L, et al. Effect of laser surface cladding of ceria on the wear and corrosion of nickel-based alloys [J]. Surface and Coatings Technology, 1997, 96 (2): 267-271.

[176] Ding L, Hu S S. Effect of nano-CeO_2 on microstructure and wear resistance of Co-based coatings [J]. Surface and Coatings Technology, 2015, 276: 565-572.

[177] Wang D G, Chen C Z, Ma J, et al. Microstructure of yttric calcium phosphate bioceramic coatings synthesized by laser cladding [J]. Applied Surface Science, 2007, 253 (8): 4016-4020.

[178] Luo D, Xing G H, Zou H L, et al. Segregation of S and P along grain boundary in high speed steels and cleaning action of RE elements [J]. Acta Metall Sinica, 1983, 19 (4): 151.

[179] Zhu G L. Inhibiting effect of rare earths on impurity segregation on interface of rail steel [J]. Physics Examination & Testing, 1999 (4): 14-15.

[180] 范氏红娥，张晓伟，王传琦，等．H13 钢表面 TiC/Co 基激光修复层的显微组织与力学性能 [J]. 焊接学报，2013，34 (11)：27-31.

[181] 孟庆坤，赵新青．微米级 Co 微粒的相稳定性研究 [J]. 材料工程，2013 (2)：40-44.

[182] 樊丁，王晓梅，孙耀宁，等．强碳化物形成元素 Nb 和 Ti 对激光熔覆 Ni_3Si 性能的影响 [J]. 有色金属工程，2008，60 (4)：40-43.

[183] 苏文文，杨卓越，丁雅莉．强碳化物形成元素对铸造高强钢低温性能的影响 [J]. 热加工工艺，2014 (13)：41-43.

[184] 黄龙门．钛表面电化学改性及生物活性复合涂层制备的研究 [D]. 厦门大学，2006.

[185] 戴采云，张亚平，高加诚，等．激光熔覆生物陶瓷涂层及界面的热力学计算 [J]. 沈阳化工大学学报，2006，20 (4)：264-267.

[186] 刘海定，曹旭东，贺文海，等．吸波涂层界面结合机理（Ⅰ）：涂层力学性能影响因素分析 [J]. 功能材料，2007，38 (7)：1045-1048.

[187] 束德林．工程材料力学性能 [M]. 北京：机械工业出版社，2015.

[188] Ren Y, Liu X J, Tan X, et al. Adsorption and pathways of single atomistic processes on NbN (001) and (111) surfaces: A first-principle study [J]. Applied Surface Science, 2014, 298: 236-242.

[189] Arya A, Carter E A. Structure, bonding, and adhesion at the ZrC (100)/Fe (110) interface from first principles [J]. Surface Science, [189] 2004, 560 (1-3): 103-120.

[190] Zhang H Z, Liu L M, Wang S Q. First-principles study of the tensile and fracture of the Al/TiN interface [J]. Computational Materials Science, 2007, 38 (4): 800-806.

[191] 韦子运，汪新衡，刘安民．纳米 SiC 颗粒增强 Ni 基激光熔覆涂层高温抗氧化性能的研究 [J]. 湖南农机，2014 (7)：94.

[192] 杨王玥，胡安民，齐俊杰，等．低碳钢多道次热变形中的应变强化相变与铁素体动态再结晶 [J]. 金属学报，2000，36 (11)：1192-1196.

[193] 熊爱明．钛合金锻造过程变形—传热—微观组织演化的耦合模拟 [D]. 西北工业大学，2003.

[194] 崔忠圻，覃耀春．金属学与热处理 [M]. 第 2 版．北京：机械工业出版社，2011.

[195] 陈世镇，关长斌，康大韬，等. Nb在γ'相沉淀强化型Ni-Cr-Al-Ti系高温合金中的作用［J］. 金属学报，1984. 20（6）：A398-A404.

[196] 陈国胜，伍伯华，周乐澄，等. Nb在铁基高温合金中的作用［J］. 金属学报，1992，28（9）：A385-A390.

[197] Li Y，Cui X F，Jin G，et al. Interfacial bonding properties between cobalt-based plasma cladding layer and substrate under tensile conditions［J］. Materials and Design，2017，123：54-63.

[198] 杨启正，汪新衡，匡建新，等. 纳米CeO_2粉体增强Ni基激光熔覆合金涂层高温抗氧化性能的研究［J］. 热加工工艺，2014（14）：127-130.

[199] 钱书琨，蒋冬青，汪新衡，等. Ni基合金粉中添加纳米CeO_2粉体对激光熔覆层组织及高温腐蚀性能的影响［J］. 材料保护，2014，47（5）：27-29.

[200] 刘安民，汪新衡，钱书琨，等. 纳米CeO_2颗粒对Ni基合金激光熔覆涂层界面组织与高温热腐蚀性能的影响［J］. 材料导报，2014，28（4）：111-114.

[201] 陈国良，谢锡善，倪克铨，等. 铁基高温合金中μ相和σ相引起的晶界脆化［J］. 金属学报，1981，17（1）：1-9.

[202] 张光业，张华，郭建亭. 多相NiAl-Cr合金的微观组织和韧脆转变行为的研究［J］. 材料工程，2005（11）：24-27.

[203] 袁祖奎，余瑞璜. Fe-Cr σ相价电子结构的分析［J］. 金属学报，1985，21（2）：66-72.

[204] Cui Z Q，Tan Y C. Metallurgy and heat treatment［M］. China Machine Press，2007.

[205] Zener C. The micro-mechanism of fracture［J］. Fracturing of metals，1948，3-31.

[206] Koehler J S. The production of large tensile stresses by dislocations［J］. Physical Review，1952，85（3）：480-481.

[207] Mo W L，Hu X B，Lu S P，et al. Effects of Boron on the microstructure，ductility-dip-cracking，and tensile properties for NiCrFe-7 weld metal［J］. Journal of Materials Science & Technology，2015，31（12）：1258-1267.

[208] Lin Y H，Lei Y P，Li X Q，et al. A study of TiB_2/TiB gradient coating by laser cladding on titanium alloy［J］. Optics and Lasers in Engineering，2016，82：48-55.

[209] Luo J，Ma J，Wang X J，et al. Effect of magnetic field on weld microstructure and crack of AZ31B magnesium alloy［J］. Rare Metal Materials and Engineering，2009，38（3）：215-219.

[210] Lee D Y，Kim K B，Kim D H. Influence of the electromagnetic stirring on globularization of primary solid phase in solid-liquid region［J］. Materials Science Forum，2005，486-487：550-553.

[211] Liu Z J，Su Y H，Lu H L. Effect of magnetic field frequency on properties of Fe5 surfacing metal［J］. Transactions of the China Welding Institution，2008.

[212] 陈华辉. 耐磨材料应用手册［M］. 北京：机械工业出版社，2012.

[213] Bai F D，Sha M H，Li T J，et al. Influence of rotating magnetic field on the microstructure and phase content of Ni-Al alloy［J］. Journal of Alloys and Compounds，2011，509（14）：4835-4838.

[214] 刘家浚. 材料磨损原理及其耐磨性［M］. 北京：清华大学出版社，1993.

[215] 刘洪喜，纪升伟，蒋业华，等. 磁场辅助激光熔覆制备Ni60CuMoW复合涂层［J］. 强激光与粒子束，2012，24（12）：2901-2905.

[216] Huang X G，Zhang L，Zhao Z M，et al. Microstructure transformation and mechanical properties of TiC-TiB_2 ceramics prepared by combustion synthesis in high gravity field［J］. Materials Science and Engineering A，2012，553：105-111.

[217] Song Y L，Zhao Z M，Zhang L，et al. Microstructure and properties of solidified TiC-TiB_2 composites prepared by combustion synthesis in enhanced high-gravity field［J］. Key Engineering Materials，2014，591：84-89.

[218] Gao C，Zhan Z M，Zhang L，et al. Fine-grained TiC(Ti，W)$C_{(1-x)}$ matrix ceramics prepared by combustion synthesis under high gravity［J］. Powder Metallurgy Industry，2011，21（2）：36-40.

[219] Zhai Y J，Liu X B，Qiao S J，et al. Characteristics of laser clad α-Ti/TiC+(Ti，W)C_{1-x}/Ti_2SC+TiS composite coatings on TA2 titanium alloy［J］. Optics and Laser Technology，2017，89：97-107.

[220] Vardar N，Ekerim A. Failure analysis of gas turbine blades in a thermal power plant［J］. Engineering Failure Analysis，2007，14（14）：743-749.

[221] Rinaldi C, Antonelli G. Epitaxial repair and in situ damage assessment for turbine blades [J]. Proceedings of the Institution of Mechanical Engineers Part A Journal of Power & Energy, 2005, 219 (2): 93-99.
[222] 刘强．汽轮机低压缸末级叶片水蚀机理分析及司太立合金片更换研究 [D]. 上海交通大学, 2007.
[223] 刘志江, 刘向民, 李连相．近年我国大型汽轮机末级长叶片的冲蚀损伤 [J]. 动力工程学报, 2003, 23 (1): 2201-2204.
[224] D' Oliveira A S C M, Vilar R, Feder C G. High temperature behaviour of plasma transferred arc and laser Co-based alloy coating [J]. Applied Surface Science, 2002, 201 (1): 154-160.
[225] Shin J C, Doh J M, Yoon J K, et al. Effect of molybdenum on the microstructure and wear resistance of cobalt-based Stellite hard facing alloys [J]. Surface and Coatings Technology, 2003, 166 (2-3): 117-126.
[226] 刘鸣放, 张兵权, 李二兴, 等．叶片等离子熔覆层显微组织及其耐磨性研究 [J]. 煤炭科学技术, 2010, 38 (12): 112-113.
[227] 孙越．汽轮机叶片 Stellite6 熔覆层应力控制及其组织和性能 [D]. 哈尔滨工程大学, 2017.
[228] 罗键, 王雅生, 贾昌申, 等．电磁搅拌焊接熔池流体流动行为的研究 [C]//第三届计算机在焊接中的应用技术交流会．2000.
[229] Lehmann P, Moreau R, Camel D, et al. A simple analysis of the effect of convection on the structure of the mushy zone in the case of horizontal Bridgman solidification. Comparison with experimental results [J]. Journal of Crystal Growth, 1998, 183 (4): 690-704.
[230] 张培磊, 闫华, 徐培全, 等．激光熔覆和重熔制备 Fe-Ni-B-Si-Nb 系非晶纳米晶复合涂层 [J]. 中国有色金属学报, 2011, 21 (11): 2846-2851.
[231] 王俊陞．合金化元素对弹性模量的影响 [J]. 稀有金属, 1979 (4): 3-13.
[232] 侯清宇, 高甲生．等离子熔覆 Y_2O_3/钴基合金的组织结构及耐磨性能 [C]//全国热处理学会物理冶金学术交流会．2006.
[233] Zhao Y H, Sun J, Li J F. Effect of rare earth oxide on the properties of laser cladding layer and machining vibration suppressing in side milling [J]. Applied Surface Science, 2014, 321: 387-395.
[234] 赵高敏, 王昆林, 刘家浚．La_2O_3 对激光熔覆铁基合金层硬度及其分布的影响 [J]. 金属学报, 2004, 40 (10): 1115-1120.
[235] 杜挺．稀土元素在金属材料中的一些物理化学作用 [J]. 金属学报, 1997, 33 (1): 69-77.
[236] 金心, 韩育良．稀土金属在钢铁中的应用（译文集）[M]. 北京：中国工业出版社, 1965.
[237] 张丽娜, 樊自拴, 张丽民, 等．等离子熔覆铁基非晶纳米晶复合熔覆层及其性能 [J]. 材料科学与工程学报．2008, 26 (1): 76-79.
[238] 张丽民, 孙冬柏, 李慧琪, 等．等离子熔覆铁基熔覆层组织结构及热影响区特点 [J]. 北京科技大学学报, 2007, 29 (5): 490-493.
[239] 彭竹琴, 商全义, 张照军, 等．铁基自熔合金等离子熔覆层的微观组织及强化机理研究 [J]. 中原工学院学报, 2007, 18 (6): 6-9.
[240] 陈颢, 李惠琪, 陈一胜．截齿等离子束表面冶金铁基耐磨涂层研究 [J]. 热加工工艺．2007, 36 (23): 44-47.
[241] 高艳华, 高甲生, 侯清宇．钼对铁基合金等离子熔覆层组织及耐磨性能的影响 [J]. 热处理, 2009, 24 (3): 45-48.
[242] 韩寿波, 张义文．铪在粉末冶金高温合金中的作用研究概况 [J]. 粉末冶金工业, 2009 (5): 52-59.
[243] 张丽民, 孙冬柏, 李惠琪, 等．等离子熔覆铁基涂层组织结构及热影响区特点 [J]. 工程科学学报, 2007, 29 (5): 490-493.
[244] 高华, 吴玉萍, 陶翀, 等．等离子熔覆 Fe 基复合涂层的组织与性能 [J]. 金属热处理, 2008 (8): 41-43.
[245] 张鬲君．等离子熔覆技术应用分析 [J]. 中原工学院学报, 2008, 19 (2): 41-43.
[246] 沈娟, 刘水英, 黄高中．等离子熔覆涂层与熔射成型技术及其应用 [J]. 煤炭科技, 2006 (4): 28-29.
[247] 姚树玉, 李惠琪, 张启明．等离子熔覆涂层技术在煤矿中的应用 [J]. 煤矿机械, 2004 (5): 71-73.
[248] 陈丽梅, 李强．等离子喷涂技术现状及发展 [J]. 热处理技术与装备, 2006, 27 (1): 1-5.
[249] 李天雷, 李春福, 姜放, 等．热喷涂技术研究现状及发展趋势 [J]. 天然气与石油, 2007, 25 (2): 25-27.

[250] 马颖，任峻，李元东，等．冲蚀磨损研究的进展［J］. 兰州理工大学学报，2005，31（1）：21-25.
[251] 李诗卓，董祥林．材料的冲蚀磨损与微动磨损［M］. 北京：机械工业出版社，1987.
[252] 董刚，张九渊．固体粒子冲蚀磨损研究进展［J］. 材料科学与工程学报，2003，21（2）：307-312.
[253] 潘牧，罗志平．材料的冲蚀问题［J］. 材料科学与工程，1999，17（3）：92-96.
[254] 赵会友，赵善钟．几种钢的腐蚀冲蚀磨损行为与机理研究［J］. 摩擦学学报，1996，16（2）：112-119.
[255] 梁秀兵，程江波，白金元，等．铁基非晶纳米晶涂层组织与冲蚀性能分析［J］. 焊接学报，2009，30（2）：61-64.